基于三峡水库水环境改善的水库群联合调度关键技术研究与应用

张利平　杨国录　余明辉　陆　晶　等　编著

国家水体污染控制与治理科技重大专项课题"基于三峡水库及下游水环境改善的水库群联合调度关键技术研究与示范"（2014ZX07104-005）
中国科学院战略性先导科技专项（A类）"美丽中国生态文明建设科技工程"项目四"长江经济带干流水环境水生态综合治理与应用"（XDA23040500）

联合资助

科学出版社
北　京

内 容 简 介

本书围绕三峡水库及其上游水库群联合调度改善水库水环境问题，提出"联合水库、动态过程、调和效益、协作调度"的生态环境调度研究新思路，研发改善三峡库区水环境的水库群多目标联合调度技术，开展基于三峡水库水环境改善的水库群联合调度关键技术研究与应用，形成依托重大水利工程的水环境长效治理技术。主要内容包括：三峡水库水环境特征和污染负荷评估；三峡水库水环境对水库调度的响应关系；三峡水库及下游水环境对水库群调度的响应模型及解算方法；基于库区水源地安全保障的水库群联合调度技术；基于三峡水库下游生态环境改善的联合调度技术；水库群多目标优化调度模型及联合调度方案；水库群联合调度决策支持系统及调度示范。

本书可供水利水电工程、环境工程及相关专业的本科生和研究生阅读，也可供科研机构及规划设计单位参与水能规划、水环境保护、调度管理的科技工作者和管理人员参考。

图书在版编目（CIP）数据

基于三峡水库水环境改善的水库群联合调度关键技术研究与应用/张利平等编著. —北京：科学出版社，2023.5
ISBN 978-7-03-075483-7

Ⅰ.① 基⋯ Ⅱ.① 张⋯ Ⅲ.①三峡水利工程-水库调度-研究 ②三峡水利工程-水库环境-水环境-研究 Ⅳ.①TV697.1 ②X143

中国国家版本馆 CIP 数据核字（2023）第 076698 号

责任编辑：何 念 张 湾/责任校对：高 嵘
责任印制：彭 超/封面设计：无极书装

科学出版社 出版
北京东黄城根北街16号
邮政编码：100717
http://www.sciencep.com

武汉精一佳印刷有限公司印刷
科学出版社发行 各地新华书店经销
*

开本：787×1092 1/16
2023 年 5 月第 一 版 印张：21 3/4
2023 年 5 月第一次印刷 字数：513 000
定价：218.00 元
（如有印装质量问题，我社负责调换）

前　言

长江流域从西向东横跨 19 个省（自治区，直辖市），流域总面积 180 万 km²。长江干流宜昌以上为上游，长 4 504 km，流域面积 100 万 km²。宜宾至宜昌段称川江，长 1 040 km。宜昌至湖口段为中游，长 955 km，流域面积 68 万 km²。湖口至长江入海口为下游，长 938 km，流域面积 12 万 km²。三峡水库坝址在湖北宜昌三斗坪，坝址控制流域面积 100 万 km²，多年平均径流量 4 510 亿 m³，汛限水位 145 m，正常蓄水位 175 m，坝顶高程 185 m，总库容 393 亿 m³，其中防洪库容 221.5 亿 m³。电站总装机容量 2 250 万 kW，年平均发电量 847 亿 kW·h。长江上游主要支流金沙江已建成超大型水电工程向家坝水库、溪洛渡水库、乌东德水库、白鹤滩水库四大梯级，其中向家坝水库和溪洛渡水库分别于 2012 年、2013 年投入运行，与三峡水库形成重大水利枢纽水库群体。长江下游通江湖泊众多、江湖关系极其复杂，流域环境差异极大。

长江上游三峡水库、向家坝水库和溪洛渡水库联合运用，流域库区水环境随之发生变化，引起国家和当地政府各部门的高度重视。"十一五"规划期间，作者团队依托国家水体污染控制与治理科技重大专项课题开展了三峡水库水污染综合防治，在水华生消过程和水环境治理方面取得了一定成果。"十二五"规划期间，随着溪洛渡水库和向家坝水库的建成并投入使用，三峡水库入库水情、支流水华、库区水源地和下游江湖生态环境时常变化，三峡水库调蓄必须做出新的适应性调整，需要重新认识三峡水库支流水动力过程和水华生消机制，确定水库群联合调控新措施，以保障水环境安全和下游生态需水。鉴于此，作者团队依托国家水体污染控制与治理科技重大专项课题"基于三峡水库及下游水环境改善的水库群联合调度关键技术研究与示范"（2014ZX07104-005），系统研究了多目标、高效益、低成本的水库群联合调度关键技术，建设了三峡水库及其上游梯级水库群联合调度决策支持系统及可视化业务应用平台，为完备流域水环境管理技术体系，改善长江流域水环境提供科技支撑。

课题针对三峡水库、向家坝水库和溪洛渡水库联合调蓄对三峡水库及其下游水环境的影响，在保证水库群防洪、发电、通航、供水等传统效益下，开展了梯级水库群联合调度改善三峡水库及下游水环境关键技术的研究及示范；以研究制订溪洛渡-向家坝-三峡梯级水库群联合调度方案为手段，以控制三峡水库支流水华、保障库区饮用水源地水质安全和改善三峡水库下游至河口水环境为目的，系统进行了水库群多目标联合调度数值模拟技术研究、库区支流水华控制的水库群联合调度技术研究及示范、基于库区水源地安全保障的联合调度技术研究、基于库区下游生态环境改善的联合调度方案研究及示范和水库群联合调度方案集成及可视化平台构建；突破了超大型水库联合调度"预限动态水位过程"及"潮汐式"关键技术的难点，提出了改善三峡水库上下游环境的水量-水质多目标联合调度方法，实现了水库群联合调度关键技术整装，构建了水库群多目标联合调度决策支持系统及可视化平台，开展了长江干流溪洛渡-向家坝-三峡等骨干梯级水库群联合调度示范，提高了水库群的综合效益，为三峡水库及下游水环境污染防治、水质改善和饮用水安全保障提供技术支撑。

课题研究牵头单位武汉大学，协同参与单位湖北工业大学、三峡大学、华北电力大学和中国长江三峡集团有限公司，以"理论—实践—再理论—再实践"为指导，通过三峡流域实地考察、水环境观测站点建设、实测资料分析与室内物理试验、数值计算相结合的途径，在水库群联合生态环境调度、支流水华防控、库区水质安全保障和下游生态环境改善等方面研究进展显著。据此，为系统介绍研究成果，出版专著四部：杨国录教授等所著的《三峡水库群生态环境调度关键技术研究》，杨正建教授、刘德富教授等所著的《三峡水库支流水华与生态调度新进展》，余明辉教授等所著的《基于下游水环境改善的三峡水库出库流量调控研究》，以及本书。

本书共分 8 章，第 1 章由张利平、杨国录撰写，第 2 章由余明辉、纪道斌和丁晓雯撰写，第 3 章由张利平、余明辉撰写，第 4 章由余明辉、张艳军撰写，第 5 章由丁晓雯撰写，第 6 章由余明辉和陆晶撰写，第 7 章由张利平和张艳军撰写，第 8 章由张艳军、张利平撰写，王玉华、鲍正风、艾学山、孙昭华、周毅、宋林旭、杨卫、黄宇云、董柞、董文逊、王鑫等也参加了部分内容的研究和撰写工作，全书由陆晶和黄宇云负责整理，由张利平和杨国录统稿。在本书研究和撰写过程中得到了国家水体污染控制与治理科技重大专项咨询专家组陈荷生教授、周维教授、周怀东教授、刘永定教授、穆宏强教授、卢金友教授、徐向阳教授、丁毅教授、张平仓教授、吴时强教授的悉心指导，在此一并感谢！

本书相关内容的研究得到了国家水体污染控制与治理科技重大专项课题"基于三峡水库及下游水环境改善的水库群联合调度关键技术研究与示范"（2014ZX07104-005）和中国科学院战略性先导科技专项(A 类)"美丽中国生态文明建设科技工程"项目四"长江经济带干流水环境水生态综合治理与应用"（XDA23040500）的资助，在此深表感谢！

由于长江流域水文水资源问题的复杂性，研究领域跨度大，涉及的知识面广，再加上作者时间及水平有限，书中难免存在疏漏之处，欢迎各界人士及广大读者给予批评和指导。

作 者

2022 年 10 月

目 录

第1章 绪论 ········· 1
  1.1 基本情况 ········· 2
    1.1.1 三峡水库及上游梯级水库库区概况 ········· 2
    1.1.2 长江中下游概况 ········· 3
    1.1.3 存在的主要环境问题及其技术需求 ········· 4
  1.2 研究进展 ········· 7
    1.2.1 湖库水体富营养化与水华机理及其控制 ········· 7
    1.2.2 水质安全预警预报 ········· 9
    1.2.3 水库对河流生态环境健康的影响 ········· 10
    1.2.4 水库群联合调度方法 ········· 11
  参考文献 ········· 13

第2章 三峡水库水环境特征和污染负荷评估 ········· 17
  2.1 基础数据 ········· 18
  2.2 研究区域水体功能及水质标准 ········· 19
    2.2.1 三峡库区重庆至坝址段 ········· 19
    2.2.2 三峡水库下游宜昌至武汉段 ········· 20
  2.3 研究区域水环境特征 ········· 20
    2.3.1 三峡库区 ········· 20
    2.3.2 支流香溪河段 ········· 21
    2.3.3 三峡水库下游宜昌至武汉段 ········· 22
    2.3.4 长江口及北支倒灌影响下盐水上溯规律 ········· 27
  2.4 研究区域污染负荷评估 ········· 29
    2.4.1 三峡库区污染负荷评估 ········· 29
    2.4.2 三峡水库下游宜昌至武汉段污染负荷评估 ········· 36
  参考文献 ········· 40

第3章 三峡水库水环境对水库调度的响应关系 ········· 43
  3.1 水库群联合调度原则及调度空间 ········· 44
    3.1.1 水库群联合调度原则 ········· 44
    3.1.2 水库群调度空间 ········· 44

3.2 三峡水库及上游水环境变化与水库群调度运行的响应关系 ········· 46
  3.2.1 上游梯级水库水环境特征对三峡水库入流条件的影响 ········· 46
  3.2.2 三峡水库水环境变化对梯级水库运行的响应 ········· 56
3.3 长江中下游生态环境对三峡水库调蓄的响应 ········· 71
  3.3.1 下游河道年内径流过程的改变 ········· 72
  3.3.2 泥沙及生源物质输移的变化 ········· 72
  3.3.3 通江湖泊及支流水位的变化 ········· 72
  3.3.4 水位波动周期的变化 ········· 73
  3.3.5 长江中下游生境的变化 ········· 73
  3.3.6 长江中游鱼类生境的变化 ········· 73
  3.3.7 监利河段四大家鱼产卵情况的变化 ········· 74
3.4 长江中游江湖关系对三峡水库调蓄的响应 ········· 74
  3.4.1 三峡水库蓄水前后江湖来水来沙变化及河床冲淤调整 ········· 74
  3.4.2 三峡水库蓄水后荆江三口分流特性变化及其影响 ········· 78
3.5 长江中游河道入汇口水位对三峡水库调蓄的响应 ········· 86
  3.5.1 三峡水库蓄水前后洞庭湖区与城陵矶站水位关联性变化 ········· 86
  3.5.2 三峡水库蓄水前后江湖汇流区水位变化及影响 ········· 96
3.6 大通站流量过程对三峡水库调蓄的响应 ········· 105
参考文献 ········· 106

第4章 三峡水库及下游水环境对水库群调度的响应模型及解算方法 ········· 109
4.1 水库群调度响应模型基本原理及解算方法 ········· 110
  4.1.1 一维水动力-水质数学模型 ········· 110
  4.1.2 带闸、堰等内边界条件的一维河网水动力-水质数学模型 ········· 112
  4.1.3 平面二维水动力-水质数学模型 ········· 116
  4.1.4 立面二维水动力-水质数学模型 ········· 117
  4.1.5 平面二维溢油模型 ········· 123
  4.1.6 三峡水库及下游水环境对水库群调度的响应模型的耦合 ········· 128
4.2 水库群调度响应模型参数率定与验证 ········· 129
  4.2.1 模拟范围及河网概化 ········· 129
  4.2.2 上游库区一维水动力-水质数学模型的率定与验证 ········· 131
  4.2.3 长江宜昌至大通段一维河网水动力-水质数学模型的率定与验证 ········· 135
  4.2.4 三峡库区水源地典型河段平面二维水动力-水质数学模型的率定与验证 ········· 139
  4.2.5 三峡水库下游典型河段平面二维水动力-水质数学模型的率定与验证 ········· 141
  4.2.6 三峡库区支流香溪河立面二维水动力-水质数学模型的率定与验证 ········· 144
参考文献 ········· 148

第5章 基于库区水源地安全保障的水库群联合调度技术·····149
5.1 三峡库区水源地概况·····150
5.2 水源地水环境安全评判体系·····150
5.2.1 饮用水源地水环境安全评判体系构建·····150
5.2.2 饮用水源地水环境安全评价·····152
5.3 水库群联合调度保障库区饮用水源地安全的可行性分析·····153
5.3.1 三峡水库分期运行库区水质状况·····153
5.3.2 三峡水库单库调度对库区水源地水质的影响·····154
5.3.3 溪洛渡-向家坝水库联合调度对三峡库区水源地水质的影响·····155
5.3.4 水库群联合调度对三峡库区水源地水质的影响·····157
5.4 三峡库区水源地水环境安全的水库群联合调度需求·····159
5.4.1 三峡库区水源地超标污染物现状·····159
5.4.2 水库群联合调度方案设定及分析·····159
5.4.3 考虑水库群调度空间的三峡库区水环境安全的联合调度需求·····160
5.4.4 三峡库区水源地突发事件多等级应急调度需求·····162
参考文献·····170

第6章 基于三峡水库下游生态环境改善的联合调度技术·····171
6.1 三峡水库下游江湖水环境安全综合评判·····172
6.1.1 长江中下游生态环境指标阈值及其确定方法·····172
6.1.2 长江口压咸流量阈值·····185
6.1.3 长江中游典型水源地水质风险分析·····202
6.1.4 三峡水库下游江湖水环境安全综合评判体系·····216
6.2 以改善下游水环境为目标的三峡水库中长期出库流量需求·····217
6.2.1 长江中游干流及主要支流平、枯水遭遇组合·····217
6.2.2 枯水年水库群联合调度方案优选与可行性分析·····220
6.2.3 平水年水库群联合调度方案优选与可行性分析·····230
6.2.4 水库群联合中长期预防调度准则·····234
6.3 短期应急调度三峡水库出库流量需求·····235
6.3.1 可降解污染物应急调度方案研究·····235
6.3.2 不可降解污染物应急调度·····262
参考文献·····268

第7章 水库群多目标优化调度模型及联合调度方案·····271
7.1 水库群多目标优化调度模型·····272
7.1.1 水库群优化调度目标选取·····272
7.1.2 水库群多目标优化调度模型的建立·····273

	7.1.3 水库群多目标优化调度模型求解方法	275
	7.1.4 水库群多目标优化调度模型参数率定	276
7.2	基于水环境改善的梯级水库群中长期联合调度方案	281
	7.2.1 基于水环境改善的三峡水库生态环境调度的基本思路	281
	7.2.2 基于水环境改善的三峡水库生态环境调度的基本需求	282
	7.2.3 消落期水位过程控制选择	285
	7.2.4 蓄水期水位过程控制选择	287
	7.2.5 溪洛渡–向家坝–三峡梯级水库群联合调度论证	289
	7.2.6 梯级水库传统效益论证	293
	7.2.7 基于水环境改善的三峡水库"预限动态调度"方案	296
7.3	基于水环境改善的三峡水库中短期优化调度方案	297
	7.3.1 防控库区支流水华的"潮汐式"调度方案	297
	7.3.2 维系下游水生态环境的联合调度方案	301
7.4	水库群传统效益与水环境效益的协调方法	308
参考文献		311

第8章 水库群联合调度决策支持系统及调度示范 ... 313

8.1	系统总体设计	314
8.2	数据库设计与管理	315
	8.2.1 数据库设计	315
	8.2.2 数据库数据来源	316
	8.2.3 多源异构数据同化	316
8.3	水库群多目标联合调度数值模拟技术集成	318
	8.3.1 模型的数据结构	318
	8.3.2 算法（模型）	319
	8.3.3 模型耦合方法评估	320
8.4	三峡水库及其上游梯级水库群联合调度可视化业务应用平台	322
	8.4.1 软硬件环境	322
	8.4.2 关键支撑技术	323
	8.4.3 软件应用系统	324
8.5	水库群联合调度工程及效果示范	329
	8.5.1 基于库区水源地安全保障的水库群联合调度示范	329
	8.5.2 长江中游典型水源地水质及联合调度示范	330
参考文献		337

第 1 章

绪 论

1.1 基本情况

1.1.1 三峡水库及上游梯级水库库区概况

长江三峡水利枢纽工程,是世界最大的水利枢纽工程,也是治理和开发长江的关键性骨干工程,具有防洪、发电、航运、供水和补水等巨大综合效益,坝址位于湖北宜昌三斗坪,下游距葛洲坝水利枢纽工程 38 km,控制流域面积达 100 万 km²,多年平均径流量 4 510 亿 m³。水库正常蓄水位 175 m(黄海高程,以下若无特别说明,均为黄海高程),总库容 393 亿 m³,其中防洪库容 221.5 亿 m³,总装机容量 2 250 万 kW。三峡水库回水末端至重庆江津,形成长 667 km,均宽 1 100 m 的河道型水库。三峡库区范围涉及湖北宜昌夷陵、秭归、兴山、巴东 4 个县(区),重庆巫山、巫溪、奉节、云阳、开州、万州、忠县、石柱、丰都、武隆、涪陵、长寿、渝北、巴南、江津、主城区 16 个县(区)和地区,库区面积 5.79 万 km²。库区支流丰富,主要有嘉陵江、乌江、小江、大宁河、香溪河等;库区上游水系发育,有金沙江、乌江、岷江等。三峡库区属湿润亚热带季风气候,具有四季分明、冬暖春早、夏热伏旱、秋雨多、湿度大、云雾多和风力小等特征。库区年平均气温 17~19℃,西部年平均气温高于东部。三峡库区各站年平均降水量一般在 1 045~1 140 mm,空间分布相对均匀,时间分布不均,主要集中在 4~10 月,约占全年降水量的 80%,且 5~9 月常有暴雨出现。库区径流量丰富,年径流量主要集中在汛期,入库多年平均径流量 2 692 亿 m³,出库多年平均径流量 4 292 亿 m³。库区当地天然河川径流量多年平均为 405.6 亿 m³,径流系数为 0.56;其中,地下径流量为 84.33 亿 m³,占河川径流量的 21%。

香溪河位于湖北西部,是靠近三峡水库的首条大型支流,位于长江北岸,河口距离三峡水库 29 km,如图 1.1.1 所示。香溪河干流长 94 km,流域面积为 3 099 km²,整体走向为自北向南,但在与长江干流交汇区河口转向为西南方向,与由西向东的水库干流成 45°角,成为流向干流上游的反向交汇出口,其特殊的河口走向为干流水体进入支流提供了充足动力,使得香溪河库湾受干流倒灌强度的影响显著强于其他支流。

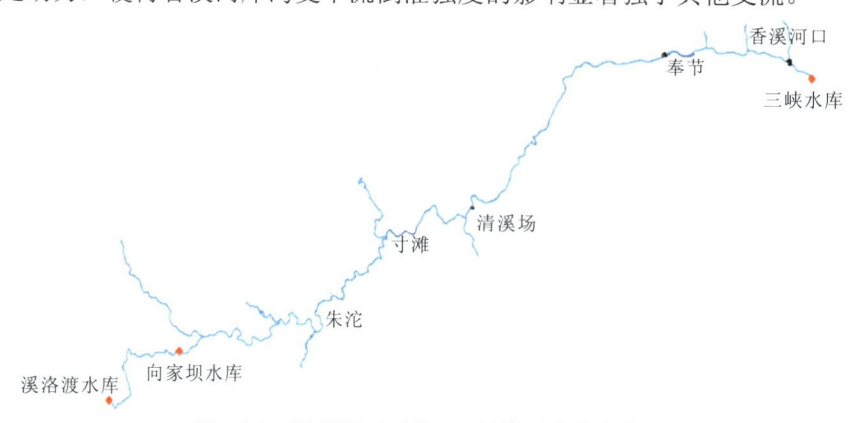

图 1.1.1 溪洛渡-向家坝-三峡梯级水库群格局

近年来，随着三峡水库上游溪洛渡水库和向家坝水库的建成，构成了长江流域溪洛渡-向家坝-三峡梯级水库群的新格局，如图 1.1.1 所示，由此，学者开始越来越多地思考是否可以通过三峡水库及其上游向家坝水库、溪洛渡水库三座水库的联合调度实现长江流域水资源的合理调配，进而达到改善库区及下游水环境的最终目的。

向家坝水库是金沙江干流梯级开发的最下游一级，坝址左岸位于四川宜宾，右岸位于云南水富，坝址上距溪洛渡河道 156.6 km，下距宜宾 33 km，与宜昌的直线距离为 700 km。向家坝水库控制流域面积 45.88 万 km²，占金沙江流域面积的 97%。向家坝水库的开发任务以发电为主，同时改善通航条件，结合防洪和拦沙，兼顾灌溉，并具有对上游梯级溪洛渡水库进行反调节的作用。水库死水位、防洪限制水位均为 370 m，正常蓄水位、设计洪水位均为 380 m，校核洪水位为 381.86 m，坝顶高程为 384 m，防洪库容、调节库容均为 9.03 亿 m³，具有季调节性能。电站额定总装机容量 600 万 kW（最大容量 640 万 kW）。向家坝水库属河道型水库，水库面积 95.6 km²，回水长 156.6 km，水库淹没范围涉及四川、云南 2 个省，宜宾、凉山、昭通 3 个市（自治州），叙州、屏山、雷波、水富、绥江、永善 6 个县（区）。向家坝水库蓄水影响范围涉及宜宾范围内的金沙江、长江、岷江全流域。

溪洛渡水库是我国"西电东送"的骨干电源点，是长江防洪体系中的重要工程。工程位于四川雷波和云南永善境内金沙江干流上，该梯级上接白鹤滩水库尾水，下与向家坝水库相连。溪洛渡水库控制流域面积 45.44 万 km²，占金沙江流域面积的 96%。多年平均流量为 4 570 m³/s，多年平均悬移质输沙量为 2.47 亿 t，多年平均推移质输沙量为 182 万 t。溪洛渡水库设计开发任务以发电为主，兼顾防洪，此外还有拦沙、改善库区及下游河段通航条件等综合利用效益。水库死水位为 540 m，防洪限制水位为 560 m，正常蓄水位为 600 m，设计洪水位为 604.23 m，校核洪水位为 609.67 m，坝顶高程为 610 m，防洪库容为 46.5 亿 m³，调节库容为 64.6 亿 m³，具有不完全年调节能力。电站额定总装机容量 1 260 万 kW（最大容量 1 386 万 kW）。

1.1.2 长江中下游概况

长江中下游地区地形的显著特点是地势低平，一般海拔为 5～100 m，但海拔大部分都在 50 m 以下，因此是洪水灾害频发地。气候温暖湿润，年降水量为 1 000～1 400 mm，属于典型的季风气候，年内分配不均，主要集中于春、夏两季，而最集中的时段为 5～6 月。

长江中下游宜昌至大通段，囊括洞庭湖区域、江汉平原、鄱阳湖区域等。其中，长江中下游河势复杂多变，藕节状河网密布，沿程不断有支流入汇，江河湖网关系复杂。主要有三部分支流汇入：一是洞庭湖区域，三口（荆江河段松滋口、太平口、藕池口）分流进入洞庭湖，四水（湘江、资江、沅江、澧水）注入洞庭湖，并都通过城陵矶汇入长江；二是清江、汉江等支流直接汇入长江；三是鄱阳湖区域，五河（赣江、抚河、信江、饶河和修水）流入鄱阳湖后由湖口汇入长江。其中，径流有约50%来自上游，而泥沙则主要来自宜昌以上干支流。位于三峡水库出口的宜昌站多年平均径流量为4 300亿 m³，多年平均输沙量达5亿t。长江大通以下为感潮河段，水位日变化为非正规半日潮型，河口平均潮差为2.67 m，受河口地形束窄影响，潮流多为往复流，流速一般约为1.0 m/s，最大可达2 m/s以上。

长江中下游最主要的支流是清江和汉江。清江发源于利川西南齐岳山脉的都亭山麓，是三峡水库下游宜昌至武汉段的主要支流之一，在宜昌站下游约25 km处与长江干流汇合。清江全长423 km，由西向东自然流动，有洪水暴涨、河水丰枯比大等特点。同时，区域、年际、四季分布不均，汛期径流泥沙量大等特征明显。清江流域内多年平均径流量约为227.4亿 m³，多年平均流量达427 m³/s，最大洪峰流量达18 900 m³/s，平均年径流深为944 mm，平均年径流系数为0.64，对水资源的理论储量为5 090万 kW，可开发量约为349万 kW，水能丰富。汉江发源于秦岭南麓陕西西南部汉中宁强大安的嶓冢山，是三峡水库下游宜昌至武汉段的主要支流，长江中游最大的支流。汉江流经陕西、湖北两省，在武汉汇入长江，干流全长1 577 km，流域面积15.9万 km²。丰富的降水是汉江流域河水的主要补给来源，因此汉江流域各河流年内径流变化与年内降水变化基本上是一致的，主要表现为年内分布不均，7~10月径流量占全年径流量的50%左右，特殊年份高达75%以上。根据汉江主要水文站现有实测资料，最大与最小年径流量一般均相差3倍，年径流量的变差系数都在0.3以上，为长江各大支流之冠。

1.1.3　存在的主要环境问题及其技术需求

1. 存在的主要环境问题

1）支流水华防控手段缺乏

三峡库区支流富营养化程度较高，水华风险依然严峻。三峡水库蓄水后，支流原来流动的水体受干流的顶托形成回水区，使水文情势发生了很大变化，流速减缓，泥沙沉积，水体透明度增大。同时，上游污染水体入库后不易消散，加之长江干流水体污染物本底较高，并以异重流形式对支流进行污染物补给，使大量营养盐在支流库湾累积，形成富营养化。据报道，部分时段支流回水区富营养化率达到80%以上。

三峡库区污染物排放不能得到有效遏制，且三峡水库及上游流域面源污染持续存在，三峡水库干流污染物浓度本底值不会在短时间内下降，因大坝滞留作用反而有可能上升。因此，三峡水库支流水体富营养化情势在短时间内难以得到有效缓解。从2004~2009年来看，虽然水华情势看似有所缓解，但水华暴发的优势种却发生了变化。蓄水初期水华优势种是以硅藻、甲藻为主的河道型藻种，但2008年以后湖泊型蓝绿藻种逐步呈现优势，在2010年逐步成为主导优势种。

根据水库水体富营养化发生的原因及机理，其治理途径和措施主要有：控制或转移氮、磷等外源性营养盐的输入；调引清洁水冲洗，稀释扩散营养盐的浓度；对库底污染底泥进行疏浚或曝气；提高水生植被覆盖率以净化水质；放养能够摄食蓝藻的鱼类等；在水华暴发时采用物理或化学方法除藻等。然而，在经济承受能力有限、水文地理情况复杂的三峡库区，这些方法在技术和经济上均遇到了较大的困难。

2）库区水源地保护措施尚不健全

三峡水库及上游两岸化工厂林立，船舶流量较大，易燃、易爆、有毒化学危险品的生产、储存、运输日益增加，突发性水污染事故发生风险较大，对三峡水库饮用水源地的安全构成了威胁。2006 年一年，就发生突发性水污染事故 3 起，导致数万人饮水间断 3 天以上。自 2006 年以来，共发生水上交通事故 70 余起，局部水面受到污染。

由于三峡库区上游属经济欠发达地区，工矿企业众多，陆路交通欠发达，河道运输占有较大比重，且该地区环境应急工作基础薄弱，应对环境突发事件的能力较低，应急措施尚不健全，不能满足库区水环境保护的要求，一旦出现突发性水污染事故，将造成重大的经济损失和生态环境破坏。

3）下游江湖河网水生态环境受到威胁

三峡水库蓄水对下游生态环境的影响，具体可以归纳为下游河道年内径流过程的改变、泥沙及生源物质输移的改变、通江湖泊江湖关系的改变、鱼类繁殖水动力条件的改变、河口咸潮入侵平衡的改变等。这些问题在"十二五"规划期间依旧存在。例如，水库长期"清水下泄"必然带来下游河床的冲刷，改变了长江中下游的江湖关系，包括长江干流水位变化及三口分流和汇流区水位变化；其不断向下游发展也在一定程度上使下游河道形成较陡岸坡，威胁长江干堤的防洪安全及航运畅通。此外，在三峡水库现状调度规程下，下游河道诸多生态环境需求也确实难以满足。例如，人为调控水库出库流量过程带来的对天然来流过程的"平坦化"作用大大影响了长江中游洄游性鱼类的产卵繁殖；洞庭湖、鄱阳湖等通江湖泊的湖区面积受三峡水库汛末蓄水过程及人类活动影响缩减幅度较大，生态安全水平下降，水质总体呈下降趋势，富营养化趋势加重，有暴发较大规模水华的风险。湖区湿地生态系统退化，生物多样性受到严重威胁；长江河口连续多年盐水入侵，使河口地区枯水期居民取用水安全受到威胁，同样是现状水库调度过程难以解决的生态环境问题之一。

4）水库调度较少考虑生态环境需求

梯级水库群调度直接影响水库上下游的水体，是防控支流水华、保障库区水源地水质安全和改善下游江湖河网水环境的重要途径，在改善水环境方面有巨大的潜力。"十二五"规划期间，向家坝水库、溪洛渡水库投入运营，形成了溪洛渡-向家坝-三峡梯级水库群，水库群优化联合调度将提上日程。当前水库调度主要考虑防洪、发电、通航等传统效益，较少考虑防控水华、改善水质等生态环境需求及效益，传统水库调度模式急需改进，以兼顾解决库区及下游生态环境问题。

2. 技术需求

三峡工程是治理、开发和保护长江的关键性工程，具有巨大的防洪、发电、航运、供水等综合效益。同时，三峡大坝的阻隔及水库径流调节的驱动，对三峡库区及其关联区域的生态与环境产生了巨大的影响，尤其是近年来出现的支流水华问题与库区水质污染问题受到了我国及国际社会的高度关注。

"十二五"规划期间，金沙江流域建成向家坝水库、溪洛渡水库等梯级水库，对三峡水库上游水流、水质、泥沙等入库条件产生重大影响，三峡水库干流水质及支流水体富营养状态将发生重大变化。《三峡后续工作总体规划》（水利部长江水利委员会，2011）及《中共中央 国务院关于加快水利改革发展的决定》（中共中央和国务院，2010）的出台，在国家发展战略及地方经济发展等层面上对三峡水库及上游梯级水库群赋予了更重要的任务。"十一五"规划的研究成果已不能完全满足国家对三峡水库的需求，基于三峡水库及下游水环境现状和趋势，如何利用水库群联合调度来防控支流水华、保障库区水源地水质安全和改善下游江湖水环境，还需要进行深入探讨和研究。

（1）防控支流水华的水库群联合调度技术需求。

一方面，需要在弄清支流水华生消机理的基础上，及时预测、预报支流水华态势，并在早期告知地方及时采取相应措施以缓解水华造成的损失；另一方面，急需一种能够整体控制支流水华并对水生态不构成二次污染的技术方案，以缓解水华问题带来的负面影响。三峡水库可变库容大，与上游梯级水库联合调度能够对库区水动力条件产生较大影响。如何通过水库群联合调度方法改变库区水流进而控制支流水华，形成防控支流水华的水库群联合调度技术，是三峡库区迫切的技术需求。

（2）保障库区水源地水质安全的水库群联合调度技术需求。

饮用水源地水质安全是居民生活的基本保障，也是库区经济快速发展的根本前提。三峡水库建成以后，流速变缓、水体滞留时间增长，三峡水库上游及库区的大量工业、农业污染排放到水体后不能很快地消散和稀释，造成了大量污染物滞留。三峡库区船舶负荷加大，流动污染源增多，易燃、易爆、有毒货运频发，加大了库区突发性水污染事故的发生风险。如何预警、预报库区饮用水源地的风险，选择适当的水库群联合调度方式，防止水源地水质恶化、应对突发性水污染事故是库区发展的前提。

（3）改善下游江湖水环境的水库群联合调度技术需求。

三峡水库蓄水运行改变了长江中游的水文、水沙条件，以及水生生物生长条件，对长江中游干流和通江湖泊的生态环境将产生长期影响。如何探明水库群联合调度下三峡水库下游关联区域的长江中游江湖生态环境安全响应机理，研发其预测、预报关键技术，形成综合评判指标体系，提出保障下游水环境安全及水生态良性发展的水库群联合调度准则，形成改善下游江湖水环境的水库群梯级联合调度方案，是三峡水库下游水生态环境可持续发展的关键技术支撑。

1.2 研究进展

1.2.1 湖库水体富营养化与水华机理及其控制

1. 水体富营养化与水华研究概况

国内有关湖库水体富营养化与水华的报道始于 20 世纪 80 年代对武汉东湖蓝藻水华的研究（俞家禄等，1987）。此后自 90 年代开始，随着我国工农业的高速发展，淡水湖库的富营养化呈逐年加重之势，太湖、巢湖、滇池等均暴发了严重的蓝藻水华；三峡水库、乌江梯级水库、西安黑河水库、北京密云水库、广东高州水库等也有关于水华的报道，甚至一直以"水清"著称的清江也因修建大坝而发生了藻类水华。

大批学者沿袭国外的思路对这些富营养化湖库、河流进行了长期跟踪研究。研究内容包括：特定藻类生长和群落结构演替与光照、营养盐、水温等因子的响应及复合响应机制（孔繁翔和高光，2005）；特定藻类的垂向运动特性（廖平安和胡秀琳，2005）；鱼类及浮游动物对藻类生物量和群落结构演替的影响（邬红娟和郭生练，2001）；水流流速大小对藻类生长的影响等（黄钰铃等，2008）。关于湖库水华治理及水生态修复，国内学者也很早就开始了一些研究。其中，最早取得成功的是 20 世纪 80 年代武汉东湖蓝藻水华的治理，这也是国内成功应用生物操纵解决大型湖泊蓝藻水华问题的经典案例。多种措施在几十年的太湖蓝藻水华治理实践中均得到应用。例如，为削减内源性营养盐负荷，实施了底泥疏浚工程；为改善太湖水动力条件，实施了"引江济太"跨流域调水计划；为保证饮用水安全，采用了机械打捞、喷洒除藻剂和除臭剂等应急水处理措施；为控制外源性污染负荷，制订了以恢复水质为目标的太湖流域管理方案等。

2. 三峡水库水体富营养化与水华研究进展

1）水体富营养化及水华机理研究进展

三峡水库坝址处控制流域面积达 100 万 km^2，总库容达 393 亿 m^3，水库面积为 1 084 km^2。水库建成蓄水改变了河流的连续性及水文水动力过程，水流流速大幅减小，特别是支流流速从每秒米级降低到厘米级，致使水库支流库湾出现不同程度的水体富营养化及水华问题。据统计，三峡水库流域面积超过 100 km^2 的支流有 38 条，其中部分支流自 2003 年蓄水以来每年不同季节都出现了不同程度的水华现象，且随着水位的抬高，优势藻种正从最初的河道型水华优势种（硅藻、甲藻）向湖泊型水华优势种（蓝绿藻）演替。水华暴发时一般是多种复合藻种同时大量增殖而少有单一藻种长时间占优，且年内呈现显著的季节性演替，春季以硅藻（小环藻、星杆藻）、甲藻（多甲藻）为优势种，夏季以绿藻（小球藻）、蓝藻（微囊藻）为优势种，秋季以绿藻、硅藻、甲藻为优势种，冬季以硅藻、甲藻为优势种。尤其是 2008 年夏季香溪河库湾暴发了大面积、高浓度的蓝藻（微囊藻、鱼腥藻）水华，甚至在冬季，大宁河局部河段仍暴发了蓝藻水华。支流的水体富营养化及水华问题已成为兴建三峡大坝以来最为严重的水环境问题。近年来，围绕三峡水库支流水体富营养化及水华问题，从野外跟踪监测、室内外控制试验和数值模拟模型等方面展开了如下工作：①分析三峡水库支流库湾氮、磷等生源要素的输入特点，以及其在库湾的迁移转化规律，调查评价蓄水后支流库湾的营养状态，并从控源的角度探讨三峡水库富营养化及水华的防控措施；②系统调查与藻类生长相关的环境因子的时空动态过程，以及水华期藻类群落结构及演替特征，研究支流库湾水华特征，结合室内模型试验及野外围隔试验研究典型优势藻种生长与主要环境因子的相互关系；③从三峡水库支流水文水动力条件变化入手，通过现场监测和室内试验研究水动力条件与藻类生长的相互关系，试图搞清水流条件对支流富营养化及水华的影响规律，建立库区支流的富营养化模型。

这些研究在一定程度上反映了三峡水库支流水环境现状，并对水华机理有了初步的分析和认识，总结了三峡水库蓄水后产生的生态环境问题，为后期深入研究三峡水库水体富营养化机理及其防控方法、预测水华发展态势、分析三峡水库生态环境发展趋势打下了坚实的基础。所形成的基本结论主要有：①水库干流水体的氮素以 NO_3-N 为主，主要来自农田径流、城市径流及淹没土壤的释放，NH_4-N 所占比例不大，主要源自城市污水、工业废水及少量的流动污染源和生活垃圾；水体中的磷素以颗粒态磷为主，主要源自三峡水库上游径流伴生过程的面源污染，影响面积较大。支流营养盐受底泥释放、径流、干流倒灌等影响，总氮（total nitrogen，TN）、总磷（total phosphorus，TP）浓度较高，均已超过国际公认的水体富营养化阈值。控源是控制三峡水库支流富营养化问题的根本途径，控源涉及三峡水库以上整个流域，但因干流来流污染物浓度本底较大，加上该区域正处于经济快速发展之中，控源难度巨大，应作为长期目标。②三峡水库干流径流库容比（α）处于 20 左右，总体为过渡型-混合型水体，绝大多数时间干流水体流速较大，垂向紊动强烈，只有局部江段会在春、秋季节局部时段出现较小的水温分层现象，汛期含沙量和浊度增大，透明度减小。尽管有适合藻类生长的营养条件及环境条件，但因没有适合的水动力条件，干流出现水华的可能性很小。③三峡水库部分支流在不同季节均可暴发水华，而以春季最为严重；藻种由多种复合藻种组成，优势种群不断演替，且整体上呈现出由河流型向湖泊型演替的趋势。充足的氮、磷营养盐来源是支流水华藻类生长的物质基础，水温和光照条件的季节性变化是水华发生及藻类群落演替的主控因子。对比分析发现，支流蓄水前、后及蓄水之后干、支流的差异，主要表现在水动力条件的差异，因而水动力条件变化是支流水华暴发的主要诱导因子。④已有研究分别以水体流速、流速梯度、扰动强度等为表征指标探讨了水动力与浮游植物生长的相互关系，在观测的基础上建立了多条流速与藻类生长的关系曲线，进而建立支流富营养化模型，部分反映了三峡水库蓄水后，支流库湾因水流改变而导致浮游植物繁殖的特征（李锦秀 等，2005）。

2）防控支流水华的三峡水库生态调度方法及其可行性

防控三峡水库支流水华的最有效途径主要有两个：第一就是开展流域污染物消减工

作（控源），使水体中的营养盐降低到中、贫营养盐水平，从根本上控制三峡水库干支流水体富营养化；第二就是改变水华暴发的生境条件，使其抑制藻类的增殖或聚集，为水华防控的"治标"方法。如上所述，控源对当前水华暴发事态不能起到显著效果。利用第二个途径防控水华的方法主要包括物理法、化学法、生物操纵法等。但三峡水库支流较多，水面巨大，一些适用于小型湖泊水华控制的措施（如机械除藻、曝气混合、除藻剂、黏土除藻等）不仅成本高昂，且难于实施，现场围隔试验也表明通过生物操纵控制三峡水库水华的方法也是不合适的。水库生态调度方法则是在综合考虑三峡水库防洪、发电、通航、补水等传统效益的情况下，通过调节流量、改变三峡水库的水文状态以影响生境因子进而控制水华。较其他控制措施而言，水库生态调度方法具有操作简单、影响面广、见效快等特点，而且属于原位控制措施，生态风险较小，若能平衡其与水库的传统效益，可能是当前最能被接受的三峡水库支流水华防控措施。

自三峡水库支流发生水华开始，水库调度防控水华方法就已经开始被人探究。临界流速是国内最早的作为调度参数来进行三峡水库生态调度研究的，即假设当三峡水库流速小于某一临界流速时，水华暴发，反之，水华消失，如果假设成立，那么就可以通过泄水调度拉大支流流速而抑制水华，但后来的研究及调度试验证明这一假设在三峡水库内不能成立。另一个用于生态调度的水力学参数就是水体滞留时间。部分学者认为，水体滞留时间越长，污染物及藻类越易在水体中积累，水华易暴发，反之则水华消失（孔繁翔和高光，2005）。三峡水库枯水运用期水体滞留时间最长，但藻类水华并不显著，这显然与水体滞留时间理论相悖，冬季水温较低，不适合藻类生长成为该理论对这种矛盾的解释。后来发现，在低于 14℃的冬季水体中，三峡水库支流也可能暴发藻类水华，这说明低温不是冬季水华的限制因子，进一步说明水体滞留时间不能作为独立指标决定藻类水华的生消。后来有人考虑到干流水质较好的优势，提出在水库非汛期水位调节过程中，提高电站日调节幅度，以加大水库水位波动和干支流水体置换量，进而加强污染物降解并抑制藻类生长的调度方法，该方法在三峡水库得以应用，取得了一定的效果，但只能改善支流近河口区域的水质状态（曹承进 等，2008）。另有学者提出，在一定时段内通过交替抬高和降低三峡水库水位，增强水库水体的波动，在库区形成类似于"潮汐"的作用，从而有效缓解库区支流富营养化情势（蔡庆华和胡征宇，2006）。

总地来看，充足的氮、磷营养盐是支流水华藻类生长的物质基础，季节性变动的水温和光照条件是水华发生及藻类群落演替的主控环境条件。但对比分析水库支流蓄水前、后及蓄水之后干、支流的差异后认为，主要差异表现在水动力条件的显著变化，营养盐水平及季节性变动的水温和光照条件均未发生显著变化，而显著变化的水动力条件正是支流水华暴发的主要诱导因子。通过三峡水库生态调度改善支流水流条件，进而控制支流富营养化及水华已经被越来越多的学者所接受。

1.2.2 水质安全预警预报

从 1920 年初到现在，水质安全预警预报模型的研究大致经历了三个阶段：①1980

年之前，水质安全预警预报模型研究基于水质模型的预测研究，利用水质模型对水质变化进行简单的预测，该过程主要研究的是以 Streeter-Phelps 水质模型（S-P 模型）为代表的氧平衡模拟和预测模型；②1980～2000 年，是水质安全预警预报模型研究发展较快的阶段，该阶段适应性更强、维数更高，研究对象包括点源和面源，多维的水质预警模型应运而生，如美国的密西西比河、法国的塞纳河、英国的泰恩河、德国的莱茵河等，均是在水质模型预测的基础上，构建了相应的水质预警预报系统，以预防突发性水污染事件的暴发；③2000 年至今，是水质安全预警预报模型研究准确化、科学化的发展阶段，该阶段的研究方向以多介质生态模型为主，增加了污染物在水体、大气、土壤等组成的宏观环境中的变化规律及趋势，将多介质环境中的各污染物的转化过程紧密联系，以模拟和预测污染物在多介质中的迁移和转化，从而进一步开展水源地水污染事件条件下水质安全变化的预警预报。此外，随着概率论、模糊数学、人工智能等研究的快速发展，其与水质安全预警预报模型相结合的研究方向也相应发展起来。

突发性水污染事件下水质安全预警预报模型是以水质模型为核心的，水质模型可以对饮用水源地水质的变化趋势进行时间和空间上的模拟与预测，基于此开展的水质安全预警预报在国内外得到初步应用。按照水质模型原理的不同其又分为机理型模型和非机理型模型。机理型模型是考虑了物理转化、化学转化和生物转化过程对河道水体中污染物随空间和时间的扩散迁移规律，基于水环境系统复杂性分析技术，耦合不确定性理论、水动力及污染物输移规律建立的数学模型。从早期的 S-P 模型体系、QUAL 模型体系到当前的水质分析模拟程序（water quality analysis simulation program，WASP）模型体系、地表水模型系统（surface water modeling system，SMS）、综合点源和非点源的较好的评价原则（better assessment science integrating point and non-point sources，BASINS）模型系统等，这些机理型模型在水质预警方面得到广泛应用，并且基于原有模型二次开发建立的预警模型，也取得了较好的效果。例如，美国国家环境保护局开发的 WASP 模型，利用指标预警法来预测水体中污染物浓度的变化，从而实现水源地的水质预警，基于该模型在我国的鄱阳湖、太湖等重要水域建立了水质预测预警体系，并取得了较好的效果。非机理型模型是指不考虑污染物输移扩散机理过程，利用污染物的监测数据，运用神经网络理论、灰色系统理论等方法建模，来模拟、预测污染物浓度变化趋势的一种模型。

1.2.3 水库对河流生态环境健康的影响

1. 河流健康的概念及其评价指标

现阶段对于河流健康的概念界定还有很多不同的说法，不同专家学者对此有着自己的见解。综合起来，评价一条河流的生态系统是否健康，关键点为在允许该河流所处环境进行正常的资源开发和人为活动的前提下，河流依然能长期保持其必要特性。其中，必要特性包括一系列指标，如水动力特性、泥沙输移特性、水质指标、生物多样性、河流稳定性和恢复力等。

专家提出了许多能够比较和量化的，适用于评价河流生态环境健康状况的指标。目前，比较常用的指标包括河流生态环境需水量、河流水质状况、水生生物多样性、湿地状况等。

2. 水库建设对河流生态环境健康的影响

近几十年，全球范围内诸多流域进行过大规模的水利工程开发建设，并且主要以修建水库为开发建设方式。目前，诸多研究表明，修建水库已经导致了一系列流域退化现象，对河流的生态环境产生了负面影响，这样的结果引起了国内外专家学者的广泛关注（张俊华 等，2011；胡宝柱 等，2008）。可以将水库建设对河流生态环境的影响大体划分为三个层次，也可以称为三级效应，具体如图1.2.1所示。

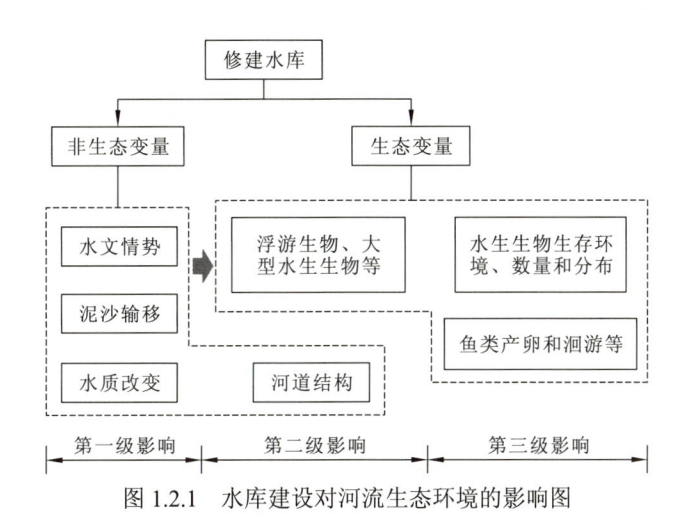

图1.2.1 水库建设对河流生态环境的影响图

第一级影响是水库建设对河流水文情势、泥沙输移及水质改变等的影响。第二级影响是水库建设对浮游生物、大型水生生物及河道结构（河流河道形态、河道基质构成等）的影响。第三级影响是第一级影响和第二级影响的综合效应，是水库建设对河流生态系统影响的最终体现。水库建设对河流水文情势、泥沙输移和水体物理、化学特性的改变会影响河流生态系统的稳定性，以及水生生物的生存环境，从而影响水生生物的分布和数量；大坝的阻隔作用，导致鱼类的洄游通道被堵塞，影响了鱼类产卵和繁殖，鱼类的数量和种类会发生显著变化。

1.2.4 水库群联合调度方法

水库是工具，水资源是调度对象，所以水库调度实质上就是水资源调度。水库调度是指利用水库的调蓄能力对天然径流进行调节，也是基于水利工程自身工况及水文预报，在保障自身和上下游防洪安全的前提下，本着综合利用水资源的原则，通过水利枢纽的过水建筑物有目的地对来水进行蓄放，从而达到兴利、减灾的目的。

1. 水库优化调度方法研究

自20世纪四五十年代起，国内外学者就开始了对水库优化调度的探索。几十年来，关于水库优化调度方法的研究已经由初期传统的数学规划方法逐渐演进为现代智能化算法。传统的数学规划方法中较有代表性的有线性规划法、动态规划法、改进的动态规划法等。其中，线性规划法研究起步较早，方法成熟，适用于研究线性约束条件下水库调度目标函数的极值问题，但是其灵活性差，不能准确描述水库调度全过程；动态规划法通过将目标任务分解成多个时段的动态优化过程，得到目标任务总时间下的最优解，这就可以避免线性规划法的弊端，但是也面临着难以解决水库联合调度的"维数灾"问题，由此专家又进一步研究出改进的动态规划法，如逐步优化算法、增量动态规划法等（郭生练 等，2010）。Little（1955）首先将动态规划法应用于水库调度，以美国大古力水库为研究对象，应用马尔可夫链描述水库入库径流过程，并建立了水库调度随机动态规划数学模型对其进行研究。Bellman（1957）所著的 *Dynamic Programming* 和 Howard（1960）所著的 *Dynamic Programming and Markov Processes* 接连出版，为动态规划理论的推广和马尔可夫决策模型理论基础的奠定起到了重要作用。随着计算机和人工智能技术的发展，遗传算法、免疫算法、蚁群算法等智能化算法给传统水库优化调度问题的研究赋予了新的生命力。遗传算法利用自然进化过程中适者生存、优胜劣汰的原理，通过迭代计算搜索最优解，但遗传算法在优化计算过程中存在退化现象且捕捉某些特征信息的能力有限，学者尝试用生命科学中的免疫概念对传统的遗传算法进行优化，由此产生了免疫算法。免疫算法将抗原识别与初代抗体产生、抗体评价和免疫操作形成循环过程完成更具有针对性的智能搜索。蚁群算法则启发于蚁群的行为习惯，学者发现蚁群作为群体与单个蚂蚁相比经常产生一些智能行为，如搜索到达食物的最短路径。利用蚁群算法解决水库优化调度问题的基本思路为：把待优化的水库调度问题看作蚁群即将行走的路径，所有可能路径共同构成了调度的解空间，算法中规定在较短路径上蚂蚁会释放更多信息元素以聚集更多蚂蚁，在这样的正反馈作用下自然越来越多的蚂蚁会走上最短路径，完成调度最优解的搜索任务，已经被应用于水库优化调度领域。自20世纪70年代起，我国面临着水资源遭受污染、生态系统遭到破坏的窘境，因此基于保护环境的水库调度方式探究成为多目标水库调度的重要组成部分。20世纪80年代以后，在中国水利学会环境水利研究会的推动下，改善环境的水库调度研究与实践不断在长江流域和全国各地付诸实施，取得了很大的成就。

2. 水库优化调度方案可靠度评价研究

为充分论证水库群联合调度思路是否科学、调度方案是否能够满足调度需求，针对水库优化调度效果评价的研究应运而生。现阶段较为常用的方法主要有水文指标分析法、层次分析法、模糊综合评价法、逼近于理想解方法、基于两种及以上理论的综合评价法等。

水文指标分析法通过对各调度方案下所关注的水文指标变化情况进行直观比较和

分析，给出优选调度方案，该方法简单、直接但不适用于多目标复杂调度问题的评价。层次分析法是由美国运筹学家匹兹堡大学教授 T. L. Saaty 提出的一种层次权重决策分析方法（Saaty，1987）。层次分析法把由多目标构成的综合性较强的问题分解成各个可以量化的特征指标，并将这些特征指标按支配作用分组，形成有序的递阶层次结构，综合人们的判断以决定各个特征指标的相对重要性总排序。模糊综合评价法的产生基于模糊数学理论，通过建立隶属函数进行模糊判断，将定性指标转化为定量指标进行评价，适用于解决类似于水库群联合调度这种多因素、难量化的综合问题。逼近于理想解方法以"正理想点"和"负理想点"为多目标问题方案优劣评价标准，一般认为越逼近"正理想点"的方案越优。综合评价法则是应用两种及以上理论求解一个复杂问题的优化方案，以便提取各种理论中与待求解问题最适用的部分，是现阶段应用较为广泛的水库群联合调度方案评价方法。

参 考 文 献

蔡其华, 2011. 三峡工程防洪与调度[J]. 中国工程科学, 13(7): 15-19, 37.

蔡庆华, 胡征宇, 2006. 三峡水库富营养化问题与对策研究[J]. 水生生物学报, 30(1): 7-11.

曹承进, 秦延文, 郑丙辉, 等, 2008. 三峡水库主要入库河流磷营养盐特征及其来源分析[J]. 环境科学, 29(2): 2310-2315.

曹承进, 郑丙辉, 张佳磊, 等, 2009. 三峡水库支流大宁河冬春季水华调查研究[J]. 环境科学, 30(12): 3471-3480.

董哲仁, 2005. 河流健康的内涵[J]. 中国水利(4): 15-18.

葛敏卿, 唐伯英, 1988. 地理知识手册[M]. 济南: 山东教育出版社.

郭生练, 陈炯宏, 刘攀, 等, 2010. 水库群联合优化调度研究进展与展望[J]. 水科学进展(4): 496-503.

韩丽, 戴志军, 2001. 生态风险评价研究[J]. 环境科学动态, 3: 7-10.

河海大学, 2015. 水利大辞典[M]. 上海: 上海辞书出版社.

胡宝柱, 高磊磊, 王娜, 2008. 水库建设对生态环境的影响分析[J]. 浙江水利水电学院学报, 20(2): 41-43.

花胜强, 高磊, 向南, 等, 2015. 基于改进蚁群算法的梯级水库调度优化的研究[J]. 水电厂自动化(1): 40-42.

黄钰铃, 刘德富, 陈明曦, 2008. 不同流速下水华生消的模拟[J]. 应用生态学报, 19(10): 2293-2298.

孔繁翔, 高光, 2005. 大型浅水富营养化湖泊中蓝藻水华形成机理的思考[J]. 生态学报, 25(3): 589-595.

李崇明, 黄真理, 张晟, 等, 2007. 三峡水库藻类"水华"预测[J]. 长江流域资源与环境, 16(1): 1-6.

李锦秀, 杜斌, 孙以三, 2005. 水动力条件对富营养化影响规律探讨[J]. 水利水电技术, 36(5): 15-18.

廖平安, 胡秀琳, 2005. 流速对藻类生长影响的试验研究[J]. 北京水利(2): 12-14, 60.

廖文根, 任红, 2008. 水动力调控: 抑制三峡库区支流水华的路径[J]. 中国三峡建设(9): 60-63.

刘学斌, 刘晓霭, 付道林, 2009. 三峡水库蓄水前后大宁河水体中营养盐时空分布及水质变化趋势探讨[J]. 环境科学导刊, 28(2): 22-24.

刘延恺, 洪世华, 李永, 2008. 北京水务知识词典[M]. 北京: 中国水利水电出版社.

陆佑楣, 曹广晶, 2010. 长江三峡工程(技术篇)[M]. 北京: 中国水利水电出版社.

罗专溪, 朱波, 郑丙辉, 等, 2007. 三峡水库支流回水河段氮磷负荷与干流的逆向影响[J]. 中国环境科学, 27(2): 208-212.

马骏, 刘德富, 纪道斌, 等, 2011. 三峡水库支流库湾低流速条件下测流方法探讨及应用[J]. 长江科学院院报, 28(6): 30-34, 54.

钮新强, 谭培伦, 2006. 三峡工程生态调度的若干探讨[J]. 中国水利(14): 8-10, 24.

潘明祥, 2010. 三峡水库生态调度目标研究[D]. 上海: 东华大学.

钱宁, 范家骅, 曹俊, 等, 1958. 异重流[M]. 北京: 水利出版社.

秦伯强, 王小冬, 汤祥明, 等, 2007. 太湖富营养化与蓝藻水华引起的饮用水危机: 原因与对策[J]. 地球科学进展, 22(9): 896-906.

任春坪, 钟成华, 邓春光, 等, 2009. 三峡库区冬季微囊藻水华探析[J]. 安徽农业科学, 37(11): 5074-5077.

史艳华, 2008. 基于河流健康的水库调度方式研究[D]. 南京: 南京水利科学研究院.

水利部长江水利委员会, 2011. 三峡后续工作总体规划[R]. 武汉: 水利部长江水利委员会.

苏长岭, 丁书红, 白继平, 等, 2010. 河流水质模型研究现状及发展趋势[J]. 河南水利与南水北调(7): 83-85.

孙雪岚, 胡春宏, 2007. 河流健康的内涵及表征[J]. 水电能源科学, 25(6): 25-28, 6.

孙雪岚, 胡春宏, 2008. 河流健康评价指标体系初探[J]. 泥沙研究(4): 21-27.

王加全, 马细霞, 李艳, 2013. 基于水文指标变化范围法的水库生态调度方案评价[J]. 水力发电学报, 32(1): 107-112.

王俊娜, 2008. 改善三峡水库非汛期水质的调度方式研究[D]. 天津: 天津大学.

王玲玲, 戴会超, 蔡庆华, 2009a. 河道型水库支流库湾富营养化数值模拟研究[J]. 四川大学学报(工程科学版), 41(2): 18-23.

王玲玲, 戴会超, 蔡庆华, 2009b. 香溪河生态调度方案的数值模拟[J]. 华中科技大学学报(自然科学版), 37(4): 111-114.

魏泽彪, 2014. 南水北调东线小运河段突发水污染事故模拟预测与应急调控研究[D]. 济南: 山东大学.

文伏波, 韩其为, 许炯心, 等, 2007. 河流健康的定义与内涵[J]. 水科学进展, 18(1): 140-150.

邬红娟, 郭生练, 2001. 水库水文情势与浮游植物群落结构[J]. 水科学进展, 12(1): 51-55.

阳书敏, 邵东国, 沈新平, 2005. 南方季节性缺水河流生态环境需水量计算方法[J]. 水利学报(11): 72-77.

杨正健, 刘德富, 马骏, 等, 2012. 三峡水库香溪河库湾特殊水温分层对水华的影响[J]. 武汉大学学报(工学版), 45(1): 1-9, 15.

姚绪姣, 刘德富, 杨正健, 等, 2012. 三峡水库香溪河库湾冬季甲藻水华生消机理初探[J]. 环境科学研究, 25(6): 645-651.

叶碎高, 温进化, 王士武, 2011. 多目标免疫遗传算法在梯级水库优化调度中的应用研究[J]. 南水北调与水利科技, 9(1): 64-67.

俞家禄, 陈明惠, 林坤二, 等, 1987. 武汉东湖蓝藻水华毒性的研究 I. 淡水蓝藻毒性的检测[J]. 水生生物学报(3): 212-218.

袁超, 陈永柏, 2011. 三峡水库生态调度的适应性管理研究[J]. 长江流域资源与环境, 20(3): 269-275.

曾辉, 宋立荣, 于志刚, 等, 2007. 三峡水库"水华"成因初探[J]. 长江流域资源与环境, 16(3): 336-339.

张晟, 李崇明, 郑坚, 等, 2009. 三峡水库支流回水区营养状态季节变化[J]. 环境科学, 30(1): 64-69.

张二凤, 陈西庆, 2003. 长江大通—河口段枯季的径流量变化[J]. 地理学报, 58(2): 231-238.

张俊华, 高承恩, 陈南祥, 2011. 水库建设对生态环境影响的评价[J]. 安徽农业科学, 39(5): 2876-2878, 2916.

钟成华, 幸治国, 赵文谦, 等, 2004. 三峡水库蓄水后大宁河水体富营养化调查及评价[J]. 灌溉排水学报, 23(3): 20-23.

中共中央, 国务院, 2010. 中共中央 国务院关于加快水利改革发展的决定[EB/OL]. (2010-12-31) [2021-10-30]. http://www.lswz.gov.cn/html/zmhd/wmfw/2018-06/14/content_234975.shtml.

周念来, 纪昌明, 2007. 基于蚁群算法的水库调度图优化研究[J]. 武汉理工大学学报, 29(5): 61-64.

BELLMAN R, 1957. Dynamic programming[M]. Princeton: Princeton University Press.

BUNN S E, ARITHINGTON A H, 2002. Basic principles and ecological consequences of altered flow regimes for aquatic biodiversity[J]. Environmental management, 30(4): 492-507.

COVICH A P, PALMER M A, CROWL T A, 1999. The role of benthic invertebrate species in freshwater ecosystems: Zoobenthic species influence energy flows and nutrient cycling[J]. BioScience, 49: 119-127.

DIEHL S, 2002. Phytoplankton, light, and nutrients in a gradient of mixing depths: Theory[J]. Ecology, 83(2): 386-398.

FU B, WU B, LV Y, et al., 2010. Three Gorges Project: Efforts and challenges for the environment[J]. Progress in physical geography, 34(6): 741-754.

GARNIER J, LEPORCQ B, SANCHEZ N, et al., 1999. Biogeochemical mass-balance(C, N, P, Si) in three large reservoirs of the Seine Basin (France)[J]. Biogeochemistry, 47(3): 119-146.

GARY J J, WOJCIECH P, 1998. Understanding and management of cyanobacterial blooms in sub-tropical reservoirs of Queensland, Australia[J]. Water science and technology, 37(2): 161-168.

HORN H, UHLMANN D, 1995. Competitive growth of blue-greens and diatoms (*Fragilaria*) in the Saidenbach Reservoir, Saxony[J]. Water science and technology, 32(4): 77-88.

HOWARD R A, 1960. Dynamic programming and Markov processes[M]. New York:Technology Press and Wiley.

HUISMAN J, VAN OOSTVEEN P, WEISSING F J, 1999. Species dynamics in phytoplankton blooms: Incomplete mixing and competition for light[J]. The American naturalist, 154(1): 46-68.

HUMBORG C, ITTEKKOT V, COCIASU A, et al., 1997. Effect of Danube River dam on Black Sea biogeochemistry and ecosystem structure[J]. Nature, 386: 385-388.

KAWARA O, YURA E, FUJII S, et al., 1997. A study on the role of hydraulic retention time in eutrophication of the Asahi River Dam reservoir[J]. Water science and technology, 37(2): 245-252.

LAWRENCE I, BORMANS M, OLIVER R, et al., 2000. Physical and nutrient factors controlling algal succession and biomass in Burrinjuck Reservoir[R]. Sydney: Cooperative Research Centre for Freshwater

Ecology.

LITTLE J D C, 1955. The use of storage water in a hydroelectric system[J]. Journal of the operations research society of America, 3(2): 187-197.

LIU J, XIE P, 2002. Enclosure experiments on and lacustrine practice for eliminating Microcystis bloom[J]. Chinese journal of oceanology and limnology, 20(2): 113-117.

MA J, LIU D, WELLS S A, et al., 2015. Modeling density currents in a typical tributary of the Three Gorges Reservoir, China[J]. Ecological modelling, 296: 113-125.

MITROVIC S M, OLIVER R L, REES C, et al., 2003. Critical flow velocities for the growth and dominance of Anabaena circinalis in some turbid freshwater rivers[J]. Freshwater biology, 48(1): 164-174.

OLIVER R L, HART B T, OLLEY J, et al., 2000. The Darling River: Algal growth and the cycling and sources of nutrients[R]. Canberra: The Murray-Darling Basin Commission.

QIN B, YANG L, CHEN F, et al., 2006. Mechanism and control of lake eutrophication[J]. Chinese science bulletin, 51(19): 2401-2412.

REYNOLDS C S, 2006. The ecology of phytoplankton[M]. Cambridge: Cambridge University Press.

REYNOLDS C S, HUSZAR V, KRUK C, et al., 2002. Towards a functional classification of the freshwater phytoplankton[J]. Journal of plankton research, 24(5): 417-428.

SAATY T L, 1987. Rank generation, preservation, and reversal in the analytic hierarchy decision process[J]. Decision sciences, 18(2): 157-177.

SMAYDA T J, 1997. Harmful algal blooms: Their ecophysiology and general relevance to phytoplankton blooms in the sea[J]. Limnology and oceanography, 42(5): 1137-1153.

YIN Y Y, HUANG G H, HIPEL K W, 1999. Fuzzy relation analysis for multicriteria water resources management [J]. Journal of water resources planning and management, 125(1): 41-47.

YUNKER M B, MACDONALD R W, VINGARZAN R, et al., 2002. PAHs in the Fraser River basin: A critical appraisal of PAH ratios as indicators of PAH source and composition[J]. Organic geochemistry, 33(4): 489-515.

ZENG H, SONG L, YU Z, et al., 2006. Distribution of phytoplankton in the Three-Gorge Reservoir during rainy and dry seasons[J]. Science of the total environment, 367(2/3): 999-1009.

第 2 章

三峡水库水环境特征和污染负荷评估

2.1 基 础 数 据

研究区域水环境基础数据包括水文及水质等数据。除收集研究期限内现有水文、水质监测站常规监测数据外，根据课题研究的需要，在研究区域内布设多处水质监测站点。

1）三峡库区重庆至坝址段

研究选取了三峡库区三个重要饮用水源地——重庆南岸长江黄桷渡饮用水源地、重庆九龙坡长江和尚山饮用水源地、宜昌秭归长江段凤凰山饮用水源地作为保障库区水源地安全的水库群联合调度示范区。目前，重庆南岸长江黄桷渡饮用水源地、重庆九龙坡长江和尚山饮用水源地无水文、水质监测站，宜昌秭归长江段凤凰山饮用水源地有水文监测站，无水质监测站。对上述三个库区饮用水源地的水质指标进行了委托监测，监测情况如下：①监测点位包括上述三个水源地取水口附近的断面；②监测指标包括水温、pH、溶解氧、高锰酸盐指数、五日生化需氧量（BOD_5）、氨氮（NH_3-N）、TP、铜、锌、氟化物、硒、砷、汞、镉、铬（六价）、铅、氰化物、挥发酚、石油类、阴离子表面活性剂、硫化物、粪大肠杆菌、硫酸盐、氯化物、硝酸盐、铁、锰27项水质指标（以下简称"27项水质指标"）；③监测年份为2014~2017年，监测频率为每月1次；④评价依据为《地表水环境质量标准》（GB 3838—2002）（国家环境保护总局和国家质量监督检验检疫总局，2002）Ⅲ类标准。

除此之外，在三个梯级水库进行了定期的水环境监测。三峡库区范围内从坝首茅坪至重庆干流沿程布置18个监测点位，重庆至水富段沿程布置8个监测点位；向家坝库区布置5个监测点位，溪洛渡库区布置13个监测点位。每年监测3次，监测指标包括水文指标（水位、流量、泥沙等）、水质指标（水温、营养盐、叶绿素等）。

2）支流香溪河段

为系统分析香溪河库湾水动力特性、光热特性、营养盐特性及浮游植物群落结构特征，依托香溪河野外观测站，在自香溪河口至上游回水末端约32 km长的回水范围内，沿香溪河库湾中泓线每隔3 km左右布设一个采样断面进行系统生态水文监测，另在干支流交汇区的干流上增设CJXX监测断面作为参照，共计12个采样断面。

3）三峡水库下游宜昌至大通段

三峡水库下游宜昌至大通段的水文（位）站包括：宜昌水文站、枝城水文站、荆州水文站、监利水文站、城陵矶（七里山）水文站、莲花塘水位站、螺山水文站、汉口水文站、九江水文站、湖口（鄱阳湖）水位站、大通水文站。水质自动监测站包括南津关站、城陵矶站、岳阳楼站、宗关站。

2014~2017年对武汉白沙洲水厂水源地的水质开展监测，监测点位于水厂取水口附近，监测频次为每月一次，监测项目同为上述27项水质指标。2017年5月20~25日，三峡水库和向家坝水库第一次联合实施了促进产漂流性卵鱼类产卵繁殖示范调度试验，为评估本次示范调度对下游水源地水质的影响，在宜昌、荆州柳林水厂和武汉白沙洲水厂水源地附近进行了采样测试。2018 年 8 月 15~24 日对长江干流宜昌三峡水文站站点、宜都长江大桥（清江入长江汇流点）、引江济汉出水渠长江出口处、荆州柳林水厂水源地、城陵矶站、岳阳楼站、武汉白沙洲水厂水源地取水样，监测项目同为上述 27 项水质指标。另外，以武汉白沙洲水厂水源地为起点，沿长江干流向上大约每 20 km 设置一个监测断面，共计 10 个断面，对水样中的高锰酸盐指数、TP、铁等要素进行加密监测，以评估示范期间河段水质的变化过程。

2.2 研究区域水体功能及水质标准

2.2.1 三峡库区重庆至坝址段

1. 三峡库区重庆至坝址段水体功能及水质标准

选取宜昌秭归长江段凤凰山饮用水源地、重庆南岸长江黄桷渡饮用水源地、重庆九龙坡长江和尚山饮用水源地作为保障库区水源地安全的水库群联合调度示范区。按照水体功能划分，其为生活饮用水水源区；水质标准需满足《地表水环境质量标准》（GB 3838—2002）中的 III 类水标准及集中式生活饮用水地表水源地补充课题标准限值。

2. 三峡库区重庆至坝址段水源地概况

1）重庆南岸长江黄桷渡饮用水源地

重庆南岸长江黄桷渡饮用水源地是河流型水源地，位于重庆南岸黄桷渡 100 号，为重庆南岸地区供水。实际取水量 10 万 t/d，服务人口 29 万人。以岸边浮船方式取水。

2）重庆九龙坡长江和尚山饮用水源地

重庆九龙坡长江和尚山饮用水源地是河流型水源地；和尚山水厂是重庆九龙坡长江和尚山饮用水源地的主要取水水厂，位于重庆九龙坡王家沟。实际取水量为 20 万 t/d，服务人口 98 万人，取水方式是中心底层方式。

3）宜昌秭归长江段凤凰山饮用水源地

宜昌秭归长江段凤凰山饮用水源地属于河流型水源地。秭归县自来水公司二水厂是宜昌秭归长江段凤凰山饮用水源地的主要取水水厂，位于宜昌秭归凤凰山一带，为秭归供水，服务人口 4 万人。

2.2.2 三峡水库下游宜昌至武汉段

1. 宜昌至武汉段水体功能及水质标准

长江干流宜昌至武汉段水功能一级分区如下：葛洲坝水库至荆州松滋段、荆州石首至监利段、洪湖螺山至新滩口段为保护区；松滋至公安段、荆州江陵滩桥观音寺至石首段、嘉鱼至武汉段为保留区；其他为开发利用区。长江干流宜昌至武汉段水体需满足地表 III 类水标准。

2. 长江荆州段、武汉段水源地概况

为了研究水库群联合调度对长江中游调用水区域水质安全的影响，使荆州和武汉的重要取水口水质达到要求，选取荆州和武汉两个重要的水源地——荆州柳林水厂水源地和武汉白沙洲水厂水源地，进行重点研究。

1）荆州柳林水厂水源地

荆州柳林水厂水源地属于河流型水源地，所在的沙市位于荆州中心城区，柳林水厂为该水源地的主要取水水厂，供水区域主要涵盖沙市江汉路以东片区，服务人口近 50 万人。目前该水厂日均制水量 30 万 t，取水方式是岸边浮船式取水。

2）武汉白沙洲水厂水源地

武汉白沙洲水厂水源地位于武汉洪山青菱街，属于河流型水源地。白沙洲水厂的制水能力为 82 万 m^3/d，服务整个武昌地区 70%的区域，采用浮船式取水，目前该水厂正进行改扩建工程，完成后设计取水规模将超过 100 万 m^3/d。

2.3 研究区域水环境特征

2.3.1 三峡库区

对 2014~2017 年水质的监测结果表明，重庆南岸长江黄桷渡饮用水源地的水质达标率为 79.2%，重庆九龙坡长江和尚山饮用水源地水质达标率为 81.3%，宜昌秭归长江段凤凰山饮用水源地水质达标率为 97.9%。三个水源地的主要污染物及质量浓度见表 2.3.1。

表 2.3.1　库区重要饮用水源地主要污染物及质量浓度　　　　（单位：mg/L）

日期 (年-月)	重庆九龙坡长江和尚山 饮用水源地		重庆南岸长江黄桷渡 饮用水源地		宜昌秭归长江段凤凰山 饮用水源地	
	主要污染物	质量浓度	主要污染物	质量浓度	主要污染物	质量浓度
2014-01	—	—	TP	0.22	—	—
2014-02	—	—	TP	0.21	—	—

续表

日期 （年-月）	重庆九龙坡长江和尚山 饮用水源地		重庆南岸长江黄桷渡 饮用水源地		宜昌秭归长江段凤凰山 饮用水源地	
	主要污染物	质量浓度	主要污染物	质量浓度	主要污染物	质量浓度
2014-03	TP	0.23	TP	0.23	—	—
2014-04	TP	0.41	铁	0.6	—	—
2014-05	铁	0.41	铁	1.79	铁	0.33
2014-07	铁	0.96	铁	1.44	—	—
2014-08	铁	1.36	锰	0.18	—	—
2014-09			TP	0.22		
2014-11	TP	0.22	—	—	—	—
2015-01	TP	0.29	—	—	—	—
2015-07	—	—	TP	0.23	—	—
2015-08	—	—	汞	0.0004	—	—
2016-07	锰	0.11	—	—	—	—
2016-10	氨氮	1.35	—	—	—	—

以 TP 为主要评价指标，对重庆九龙坡长江和尚山饮用水源地进行评价，如图 2.3.1 所示。重庆九龙坡长江和尚山饮用水源地主要超标月份集中在 2014 年，2014~2016 年 TP 质量浓度总体呈现下降状态，河段水质趋于良好。

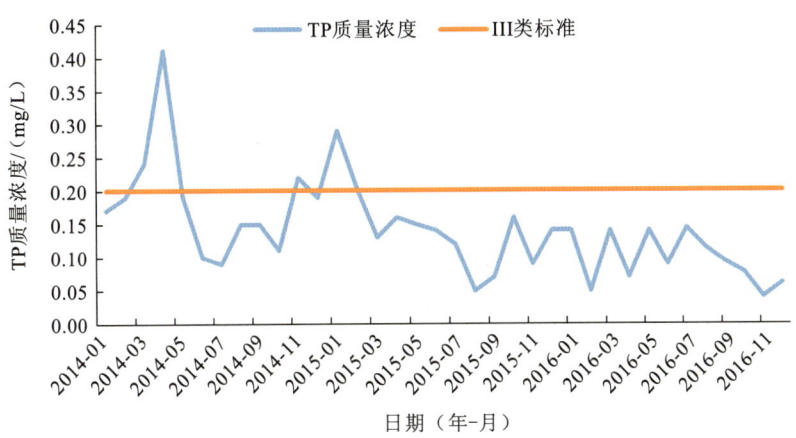

图 2.3.1 2014~2016 年重庆九龙坡长江和尚山饮用水源地 TP 变化

2.3.2 支流香溪河段

三峡水库蓄水后，支流库湾受干流回水顶托影响，流速趋缓，水体自净能力降低，香溪河流域磷背景值较高，分布众多磷矿企业，从上游源头入流对香溪河库湾形成高补给模式，致使香溪河库湾的磷浓度普遍高于其他支流水体。受干、支流温差影响，支流库湾出口处常年存在倒灌异重流，干流通过异重流形式使高氮、磷浓度水体进入支流库湾，形成干流对库湾的营养盐补给。香溪河流域及干流对库湾的双补给模式进一步加剧了水体富营养化，库湾自2003年起每年均暴发不同程度的水华，相较于其他支流，香溪河为三峡库区水华暴发高风险区域。香溪河库湾的水华演替趋势是由河道型水华转变为湖泊型水华。

2.3.3 三峡水库下游宜昌至武汉段

1. 长江宜昌至武汉段水质状况及评价

以高锰酸盐指数、氨氮为主要评价指标，以溶解氧和pH为辅助评价指标，对南津关站、城陵矶站、岳阳楼站等主要站点的水质进行了总体评价，并对发展趋势进行了简要分析，如图2.3.2～图2.3.7所示。

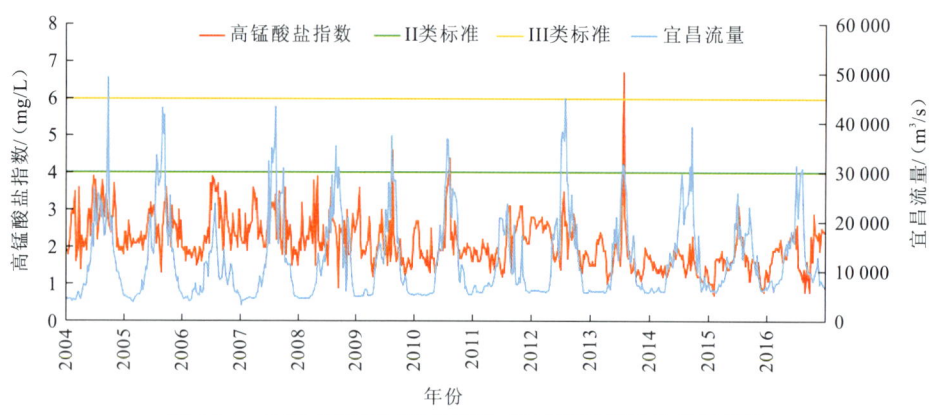

图2.3.2 南津关站高锰酸盐指数-宜昌流量周平均关系曲线

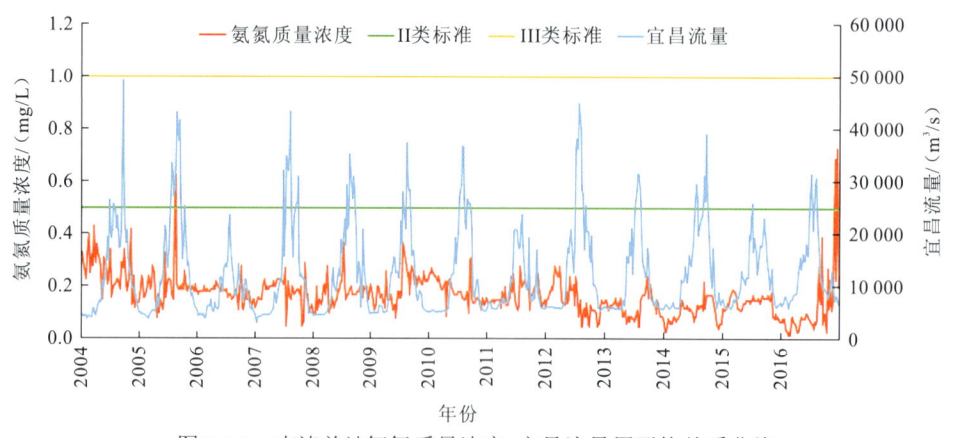

图2.3.3 南津关站氨氮质量浓度-宜昌流量周平均关系曲线

图 2.3.4　城陵矶站高锰酸盐指数-螺山流量周平均关系曲线

图 2.3.5　城陵矶站氨氮质量浓度-螺山流量周平均关系曲线

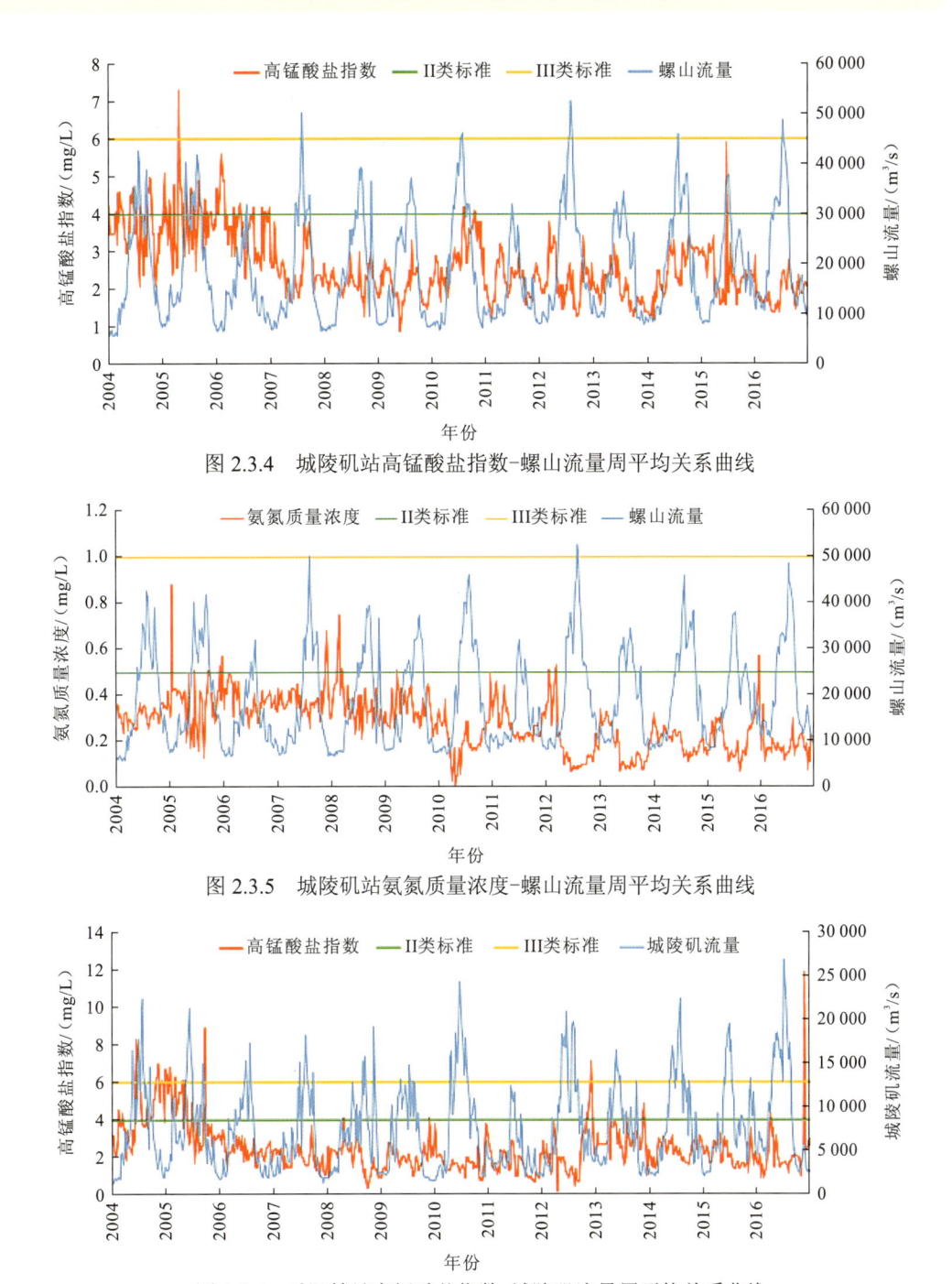

图 2.3.6　岳阳楼站高锰酸盐指数-城陵矶流量周平均关系曲线

1）南津关站水质变化特征

由图 2.3.2 和图 2.3.3 可见，2004~2016 年南津关站按高锰酸盐指数周平均值除 2005 年、2009 年、2010 年、2013 年、2015 年、2016 年出现短期 III 类水质（2013 年出现 1 周 IV 类）外，其他时间均为 II 类以上水质，高锰酸盐指数在 4 mg/L 以下。2004~2016

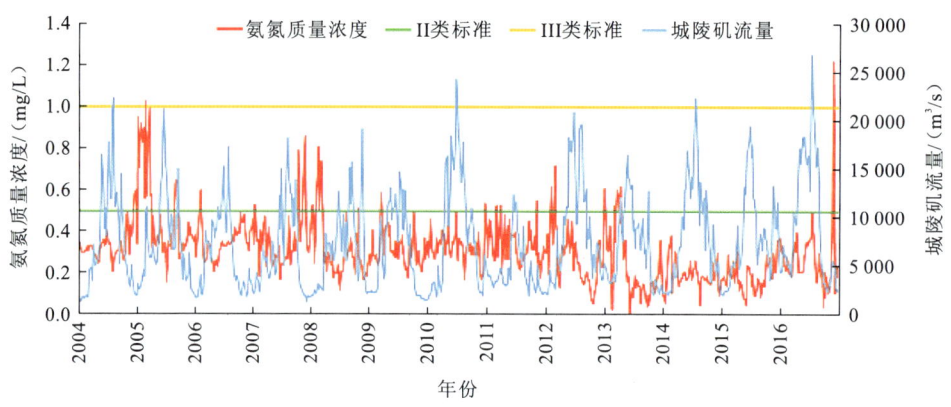

图 2.3.7　岳阳楼站氨氮质量浓度-城陵矶流量周平均关系曲线

年南津关站高锰酸盐指数呈下降趋势。2004~2016 年南津关站按氨氮周平均质量浓度除 2005 年、2016 年出现短期 III 类水质外，其他时间均为 II 类以上水质，质量浓度在 0.5 mg/L 以下。2004~2016 年南津关站氨氮质量浓度呈下降趋势。2004~2016 年，南津关站水质良好且逐渐趋优，如 2014 年有 32 周为 I 类水质。

2）城陵矶站水质变化特征

由图 2.3.4 和图 2.3.5 可见，2004~2016 年高锰酸盐指数几乎全在 5 mg/L 以下，大部分符合 II 类水质要求，极少出现 III 类以下水质情况。另外，纵观 2004~2016 年城陵矶站高锰酸盐指数变化趋势发现，2006 年以前高锰酸盐指数基本在 4 mg/L 左右，2006 年以后，高锰酸盐指数呈下降趋势，至 2016 年为 2 mg/L 左右。纵观 2004~2016 年城陵矶站氨氮质量浓度变化趋势发现，2009 年以前氨氮质量浓度基本在 0.4 mg/L 左右，2009 年以后，质量浓度呈下降趋势，至 2016 年为 0.2 mg/L 左右。

3）岳阳楼站水质变化特征

岳阳楼站的水质状况较为复杂，总体情况较城陵矶站（长江干流）差，且超标指标趋于多元化，除了高锰酸盐指数、氨氮外，另有溶解氧和 pH，可以说，洞庭湖的污染入汇是城陵矶段水质污染的主要贡献者。由图 2.3.6 和图 2.3.7 可见，2004~2016 年岳阳楼站按高锰酸盐指数周平均值除 2004 年、2005 年、2012 年、2013 年、2016 年出现 IV 类水质外，其他时间为 III 类水质，高锰酸盐指数在 6 mg/L 以下。2004 年、2005 年水质较差，2006~2012 年岳阳楼站高锰酸盐指数呈下降趋势；2013 年高锰酸盐指数升高，后呈下降趋势。2004~2016 年岳阳楼站按氨氮周平均质量浓度除 2005 年、2016 年出现短期 IV 类水质外，其他时间均为 II 类以上水质，质量浓度在 1 mg/L 以下。2004~2016 年氨氮质量浓度总体上呈下降趋势。2004~2016 年共出现溶解氧导致的超过地表水 III 类水质标准的现象 4 次，最严重的发生在 2004 年 15 周、16 周，溶解氧质量浓度为 3.97 mg/L，2005 年、2010 年各出现一周，溶解氧质量浓度分别为 4.4 mg/L、4.89 mg/L，略低于 5 mg/L 的地表水 III 类水质标准。

从南津关站、城陵矶站、岳阳楼站的水质类别占当年周数的百分比可以看出，南津关站水质良好，城陵矶站水质也较好。南津关站水质优于城陵矶站和岳阳楼站，除 2004

年外，岳阳楼站的水质劣于城陵矶站水质。城陵矶站以上长江干流及洞庭湖出口水质直接影响到城陵矶站以下河段的水质，城陵矶站水质出现不达标的现象与岳阳楼站水质较差密切相关，如 2005 年和 2012 年城陵矶站、岳阳楼站和洞庭湖出口断面同时出现了Ⅳ类水质，且各项指标的波动较大。并且，洞庭湖各个断面出现污染与南津关站没有直接的联系，但在污染指标上有共性，考虑污染的扩散和传播，可以看出南津关站水质有滞后性的影响。因此，分析城陵矶站较差水质的时间分布对三峡水库中长期调度预警具有现实意义。当城陵矶国家水质自动监测站出现Ⅳ类及Ⅳ类以下水质，且污染指标为高锰酸盐指数或氨氮时，需要对三峡水库提出调度预警，让其判断是否需要通过提高下泄量来稀释洞庭湖来水的污染浓度。

2. 城陵矶段的水质-水量关系

城陵矶段位于长江中游，其水质、水量受长江来流与洞庭湖入汇的共同作用，影响因素复杂，是研究长江中游水质、水量及江湖关系的典型河段。图 2.3.8 和图 2.3.9 为 2015~2016 年长江干流城陵矶水质自动监测站监测的高锰酸盐指数、氨氮质量浓度与螺山日均流量过程的对应关系。由图 2.3.8 和图 2.3.9 可知，城陵矶站的高锰酸盐指数、氨氮质量浓度均与流量具有一定的负相关关系，流量越大，质量浓度越低。高锰酸盐指数及氨氮质量浓度突增主要发生在枯水期流量偏小与主汛期开始阶段，主要原因在于地表面源污染随着雨水径流集中进入洞庭湖后导致长江干流水质下降。

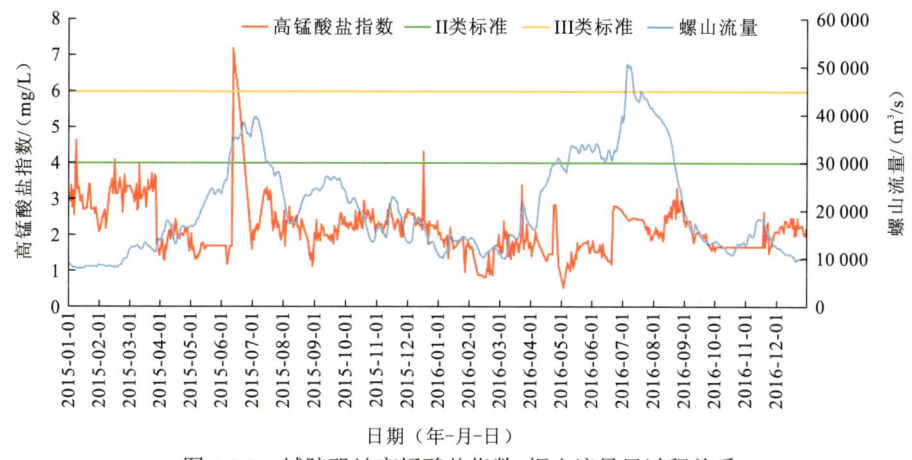

图 2.3.8 城陵矶站高锰酸盐指数-螺山流量日过程关系

图 2.3.10 为 2015~2016 年长江干流城陵矶水质自动监测站监测的高锰酸盐指数、氨氮质量浓度日均值与日平均流量的相关关系。总体上，当长江干流螺山流量小于 14 000 m³/s 时，流量越大，高锰酸盐指数越小。当长江干流螺山流量大于 14 000 m³/s 时，高锰酸盐指数基本不随流量变化，除个别点外，均小于 4 mg/L。当螺山流量在 35 000 m³/s 左右时，高锰酸盐指数有突变现象发生。当长江干流螺山流量小于 16 000 m³/s 时，流量越大，氨氮质量浓度越小。当长江干流螺山流量大于 16 000 m³/s 时，氨氮质量浓度基本不随流量变化，除个别点外，质量浓度均小于 0.5 mg/L。当螺山流量在 10 000~15 000 m³/s 时，氨氮质量浓度有突变现象发生。

图 2.3.9 城陵矶站氨氮质量浓度-螺山流量日过程关系

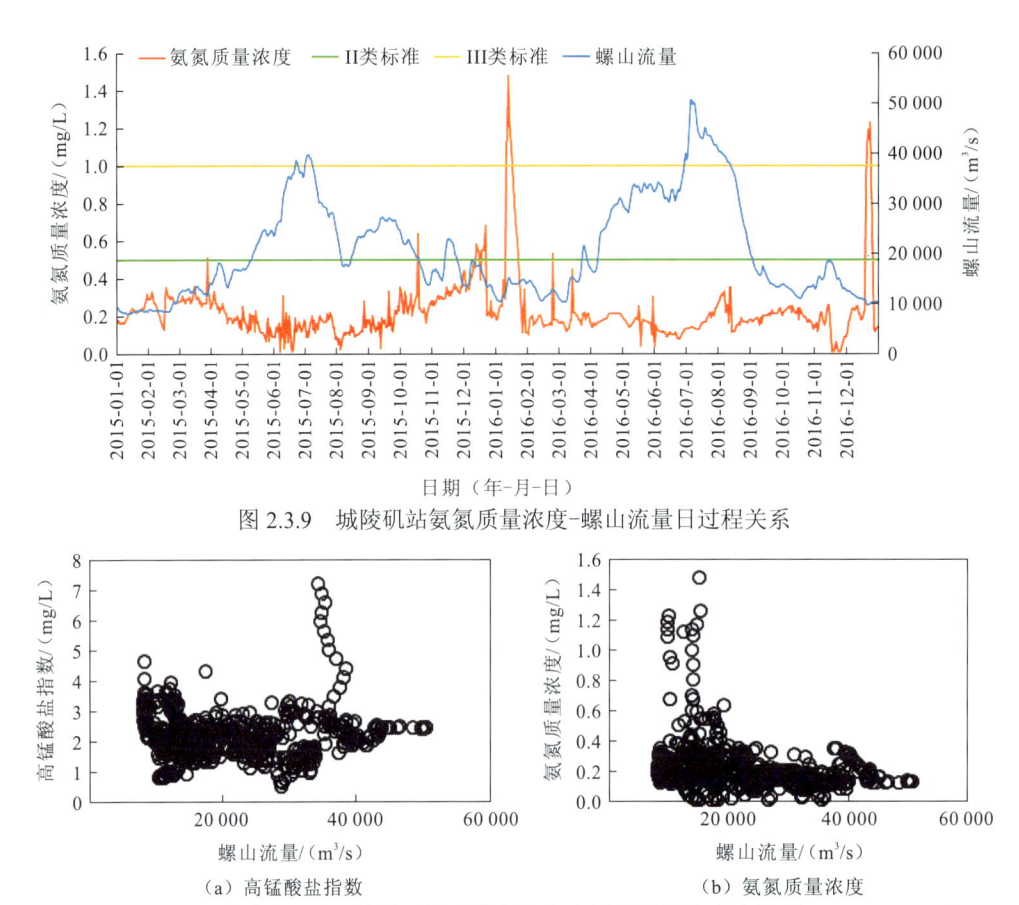

图 2.3.10 长江干流城陵矶站污染物质量浓度与螺山流量的日均值对应关系（2015～2016 年）

（a）高锰酸盐指数　　（b）氨氮质量浓度

3. 通江湖泊水质状况及评价

2015 年长江整体水质较好，I～III 类水的河长占总评价河长的 78%，劣于 III 类水的河长占总评价河长的 21.2%，但是在 60 个湖泊和 254 座水库中，全年水质符合 I～III 类标准的湖泊和水库分别占 16.7%、74.8%，多达 84.6%的湖泊和 38.6%的水库都呈中、轻度富营养状态。在 2012 年后，洞庭湖 III 类水质断面（各断面所在功能区标准均为 III 类）占比直线下降，2014～2016 年更是连续三年低于 20%，且超标指标几乎全部为 TP，与此相对应的是，洞庭湖自 2010 年以来富营养化评价结果基本都是中营养化。除了湖泊富营养化外，湖泊面积的萎缩及湖泊湿地生态功能的退化问题在长江中游也尤为严重。

4. 长江中游典型断面底泥环境状况

依据《铅、镉、钒、磷等 34 种元素的测定》（SL 394—2007）（中华人民共和国水利部，2007）中指定的电感耦合等离子体发射光谱（inductively coupled plasma-atomic emission spectrometer，ICP-AES）法，于 2018 年 8 月 16 日、17 日、19 日、21 日在武汉白沙洲水厂取水口及其上游方向的 9 个断面[取水口断面、往上游（荆州方向）500 m 的断面、往上游 1.5 km 的断面、往上游 5 km 的断面、往城陵矶方向均匀分布的 4 个断面、城陵矶断面]的左、中、右垂线进行取样检测，以铁浓度为代表的监测结果自上游到下游分别为 42.4 g/kg、36.3 g/kg、37.9 g/kg、38.7 g/kg、42.1 g/kg、26.8 g/kg、40.4 g/kg、33.2 g/kg、24.6 g/kg，表明底泥中铁元素的浓度自上游到下游无趋势性变化。

2.3.4 长江口及北支倒灌影响下盐水上溯规律

根据《地表水环境质量标准》（GB 3838—2002），氯化物质量浓度大于 250 mg/L（盐度大于 0.45）时，视为氯化物质量浓度超标，一个潮周期内日均氯化物质量浓度连续 10 天超过 250 mg/L 视为严重盐水入侵。盐水入侵是河口处普遍存在的水环境问题，是河口淡水与海洋咸水混合的结果，长江口作为我国的第一大河口，同样存在着盐水入侵的问题，1978 年 12 月～1979 年 3 月特枯水时期，吴淞站最大氯度高达 4 140 mg/L（氯度达到 100 mg/L 即表明水体已受到盐水入侵），国家级湿地保护区崇明岛受盐水包围，加重了黄浦江的水质恶化，这次盐水入侵给长江口工农业生产和人民生活都带来了巨大的危害，在生态上，也使得崇明损失了超过 1 000 hm^2 的早稻。

1. 长江口盐水运移总体特征

长江口存在三级分汊、四口入海的复杂河势条件，各口门径流、潮汐动力不同，加之水平环流、漫滩横流等的影响，盐度的时空变化规律复杂多变。在前人研究的基础上，分北支、南支上段、南支中段、南支下段等不同区域，归纳了各区域内的盐水运移规律（表 2.3.2）。其中，北支终点为崇头，南支上段指吴淞口以上，南支下段指吴淞口以下，南支中段指浏河口至吴淞口段。

表 2.3.2　长江口不同区域盐水运移特征

项目	分段			
	北支	南支上段	南支中段	南支下段
盐水来源	上溯	北支倒灌	北支倒灌	上溯
日内变化	峰值出现于涨憩	峰值出现于落憩	峰值出现于落憩	峰值出现于涨憩
月内变化	峰值出现于大潮	峰值出现于中潮	峰值出现于小潮	峰值出现于大潮
盐度变幅特点	日内、月内变幅明显	日内变幅小，月内变幅大	日内变幅小，月内变幅大	日内、月内变幅明显

北支进潮量约占长江口进潮量的 25%，但流入北支的径流量不到总来流的 5%，这使得潮汐动力在北支占据主导地位。尤其是北支下宽上窄，上溯潮差不断增大，青龙港一带断面狭窄而滩面较高，使得北支上段犹如单向开关，高浓度盐水容易从北支进入南支，而难以从南支返回北支，盐通量从北支流向南支。从不同研究机构的观测资料来看，北支盐水以上溯为主，青龙港日内盐度峰值出现于涨憩，月内盐度峰值发生于大潮期，盐度峰滞后于潮位相位约 1 天。北支内虽然盐度沿程衰减，但青龙港附近盐度仍很高，流量特枯时期，青龙港盐度几乎与外海相当。

南支上段受到北支倒灌和南支盐水上溯的双重影响，但由于南支径流量大，南支的盐水上溯至吴淞口以上时已处于次要地位。一般情况下，高桥以下不可能存在潮周期内向上游的净输移。因此，南支上段的盐水以北支倒灌的过境盐水团为主。观测显示，倒灌进入南支上段的盐水团随着涨落潮反复振荡并缓慢下行，一般在落潮时出现日内盐度峰值，中潮期出现月内盐度峰值。南支中段与上段类似，同样受到北支倒灌和南支盐水上溯的双重影响，并且多数时间北支倒灌为盐水主要来源。但由于距离崇头较远，而倒灌的下行盐水团运行较慢，石洞口（陈行附近）在大潮后8~9天出现盐度高峰，此时一般处于小潮期。由于北支倒灌盐水团在运行过程中不断稀释，南支中段日内盐度变幅明显小于南支上段和下段。南支下段主要受南支盐水上溯影响，具有沿程向上减小的特点，日内盐度峰值发生于涨憩附近，月内盐度峰值发生于大潮期，具有明显的日内和月内变幅。

2. 北支倒灌影响区盐水运移规律

选取南支上段东风西沙附近的氯度过程，考察了氯度变化与潮位、潮差之间的关系，如图2.3.11所示。由图2.3.11可见，北支上段氯度的日内变化为一日之内两涨两落，但其相位滞后于潮位变化，氯度峰、谷值发生于落憩、涨憩附近。氯度月内涨落较日内涨落幅度更大，与月内涨落相比，日内涨落几乎处于可忽略的量级，这说明潮差是比潮位更重要的影响因素。

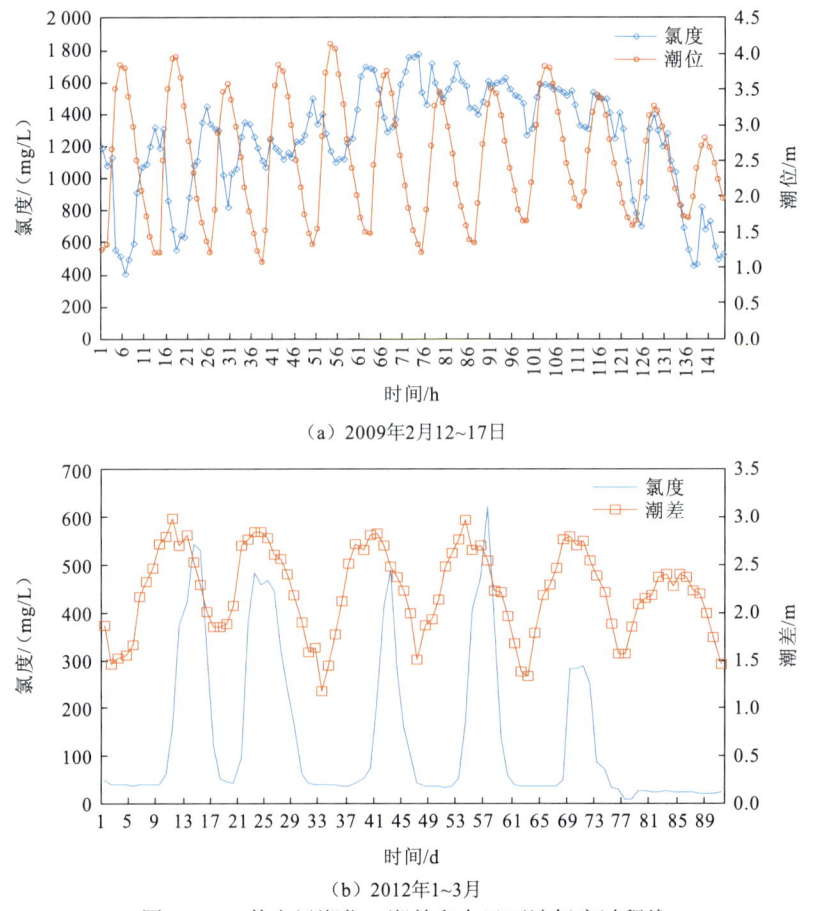

(a) 2009年2月12~17日

(b) 2012年1~3月

图2.3.11 徐六泾潮位、潮差和东风西沙氯度过程线

根据北支倒灌盐水团的运动线路，采用青龙港、东风西沙、浏河口附近 2011 年 2～3 月少量的氯度观测资料，分析了各站之间氯度的滞后时间。由图 2.3.12 和图 2.3.13 可见，青龙港与东风西沙的氯度滞后时间约为 2 天，东风西沙与浏河口的氯度滞后时间也约为 2 天，三站之间氯度沿程逐渐稀释减小。

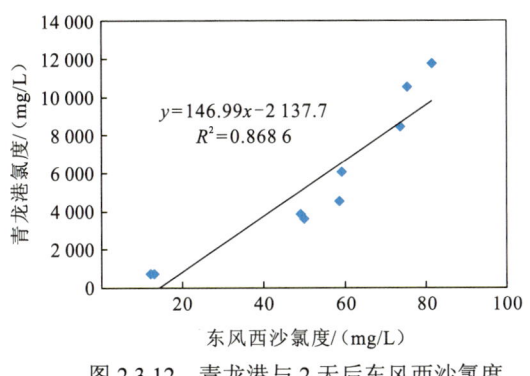

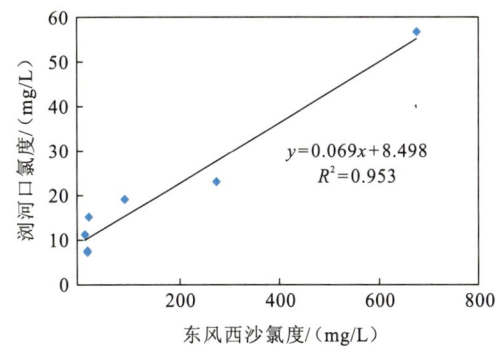

图 2.3.12　青龙港与 2 天后东风西沙氯度　　图 2.3.13　东风西沙与 2 天后浏河口氯度

综合以上分析可见，浏河口（陈行）一带的盐水主要来源于北支倒灌南支的过境盐水团，其日内变幅小，月内变幅大。浏河口（陈行）一带的氯度与北支末端青龙港氯度具有较强的相关性，其滞后时间约为 4 天。

2.4　研究区域污染负荷评估

2.4.1　三峡库区污染负荷评估

1. 污染源现状

三峡库区农业面源主要有畜禽养殖、化肥农药施用、农膜及秸秆等农田废弃物的堆积。相关试验结果表明：库区农田每年所施养分被植物利用的部分很少，氮肥的利用率仅为 30%～35%，磷肥为 10%～20%，钾肥为 35%～50%，剩余的养分通过各种途径，如径流、淋溶、反硝化、吸附和侵蚀等进入环境、流入水体。

三峡库区工业污染物主要包括工业废水、化学需氧量（chemical oxygen demand，COD）和氨氮三种污染物，2011～2017 年平均每年排放工业废水 1.74 亿 t、COD 3.45 万 t、氨氮 0.22 万 t，其中 2011 年、2015 年和 2016 年的污染物排放量明显增多。三峡库区城镇生活污染物主要包括城镇生活废水、COD 和氨氮三种污染物，2011～2017 年平均每年排放城镇生活废水 8.09 亿 t、COD 12.84 万 t、氨氮 2.21 万 t，年际变动不是很大，但是总体呈现增长趋势。截至 2017 年，三峡库区城镇污水处理厂数量已达到上百家，由于城镇生活废水排放量较多，相应的污水处理厂数量，重庆段占了大部分。三峡库区船舶污染物主要包括船舶排放的油污水和石油类等，尽管近几年船舶数量不断增多，但是油污水的排放量控制得比较有效。通过对部分船只生活污水排放的调查发现，生活污水经过处理再排放的船舶占比接近一半,排放的污水中主要包括悬浮物、COD、生化需氧量(biochemical oxygen demand,BOD)、TN 和大肠菌群等污染物。

2. 三峡库区典型支流氮磷综合产污系数研究

选取三峡库区大宁河、小江、香溪河、神农溪 4 条典型支流,分别基于巫溪站、温泉站、兴山站、石板坪站四个水文站的水质、水量同步数据,估算各支流氮磷污染入库负荷,利用基流分割法,解析点源和非点源氮磷污染负荷,进行典型支流氮磷综合产污系数研究。

在开展典型支流下垫面条件、水质水量分析、点源和非点源氮磷污染入库负荷研究的基础上,根据非点源氮磷污染负荷计算结果,综合各水文断面的控制流域面积,计算各支流单位面积氮磷综合产污系数。4 条支流中,TN 综合产污系数最大的为神农溪,平均为 0.956 t/(km²·a);TP 综合产污系数最大的为小江,平均为 0.052 t/(km²·a)。TN、TP 综合产污系数最小的均为大宁河,分别为 0.515 t/(km²·a)、0.019 t/(km²·a)。

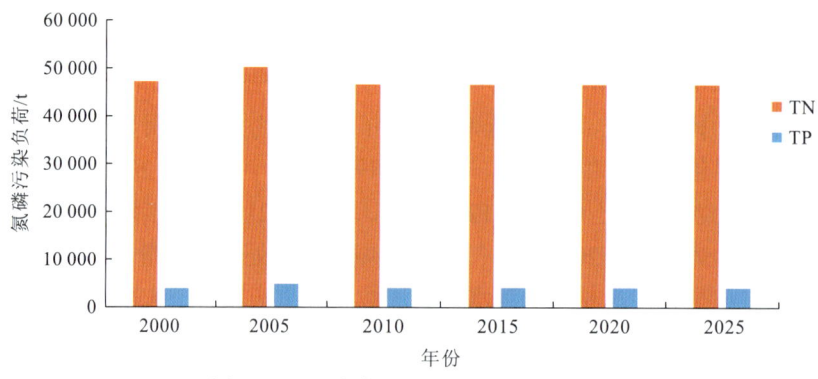

3. 三峡库区非点源氮磷污染负荷估算

在输出系数模型基础上,引入反映地形影响产流形成的地形指数和年降雨量构建产污系数,引入植被带宽和坡度构建截污系数,以产污系数、截污系数为权重因子改进已有输出系数,构建改进的输出系数模型,将单一土地利用输出系数空间栅格化,模拟不同土地利用下氮磷污染负荷,以估算三峡库区非点源氮磷污染负荷。不同土地利用类型下的非点源氮磷污染负荷显著不同。利用 ArcGIS9.0 软件分析卫星遥感数据,将从中国科学院资源环境科学数据中心申请来的土地利用类型初步重分类为 7 种,分别为林地、草地、水域、城镇用地、未利用地、旱地、水田。随着三峡水库的修建与运行,三峡库区的土地利用变化受到了很大的影响。以三峡库区 2000 年、2005 年、2010 年及 2015 年的 Landsat TM 遥感影像为数据源,运用 ArcGIS10.1 对库区土地利用格局进行分析;选择基于布尔运算的多标准评价的元胞自动机和马尔可夫链(multi-criteria evaluation-cellular automata- Markov,MCE-CA-Markov)模拟与预测三峡库区土地利用动态变化;并结合土地利用转移概率矩阵和训练出的土地利用适宜性图集预测2020年和2025年的三峡库区土地利用(利用改进的输出系数模型),根据三峡库区土地利用类型面积及其氮磷输出系数,估算并预测了三峡库区非点源氮磷污染负荷。估算及预测结果见图 2.4.1。

图 2.4.1 三峡库区非点源氮磷污染负荷

第2章 三峡水库水环境特征和污染负荷评估

2000~2025年，TN 和 TP 污染负荷在蓄水初期小幅度增加后逐年降低，主要原因是三峡库区下垫面条件发生了改变，产污强度高的耕地（旱地和水田）向产污强度低的林地和水域转化。不同土地利用类型产生的 TN 和 TP 污染负荷如图 2.4.2 所示。对 TN 和 TP 贡献较大的是耕地和林地。

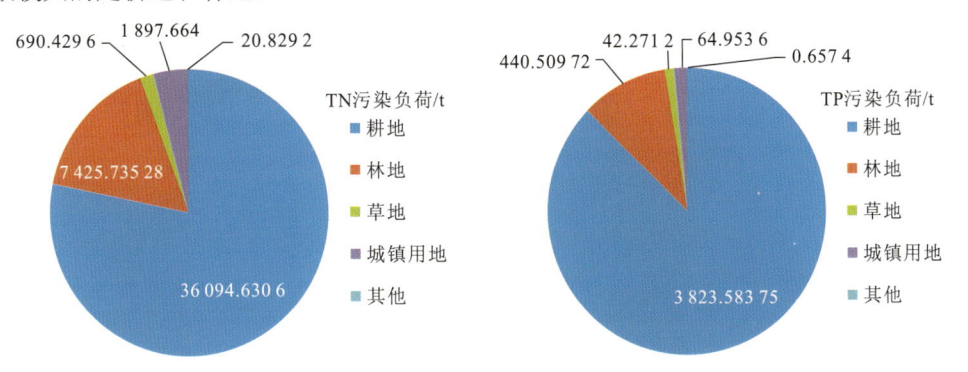

（a）三峡库区2000年非点源氮磷污染负荷

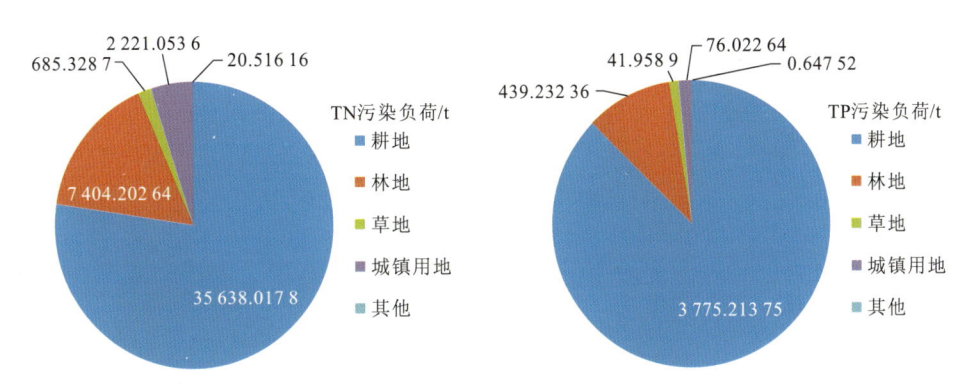

（b）三峡库区2015年非点源氮磷污染负荷

（c）三峡库区2025年非点源氮磷污染负荷

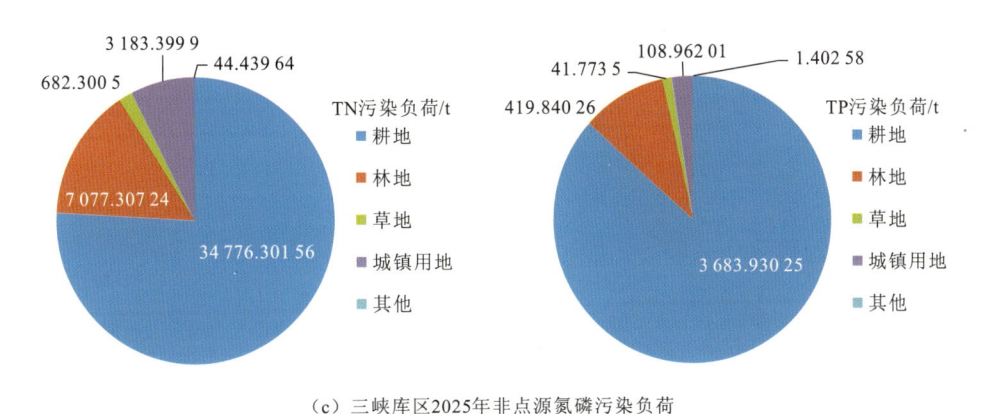

图 2.4.2　三峡库区 2000 年、2015 年、2025 年非点源氮磷污染负荷

三峡库区非点源 TN、TP 污染负荷空间分布如图 2.4.3 所示，非点源氮磷污染负荷存在明显的高值区和低值区。整体上高值区主要分布在库尾重庆主城区、长寿、涪陵，以

及库中的长江沿岸地区,包括丰都、忠县、万州和云阳;低值区则分布较广,从库尾延伸到库首,几乎覆盖整个库区。

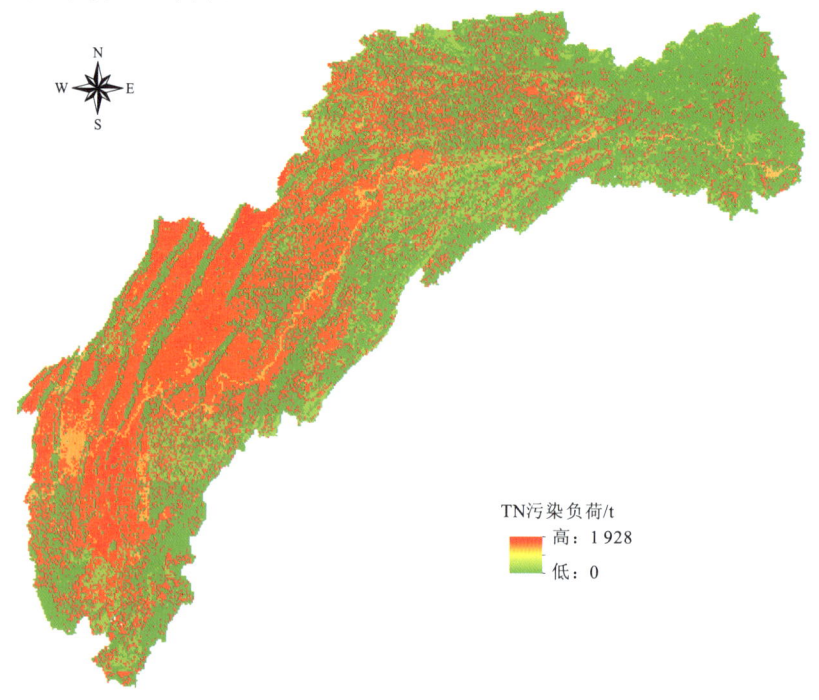

(a)三峡库区非点源TN污染负荷空间分布

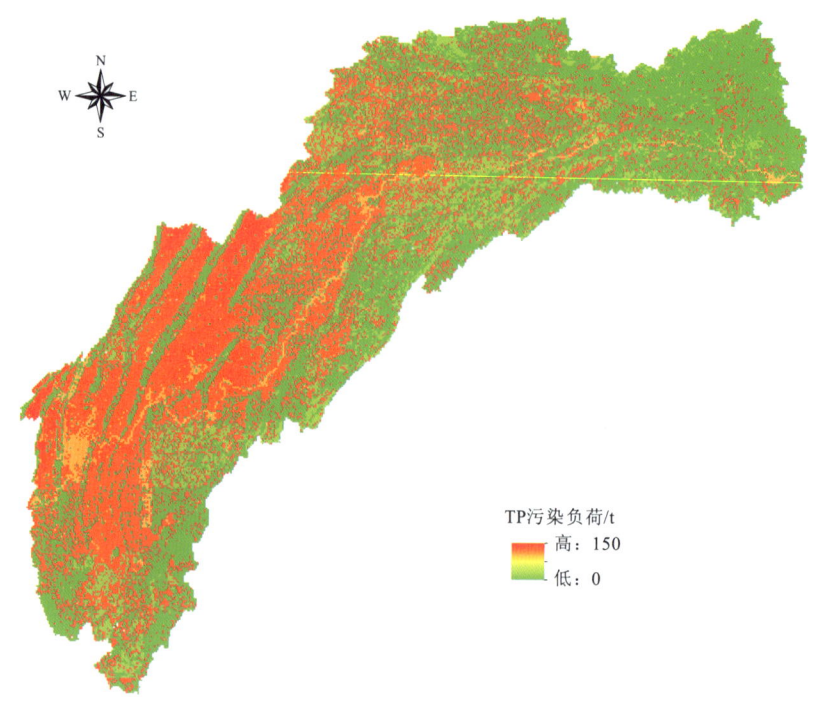

(b)三峡库区非点源TP污染负荷空间分布

图 2.4.3　三峡库区非点源 TN、TP 污染负荷空间分布

根据改进的输出系数模型得到三峡库区各个支流流域的非点源氮磷污染入库负荷，计算结果如图 2.4.4 和图 2.4.5 所示。由图 2.4.4 可以看出，研究区域内的嘉陵江和乌江并不是整个流域都在三峡库区内，其非点源氮污染入库负荷并不是最多的，非点源氮污染入库负荷最多的子流域为綦江流域，其入库负荷量为 5 068 t；其次为乌江及小江流域，非点源氮污染负荷量分别为 4 058 t、3 912 t；负荷量最小的为池溪河流域，负荷量为 59.32 t；非点源氮污染负荷量超过 2 000 t 的子流域还有嘉陵江流域、龙溪河流域、龙河流域、磨刀溪流域、奉节段流域、大宁河流域及香溪河流域。由图 2.4.5 可以看出，研究区域内非点源磷污染入库负荷量最大的为綦江流域，其入库负荷量为 319.33 t；其次为香溪河流域，非点源磷污染负荷量为 287.37 t；非点源磷污染入库负荷量最小的子流域为池溪河流域，负荷量为 10.32 t；非点源磷污染负荷量超过 50 t 的流域还有嘉陵江流域、龙溪河流域、乌江流域、龙河流域、小江流域、汤溪河流域、磨刀溪流域、长滩河流域、奉节段流域、大宁河流域。

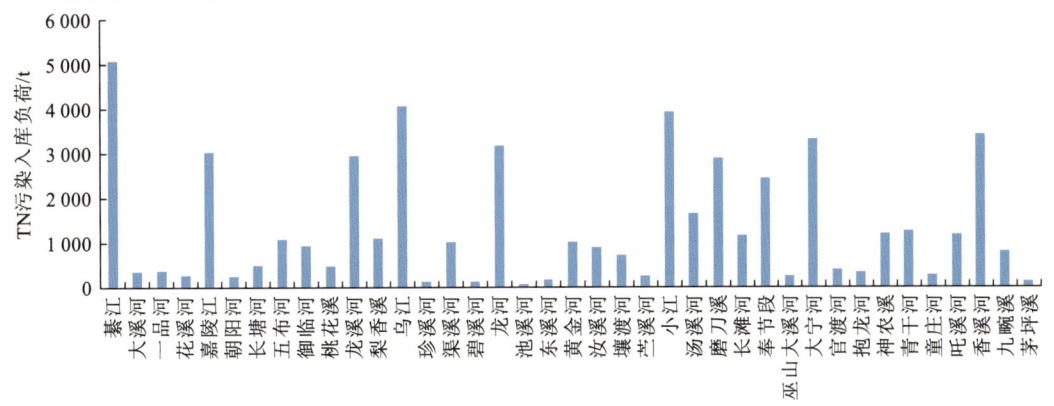

图 2.4.4　三峡库区支流非点源 TN 污染入库负荷

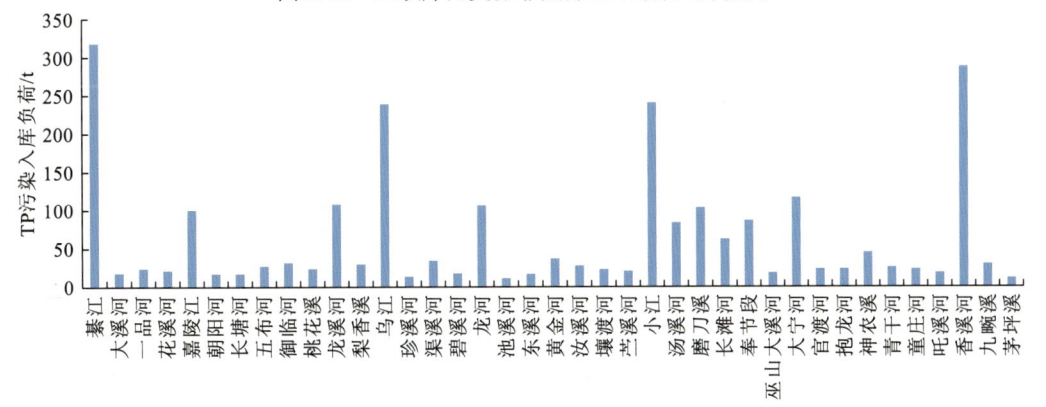

图 2.4.5　三峡库区支流非点源 TP 污染入库负荷

4. 三峡库区点源氮磷污染负荷估算与预测

点源污染主要包括工业点源和城镇生活点源，选择系统动力学（system dynamics，

SD）模型来实现库区社会经济与（点源）污染负荷的模拟预测，分别建立人口、经济、环境和资源 4 个子模块。主要数据来源于重庆环境统计资料、2014～2017 年《重庆统计年鉴》、2013～2017 年《湖北统计年鉴》、2014～2017 年《重庆市水资源公报》、2013～2017 年《湖北省水资源公报》及 1997～2011 年《长江三峡工程生态与环境监测公报》，选用 2011～2015 年进行检验，以 2016～2025 年为预测年限。

选择城镇污水、TN、TP 排放量三个参数进行模拟比较，验证模型的有效性。在 Vensim 软件平台下运行模型，得到模型仿真值，结果显示，模型仿真值与系统的历史值拟合程度比较好，绝大部分仿真值的误差介于-10%～10%。总体来看，模型仿真值与历史值的相对误差在合理范围内，故确定所构建的 SD 模型是合理且有效的。

1）城镇生活点源

根据 SD 模型预测结果，三峡库区城镇人口均呈上升趋势，如图 2.4.6 所示。采用产污系数法计算库区城镇生活污水的产生量及污染排放量，产污系数取《第一次全国污染源普查城镇生活源产排污系数手册》中三区 3 类城市的对应值，结合水库区域内人口分析结果，分别计算了 TN、TP 污染产生量。随着人口增长，城镇生活产生的 TN 和 TP 污染负荷逐年增加，2015 年 TN 污染负荷为 44 841.9 t，TP 污染负荷为 3 182.3 t，预测到 2020 年 TN 污染负荷为 54 452.2 t，TP 污染负荷为 3 864.3 t，到 2025 年 TN 污染负荷为 66 122.1 t，TP 污染负荷为 4 692.5 t，如图 2.4.7 所示。

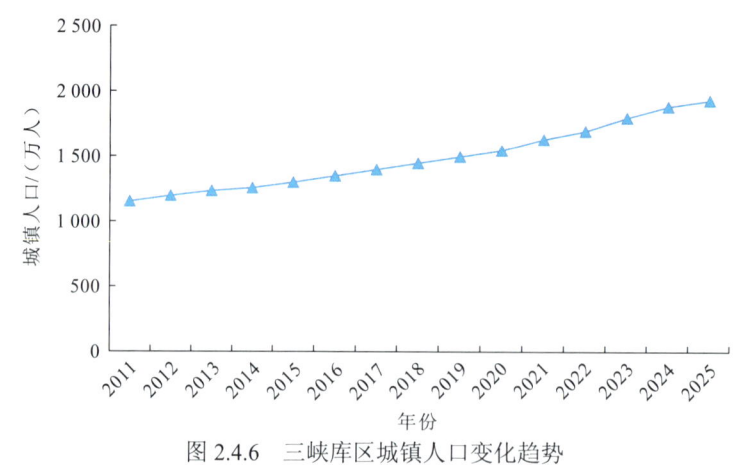

图 2.4.6　三峡库区城镇人口变化趋势

2）工业点源

三峡库区工业总产值预测结果见图 2.4.8。从工业点源 TP、TN 污染负荷结果（图 2.4.9 和图 2.4.10）可以看出，TN 和 TP 污染负荷趋势类似，TP 污染负荷从 2011 年到 2025 年呈递减趋势，年平均降幅为 2.3%；TN 污染负荷从 2011 年到 2025 年呈递减趋势，年平均降幅为 2.6%。2015 年三峡库区工业生产废水 TN 污染负荷为 45 635 t，TP 污染负荷为 1 426 t；2020 年三峡库区工业生产废水 TN 污染负荷为 37 818 t，TP 污染负荷为 1 167.7 t；2025 年三峡库区工业生产废水 TN 污染负荷为 30 043.8 t，TP 污染负荷为 937.6 t。这与污染物处理率、污水回用率提高和污染物减排有密切的关系。

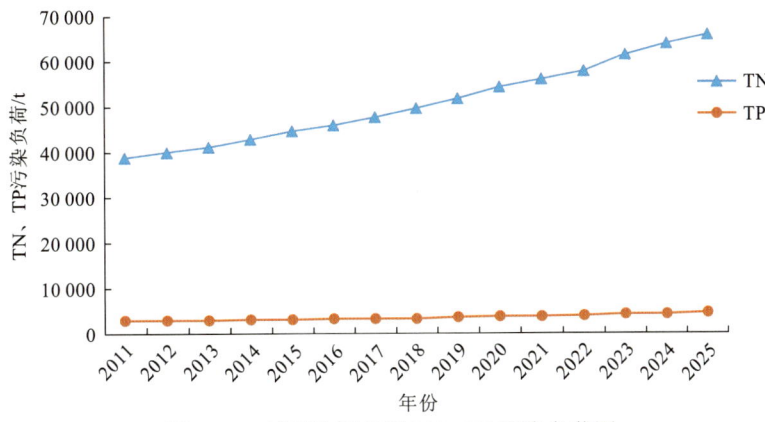

第 2 章　三峡水库水环境特征和污染负荷评估

图 2.4.7　城镇生活点源 TN、TP 污染负荷图

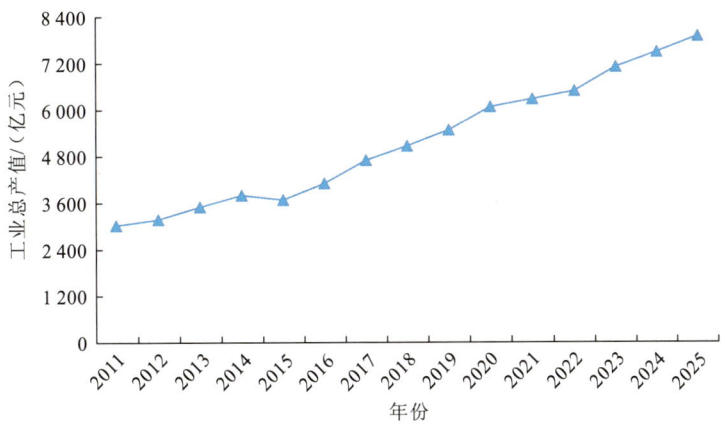

图 2.4.8　三峡库区工业总产值变化趋势

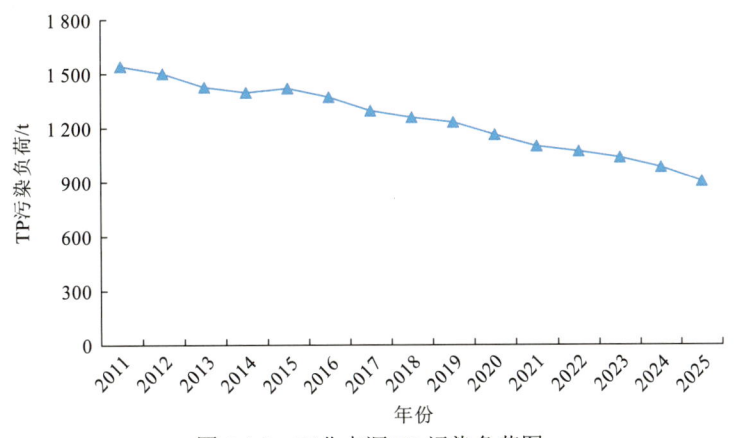

图 2.4.9　工业点源 TP 污染负荷图

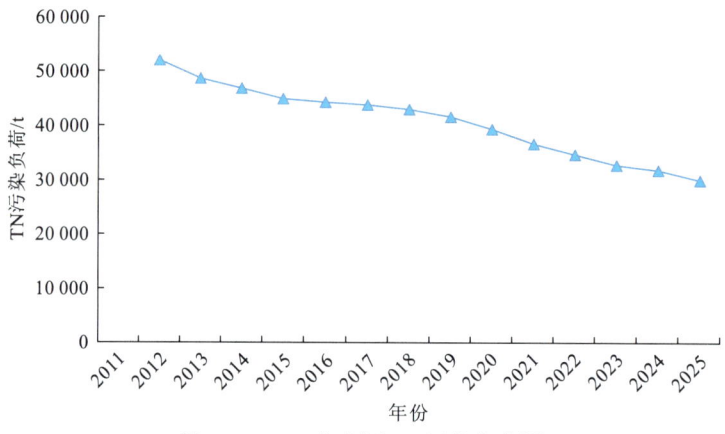

图 2.4.10　工业点源 TN 污染负荷图

3）三峡库区氮磷污染入库负荷估算

入河污染物计算公式为

$$W_{入库} = (W_{排放} - \theta) \times \beta \tag{2.4.1}$$

式中：$W_{入库}$ 为点源和非点源污染入库量；$W_{排放}$ 为点源和非点源污染排放量；β 为污染物入库系数，取 0.8；θ 为被污水处理厂处理掉的量。

根据点源和非点源估算结果，从 2015 年到 2025 年三峡库区入库 TN 和 TP 污染负荷小幅度逐年增加，预测到 2025 年三峡库区入库 TN 污染负荷为 107 309.95 t，TP 污染负荷为 7 859.21 t。

2.4.2　三峡水库下游宜昌至武汉段污染负荷评估

1. 主要支流入汇污染负荷

根据 2004～2017 年宗关水质监测站和仙桃水文站观测的高锰酸盐指数、氨氮入江浓度、流量等数据，计算出污染物入江总量，计算公式为

$$G = c \times Q \times T \tag{2.4.2}$$

式中：G 为污染物入江总量；c 为污染物浓度；Q 为入江流量；T 为流量持续时间。

计算结果如图 2.4.11 所示，分析可知在 2004～2016 年，汉江排入长江的高锰酸盐指数于 2005 年、2010 年和 2011 年占前三位，均高于这 13 年的平均值，其余年份较低，且都低于均值。从排放量的年际变化趋势来看，从 2006 年到 2010 年呈现上升的基本变化趋势，之后呈现明显下降的基本变化趋势。因此，如果以高锰酸盐指数的排放量为有机污染物的衡量指标，那么从 2011 年到 2016 年，汉江排入长江的污染物呈下降、好转的趋势。在同期，汉江排入长江的氨氮总量在 2005 年、2011 年和 2016 年占前三位，整体变化趋势不明显，以波动为主，在经历了 2013 年的最小值之后，出现了明显上升。

图 2.4.11 汉江入长江污染负荷估算

2. 主要通江湖泊入汇污染负荷估算

根据 2004~2017 年岳阳楼水质监测站和城陵矶水文站观测的高锰酸盐指数、氨氮入江浓度、流量等数据，根据式（2.4.2）计算出污染物入江总量，计算结果如图 2.4.12 所示。在 2004~2016 年，洞庭湖排入长江的高锰酸盐指数于 2004 年、2005 年达到一个最高值，且明显高于其余年份。从年排放量的变化趋势看，2005~2009 年呈现明显的下降趋势，2011 年排放量出现低谷，从 2012 年到 2016 年，洞庭湖排入长江的高锰酸盐指数迅速增加且逐渐趋于稳定。在同期，洞庭湖排入长江的氨氮总量在 2005 年、2010 年和 2016 年占前三位，其余年份的排放量明显低于最高的这三年。在经历了 2015 年的最小值之后，2016 年和 2017 年又出现了明显上升。

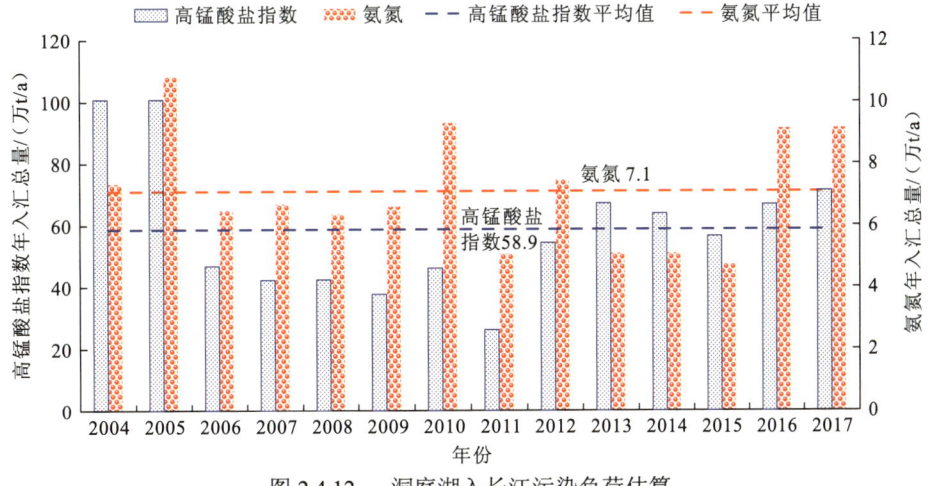

图 2.4.12 洞庭湖入长江污染负荷估算

3. 主要城市入汇污染负荷

1）荆州

随着荆州经济的快速发展，废水排放量也逐年增多，根据 2007～2016 年《荆州统计年鉴》，全市经济指标和污染物排放量如表 2.4.1、表 2.4.2 所示，由于污染物统计数据中 COD 记录年份和组成来源最全面，以 COD（只计点源 COD 排放量，下同）为代表，进行污染风险分析。从表 2.4.1、表 2.4.2 可以看出，荆州从 2007 年到 2016 年，无论是地区生产总值还是人均地区生产总值，都出现稳步上升的趋势，而同期的污水排放量和污水处理能力则存在一定的波动。从工业废水的排放量和工业废水、生活污水中以 COD 为代表的污染物排放量来看，2013～2015 年仍然存在一定的波动，而 2016 年这些指标则出现显著的下降。因为荆州市域范围都属于长江流域，所以全市范围内的污染物排放量的下降，从整体上有利于降低对长江干流荆州段的水污染风险。

表 2.4.1 2007～2012 年荆州人口、地区生产总值、污染物排放情况

项目	2007	2008	2009	2010	2011	2012
人口/(万人)	642	646	647	657	663	663
地区生产总值/(亿元)	520	624	708	837	1043	1196
人均地区生产总值/元	8 100	9 659	10 943	12 740	15 732	18 039
工业废水 COD 排放量/(万 t)	2.64	2.16	2.04	2.08	2.64	2.48
生活污水 COD 排放量/(万 t)	2.80	3.09	3.20	3.07	5.16	5.25
COD 排放量/(万 t)	5.44	5.25	5.24	5.15	7.80	7.73

资料来源：《荆州统计年鉴》（2007～2012 年）。

表 2.4.2 2013～2016 年荆州人口、地区生产总值、污染物排放情况

项目	2013	2014	2015	2016
人口/(万人)	661.01	658.45	643.19	646.35
地区生产总值/(亿元)	1 334.93	1 480.49	1 590.5	1 726.75
人均地区生产总值/元	20 195	22 484	24 728	26 715
污水排放量/(万 t)	13 507	14 323	14 255	13 368
污水处理量/(万 t)	11 725	12 661	12 620	11 992
废水排放总量/(万 t)	26 454	26 788	27 981	19 455
工业废水排放总量/(万 t)	10 387	9 923	10 897	5 167
工业废水实际处理量/(万 t)	4 794	4 864	4 609	2 778
工业废水 COD 排放量/t	24 878	23 423	21 249	6 298
生活污水 COD 排放量/t	53 837	55 590	54 109	45 282

数据来源：《荆州统计年鉴》（2013～2016 年）。

调查 2013~2016 年荆州各个县（区）污废水排放情况发现，荆州、沙市和开发区人口与工业较集中，生活污水、工业废水的排放量较大。且这三个行政区位于长江荆州段的上游，其排放量对长江荆州段的水质有直接影响。三个行政区生活污水 COD 排放量 2015 年和 2016 年都呈现明显下降的趋势，但是工业废水排放量在 2016 年有明显的增加。按中心城区工业废水 COD 排放量占整个荆州工业废水排放量的比重等于中心城区国控重点水污染企业 COD 排放量占全市国控重点水污染企业总 COD 排放量的比重确定折减系数，应用荆州工业废水 COD 总量折算中心城区工业废水 COD 总量。通过湖北省企业自行监测信息发布平台查询到位于荆州的国控重点水污染企业数量、名称及 COD 排放量。2014 年中心城区国控重点水污染企业 COD 排放量约占全市国控重点水污染企业排放量的 62.09%，折减系数定为 0.620 9。

对于荆州中心城区生活污水 COD 的排放量占整个荆州的比例，可以近似认为其与中心城区人口占荆州总人口的比例相当。查询荆州市人民政府网（http://www.jingzhou.gov.cn/）得知：荆州全市总面积为 1.41 万 m^2，总人口为 658.45 万人（2014 年底），中心城区面积为 59 km^2，人口为 75 万人。因此，荆州中心城区生活污水 COD 的排放量占整个荆州的比例近似为 0.113 9。

通过以上对荆州中心城区工业源 COD 和生活源 COD 的统计与分析，可以求出 2007~2015 年荆州中心城区实际 COD 点源产生量，如表 2.4.3 所示。

表 2.4.3　2007~2015 年荆州中心城区总点源 COD 产生量　　（单位：万 t）

年份	工业源 COD	生活源 COD	总点源 COD
2007	2.64	2.8	1.98
2008	2.16	3.09	1.71
2009	2.04	3.2	1.65
2010	2.08	3.07	1.66
2011	2.64	5.16	2.25
2012	2.48	5.25	2.16
2013	2.49	5.38	2.18
2014	2.41	5.20	2.11
2015	2.46	5.33	2.16

2）武汉

2012~2016 年武汉污水排放基本情况见表 2.4.4。城市废水中主要污染物排放情况见表 2.4.5。从各项指标来看，污水排放总量和处理总量都在稳步上升，而未经处理的污水排放量在稳步下降。污水处理能力、排水管道长度、污水集中处理率的稳步提高，表明武汉对城市生活污水的收集处理不断加强，污水对周围水环境的影响正在不断减小，长江干流所受的固定点源污染的威胁随之减轻。

表 2.4.4　2012～2016 年武汉污水排放概况

项目	2012	2013	2014	2015	2016
污水年排放量/(万 m³)	66 420	71 643	79 245	83 243	89 110
污水年处理总量/(万 m³)	58 970	66 557	73 698	79 113	86 799
未处理的污水排放量/(万 m³)	7 450	5 086	5 547	4 130	2 311
污水处理能力/(万 m³/d)	194.3	215.5	230.8	235.75	278
污水处理厂/座	14	19	19	19	19
排水管道长度/km	8 173	9 010	9 102	9 202	9 316
建成区排水管道密度/(km/km²)	15.7	16.6	16.47	16.25	15.91
城市生活污水集中处理率/%	88.8	95.4	93	95.1	97.4
污水处理厂集中处理率/%	86.1	92.9	93	95	95.4

数据来源：《武汉统计年鉴》(2012～2016 年)。

表 2.4.5　2014～2016 年武汉城市废水中主要污染物排放情况

年份	工业废水排放量/(万 t)	工业废水 COD 排放量/t	工业废水氨氮排放量/t	城镇生活污水排放量/(万 t)	城镇生活污水 COD 排放量/t	城镇生活污水氨氮排放量/t
2014	17 097	14 847	13 88	71 572	82 571	11 705
2015	15 453	79 632	5 147	76 866	81 290	11 665
2016	12 623	5 632	561	78 367	78 918	11 342

数据来源：《中国统计年鉴》(2014～2016 年)。

参 考 文 献

国家环境保护总局, 国家质量监督检验检疫总局, 2002. 地表水环境质量标准:GB 3838—2002[S]. 北京: 中国环境科学出版社.

李凤清, 叶麟, 刘瑞秋, 等, 2008. 三峡水库香溪河库湾主要营养盐的入库动态[J]. 生态学报, 28(5): 2073-2079.

李锦秀, 廖文根, 2003. 三峡库区富营养化主要诱发因子分析[J]. 科技导报(9): 49-52.

茅志昌, 沈焕庭, 姚运达, 1993. 长江口南支南岸水域盐水入侵来源分析[J]. 海洋通报, 12(3): 17-25.

茅志昌, 沈焕庭, 陈景山, 2004. 长江口北支进入南支净盐通量的观测与计算[J]. 海洋与湖沼, 35(1): 30-34.

牛凤霞, 肖尚斌, 王雨春, 等, 2013. 三峡库区沉积物秋末冬初的磷释放通量估算[J]. 环境科学, 34(4): 1308-1314.

沈焕庭, 茅志昌, 朱建荣, 2003. 长江河口盐水入侵[M]. 北京: 海洋出版社.

谭维炎, 1994. 盐水楔运动规律的研究述评[J]. 水科学进展, 5(2): 149-159.

魏红义, 2008. 水工程建设对区域水环境的影响[D]. 咸阳: 西北农林科技大学.

张敏, 蔡庆华, 王岚, 等, 2009. 三峡水库香溪河库湾蓝藻水华生消过程初步研究[J]. 湿地科学, 7(3): 230-236.

张晟, 李崇明, 吕平毓, 等, 2007. 三峡水库成库后水体中 COD_{Mn}、BOD_5 空间变化[J]. 湖泊科学(1): 70-76.

张远, 郑丙辉, 刘鸿亮, 等, 2005. 三峡水库蓄水后氮、磷营养盐的特征分析[J]. 水资源保护, 21(6): 23-26.

郑丙辉, 张远, 富国, 等, 2006. 三峡水库营养状态评价标准研究[J]. 环境科学学报, 26(6): 1022-1030.

郑丙辉, 曹承进, 秦延文, 等, 2008. 三峡水库主要入库河流氮营养盐特征及其来源分析[J]. 环境科学, 29(1): 1-6.

中华人民共和国水利部, 2007. 铅、镉、钒、磷等34种元素的测定:SL 394—2007[S]. 北京: 中国水利水电出版社.

诸葛亦斯, 欧阳丽, 纪道斌, 等, 2009. 三峡水库香溪河库湾水华生消的数值模拟分析[J]. 中国农村水利水电, 5: 18-22.

YANG Z, LIU D, JI D, et al., 2010. Influence of the impounding process of the Three Gorges Reservoir up to water level 172.5 m on water eutrophication in the Xiangxi bay [J]. Since China technological sciences, 53(4): 1114-1125.

YE L, CAI Q, LIU R, et al., 2009. The influence of topography and land use on water quality of Xiangxi River in Three Gorges Reservoir region[J]. Environmental geology, 58: 937-942.

第3章

三峡水库水环境对水库调度的响应关系

本章内容中，高程除特殊说明外，为吴淞高程。

3.1 水库群联合调度原则及调度空间

3.1.1 水库群联合调度原则

1. 三库联合调度——汛期

梯级水库汛期调度规则：①溪洛渡水库在汛期提前放水，为长江中下游预留防洪库容，将水位提升到 573 m 以上，汛期可增发电量约 15 亿 kW·h；②向家坝水库根据溪洛渡水库水位、出库流量灵活控制，增发电量，减少船舶停航时间，减小或避免水富门窗振动；③三峡水库根据来水及防洪需求，积极开展中小洪水调度，争取将对城陵矶的补偿控制水位由 155 m 提高到 158 m。汛期平均水位提高 1 m，增发电量约 5 亿 kW·h。

2. 三库联合调度——蓄水期

蓄水期主要在 9 月初～10 月末，梯级水库联合调度的规则为：①早蓄水、蓄弃水、优蓄水；②保障下游供水需求；③防洪和蓄水兼顾，避免回水区淹没；④采用梯级水库群联合蓄水方案。

3. 三库联合调度——消落期

梯级水库在消落期采用联合消落调度运行方式，具体调度规则为：①满足电网线路和厂站线路检修需求；②满足生态、航运用水保障需求；③梯级电站发电量（发电效益）最优；④采用梯级水库群联合消落调度方案。

3.1.2 水库群调度空间

表 3.1.1 中详细列出了溪洛渡水库、向家坝水库和三峡水库的基本参数。

表 3.1.1 三个水库的基本参数

水库参数	溪洛渡水库	向家坝水库	三峡水库
正常蓄水位/m	600	380	175
死水位/m	540	370	155
总库容/(亿 m^3)	126.7	51.6	393
防洪库容/(亿 m^3)	46.5	9.03	221.5
调节库容/(亿 m^3)	64.6	9.03	221
回水长度/km	199	156.6	663
最小下泄流量/(m^3/s)	1 500	1 400	8 000
最大下泄流量/(m^3/s)	43 700	49 800	98 800

1. 三峡水库调度能力

三峡水库调度现有可调范围：①水位可调范围，水库蓄水期从汛限水位 145 m 到 175 m，非汛期和枯水期消落到 145 m，有 30 m 可调范围；②容积可调范围，三峡水库可利用防洪库容（221.5 亿 m^3）调蓄；③时间可调范围，汛期可调时间为 113 天，汛后蓄水期为 30 天，非汛期可调时间为 60 天，枯水期可调时间为 161 天。

相应的三峡水库调度现有可调幅度如下：①30 天蓄满防洪库容 221.5 亿 m^3，平均每天库容蓄水幅度为 221.5/30=7.4（亿 m^3）；②30 天蓄满防洪库容 221.5 亿 m^3，水位从 145 m 上涨到 175 m，平均每天水位上涨最大幅度为 30/30=1（m）；③总体上，161 天消落库容 221.5 亿 m^3，平均每天消落 1.4 亿 m^3，平均每天消落水位 0.186 m。这又分成两种情况消落，一是枯水期 1~3 月，从 175 m 消落到 155 m，平均每天消落 0.22 m；二是汛前 4 月末~6 月 10 日，从 155 m 消落到 145 m，平均每天消落 10/40=0.25（m）。

可调度时间及其长度：汛限水位 145 m 可调度时间为 6 月 10 日~9 月 30 日，时长 113 天；145~175 m 蓄水调度时间为 10 月 1~30 日，时长 30 天；非汛期 175 m 调度时间为 11 月 1 日~12 月 30 日，时长 60 天；枯水期消落时间为 1 月 1 日~6 月 10 日，时长 161 天。

2. 向家坝水库调度能力

向家坝水库调度现有可调范围：①水位可调范围，水库蓄水期从汛限水位 370 m 到 380 m，非汛期和枯水期消落到 370 m，有 10 m 可调范围；②容积可调范围，向家坝水库可利用防洪库容（9.03 亿 m^3）进行调蓄；③时间可调范围，汛期可调时间为 93 天，汛后蓄水期为 20 天，枯水期可调时间为 92 天，消落期可调时间为 161 天。

相应的向家坝水库调度现有可调幅度如下：①20 天蓄满防洪库容 9.03 亿 m^3，每天库容蓄水幅度为 9.03/20=0.45（亿 m^3）；②20 天蓄满防洪库容 9.03 亿 m^3，水位从 370 m 上涨到 380 m，每天水位上涨最大幅度为 10/20=0.5（m）；③总体上，161 天消落库容 9.03 亿 m^3，每天消落 0.06 亿 m^3，每天消落水位 0.06 m。

可调度时间及其长度：汛限水位 370 m 可调度时间为 6 月 10 日~9 月 10 日，时长 93 天；370~380 m 蓄水调度时间为 9 月 11~30 日，时长 20 天；枯水期 380 m 调度时间为 10 月 1 日~12 月 31 日，时长 92 天；消落期消落时间为 1 月 1 日~6 月 10 日，时长 161 天。

3. 溪洛渡水库调度能力

溪洛渡水库调度现有可调范围：①水位可调范围，水库蓄水期从汛限水位 560 m 到 600 m，非汛期和枯水期消落到 560 m，有 40 m 可调范围；②容积可调范围，溪洛渡水库可利用防洪库容（46.5 亿 m^3）进行调蓄；③时间可调范围，汛期可调时间为 62 天，汛后蓄水期为 30 天，枯水期可调时间为 92 天，消落期可调时间为 181 天。

相应的溪洛渡水库调度现有可调幅度如下：①30 天蓄满防洪库容 46.5 亿 m^3，每天库容蓄水幅度为 46.5/30＝1.55（亿 m³）；②30 天蓄满防洪库容 46.5 亿 m³，水位从 560 m 上涨到 600 m，每天水位上涨最大幅度为 40/30＝1.33（m）；③总体上，181 天消落库容 46.5 亿 m³，每天消落 0.26 亿 m³，每天消落水位 0.22 m。

可调度时间及其长度：汛限水位 560 m 可调度时间为 7 月 1 日～8 月 31 日，时长 62 天；560～600 m 蓄水调度时间为 9 月 1～30 日，时长 30 天；枯水期 600 m 调度时间为 10 月 1 日～12 月 31 日，时长 92 天；消落期消落时间为 1 月 1 日～6 月 30 日，时长 181 天。

3.2 三峡水库及上游水环境变化与水库群调度运行的响应关系

3.2.1 上游梯级水库水环境特征对三峡水库入流条件的影响

1. 流量

2010～2017 年三峡水库水位与入库流量变化过程如图 3.2.1 所示，2010～2017 年三峡水库水位运行规律基本一致，2012 年以后，汛期水位波动频次明显小于之前，三峡水库汛期入库流量呈下降趋势。

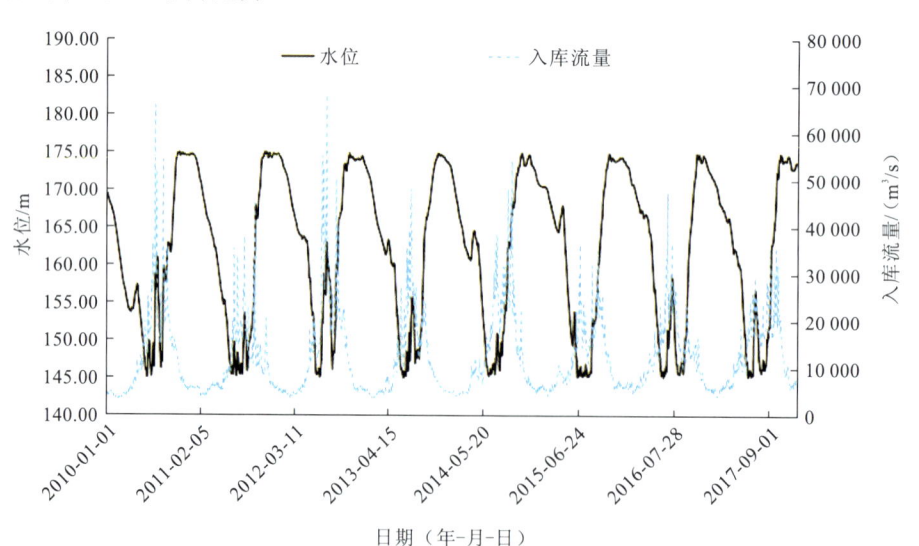

图 3.2.1 2010～2017 年三峡水库水位与入库流量变化过程

2010～2017 年朱沱、寸滩断面逐日流量变化分别如图 3.2.2、图 3.2.3 所示，上游梯级水库建成蓄水前，朱沱断面最大流量为 50 700 m³/s，最小流量为 2 210 m³/s，水库蓄水后，流量变化范围为 2 450～29 000 m³/s；蓄水前，寸滩断面最大流量为 63 200 m³/s，最小流量为 2 770 m³/s，蓄水后，寸滩断面最大流量为 45 500 m³/s，最小流量为 3 220 m³/s，上游梯级水库运行对下游河道流量具有调节作用，由于上游水库对极大洪水的调蓄作用，蓄水后朱沱、寸滩断面汛期洪峰减弱，波动频率增加。枯水期整体低流量有所增加，年最小值增大，最大值减小。

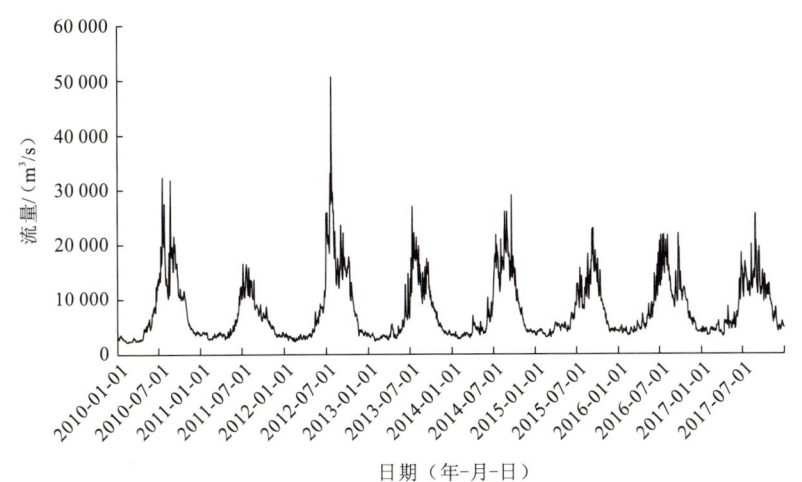

图 3.2.2　2010～2017 年朱沱断面逐日流量变化

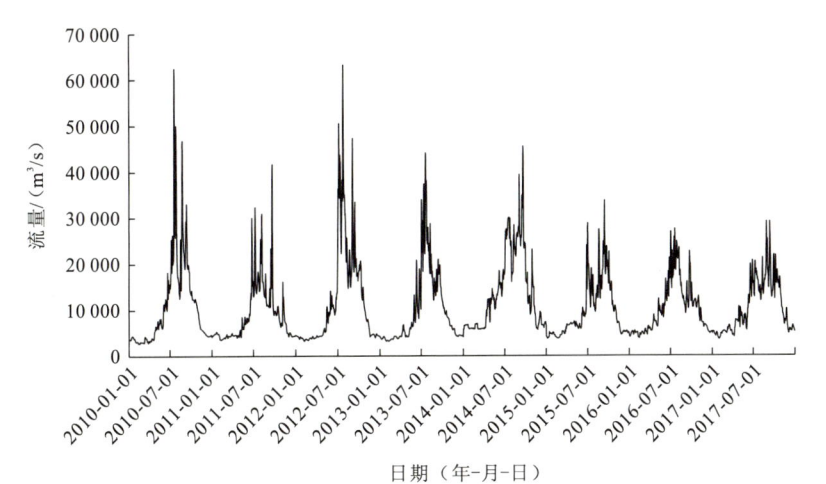

图 3.2.3　2010～2017 年寸滩断面逐日流量变化

2. 泥沙

根据水利部 2010～2015 年《中国河流泥沙公报》，向家坝下、朱沱、寸滩断面年径流量与输沙量的历年变化过程分别如图 3.2.4～图 3.2.6 所示。根据多年实测水沙资料，三个断面年径流量不断波动，变化趋势不明显，但较为稳定；年输沙量在 1950～2000 年不断波动，变化趋势与年径流量一致，但自 2000 年开始呈现明显的下降趋势，三个断面年输沙量均有所减小。

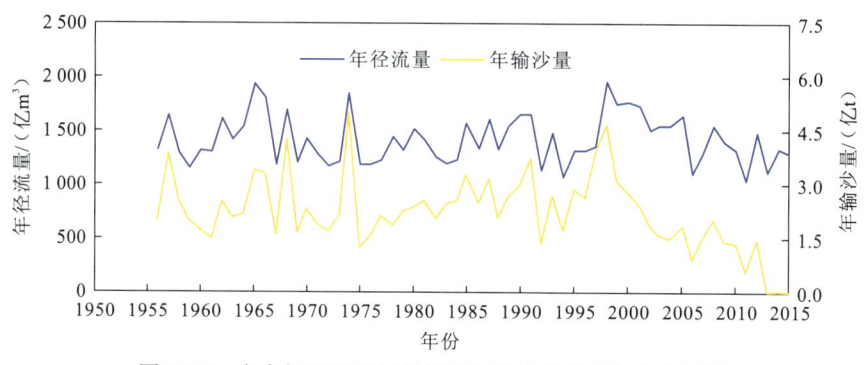

图 3.2.4　向家坝下断面年径流量与输沙量的历年变化过程

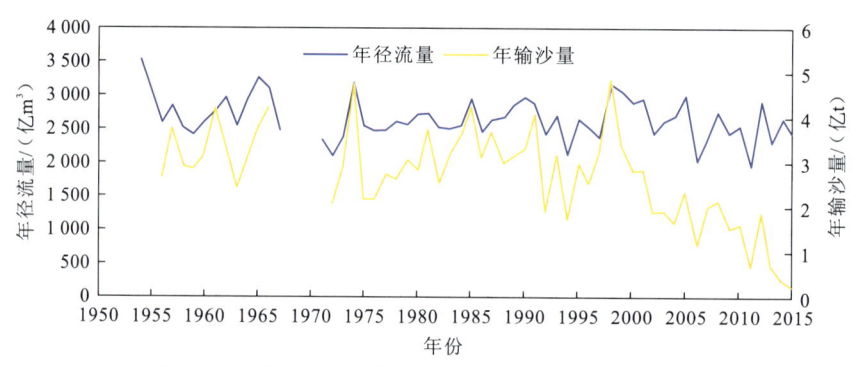

图 3.2.5　朱沱断面年径流量与输沙量的历年变化过程

1968～1970 年无实测流量，1967～1971 年无实测输沙量

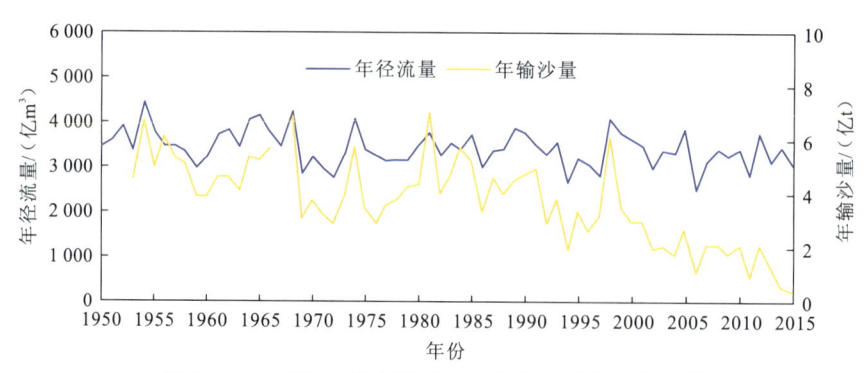

图 3.2.6　寸滩断面年径流量与输沙量的历年变化过程

如图 3.2.7 所示，2012～2015 年向家坝下、朱沱、寸滩断面年输沙量明显呈递减趋势，向家坝下断面 2013 年输沙量较 2012 年减少了 98.7%，三峡水库入库断面朱沱 2013 年输沙量较 2012 年减少了 63.9%，寸滩断面 2013 年输沙量较 2012 年减少了 42.4%，2014 年、2015 年输沙量在不断减小，2015 年达到最小（截至 2015 年），分别为 0.006 亿 t、0.212 亿 t、0.328 亿 t。向家坝水库、溪洛渡水库建成蓄水后，下泄含沙量降低十分明显，接近"清水下泄"，三峡水库入库泥沙明显减少，上游梯级水库拦沙作用明显。

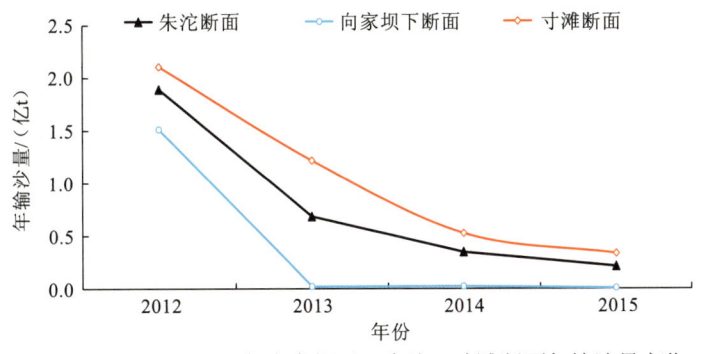

图 3.2.7 2012~2015 年向家坝下、朱沱、寸滩断面年输沙量变化

3. 水温

1）入库断面水温变化

向家坝水库、溪洛渡水库蓄水后，朱沱断面 2010~2017 年逐日水温变化如图 3.2.8 所示，寸滩断面 2010~2017 年逐日水温变化如图 3.2.9 所示。由图 3.2.8、图 3.2.9 可知，2010~2017 年，朱沱、寸滩断面水温年内随季节呈现明显的周期性，均呈现先升高后降低的变化趋势，年际变幅极值减小，最低水温明显呈升高趋势，向家坝水库、溪洛渡水库对三峡水库入库断面水温的均化作用明显。

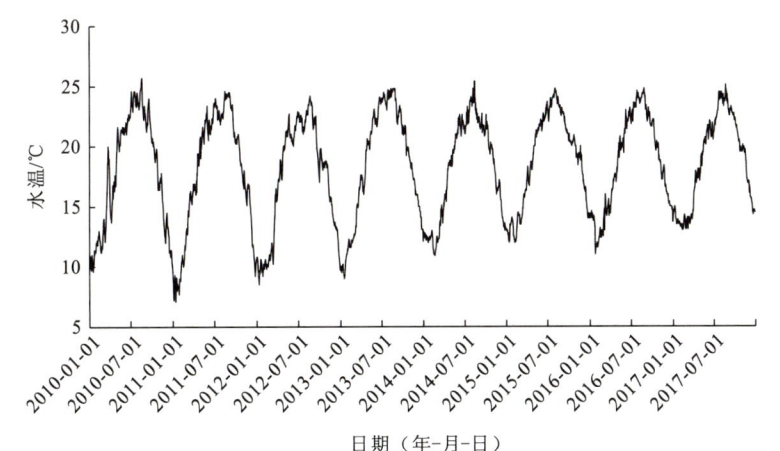

图 3.2.8 2010~2017 年朱沱断面逐日水温变化

2）沿程水温变化

如图 3.2.10~图 3.2.12 所示，为梯级水库蓄水后表层水温的沿程分布。不同季节，水温的空间分布存在明显差异。总体表现为春季沿程水温降低，夏季、冬季沿程水温升高，上、下游的最大温差达到 6℃。春季上游溪洛渡水库、向家坝水库的沿程水温变化较小，沿程水温差在 2℃以内，但下游三峡水库水温的沿程变化较大，主要集中在中下游河段（石宝寨至茅坪溪段）。自然河段向家坝水库下游至三峡水库库尾水温的沿程差异较小。三峡水库的沿程增温最为明显，增温幅度与水库长度成正比。冬季沿程水温也表

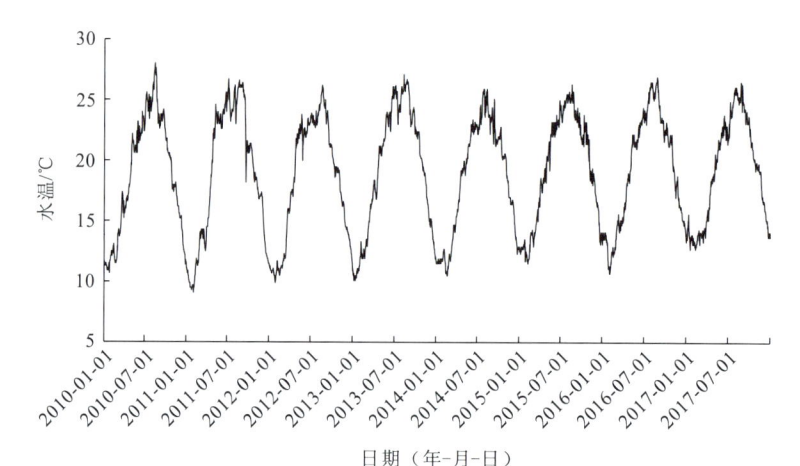

图 3.2.9 2010～2017 年寸滩断面逐日水温变化

现为递增，水温增幅在 3℃以内。溪洛渡水库上游入流水温较低，中下游河段水温较为稳定，变幅较小。向家坝水库的上下游差异较小。三峡水库水温变化主要集中在上游河段（石宝寨至重庆段），水温变幅在 2℃左右。上游自然河段受向家坝水库温水下泄的影响，水温沿程降低。

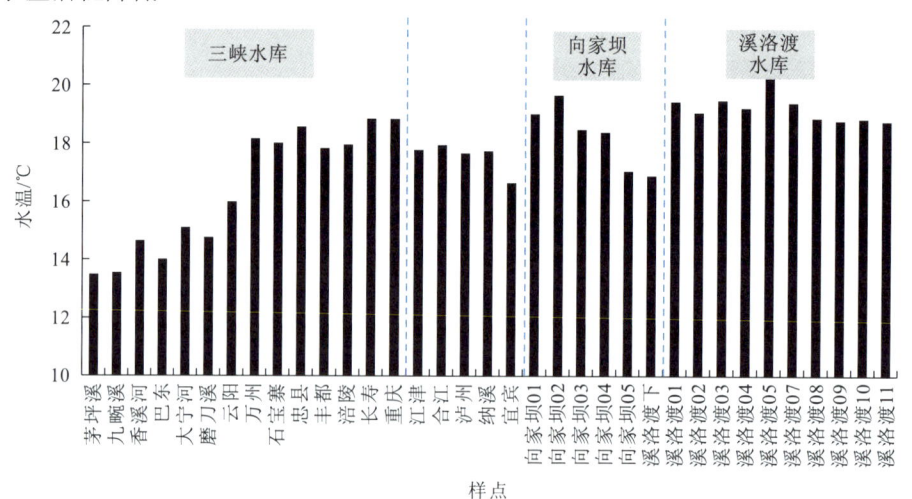

图 3.2.10 梯级水库蓄水后 2015 年 4 月表层水温的沿程分布

4. 营养盐

1）入库断面营养盐变化

朱沱断面 2010～2015 年月均 TN、TP 质量浓度变化如图 3.2.13、图 3.2.14 所示，由图可知，2010～2011 年朱沱断面月均 TN 质量浓度变化范围为 1.11～1.46 mg/L，2014～2015 年变化范围为 1.25～2.52 mg/L；2010～2011 年朱沱断面月均 TP 质量浓度变化范围为 0.10～0.28 mg/L，2014～2015 年变化范围为 0.08～0.25 mg/L。上游梯级水库蓄水前后入库断面朱沱月均 TN、TP 质量浓度均不断波动，TN 在上游梯级水库蓄水后略有增大，但整体而言 TN、TP 总量变化不大。

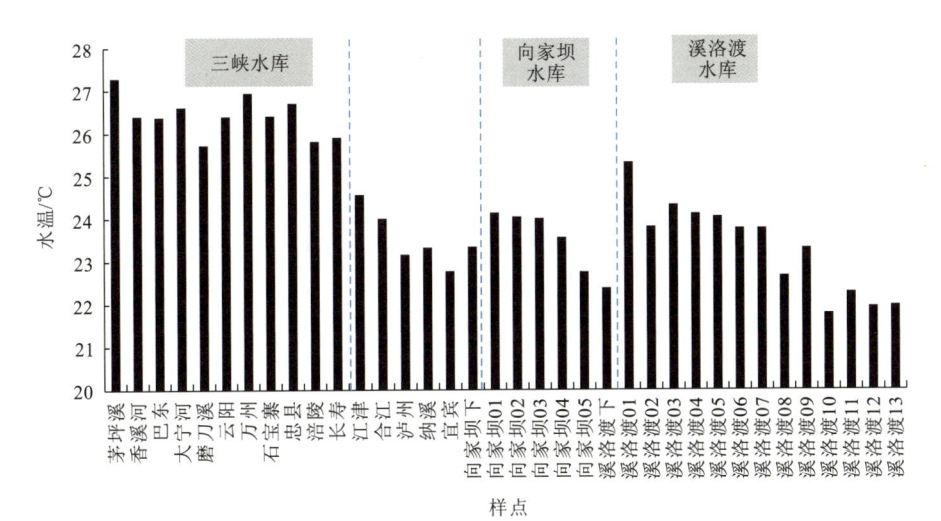

图 3.2.11　梯级水库蓄水后 2015 年 8 月表层水温的沿程分布

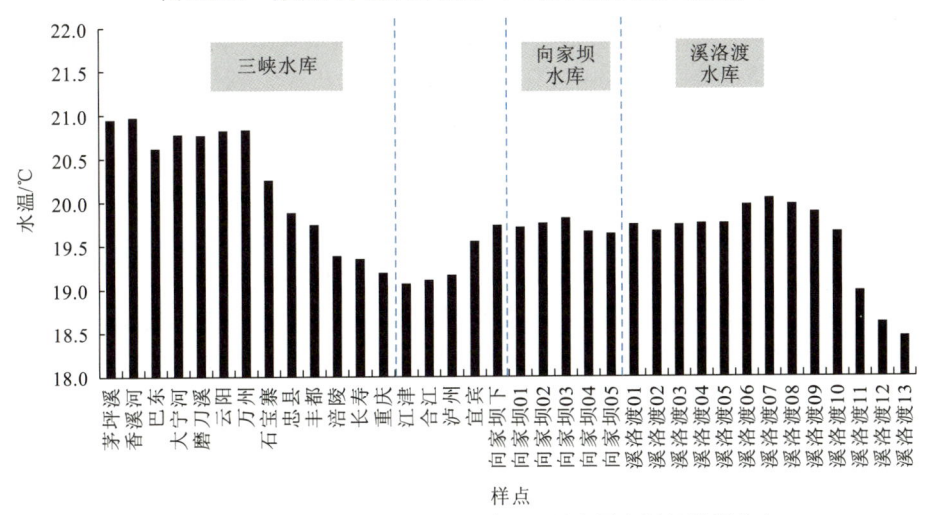

图 3.2.12　梯级水库蓄水后 2015 年 11 月表层水温的沿程分布

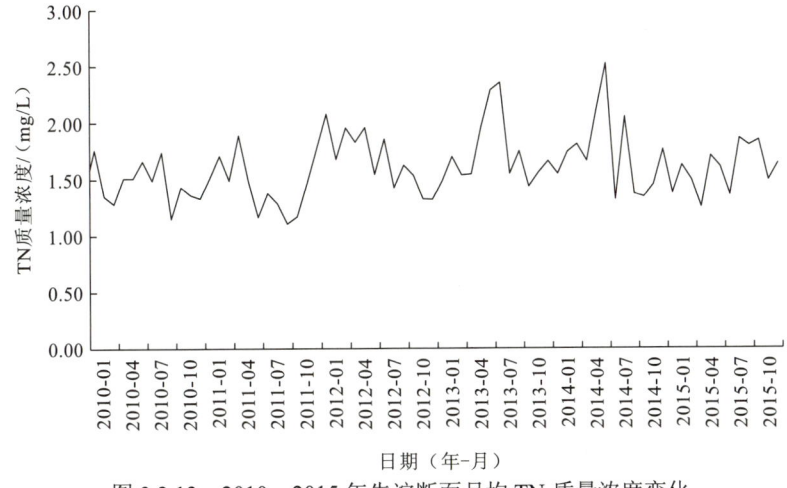

图 3.2.13　2010～2015 年朱沱断面月均 TN 质量浓度变化

图 3.2.14 2010～2015 年朱沱断面月均 TP 质量浓度变化

2）沿程营养盐变化

溪洛渡水库、向家坝水库、三峡水库三个库区干流主要断面 TN、TP 质量浓度的沿程分布图如图 3.2.15 所示。

由图 3.2.15 可知，2014 年向家坝水库、溪洛渡水库 4 月 TN 质量浓度明显高于 7 月和 11 月，质量浓度在 0.52～2.54 mg/L 范围内波动，平均值为 0.83～1.71 mg/L，三峡水库 TN 质量浓度最小值为 0.99 mg/L，最大值为 3.90 mg/L，平均值为 1.63～2.97 mg/L；2015 年向家坝水库、溪洛渡水库 TN 质量浓度在 0.50～2.58 mg/L 范围内波动，平均值为 0.85～1.85 mg/L，三峡水库 TN 质量浓度范围为 0.99～3.34 mg/L，平均值最大为 2.42 mg/L，最小为 1.47 mg/L；2016 年向家坝水库、溪洛渡水库 TN 质量浓度最大值为 1.97 mg/L，最小值为 0.16 mg/L，平均值为 0.55～1.28 mg/L，三峡水库 TN 质量浓度不断波动，范围为 0.95～2.82 mg/L，最大平均值为 2.41 mg/L，最小平均值为 1.05 mg/L。2014 年向家坝水库、溪洛渡水库 4 月 TP 质量浓度较低，全年 TP 质量浓度在 0.001～0.089 mg/L 范围内波动，平均值为 0.020～0.081 mg/L，三峡水库 TP 质量浓度最小值为 0.009 mg/L，最大值为 0.306 mg/L，平均值为 0.043～0.199 mg/L；2015 年向家坝水库、溪洛渡水库 TP 质量浓度在 0.001～0.117 mg/L 范围内波动，平均值为 0.012～0.093 mg/L，三峡水库 TP 质量浓度范围为 0.020～0.191 mg/L，平均值最大为 0.142 mg/L，最小为 0.073 mg/L；2016 年向家坝水库、溪洛渡水库 TP 质量浓度最大值为 0.073 mg/L，最小值为 0.012 mg/L，1 月相对于 4 月、10 月较高，平均值为 0.026～0.053 mg/L，三峡水库 TP 质量浓度范围为 0.007～0.147 mg/L，最小平均值为 0.046 mg/L，最大平均值为 0.117 mg/L。

从变化趋势上，向家坝水库、溪洛渡水库沿程 TN 质量浓度变化不大，无明显规律，TP 质量浓度从溪洛渡水库库尾至向家坝下沿程呈现递减趋势，表明向家坝水库和溪洛渡水库对营养盐具有一定的沉积和拦蓄作用；而从质量浓度上看，向家坝水库、溪洛渡水库的 TN 质量浓度整体低于三峡水库，这种趋势对于 TP 质量浓度更加明显。向家坝水库、溪洛渡水库蓄水前后朱沱、寸滩断面 TN、TP 质量浓度与水质变化不大，三峡水库的营养盐质量浓度高于上游梯级水库，由此推测向家坝水库、溪洛渡水库对营养盐有一定的拦截作用，但三峡水库营养盐多来自库区入库污染负荷，因此三峡水库水质受上游梯级水库的影响较小，营养盐质量浓度变化不大。

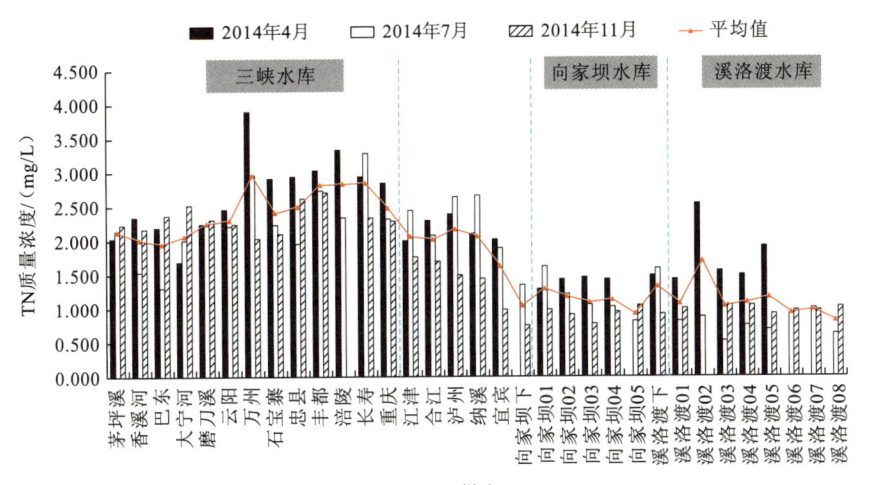

第3章 三峡水库水环境对水库调度的响应关系

（a）2014年TN质量浓度分布

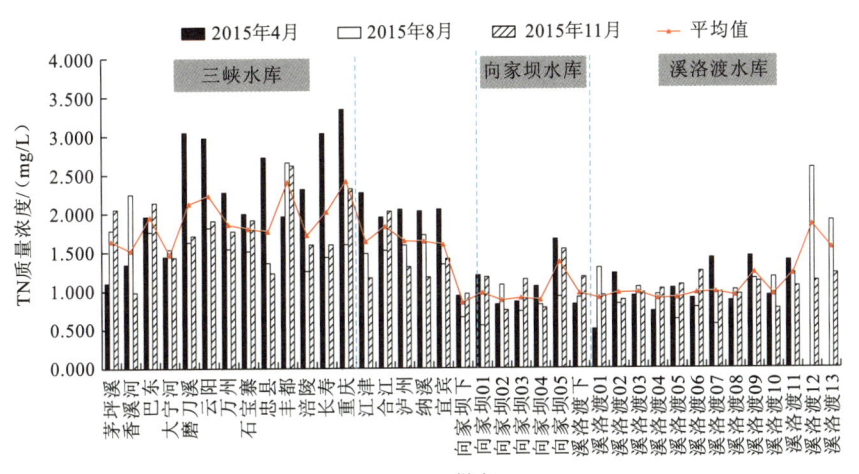

（b）2015年TN质量浓度分布

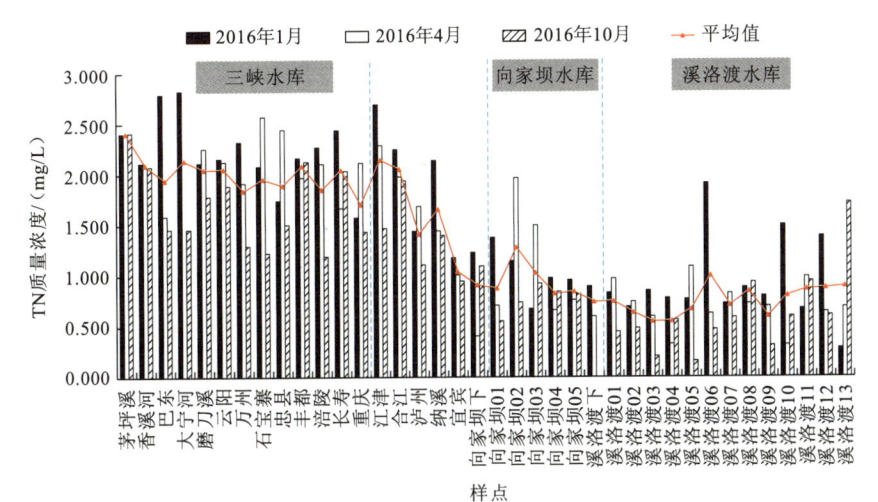

（c）2016年TN质量浓度分布

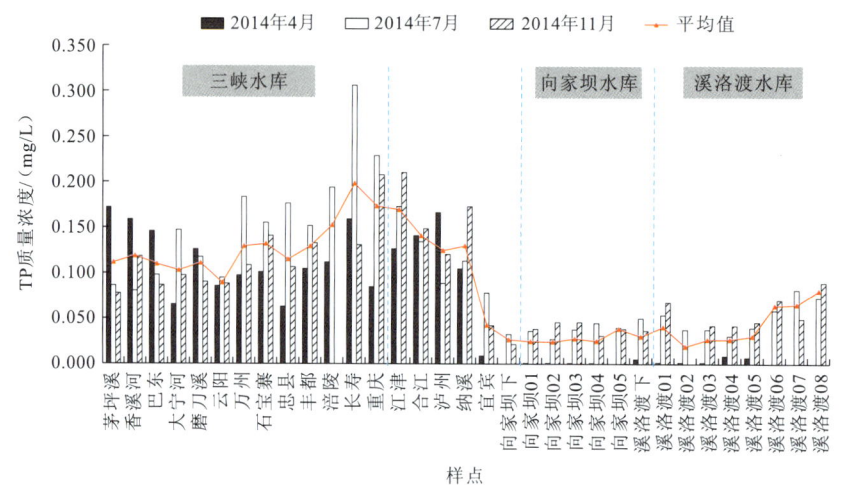

(d) 2014年TP质量浓度分布

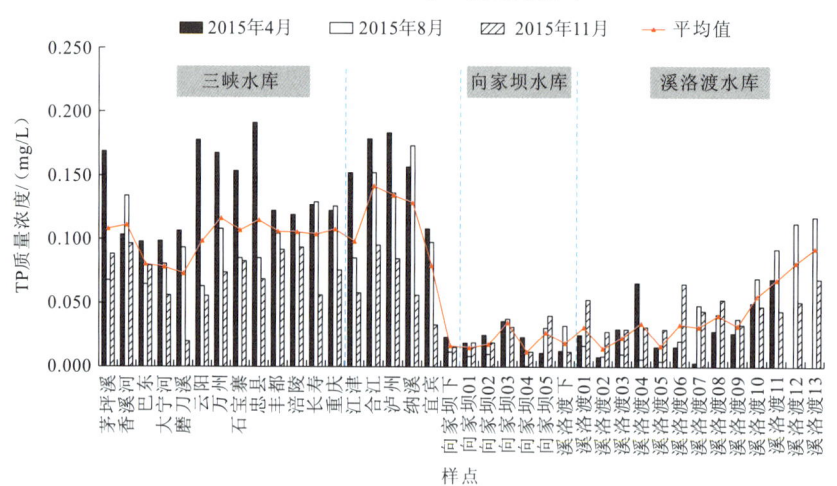

(e) 2015年TP质量浓度分布

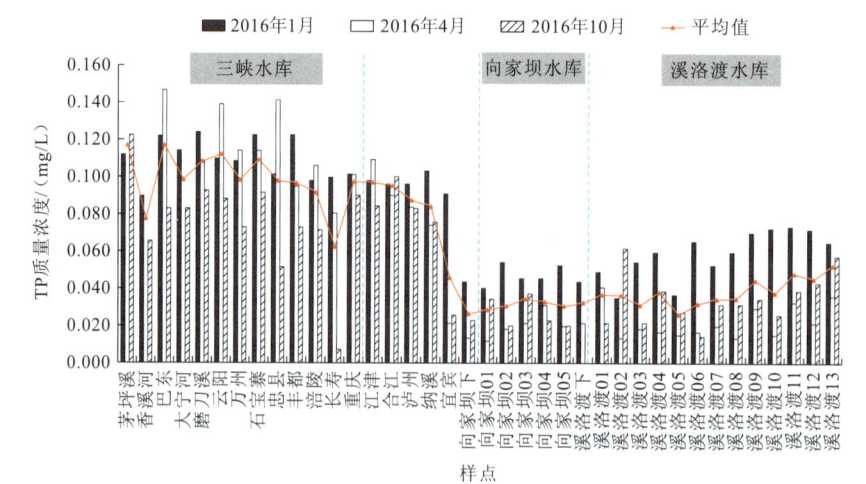

(f) 2016年TP质量浓度分布

图 3.2.15 三个水库干流主要断面 TN、TP 质量浓度的沿程分布图

5. 叶绿素

如图 3.2.16～图 3.2.18 所示，为梯级水库蓄水后沿程表层的叶绿素分布。整体而言，干流水质较好，三个水库的叶绿素浓度都很低，平均值都在 1 mg/m³ 左右，由于浓度较低，季节上没有显著的差异。

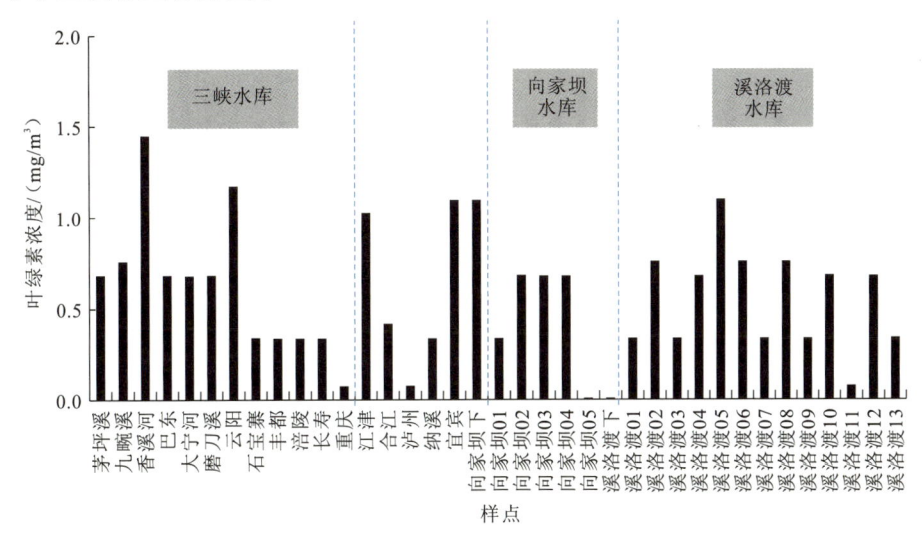

图 3.2.16 梯级水库蓄水后 2016 年 1 月表层叶绿素浓度沿程分布

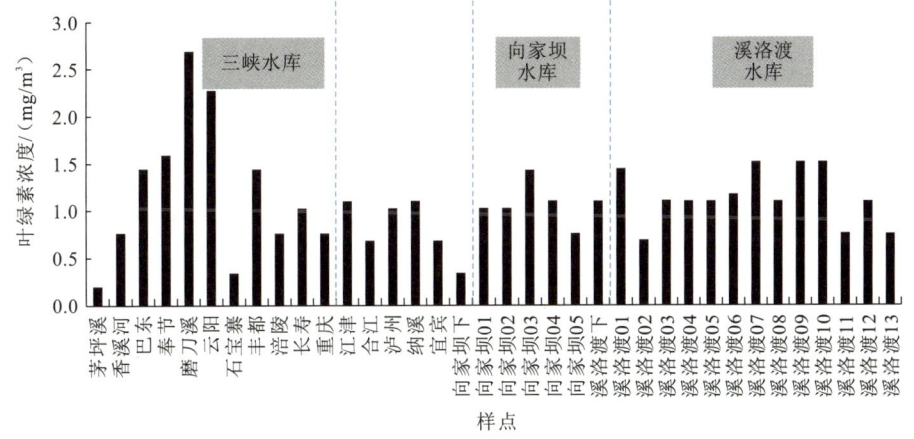

图 3.2.17 梯级水库蓄水后 2016 年 4 月表层叶绿素浓度沿程分布

6. 水质类别

2010 年寸滩断面水质较好，全年有 7 个月为 I 类水，5 个月为 II 类水，整体呈现 I 类水；2011～2013 年水质整体呈现 III 类水，全年有 1～2 个月为 II 类水；2014 年水质整体也呈现 III 类水，但在 2 月出现了 IV 类水。总体而言，除 2010 年外，水质情况基本持平。三峡水库入库断面营养盐浓度及水质类别变化不大，水质受上游梯级水库影响较小。

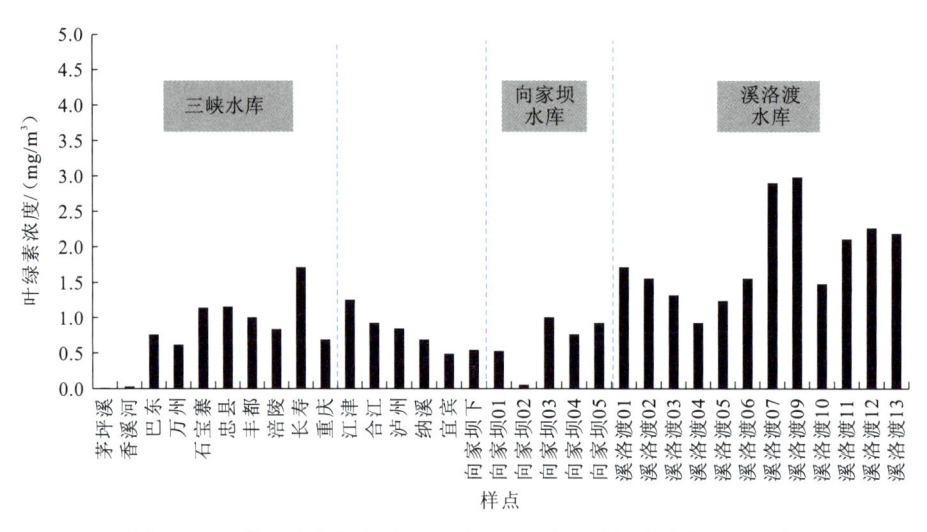

图 3.2.18　梯级水库蓄水后 2016 年 11 月表层叶绿素浓度沿程分布

3.2.2　三峡水库水环境变化对梯级水库运行的响应

1. 三峡水库水温时空分布特征

1）三峡水库水温年内分布

寸滩断面入流水温和坝前表层水温的年内变化，如图 3.2.19 所示，三峡水库干流库首、库尾水温年内分布表现出春夏升温、秋冬降温的特点，最高水温为 26.38℃，最低水温为 10.89℃，出现在坝前，年内变幅为 15.49℃。对比库首、库尾水温发现，在春夏季升温期库首水温较库尾高，最大温差为 4.34℃，在秋冬季降温期库首水温多低于库尾，最大温差分别为 4.29℃、3.41℃。受上游向家坝水库、溪洛渡水库建成蓄水的影响，三峡水库干流入流水温均化，年内水温极值变幅减小，库首、库尾温差幅值缩小 1℃左右。

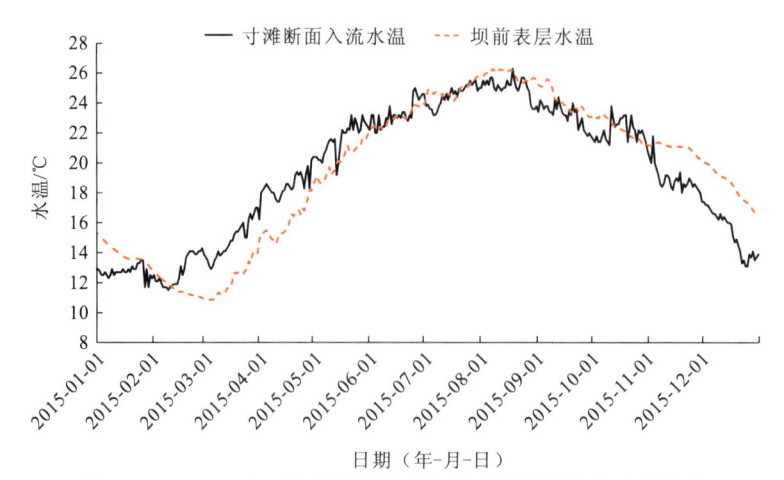

图 3.2.19　2015 年三峡水库坝前及上游寸滩断面入流水温过程

由 2015 年坝前垂向水温分布（图 3.2.20）可知，坝前垂向水温 4~5 月存在分层现象，3 月、6 月、7 月存在微弱分层，其他时段垂向水体掺混明显，基本不分层，垂向趋于同温；3~4 月气温逐渐上升，上层水体温升较下层水体快，因此出现分层现象，其中 4 月分层现象最为明显，形成双斜温层结构，表层斜温层厚度约 10 m，底部斜温层厚度为 20~30 m，垂向表底温差最大为 4.1 ℃。

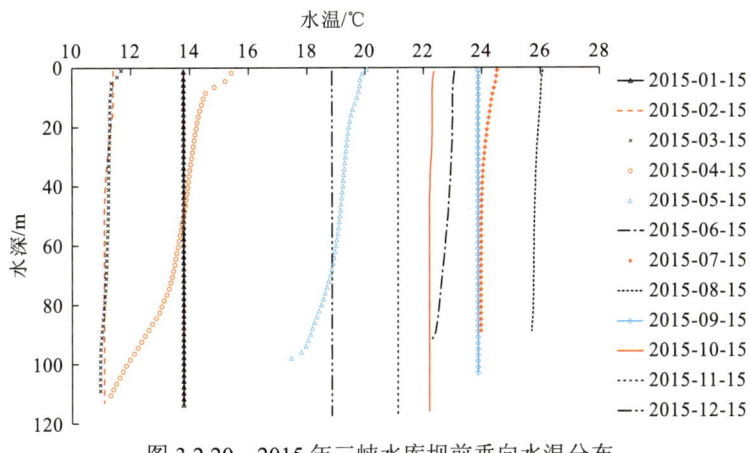

图 3.2.20　2015 年三峡水库坝前垂向水温分布

2）三峡水库水温空间分布

利用建模的方式模拟三峡水库干流水温空间分布及变化规律，以 2015 年为例开展水温分析，如图 3.2.21 所示。总体来说，干流水温年内波动范围较大，上下游水温差异明显，3~6 月干流处于升温状态，入库流量较低，上游入流受气温影响更为明显，入流水温逐渐增加，库首升温较慢，下游水温低于上游；7~9 月前期入库流量增加，流速增加，使干流水体的掺混强度显著增强，干流水温趋于一致，处于等温状态；10 月~次年 2 月干流处于降温过程，上游来流水温降低，下游降温滞后，下游水温一般高于上游水温。

1 月寸滩断面入流水温较低，干流水温整体呈下降趋势，垂向水温基本相同，无分层；2 月寸滩断面入流水温开始上升，而库首水温仍然处于低温状态，上游水温高于下游水温；3~5 月，气温回升，入流水温继续增大，表层水温上升较中底层更为明显，三峡水库干流下游出现水温分层，表底温差最大达 5 ℃，其中 4 月水温分层最为明显；6 月上游水温继续升高，且入流流量逐渐增大，水体流速增加，库区水体扰动增强，水温分层逐渐减弱，趋于同温，达 24~25 ℃；7~9 月，上游来流量较大，水体掺混较强，干流基本处于同温状态，上下游及垂向温差均较小，其中 8 月水温最高达 26 ℃；10~12 月，气温开始下降，入流水温逐渐降低，干流整体进入降温期，由 23 ℃左右下降至 15 ℃左右，沿程水温上游低于下游。

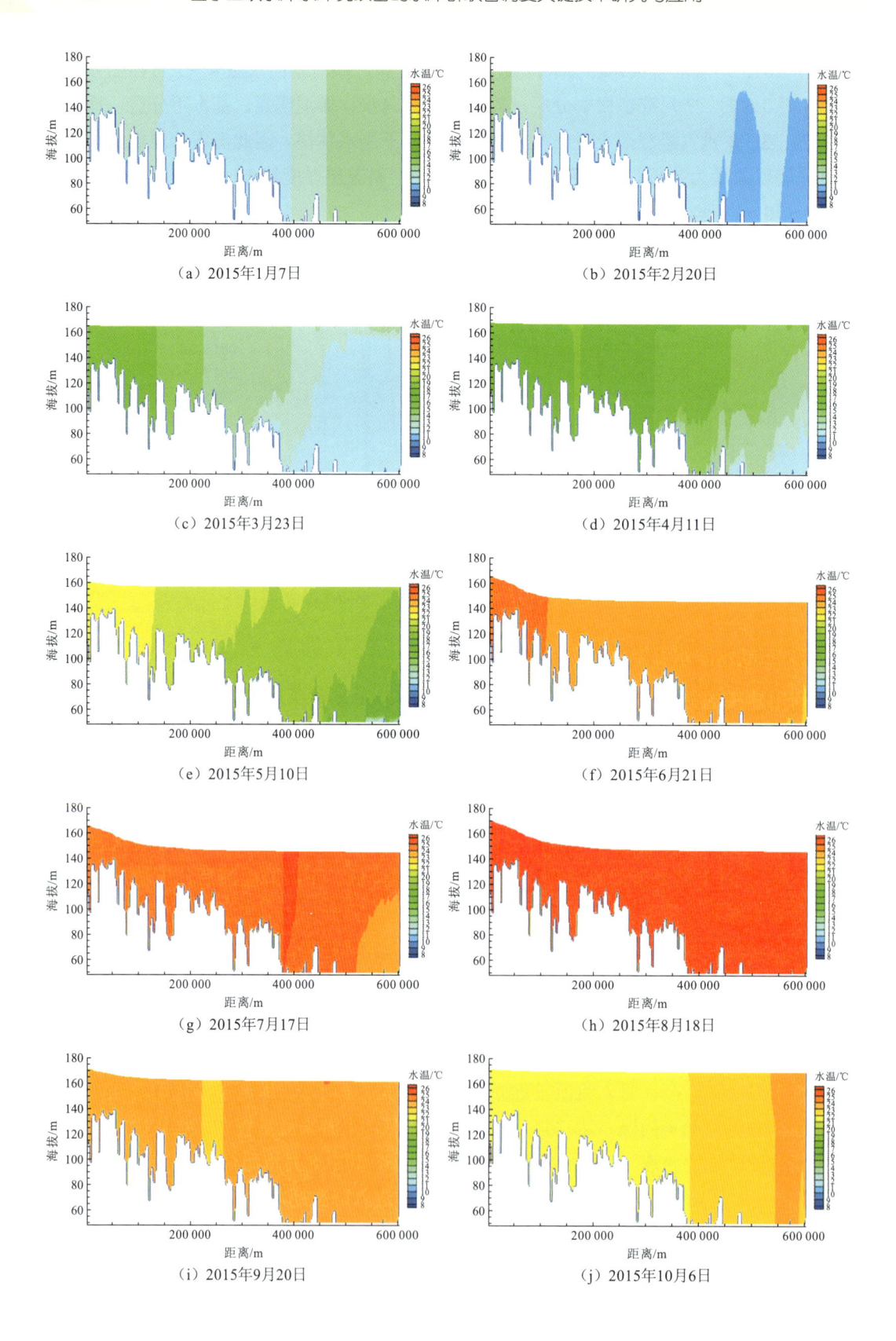

(a) 2015年1月7日
(b) 2015年2月20日
(c) 2015年3月23日
(d) 2015年4月11日
(e) 2015年5月10日
(f) 2015年6月21日
(g) 2015年7月17日
(h) 2015年8月18日
(i) 2015年9月20日
(j) 2015年10月6日

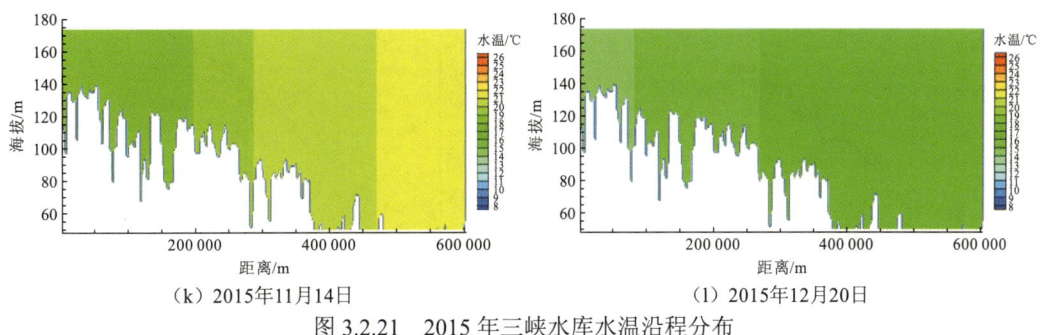

(k) 2015年11月14日　　　　　　　　　　　(l) 2015年12月20日

图3.2.21　2015年三峡水库水温沿程分布

2. 三峡水库滞温效应

为分析三峡水库建坝对水库水温的影响，现对三峡水库建库前后库首庙河、库尾寸滩不同时期的表层水温进行分析。1997年长江截流，2003年三峡水库首次蓄水，2010年首次蓄水至175m，2012年向家坝水库首次蓄水，2013年溪洛渡水库首次蓄水。因此，选取1986年、1989年为建库前水温代表年，2002年为三峡水库蓄水前代表年，2006年为三峡水库建库后代表年，2010年为向家坝水库、溪洛渡水库蓄水前代表年，2014年为上游梯级水库联合调度代表年。由图3.2.22可知，2003年蓄水前，寸滩、庙河水温变化基本一致，水温过程线吻合度较高，而蓄水后，庙河的水温过程线明显滞后且趋于平缓，最低水温由1月、2月推迟至3月、4月，上下游最大温差由建库前4月的2.1℃增加至建库后4月的6.5℃。三峡水库蓄水对寸滩的水温过程改变较小，而庙河水温过程改变显著。从图3.2.23可以看出，建库前不同代表年寸滩、庙河月平均水温差异并不显著，最大温差仅为2.1℃，温差过程也较为平缓，水温相同的月份集中在1月、6～7月。三峡水库建库后蓄水初期每月的平均温差显著增大，升温期最大月平均温差由建库前的2℃增加至5℃；降温期最大月平均温差由建库前的1.8℃增加至4.9℃。蓄水后期每月的温差大小和蓄水初期相近，但变化过程在时间上整体向后推移一个月，水温相同月份集中在2月、7～9月。三峡水库上游梯级水库联合调度后上下游温差变化趋势与蓄水后期相近，蓄水初期温差主要体现在大小上，蓄水后期主要体现在时间上。

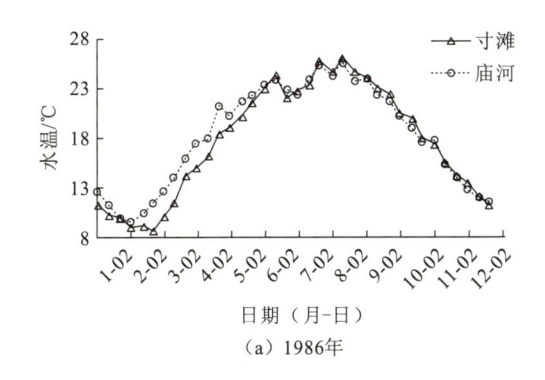

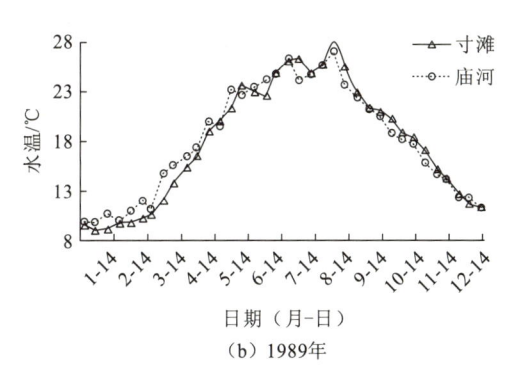

(a) 1986年　　　　　　　　　　　(b) 1989年

(c) 2002年　　　　　　　　　　　　(d) 2006年

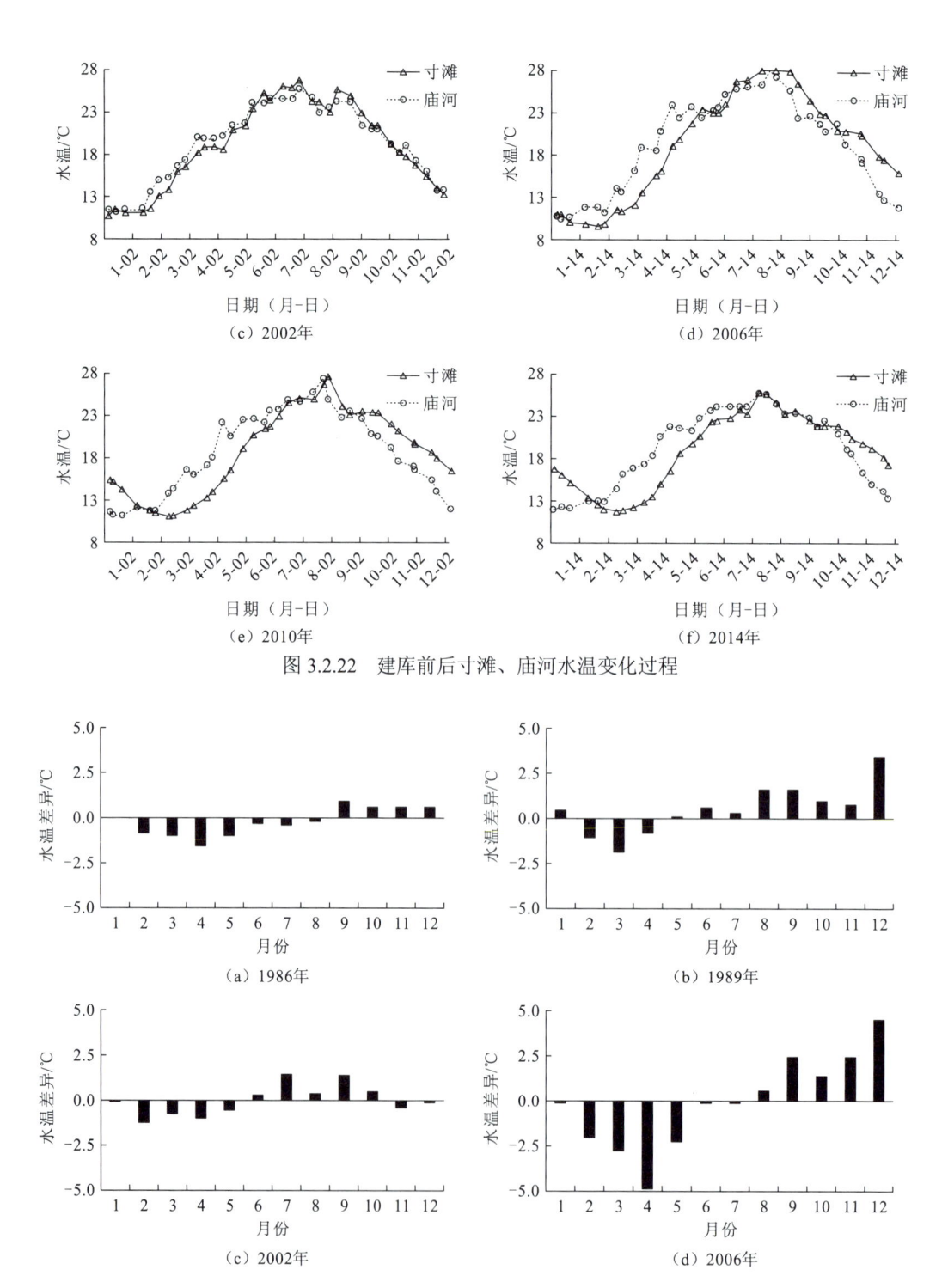

(e) 2010年　　　　　　　　　　　　(f) 2014年

图 3.2.22　建库前后寸滩、庙河水温变化过程

(a) 1986年　　　　　　　　　　　　(b) 1989年

(c) 2002年　　　　　　　　　　　　(d) 2006年

(e) 2010年　　　　　　　　　　　　(f) 2014年

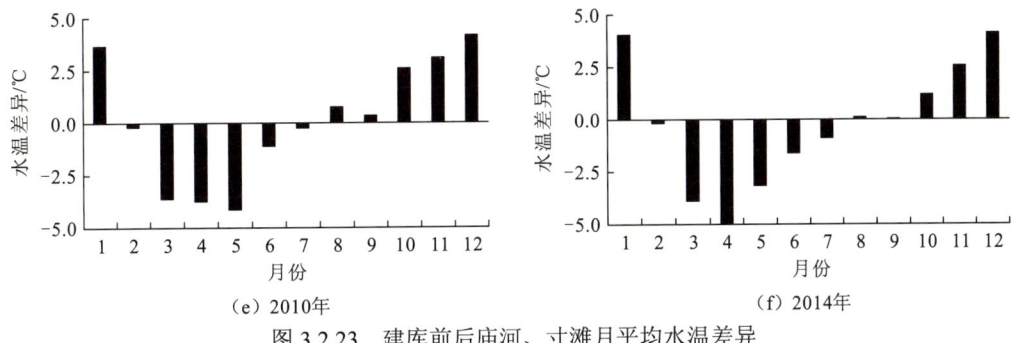

图 3.2.23　建库前后庙河、寸滩月平均水温差异

三峡水库自 2003 年蓄水以来，库区水温结构发生了显著改变。建库前河道天然水温由三峡工程截流前 10 年庙河水文站月平均水温计算得到，建库前多年月平均水温过程线如图 3.2.24（a）所示；建库后多年月平均水温过程线由建库后 10 年（2004～2013 年）庙河水文站水温数据得到，对比发现建库后水温极大值变化不明显，极小值升高 1.5 ℃左右，水温过程线趋于平缓，升温、降温过程均存在明显滞后。分别计算基线偏离指标 I_{BD}、相位偏移指标 I_{PS}、极值变幅指标 I_{EC}，结果如图 3.2.24（b）所示。从图 3.2.24 可以看出，建库后坝前庙河最高水温无显著变化，最低水温有所升高，年平均水温略有升高；建库后年际基线偏离指标为 0.04～0.34，相位偏移指标为 0.09～0.53，两者变化趋势一致，均逐年增大，2010 年以后趋于稳定并分别维持在 0.33、0.52，其偏移时间由 5 天逐渐增大至 32 天，也趋于稳定，滞温效应较为明显。年际极值变幅指标为 0.84～1.13，普遍低于 1.00，水温变化范围有所降低，最大减幅达 15%。由于水库年内水温结构决定水温影响程度，水温结构的变化取决于相位和极值的变化，通过指标间的相关性分析可以更好地明确水温影响效应的主要特征。如图 3.2.25 所示，年际基线偏离指标和相位偏移指标的相关性很好，R^2 达到 0.9726，说明水温的波动与相位变化匹配，最大相位偏移指标达0.53，滞温效应显著；基线偏离指标、相位偏移指标和极值变幅指标的相关性都不明显，三峡水库蓄水后水温均一化特征不显著。总地来说，三峡水库蓄水对水温的影响主要体现在滞温效应，均一化作用不明显，同时蓄水初期正是滞温效应的形成期，滞温效应进入稳定期。

（a）多年月平均水温　　　　　　　　（b）水温评价指标年际变化

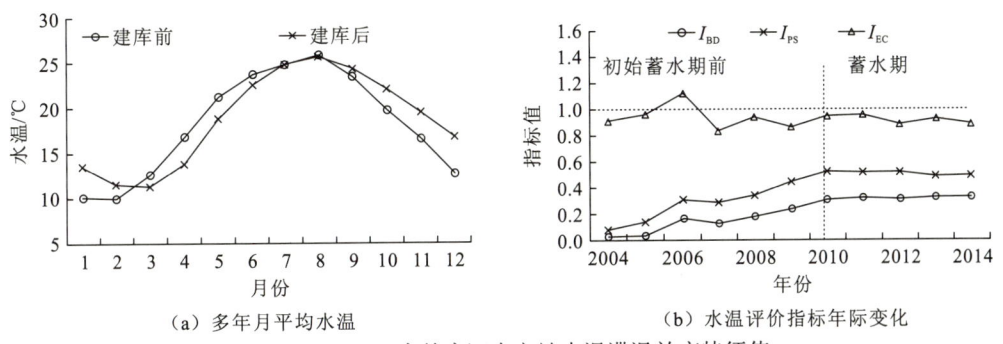

图 3.2.24　库首庙河水文站水温滞温效应特征值

（a）基线偏离指标和相位偏移指标

（b）基线偏离指标和极值变幅指标

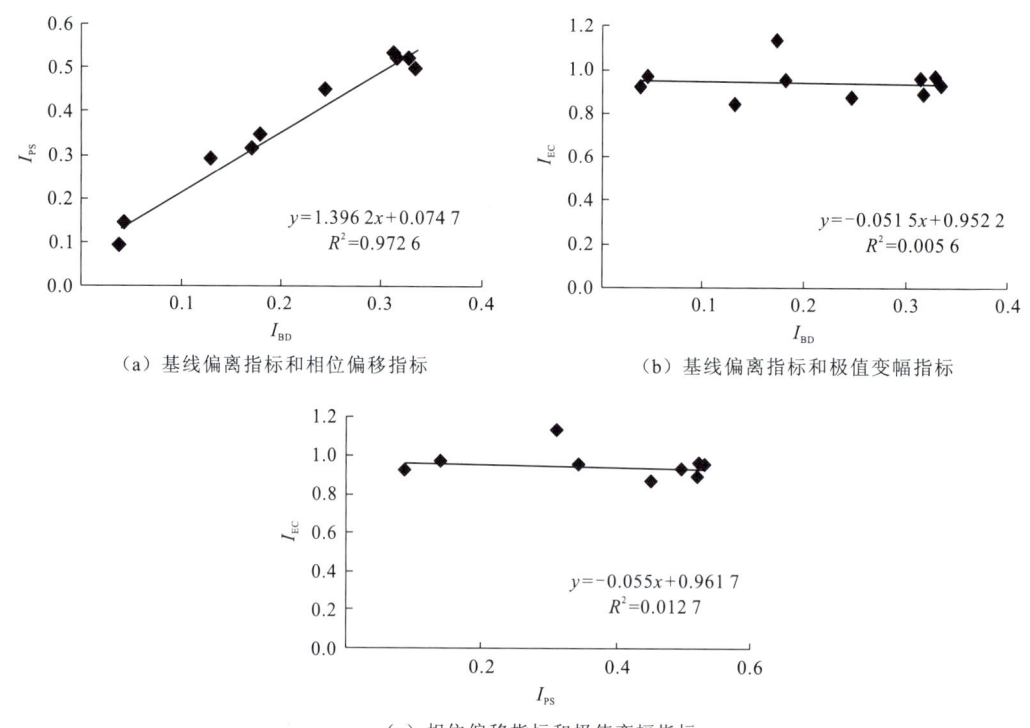

（c）相位偏移指标和极值变幅指标

图 3.2.25　不同水温评价指标的相关性分析

3. 三峡水库入流水温及流量变化对水库干流的影响

1）入流水温变化对干流水温的影响分析

梯级水库建成运行后，寸滩最低水温呈升高、最高水温呈降低趋势，年内极值变幅减小，10月之后的降温过程更加平缓。将仅三峡水库蓄水及梯级水库建成后寸滩水温月平均值进行对比，结果如表 3.2.1 所示，10月～次年2月降温期寸滩水温呈现升高趋势，最大变幅为10月升高1.4℃；3～9月平均水温整体降低，最大变幅为5月降低1.0℃。

表 3.2.1　梯级水库蓄水前后寸滩月平均水温对比

项目	月份					
	1	2	3	4	5	6
建库前水温平均值/℃	10.9	11.9	14.8	18.9	22.3	23.3
建库后水温平均值/℃	11.7	12.2	14.6	18.3	21.3	23.7
差值/℃	0.8	0.3	−0.2	−0.6	−1.0	0.4

项目	月份					
	7	8	9	10	11	12
建库前水温平均值/℃	24.6	25.0	23.1	20.1	17.1	13.2
建库后水温平均值/℃	24.5	24.5	22.7	21.5	18.1	14.4
差值/℃	−0.1	−0.5	−0.4	1.4	1.0	1.2

根据梯级水库蓄水前后三峡水库入流寸滩水温的变化,改变 2010~2011 年三峡水库干流入流水温条件(图 3.2.26),根据不同工况的模型计算结果,通过对比深入分析寸滩水温变化对三峡水库水温的影响。

图 3.2.26　2010~2011 年寸滩水温与改变后的寸滩水温

三峡水库沿程 5 个断面 2 月、5 月、7 月及 11 月表层水温的平均增温如图 3.2.27 所示,由图 3.2.27 可知,入流水温改变后,2 月三峡水库沿程表层月平均水温增温为正值,说明入流水温升高后,水库沿程水温均升高,且由库尾至库首沿程增温率呈现增大的趋势;5 月沿程表层月平均水温增温为负值,水库沿程水温降低,与入流水温变化一致,

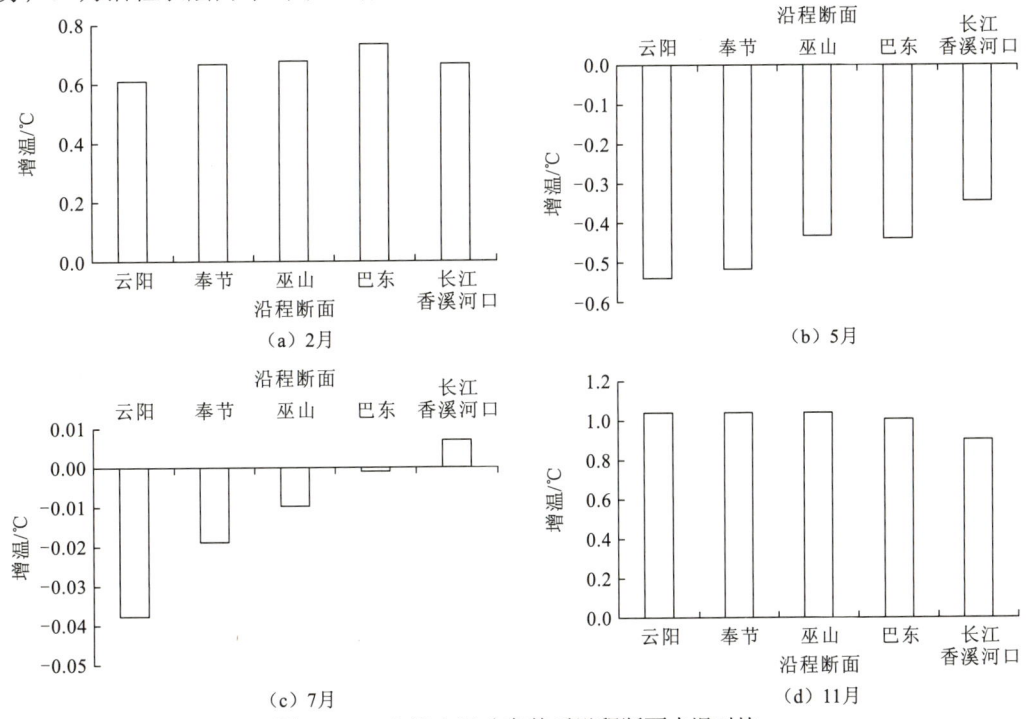

(a) 2 月

(b) 5 月

(c) 7 月

(d) 11 月

图 3.2.27　入流水温改变前后沿程断面水温对比

且由库尾至库首沿程水温降低呈现减弱的趋势；7月沿程表层月平均水温增温在云阳至巴东段为负值，长江香溪河口断面为正值，但其增温绝对值均较小；11月沿程表层月平均水温增温为正值，且由库尾至库首沿程增温率呈现降低的趋势。入流水温改变对三峡水库沿程水温的影响有减弱的趋势，2011年2月气温逐渐上升，而库尾水体流速较大，水体掺混强度较大，气温上升对库尾表层水温的影响较库首弱，导致2月表层水温增温有沿程增大的趋势，香溪河口断面由于干支流交汇，水体掺混较强，在该断面增温略有减小；5月入流水温累积降低较大，沿程变化减弱，因此沿程增温呈现减小趋势；由于入流水温变化影响的滞后性，7月沿程表层水温先上升后下降，但增温值不大，月平均水温沿程先后呈现负值与正值；11月随着入库水温的增大，沿程表层水温均增大，这种影响有减弱的趋势，加之气温下降对靠近库首断面的影响较库尾略大，因此增温率呈现明显的降低趋势。

入流水温改变前后三峡水库沿程5个断面2月15日、5月15日、7月15日及11月15日垂向水温增温如图3.2.28所示，由图3.2.28可知，入流水温改变后，2月三峡水库沿程垂向水温增温基本一致，仅香溪河口断面垂向上略有差异；5月三峡水库水温存在分层现象，入流水温改变后，沿程垂向水温增温也存在差异，垂向上增温绝对值呈现减小趋势，即垂向温度表中层温降大于中下层及底层水体，表明寸滩水温改变对表中层水体影响更为明显，对中下层水体这种影响有减弱的趋势；7月和11月库区流量较大，水体掺混明显，沿程增温垂向上无明显差异。

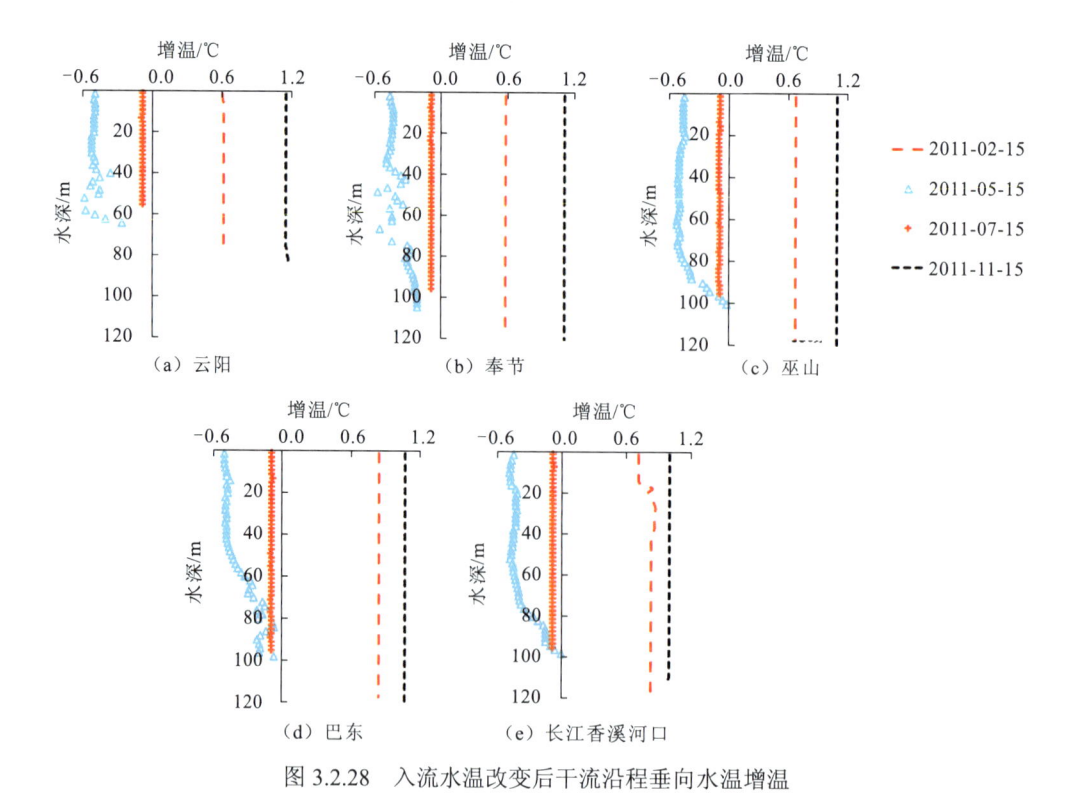

图3.2.28 入流水温改变后干流沿程垂向水温增温

2）入流水温变化对库首水温的影响规律

2011 年三峡水库库首表层水温在入流水温改变前后的对比如图 3.2.29、表 3.2.2 所示。由图 3.2.29、表 3.2.2 可知，入流水温变化后库首表层水温发生明显变化，受入流水温的影响，降温期水温升高，最大变幅为 12 月升高 0.90℃；升温期水温略有降低，5 月、8 月和 9 月变幅均较大，月平均水温降低约 0.4℃，年内极值变幅减小。对比寸滩水温改变与库首表层水温变化后发现，库首表层水温变化较入流有一定的滞后性，受气象条件影响，库首表层水温变化规律与入流水温变化相似，但变幅整体小于入流水温。

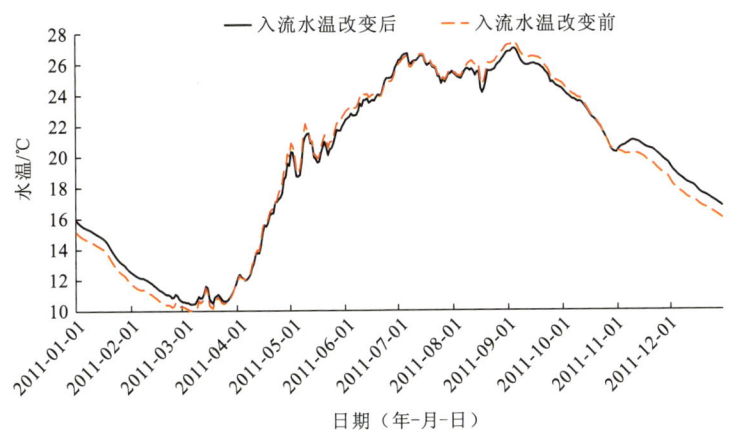

图 3.2.29 2011 年入流水温改变前后库首表层水温对比

表 3.2.2 2011 年入流水温改变前后库首表层月平均水温对比 （单位：℃）

项目	月份					
	1	2	3	4	5	6
改变前平均水温	13.67	10.86	10.58	15.29	20.93	24.03
改变后平均水温	14.41	11.56	10.85	15.07	20.54	23.86
差值	0.74	0.70	0.27	-0.22	-0.39	-0.17

项目	月份					
	7	8	9	10	11	12
改变前平均水温	25.895	25.9	26.15	22.62	19.64	16.99
改变后平均水温	25.89	25.5	25.76	22.49	20.45	17.89
差值	-0.005	-0.40	-0.39	-0.13	0.81	0.90

根据数学模型的预测，自然工况下 2011 年库首垂向水温分布如图 3.2.30 所示，入流水温改变后库首逐月垂向水温分布如图 3.2.31 所示。由图 3.2.30、图 3.2.31 可知，入流水温改变后，3~5 月分层较为明显，10 月分层较弱，6~7 月垂向水温呈梯度较小的斜温分布，其他时间段内垂向水温基本一致，无分层现象。年水温极值变幅为 17.69℃。入流水温改变后，3~5 月水温垂向分层结构变化不大，但表底水温均有所减小，3 月库首表底温差为 2.15℃，4 月表底温差为 4.37℃，5 月表底温差为 4.47℃，10 月分层结构变化较明显，入流水温改变后，10 月分层较弱，表底温差为 1.63℃，全年库首最高水温

为 26.57℃，最低水温为 9.91℃，极值变幅为 16.66℃。总体而言，入流水温改变后库首的水温垂向分层结构发生变化，水温垂向分层有所减弱，存在分层的时间段减少，表底温差呈减小趋势，全年水温极值变幅减小。

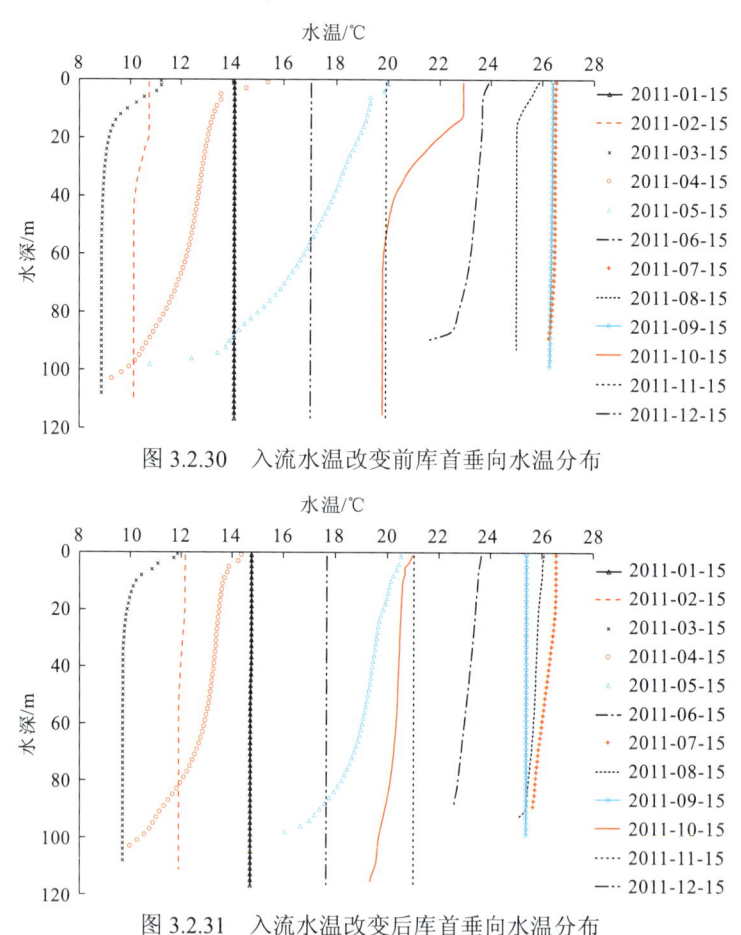

图 3.2.30　入流水温改变前库首垂向水温分布

图 3.2.31　入流水温改变后库首垂向水温分布

入流水温改变前后三峡水库库首 2011 年垂向水温增温如图 3.2.32 所示，由图 3.2.32 可知，入流水温改变后，11 月～次年 1 月三峡水库库首垂向水温增温基本一致，1 月增温 0.73℃，11 月增温 0.78℃，12 月增温最大，达 0.91℃；2 月、9～10 月表层水体增温绝对值小于中下层水体，2 月水温增大，9～10 月水温降低，天然工况下 3～8 月库首垂向水温存在不同程度的分层现象，入流水温改变后，垂向水温沿程增温也存在差异。总体而言，入流水温改变后，库首垂向水温增温的正负及改变度与入流水温变化较为一致，且有一定的滞后，当库首垂向水温存在分层现象时，垂向水温增温一般也具有分层现象。

3）三峡水库沿程垂向流速对入流水温变化的响应分析

水温增加将使水体密度减小，水温分层会形成密度分层，使水体流态发生一定变化。经过分析发现，入流水温变化后，干流的水温分布及垂向分层发生一定变化，可能对干流垂向流速分布产生影响，由此对 2011 年入流水温变化前后干流的垂向流速分布进行对

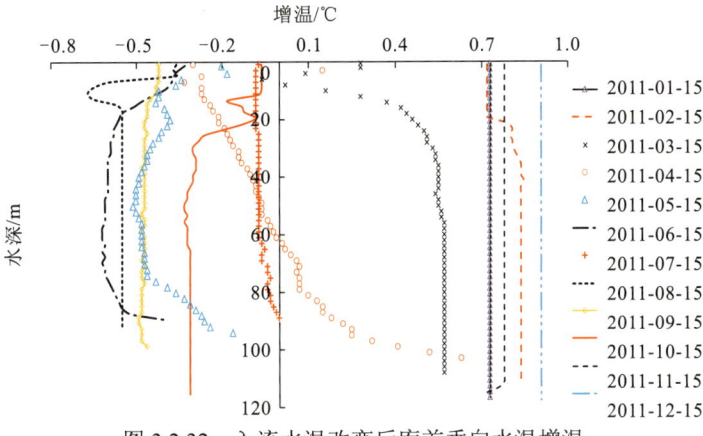

图 3.2.32　入流水温改变后库首垂向水温增温

比分析，如图 3.2.33 所示。入流水温变化后，2 月干流沿程垂向流速除巫山断面外，基本不变，巫山断面垂向流速分布略有变化，中上层水体流速稍有减小，中下层水体流速略有增大，整体上变化不大。5 月干流沿程断面垂向流速变化较 2 月略大，7 月水温变化较小，流速分布与大小基本不变，11 月长江香溪河口断面中上层水体流速略有增大，中下层水体流速稍有减小，其他断面流速基本不变。总体来看，入流水温变化后，对干流沿程垂向流速的影响不大，流速分布形式不变，流速大小变化最大不超过 0.04 m/s，入流水温的变化未对干流垂向流速产生较大影响。

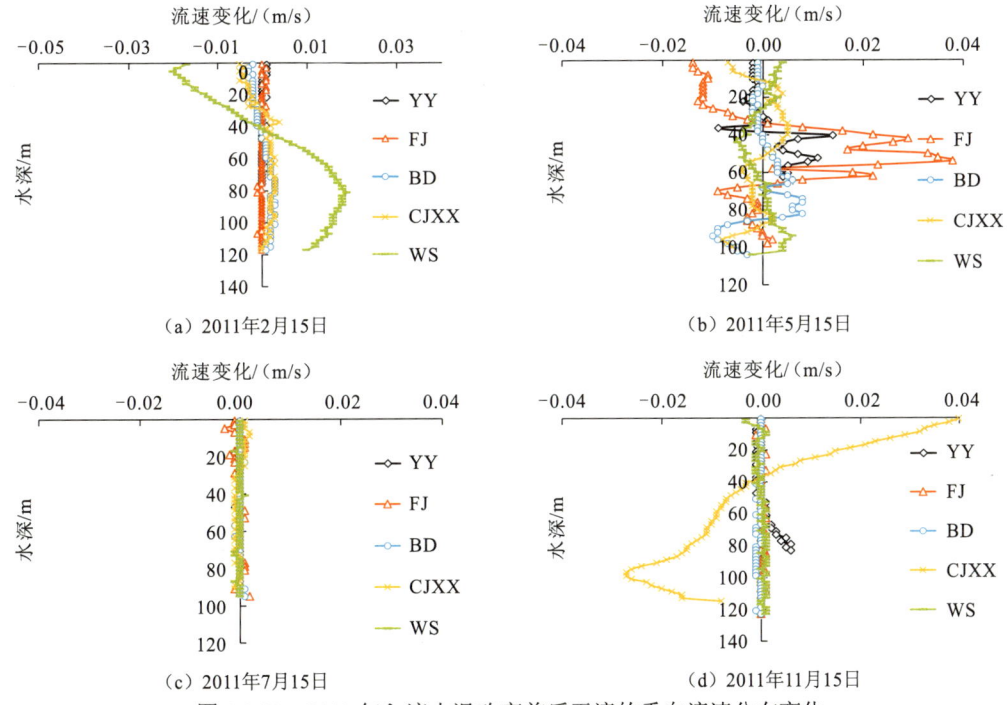

(a) 2011 年 2 月 15 日　　(b) 2011 年 5 月 15 日
(c) 2011 年 7 月 15 日　　(d) 2011 年 11 月 15 日

图 3.2.33　2011 年入流水温改变前后干流的垂向流速分布变化

YY 表示云阳，FJ 表示奉节，BD 表示巴东，CJXX 表示长江香溪河口，WS 表示巫山

4）入流流量变化对干流水温、流速的影响分析

（1）干流水温对入流流量变化的响应分析。

通过向家坝水库、溪洛渡水库建成蓄水对三峡水库入流断面寸滩流量的影响分析发现，梯级水库建成运行后，寸滩入流流量枯水期平均增加较为明显，年内极值变幅减小。将仅三峡水库蓄水与梯级水库建成后的寸滩月平均流量进行对比，结果如表 3.2.3 所示，1~5 月及 7 月流量增大，其中 1~4 月干流流量处于较低水平，流量增加所占比例较大，达到 35%~53%，8 月流量平均减少 3 204 m³/s，但在汛期所占比例较小。

表 3.2.3 梯级水库蓄水前后寸滩月平均流量对比　　（单位：m³/s）

项目	月份					
	1	2	3	4	5	6
建库前流量平均值	3 621	3 202	3 472	4 598	7 403	13 216
建库后流量平均值	4 902	4 612	5 070	7 039	8 430	12 991
差值	1 281	1 410	1 598	2 441	1 027	-225

项目	月份					
	7	8	9	10	11	12
建库前流量平均值	24 317	21 804	20 830	13 495	7 318	4 570
建库后流量平均值	29 500	18 600	16 200	9 510	5 870	4 330
差值	5 183	-3 204	-4 630	-3 985	-1 448	-240

根据梯级水库蓄水前后三峡水库入流流量的变化，改变 2014~2015 年三峡水库干流-香溪河水动力模型的入流流量条件，对流量改变前的工况与自然工况（入流流量改变后）进行对比，进一步分析寸滩入流流量变化对三峡水库水温的影响。根据模型计算结果，2015 年三峡水库坝前表层水温在入流流量改变前后的对比如表 3.2.4、图 3.2.34 所示。

表 3.2.4　2015 年入流流量改变前后坝前表层月平均水温对比　　（单位：℃）

项目	月份					
	1	2	3	4	5	6
改变前平均水温	14.23	12.43	12.36	16.61	19.86	22.92
改变后平均水温	13.97	11.66	12.14	16.01	20.16	22.98
差值	-0.26	-0.77	-0.22	-0.60	0.30	0.06

项目	月份					
	7	8	9	10	11	12
改变前平均水温	24.84	25.78	24.21	22.23	21.11	18.66
改变后平均水温	24.85	25.89	24.17	22.29	21.04	18.52
差值	0.01	0.11	-0.04	0.06	-0.07	-0.14

第3章 三峡水库水环境对水库调度的响应关系

图 3.2.34 2015 年入流流量改变前后坝前表层水温的对比

由图 3.2.34、表 3.2.4 可知，入流流量变化后坝前表层水温发生一定变化，1～4 月由于入流流量增加，坝前表层月平均水温有所减小，最大变幅为 2 月降低 0.77℃，其次为 4 月降低 0.60℃，其他月份表层月平均水温变幅较小，6～12 月仅在 0.1℃左右。入流流量变化前后干流沿程主要断面云阳、奉节、巫山及巴东的表层水温（图 3.2.35）同

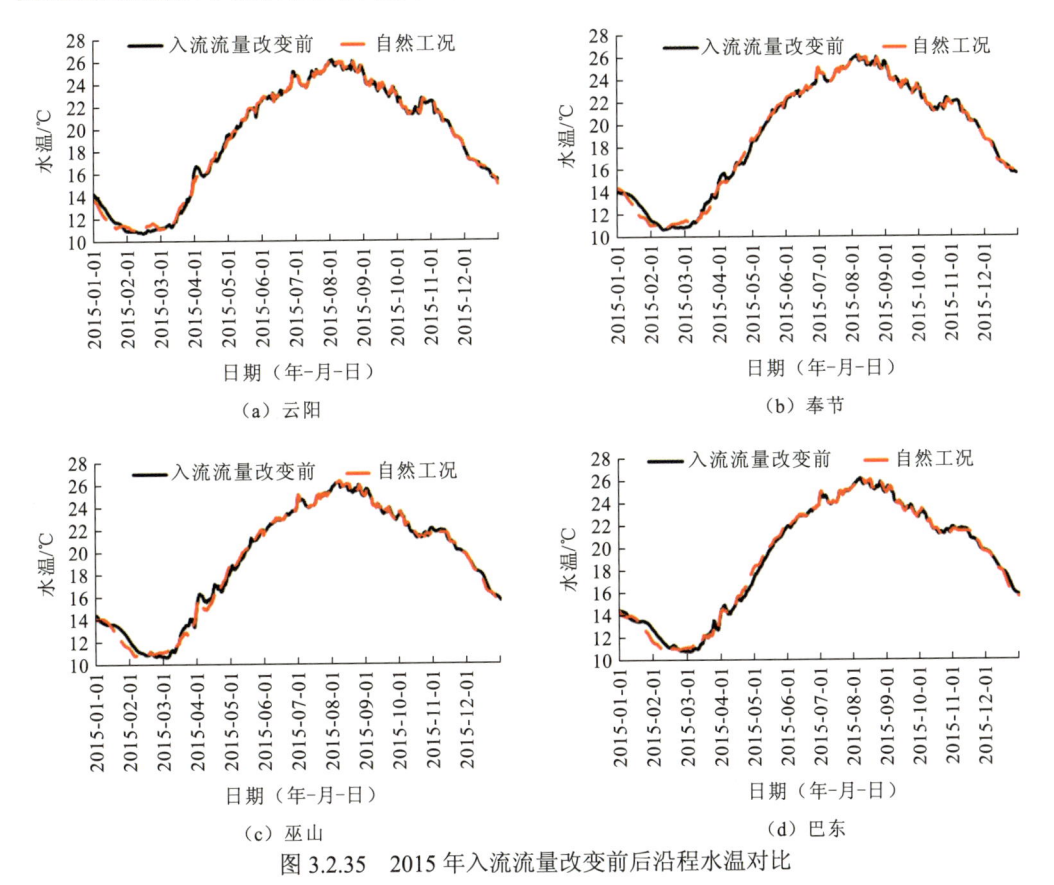

（a）云阳

（b）奉节

（c）巫山

（d）巴东

图 3.2.35 2015 年入流流量改变前后沿程水温对比

样在1～4月变化较大，其他时间段变幅很小，主要是由于1～4月为枯水期，干流入流流量处于较低水平，入流流量增加所占比例较大，对水温的影响略大，而在5月以后流量开始增大，入流流量变化产生的影响减弱。总体而言，入流流量发生变化后，干流水温的变化不大。

有研究表明，当流量偏丰时，水温偏低，流量偏枯时，水温偏高。尤其是在汛期，来流量大，流量增大将使水体水温降低（图3.2.36）。根据仅三峡水库蓄水及梯级水库建成后寸滩月平均流量的差异分析，梯级水库对下游的流量具有一定的均化作用，在枯水期的作用最为明显。但丰水年、平水年、枯水年年际流量差异较大，因此，本节对干流流量变化对主要断面水温影响的量化分析不具有普遍性，且建库后时间尚短，对流量的累积影响及流量变化对水温的影响有待今后更深一步的研究。但总体来说，梯级水库建成运行后对三峡水库的入库流量有影响，当入库流量增大时，干流水温相对减小。

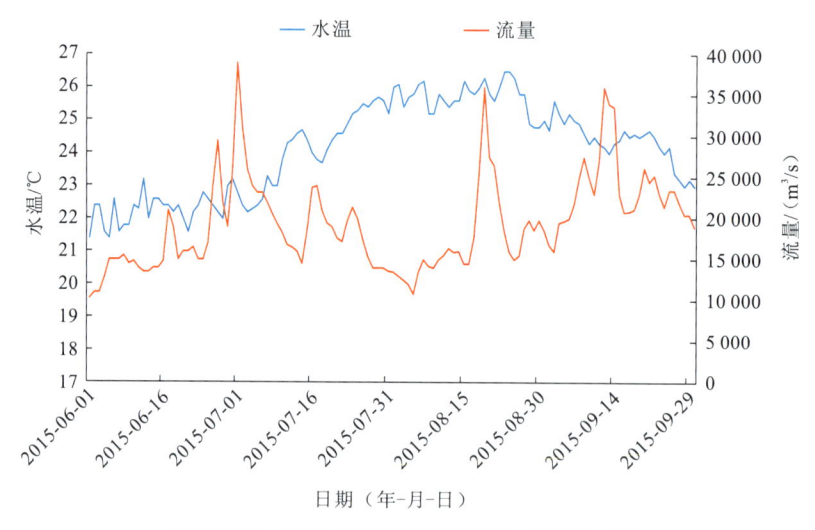

图 3.2.36　2015年汛期入库流量与水温的对比

（2）干流沿程垂向流速对入流流量变化的响应分析。

根据数学模型的预测，对2015年入流流量变化前后干流的垂向流速分布进行对比，分析干流入流流量变化对干流流速的影响。2015年入流流量改变前后2月、5月、7月、11月的流速变化如图3.2.37所示，由图3.2.37可知，2月、5月入流流量均有所增大，2月干流沿程各断面垂向流速大小有不同程度的增加，中层水体流速大于表层及底层水体，5月干流沿程各断面垂向流速变化较大，尤其是中下层水体，流速最大增大了约0.1 m/s。7月来流量减小，各断面垂向流速减小，随深度的增加流速大小的减小趋势减弱。11月入流流量变化不大，各断面垂向流速中上层与中下层水体呈现相反变化，垂向平均流速基本不变。总体来看，入流流量增大，干流流速随之增大，分布形式变化不大。各断面及不同水深的垂向流速大小随流量变化的程度不同，可能与断面本身垂向流速分布形式、断面形状、地形坡降等有关，具体影响规律有待进一步研究。

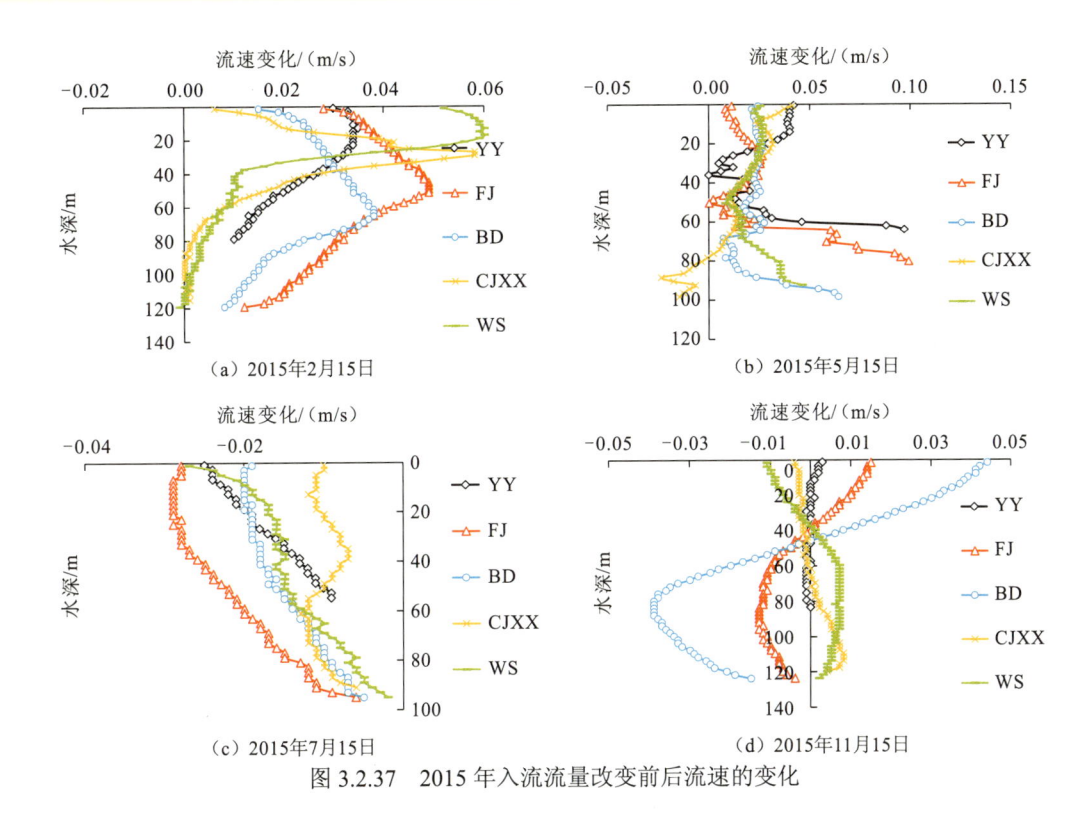

图 3.2.37　2015 年入流流量改变前后流速的变化

3.3　长江中下游生态环境对三峡水库调蓄的响应

自三峡水库蓄水以来，三峡水库下游的生态环境问题受到广泛关注。研究主要围绕库区展开，对下游的研究以水沙条件、江湖关系为主。但也有部分学者将目光集中到三峡水库运行对下游环境的影响，并取得了一定的成果。

早在 2003 年，陈沈良和陈吉余（2003）就在《科学》上撰文讨论三峡大坝对下游环境的影响。他们的文章指出：三峡大坝对其下游影响的根本在于对水沙条件和营养物质输送的改变，并会因此引发一系列的环境和生态问题；随着三峡大坝的逐步运行和最终建成，对长江中下游、河口甚至近海造成的环境和生态系统的影响是多方面的、错综复杂的，更有许多是不可预见的；三峡工程造成的环境影响，还需要不断监测，开展深入的研究，并根据出现的不利情况，及时调整调度运行方案，使得三峡水利枢纽功在当代、利在千秋，发挥其最大的经济和社会效益，使其负面影响减少到最低限度。

三峡水库蓄水对下游生态环境的影响，具体可以归纳为下游河道年内径流过程的改变、泥沙及生源物质输移的变化、通江湖泊及支流水位的变化、水位波动周期的变化、长江中下游生境的变化、长江中游鱼类生境的变化、监利河段四大家鱼产卵情况的变化等。

3.3.1 下游河道年内径流过程的改变

三峡水库运行,首先改变的是下游河道径流过程。根据三峡水库调度方案,正常蓄水位为175 m。汛期(6~9月)坝前水位维持在防洪限制水位145 m,仅当出现特大洪水时,水库拦蓄洪水,削减洪峰,坝前水位抬高;洪峰过后,库水位仍降至145 m。汛末10月起,水库充水到正常蓄水位175 m,如遇枯水年则延至11月,下泄平均流量为10 000 m³/s,较建库前减小3 000~6 000 m³/s,减少比例达40%。1~5月下泄流量增加1 000~2 000 m³/s。然而,无论是枯水年、中水年,还是丰水年,全年入海总水量不变,只是年内分配有所变化,使各月、季间的流量趋于均匀。

3.3.2 泥沙及生源物质输移的变化

三峡水库对长江水文情势的改变,对径流和输沙过程起到了较大的调节作用,由此将可能引起长江中下游地区一系列的环境和生态问题。三峡水库对其下游的一个重要影响是河道冲刷,三峡水库调蓄运行后,改变了水库下游河道的来水来沙条件,坝下游河道水流挟沙能力处于不饱和状态,河床将发生长距离、长时间的沿程冲刷,并从上而下逐步发展,所引起河道的演变需要上百年的时间才能达到新的平衡。

河流水文情势的改变是影响环境的最根本因素。径流是运动着的水体,有着巨大的冲击力。同时,水体中也包含有大量的溶解物质,这些物质随着径流的变化而变化。同样,伴随径流的泥沙特别是细颗粒泥沙不仅能吸附重金属等各种污染物质,而且是营养物质的主要载体。下泄泥沙数量减少,其伴随的营养物质也随之减少。

3.3.3 通江湖泊及支流水位的变化

长江中下游有众多湖泊,如洞庭湖、鄱阳湖等,江湖一体互动,干流水文情势的改变必然引起湖泊的联动作用。支流也是如此。三峡水库运行引起的下游河势变化和下游湖泊、支流的调蓄作用,都是需要密切关注的。

长江水位的变化取决于大坝截流、释放的水量和水流的季节性变化。水位受影响最大的是靠近三峡水库的河段,最大影响是下游河段的5倍。2003年三峡水库蓄水运行后,洞庭湖水位年内变化趋缓,枯水期水位明显提升,丰水期水位有所下降,9~10月水位消落速度加快。自2003年三峡水库开始试验性蓄水以来,洞庭湖出现了秋季枯水提前、持续时间增长的现象,多次接近历史同期最低水位。三峡水库蓄水导致下泄流量在枯水期发生了较大程度的调整,实测资料表明10月、11月城陵矶水位呈明显的递减趋势,主要是因为三峡水库10月、11月汛后蓄水,12月~次年3月无明显变化,4月、5月呈减小趋势。总之,三峡水库在枯水期增加下泄流量,在洪水期减少下泄流量。枯水期,由于三峡水库增泄流量,洞庭湖的水位将比三峡水库运行前抬升;丰水期,由于三峡水库减泄流量,洞庭湖的水位将比三峡水库运行前降低,对洞庭湖水位变化的影响不容忽视。

类似的水位变化趋势,即退水期提前和枯水期水位下降,在鄱阳湖同样有出现。

3.3.4 水位波动周期的变化

三峡水库蓄水前,长江中游各水文站同流量下的水位波动周期长度在9~15年,而在假设三峡水库运行后长江中游水位无趋势性变化的前提下,各水文站水位变化周期基本都超过20年。而河床冲刷与河床阻力增大的综合作用,是出现洪、枯水位调整分异规律的主要原因,不同流量下,河槽变形幅度不一致,泥沙冲刷集中于枯水位河槽;而床沙粗化、洲滩被植被覆盖、人类涉水工程等引起的河床阻力普遍增大,在洪水河槽体现得更为明显。

3.3.5 长江中下游生境的变化

三峡水库运行以来,水位变化造成了高滩地植被退化,水陆过渡带局部植被发生演替,低滩地新出露的区域水生植被减少等现象。同时,三峡水库蓄水减少了洞庭湖"三口"来水,促进了湖水排泄,使长江水位降低,导致了枯水期更多的湖水流失,形成了低滩地植被挤占水面和泥滩的态势。除此之外,洞庭湖和鄱阳湖湿地植被分布在三峡水库运行后有向低滩地迁移演替趋势的区域,洞庭湖湿地植被由2002年25.15 m的集中分布高程变为2014年的24.87 m,下降了0.28 m。与洞庭湖湿地相比,鄱阳湖湿地的植被分布高程由三峡水库运行前的13.55 m下降到三峡水库运行后的12.46 m,前后相差1.09 m,变化更为显著。

而长期的高水位和低水位及非周期性的水位季节变动会破坏水生植被长期以来对水位周期性变化所产生的适应性,从而影响植被的正常生长、繁衍和演替。影响机理主要表现在两方面:①直接影响,表现在对水生生物生长及种群间竞争关系的影响;②间接影响,水位变化使水体中的理化条件,如透明度、浊度、盐度、pH、悬浮与沉降及溶解氧等发生变化。

3.3.6 长江中游鱼类生境的变化

长江中游地区的鱼类共有215种,其中中游特有鱼类42种,下游地区有鱼类129种,仅见于下游地区的有7种,中下游地区也是长江重要渔业资源四大家鱼(青鱼、草鱼、鲢鱼、鳙鱼)的主要产卵地,仅长江中游段就有多达19处四大家鱼产卵场,产卵高峰期在每年的5~6月,产卵量约占全江产卵量的42.7%。历史上数次对四大家鱼苗发江量的调查显示,1981年监利断面鱼苗径流量为67亿尾,而在1997~2001年该断面鱼苗径流量分别为35.9亿尾、27.5亿尾、21.5亿尾、28.5亿尾、19.0亿尾,分别占1981年监利断面鱼苗径流量的53.6%、41.0%、32.1%、42.5%、28.4%,到2008~2010年,监利断面鱼苗径流量仅为1.82亿尾、0.42亿尾、4.28亿尾,占比降至2.7%、0.6%、6.4%。与此同时,三峡水库蓄水后四大家鱼在组成上也有显著变化,历史上占绝对优势的草鱼的比例显著下降，而鲢鱼的比例相对上升。

此外，作为国家一级保护动物的中华鲟在近几十年里数量锐减甚至于绝迹也值得注意，中华鲟是典型的溯河洄游性鱼类，平时在海中生长发育，性成熟后亲鲟溯河洄游至长江干流寻找适宜的江段产卵，20 世纪 70 年代长江里的野生中华鲟繁殖群体能达到 1 万余尾（四川省长江水产资源调查组，1988），而在葛洲坝水库截流后的 80 年代，野生中华鲟逐渐在长江宜昌江段形成新的产卵场，但数量骤减至 2176 尾（柯福恩 等，1992），2000 年仅有 363 尾（危起伟和杨德国，2003），2010 年估算仅有 57 尾，2013 年甚至都没有监测到野生中华鲟自然产卵的迹象，这意味着野生中华鲟已经濒临灭绝。可以认为，葛洲坝水利枢纽工程是中华鲟数量骤减的主因，葛洲坝水库截流后，中华鲟无法溯河洄游至长江上游和金沙江下游繁殖产卵，只能在葛洲坝水库下游河段进行繁殖产卵，但葛洲坝水库下游河段的生境条件又不能完全满足中华鲟的繁殖需求，使繁殖受阻，产卵质量、数量都有大幅下降。

3.3.7 监利河段四大家鱼产卵情况的变化

根据中国水产科学研究院长江水产研究所多年的监测结果，1997～2002 年三峡水库蓄水前，长江监利断面四大家鱼卵苗径流量已从 1965 年的 35.87 亿尾减少至 19 亿尾。三峡水库蓄水后，由于坝下水文条件变化等，2003～2009 年，四大家鱼卵苗径流量从 4.06 亿尾直接跌至 0.42 亿尾，鱼类资源面临严重危机。2010 年以来实施的四大家鱼原种亲本增殖放流取得了一定的成效，2010～2012 年的放流亲本对长江中游四大家鱼卵苗发生量的贡献率，分别是 2.02%、12.6%、7.32%。

值得一提的是，通常情况下，水库的运行会使下游河道径流过程均匀化，这与四大家鱼产卵需要的涨水过程是矛盾的。实际上，为了满足四大家鱼产卵的水动力条件，中国长江三峡集团有限公司于 2011 年就开始在每年的 5～6 月实施生态环境调度。生态环境调度前一日下泄流量区间为 6 530～18 300 m³/s，均值为 13 000 m³/s；调度期间日均流量涨幅区间为 590～3 140 m³/s，均值为 1 600 m³/s；调度持续时间为 3～8 天。随着长江四大家鱼原种亲本标志放流活动的开展、三峡水库生态调度的实施，2010～2016 年四大家鱼产卵规模总体处于平稳趋升状态，2016 年监利江段四大家鱼卵苗径流量为 13.5 亿尾。

3.4 长江中游江湖关系对三峡水库调蓄的响应

3.4.1 三峡水库蓄水前后江湖来水来沙变化及河床冲淤调整

荆江洞庭湖区来水来沙源于长江干流和洞庭湖四水，其中干流来水来沙由枝城站监测，四水来水来沙由长沙站、桃江站、桃源站、石门站四站监测，江湖分流分沙通过三口五站（新江口站、沙道观站、弥陀寺站、康家岗站、管家铺站）观测，江湖汇流区设有城陵矶（七里山）站来观测流量、水位和含沙量。受荆江裁弯和葛洲坝水库建库等人类工程影响，江湖分汇流关系处于不断调整之中，但许多研究表明，1990 年至三峡水库蓄水前荆江关系较为稳定。本节通过统计分析 1990~2016 年以来荆江洞庭湖区各站水文泥沙观测资料，研究三峡水库蓄水前后区域内的水沙特征变化和河床冲淤调整。

1. 长江干流径流泥沙变化及河床冲淤

依据 1990~2016 年上荆江枝城站和下荆江监利站流量观测资料，分析三峡水库蓄水前后干流流量变化规律。由图 3.4.1 中不同时期枝城站多年平均的旬平均流量过程可见，将 1990~2002 年作为对比基准，三峡水库蓄水后流量过程的变化特点主要表现为：2003~2007 年，除了主汛期 7~9 月流量有所削减之外，其他月份流量变幅较小；2008~2016 年，除了主汛期流量有所减小之外，枯水期流量增大，汛后 9~11 月流量减小。下荆江监利站的流量变化规律与枝城站大体类似，但是程度有所减小。

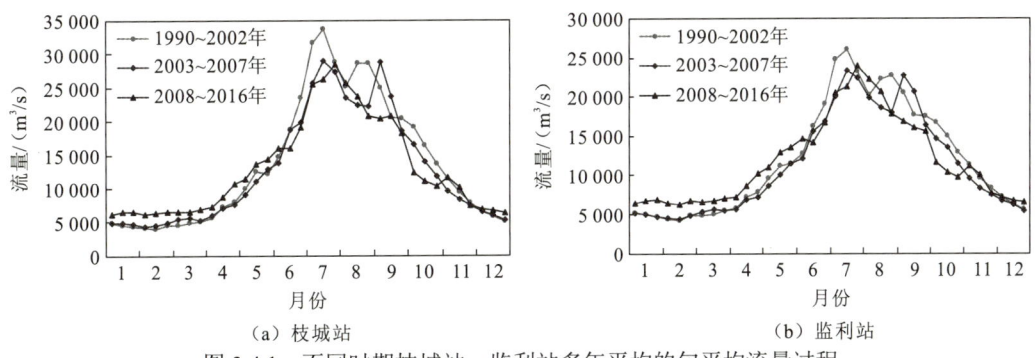

图 3.4.1　不同时期枝城站、监利站多年平均的旬平均流量过程

依据 1990~2016 年上荆江枝城站和下荆江监利站的输沙量分析三峡水库蓄水前后荆江输沙量的变化规律可得：水库蓄水后长江干流来沙量大幅度减少，减小的幅度远远大于径流变化。相比于枝城站，由于监利站处于下游，其输沙量有一定程度的恢复，但其减幅也超过 75%。

由于上下荆江含沙量均大幅度减少，荆江河段发生了明显的冲刷下切。从长江水利委员会水文局的勘测资料来看，三峡水库运用以来至 2016 年，荆江河道以冲刷为主，冲刷基本发生在平滩河槽，累计冲刷泥沙 9.38 亿 m^3，冲刷强度约为 0.67 亿 m^3/a。冲刷以上荆江为主，约占 60%（图 3.4.2）。

2. 洞庭湖四水来流变化特性

四水来流虽然不受三峡水库调蓄的影响，但受流域内降雨等自然条件变化的影响，四水来流在近期发生了一定变化。以下主要通过蓄水前后的流量统计，分析四水来流在年内各月分配的变化。由图 3.4.3 可见，2003~2007 年各月份四水来水量分布不均，但除个别月份外，大多数情况下四水来流相较于三峡水库蓄水减少。相比于三峡水库蓄水前：1 月来水量变化不大，2 月有所上升，3 月来水量稍有减少，4~12 月四水的来水量开始显著

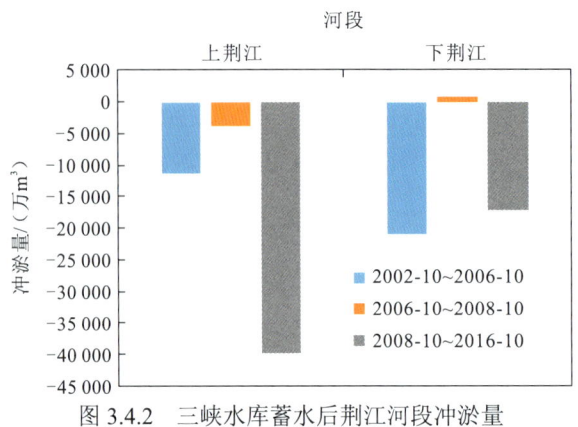

图 3.4.2 三峡水库蓄水后荆江河段冲淤量

减少,汛期最大来水量多出现在 5～6 月,最大流量值相较于蓄水前减少将近 2 765 m³/s,其出现时间提前且早于荆江三口。2008 年之后,四水来水量的年内分布与 2003～2007 年大体类似,汛期流量减少的特点得到了延续,且 10～12 月及 1～4 月流量减小的幅度加重。

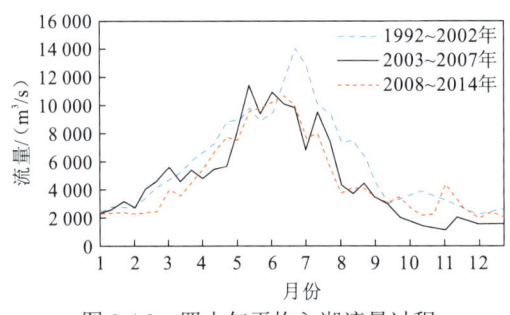

图 3.4.3 四水旬平均入湖流量过程

3. 城陵矶站出流变化

依据 1990～2016 年洞庭湖出口城陵矶站流量观测资料,分析了三峡水库蓄水前后城陵矶站出流的变化规律。由图 3.4.4 中不同时期城陵矶站多年平均的旬平均流量过程可见,将 1990～2002 年作为对比基准,三峡水库蓄水后流量过程的变化特点主要表现为:三峡水库蓄水后的 2003～2007 年,6 月之后各月流量明显减小;2008～2016 年,除了以上特点继续保持之外,1～3 月流量也明显减少。这些特点与四水来流变化有一定的类似性,说明洞庭湖出流在很大程度上受到四水来流变化的影响。

4. 三口洪道冲淤及分流分沙变化

长江干流来沙量显著减少,不仅引起了荆江河段的冲刷,还使得三口分流河道发生冲淤调整。长江水利委员会水文局荆江水文水资源勘测局在 2003 年以来施测的不同时期的地形比较显示,三峡水库运用后,三口洪道口门河段深泓剖面均有所冲刷,冲刷主要发生在靠近分流口门的位置,而口门下游有冲有淤,没有单向变化趋势。其中,松滋口 2003～2016 年口门上游段累计平均冲深达 10 m,长度达 8 km。太平口虎渡河口门附近冲刷距离约为 3.7 km,平均冲深 1.2 m。藕池河口门河段 2003～2016 年深泓平均冲深

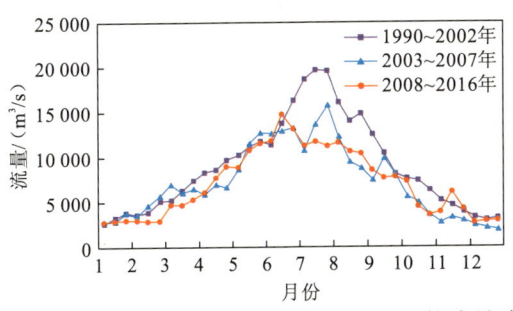

图 3.4.4 不同时期城陵矶站多年平均的旬平均流量过程

1.3 m，主要发生在口门内 9 km 范围。三峡水库运行以来各分流河道均以冲刷为主，尤其是松滋河最为明显。

由于干流来水来沙变化，荆江和三口河道也均处于冲淤调整之中，必然会引起三口分流分沙的变化。依据三峡水库运行前后的观测资料，统计了三口分流分沙变化，如图 3.4.5、图 3.4.6 所示。由图 3.4.5 可见，三峡水库蓄水后，三口分流量略呈减小趋势，但三口分流比变幅不大，究其原因是 2003 年后上游来流以中枯水年为主，径流量减少导致分流量减少。但干流冲刷下切主要集中在枯水河槽，对中洪水期分流影响不大，并且三口洪道也在发生冲刷，因而三口分流比并未明显减小。由图 3.4.6 可见，三峡水库蓄水后，三口分沙量急剧减少，而三口分沙比并未减小。其原因在于干流"清水下泄"导致进入三口的沙量绝对值急剧减小，但由于分流比变幅不大，分沙比并未减小。

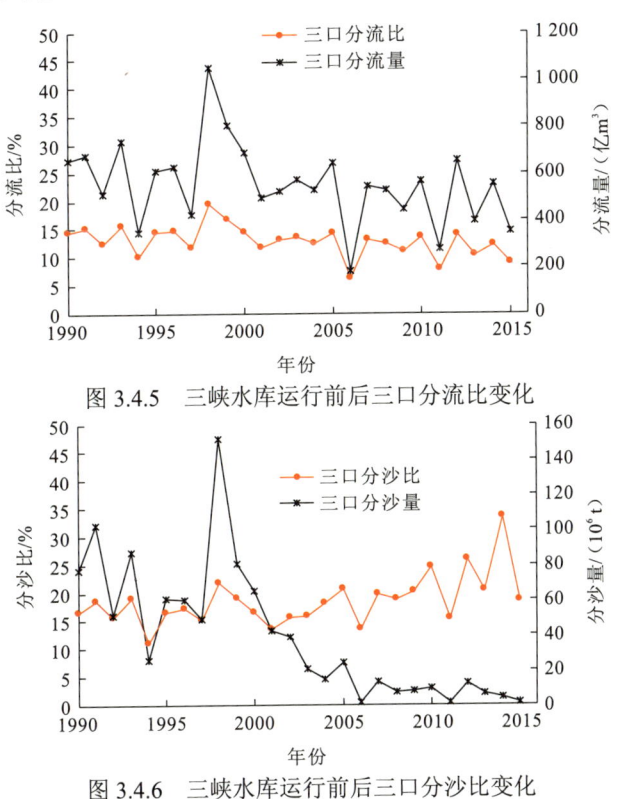

图 3.4.5 三峡水库运行前后三口分流比变化

图 3.4.6 三峡水库运行前后三口分沙比变化

三峡水库蓄水前后的三口断流特征如表 3.4.1 所示，可见 2003 年后除了太平口断流天数有所减少之外，松滋口东支及藕池口断流天数均有增加。出现这种变化的原因显然是干流枯水河槽冲刷下切导致的枯水位下降。

表 3.4.1 三口控制站断流特征

时段	各时段年均断流天数				断流日相应的枝城站流量/(m³/s)			
	沙道观站	弥陀寺站	管家铺站	康家岗站	沙道观站	弥陀寺站	管家铺站	康家岗站
1981～2002 年	171	155	167	248	8 920	7 680	8 660	17 400
2003～2016 年	191	140	183	269	9 730	7 490	8 910	15 400

3.4.2　三峡水库蓄水后荆江三口分流特性变化及其影响

长江干流一部分流量通过松滋口、太平口、藕池口三口流入洞庭湖，三口分流关系变化会对洞庭湖区的水资源总量产生影响，进一步影响到湖区的生态、取水、农业等方面。因此，明确三峡水库蓄水前后三口分流关系的变化特点，有利于评估水库调节对三口分流的影响，对于湖区水资源总量、洞庭湖生态环境变化研究具有重要意义。

1. 荆江三口分流关系的建立

1）三峡水库蓄水前后江湖分流关系的稳定性

影响三口分流的因素包括：上游来流量、干流河道泄流能力（可用水位-流量关系来表征）、一定来流或水位下的支流分流能力。经分析，在三口分流比稳定期，分流道附近干流水位-流量关系及干流水位-支流分流量关系良好，可将两者联合来表征分流水系的分流特性（图 3.4.7）。三峡水库蓄水后，由于来流过程变化，加之来沙量减少，干流河道和分流河道发生不同形式的冲淤变化，水位-流量关系发生调整，三口分流量在水库蓄水后也发生明显变化（图 3.4.8、图 3.4.9）。

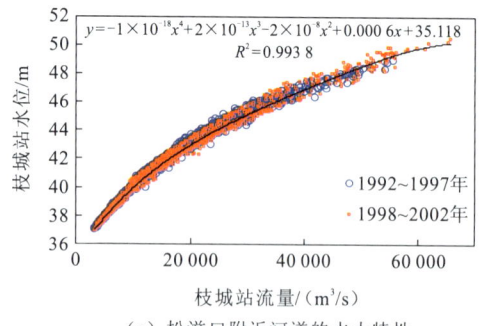

（a）松滋口附近河道的水力特性
（枝城站水位-流量关系）

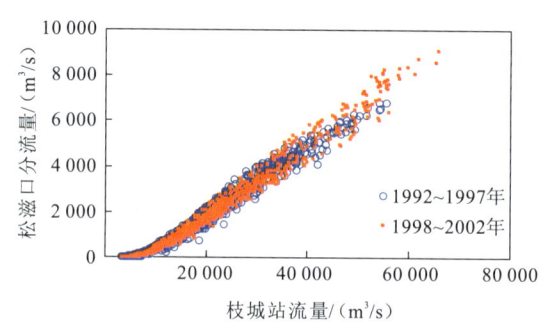

（b）松滋口附近河道的水力特性
（枝城站流量-松滋口分流量关系）

第3章 三峡水库水环境对水库调度的响应关系

(c) 太平口附近河道的水力特性
（沙市站水位-流量关系）

(d) 太平口附近河道的水力特性
（枝城站流量-太平口分流量关系）

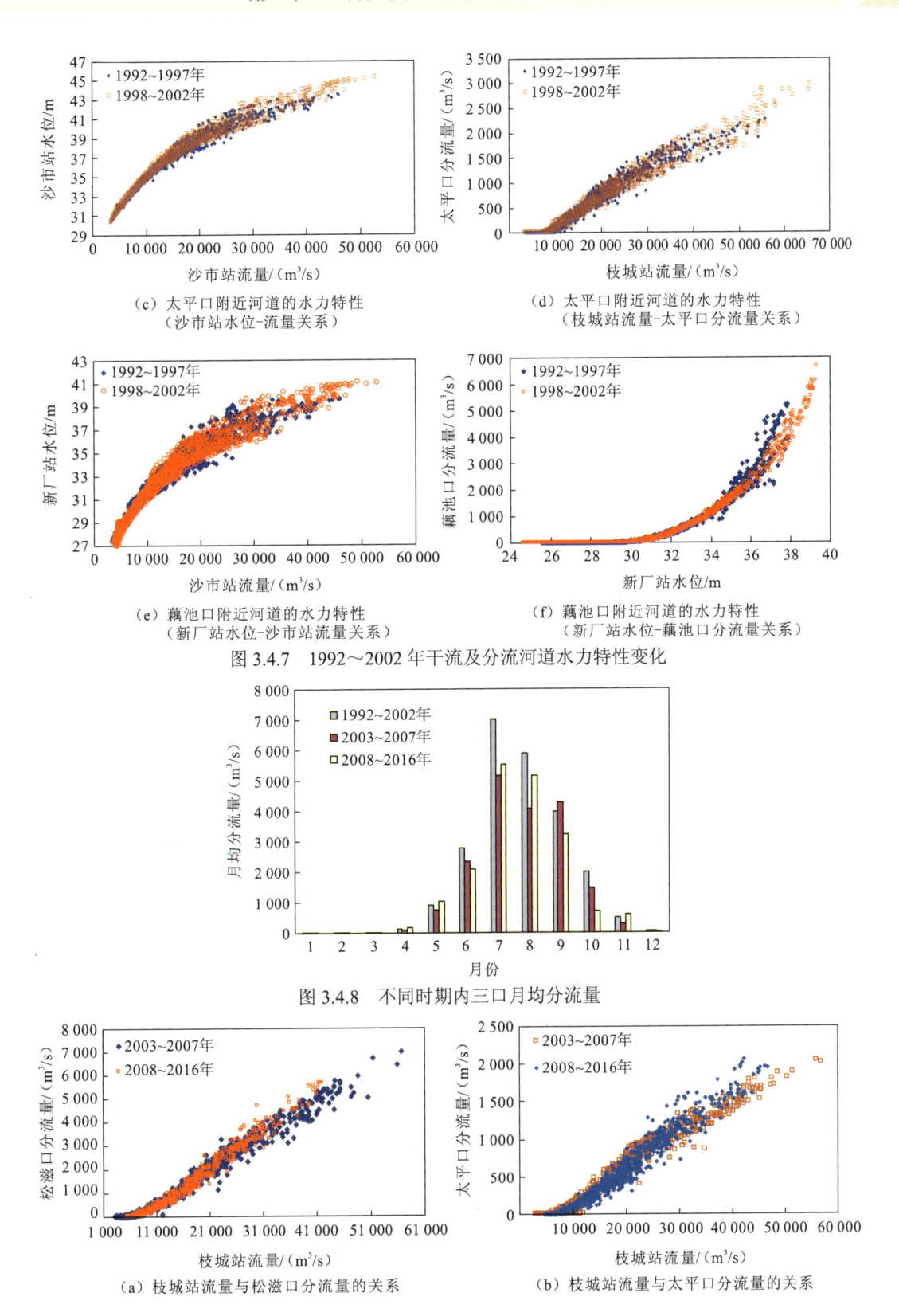

(e) 藕池口附近河道的水力特性
（新厂站水位-沙市站流量关系）

(f) 藕池口附近河道的水力特性
（新厂站水位-藕池口分流量关系）

图 3.4.7 1992~2002 年干流及分流河道水力特性变化

图 3.4.8 不同时期内三口月均分流量

(a) 枝城站流量与松滋口分流量的关系

(b) 枝城站流量与太平口分流量的关系

（c）枝城站流量与藕池口分流量的关系

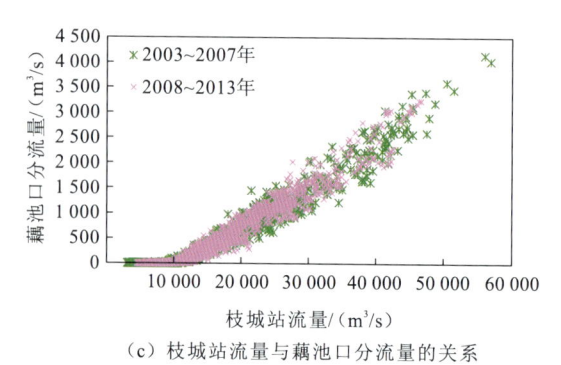

图 3.4.9　三峡水库蓄水后枝城站流量与分流量之间的关系

2）三峡水库蓄水以来分流口干流水位-流量关系变化

三峡水库蓄水以来干流沿程水位-流量关系变化见图 3.4.10。

（a）枝城站水位-流量关系

$y_2=-3\times10^{-9}x^2+0.000\,4x+35.54$
$R^2=0.998\,2$

$y_1=-4\times10^{-9}x^2+0.000\,4x+35.695$
$R^2=0.994\,8$

（b）沙市站水位-流量关系

$y_2=-1\times10^{-8}x^2+0.000\,8x+26.638$
$R^2=0.993\,9$

$y_1=-1\times10^{-8}x^2+0.000\,7x+28.099$
$R^2=0.991\,4$

（c）新厂站水位-沙市站流量关系

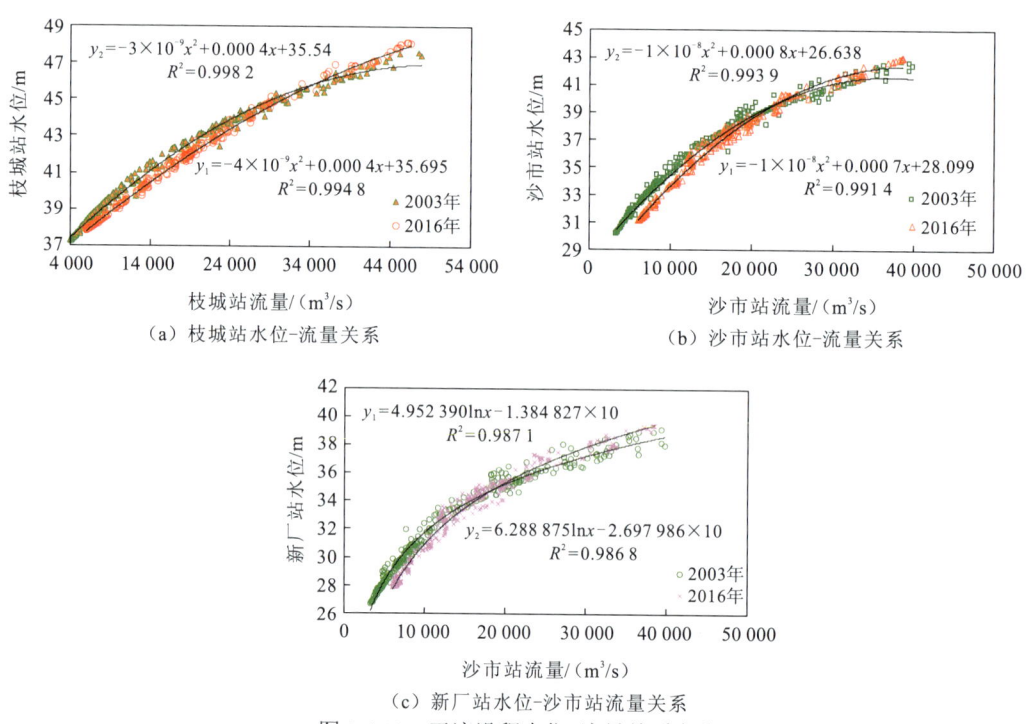

$y_1=4.952\,390\ln x-1.384\,827\times10$
$R^2=0.987\,1$

$y_2=6.288\,875\ln x-2.697\,986\times10$
$R^2=0.986\,8$

图 3.4.10　干流沿程水位-流量关系变化

由于水库调蓄的削峰补水和拦沙作用，中枯水冲刷历时较长，河床下切，而洪水河床过流概率小，冲刷变形幅度较小，粗糙系数因植被生长而增大，洪水位略显抬高。考察发现，2003 年和 2016 年曲线的交点（水位发生抬高的临界流量）均为中等偏大的流量。经估算发现，枝城站、沙市站、新厂站三站的临界流量分别为 30 500 m³/s、23 500 m³/s、18 500 m³/s。

3）分流河道过流能力变化

分流河道的过流能力主要决定于口门附近的干流水位和分流河道形态。因此，除了干流水位-流量关系的变化之外，支流河道是否发生冲淤也是影响分流能力的重要因素。由图 3.4.11 可见，2002～2016 年各分流河道内的水位-流量关系发生不同程度的变化。其中，新江口站同流量下水位呈下降趋势，说明松滋口分流道发生了一定幅度的冲刷；弥陀寺站水位-流量关系较为稳定，说明蓄水前后分流河道未发生明显的冲淤调整；康家岗站和管家铺站同流量下的水位皆呈抬升趋势，说明蓄水后藕池口分流道依然延续了淤积态势。综合几个站点的变化特征可见，三口分流河道在水库蓄水后发生了不同类型的冲淤变化，在蓄水后的分流关系估算中，必须考虑这些调整所带来的影响。

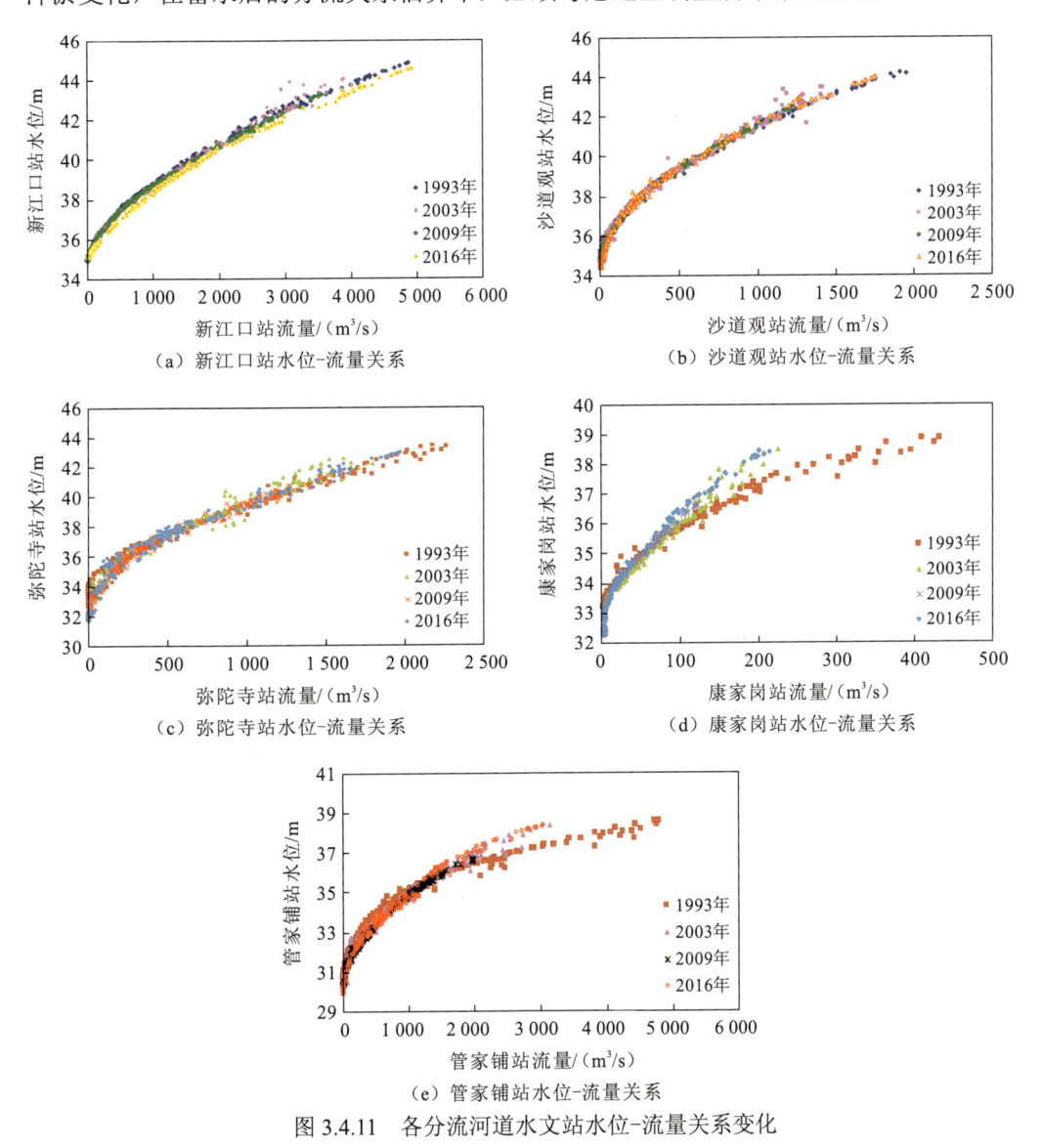

（a）新江口站水位-流量关系

（b）沙道观站水位-流量关系

（c）弥陀寺站水位-流量关系

（d）康家岗站水位-流量关系

（e）管家铺站水位-流量关系

图 3.4.11　各分流河道水文站水位-流量关系变化

考虑分流河道冲淤之后，不同时期的分流河道过流能力可用同一干流水位下的分流量来衡量（图 3.4.12），其中干流水位取各分流口门附近的水文（位）站观测数据，分流量取各分流道水文站流量观测资料。由图 3.4.12 可见，与水库蓄水前的 2002 年相比，松滋口分流能力略有增大，水位越高，增大越明显；太平口分流能力变化不大；藕池口在中低水位下分流能力略有增大，而高水位下分流能力略微减小。

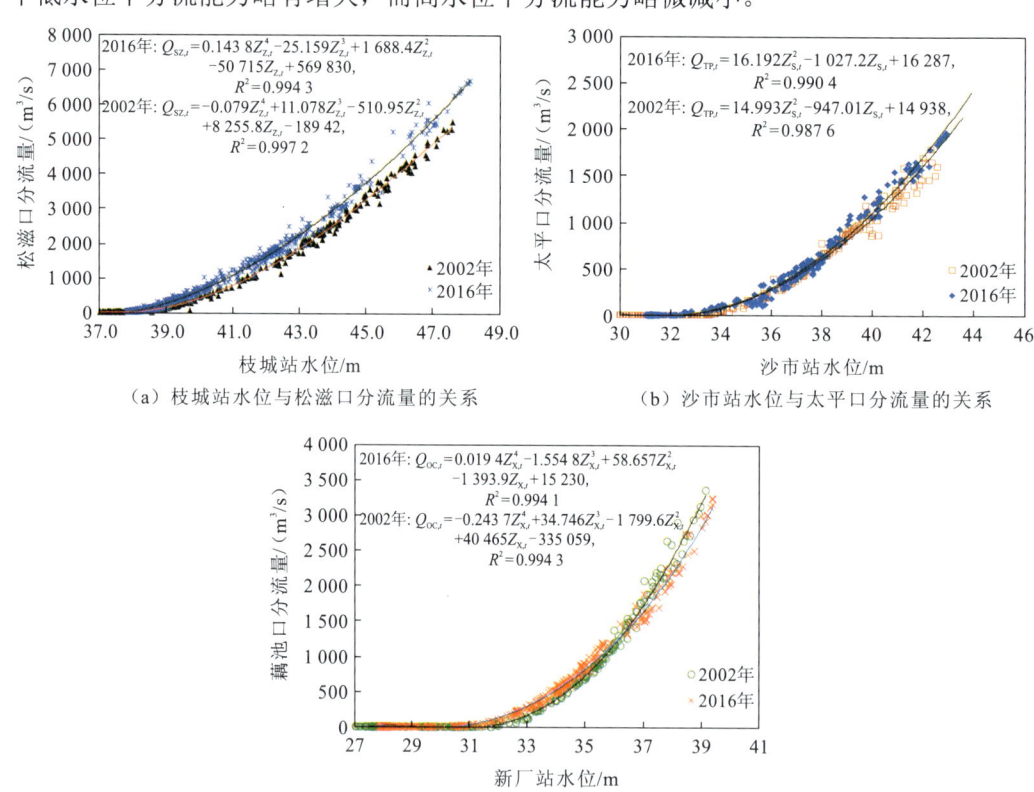

图 3.4.12 不同分流河道的进口水位-分流量关系变化

$Q_{SZ,t}$、$Q_{TP,t}$、$Q_{OC,t}$ 分别为 t 时刻松滋口、太平口、藕池口分流量；$Z_{Z,t}$、$Z_{S,t}$、$Z_{X,t}$ 分别为 t 时刻枝城站、沙市站、新厂站水位

由于水库调节和河床变形对三口分流的影响均具有随来流量级而变的非线性特征，水库调节还具有季节特征，水库调节影响和地貌变化影响叠加后，对建库后的分流量的影响必然具有年内（季节）、年际（洪枯量级）差异。对于这种变化的评估，需要借助水流演算模型来开展，但通常情况下的水动力学水流演变模型都需要大量河道地形资料。依据上述建立的干流河道水位-流量关系及干流水位-分流河道流量关系，提出了一种对流量进行演变的经验模型。

在水量守恒基础上联立经验关系进行计算，其方程为式（3.4.1）～式（3.4.7），其中，式（3.4.2）～式（3.4.4）为干流水位-流量关系，能够反映干流河道冲淤影响；式（3.4.5）～式（3.4.7）为干流水位-分流河道流量关系，能够反映分流河道冲淤的影响。由于沙市站位于太平口下游，在沙市站水位的计算过程中需要进行迭代，见式（3.4.8）。对式（3.4.1），分别采用水库蓄水前后来流过程，可得到水库蓄水的影响；对式（3.4.2）～

式（3.4.7），分别采用不同时期的水位-流量关系式，可得到不同地形对分流的影响。

$$Q_{Z,t} = Q_{SZ,t} + Q_{TP,t} + Q_{OC,t+1} + Q_{OUT,t+1} \quad (3.4.1)$$

$$Q_{SZ,t} = f_{D1}(Z_{Z,t}) \quad (3.4.2)$$

$$Q_{TP,t} = f_{D2}(Z_{S,t}) \quad (3.4.3)$$

$$Q_{OC,t} = f_{D3}(Z_{X,t}) \quad (3.4.4)$$

$$Z_{Z,t} = f_1(Q_{Z,t}) \quad (3.4.5)$$

$$Z_{S,t} = f_2(Q_{S,t}) \quad (3.4.6)$$

$$Z_{X,t} = f_3(Q_{S,t-1}) \quad (3.4.7)$$

$$\begin{cases} Q_{S,t} = Q_{Z,t} - Q_{SZ,t} - Q_{TP,t} = Q_{Z,t} - f_{D1}[f_1(Q_{Z,t})] - f_{D2}(Z_{S,t}) \\ Z_{S,t} = f_2(Q_{S,t}) \end{cases} \quad (3.4.8)$$

式中各变量含义见图 3.4.13。

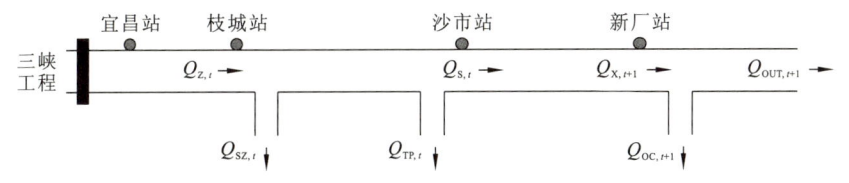

图 3.4.13 江湖分流水量分配关系图

$Q_{Z,t}$、$Q_{S,t}$ 分别为 t 时刻枝城站、沙市站流量；$Q_{X,t+1}$、$Q_{OUT,t+1}$ 分别为 $t+1$ 时刻新厂站、出口流量

2. 河床冲淤对三口分流关系的影响

干流和分流河道冲淤将直接影响三口分流关系。为评估这种冲淤效应对三口分流关系的影响，依据 2008~2016 年实测枝城站流量，分别结合 2002 年地形下的经验曲线式（3.4.2）~式（3.4.7）和 2016 年地形下的经验曲线式（3.4.2）~式（3.4.7）计算得到三口分流量，并绘制出枝城站流量与各分流道的分流比关系曲线。由 2002 年、2016 年两组关系曲线，可得到不同枝城站来流情况下的分流比变幅（图 3.4.14）。由图 3.4.14 可见，松滋口在枝城站流量小于 20 000 m³/s 时分流比有所减小，而大于该流量时分流比呈现增大趋势，这说明分流道冲淤与干流水位变化均对分流比产生了影响。太平口分流比的调整规律与松滋口总体类似，但其分流比减小和增大的分界流量为 23 000 m³/s 左右。这是由于太平口与枝城站之间的松滋口分走了一部分流量。藕池口分流比在各级流量下均呈现增大趋势，说明同样的枝城站来流下，干流河道内的水位上升对分流的影响起到了主要作用。

3. 三峡水库建库对三口分流的综合影响

三峡水库建库后，水库对三口分流的影响来源于两个方面：一是河床冲淤调整的影响；二是水库对径流过程的直接调节作用。为考察两者的综合影响，将 2008~2012 年的三峡水库入库流量与宜昌至枝城段合成流量称为还原枝城流量，将 2002 年地形上的水位-流量经验关系和 2008~2012 年还原枝城流量过程的组合称为不建水库情形（条件 1），将 2012 年地形上的经验曲线和 2008~2012 年实测枝城流量过程的组合称为建库后情形（条件 2），比较两者的分流情况差异。

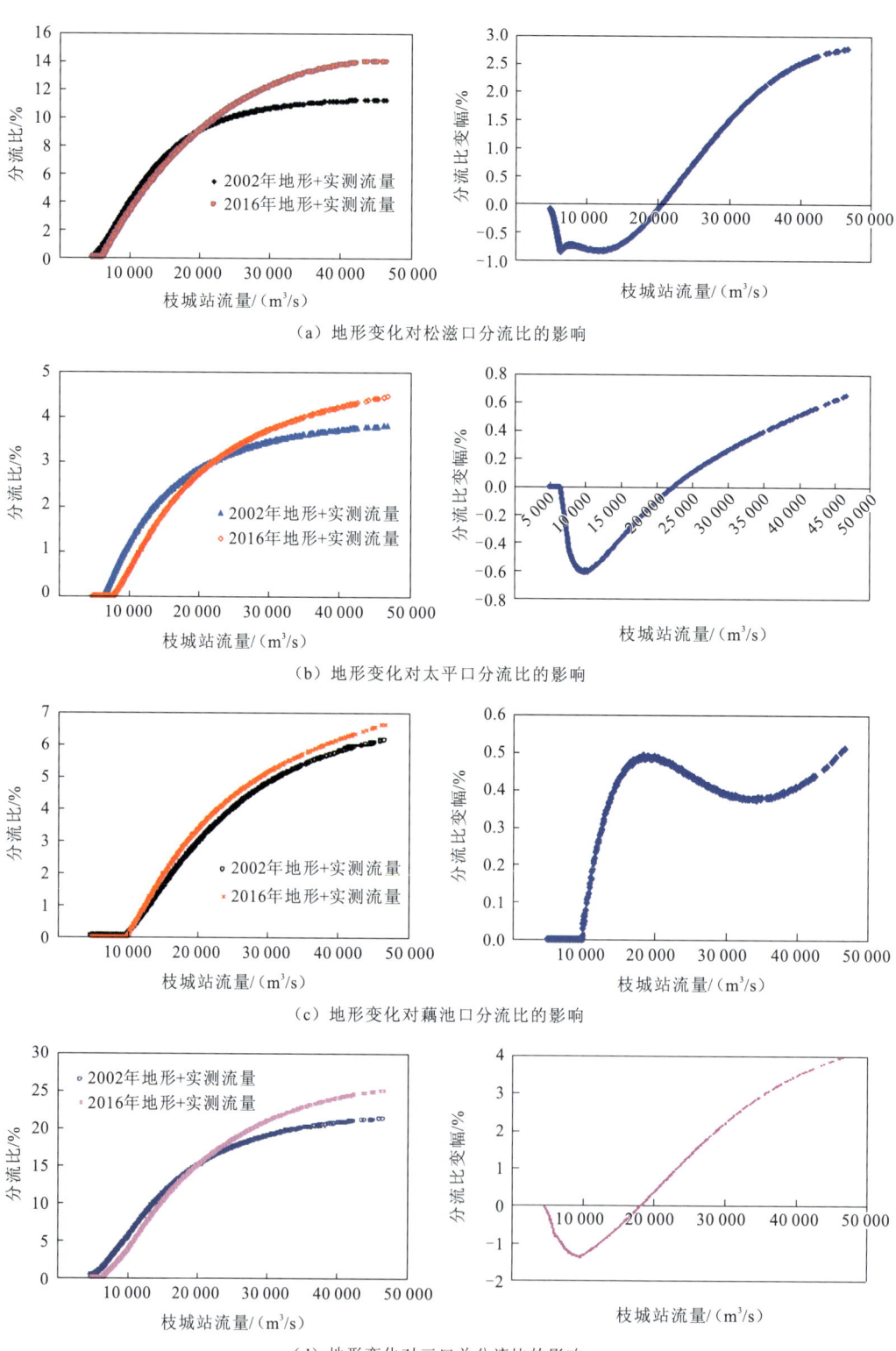

(a)地形变化对松滋口分流比的影响

(b)地形变化对太平口分流比的影响

(c)地形变化对藕池口分流比的影响

(d)地形变化对三口总分流比的影响

图 3.4.14　地形变化对三口分流比的影响

计算两种情况下的月均分流量,如表 3.4.2 所示。由表 3.4.2 可见,相比于不建水库的情形,4~8 月分流量增大,9 月~次年 3 月中除 2 月之外,分流量明显减小。7~8 月汛期虽然洪峰被水库削减,但其历时较短,加上干流水位抬高有利于分流,因而月平均尺度上,7~8 月分流量反而增加;11 月~次年 3 月小流量下,水库补水增大了分流,干流水位下降减少分流,两者虽可部分抵消,但干流水位下降的影响占了主导地位;汛前 5~6 月,以及汛后 9~10 月,水库分别处于泄水和蓄水期,对径流过程的调节作用超过了地形变化的作用。由表 3.4.2 还可以看出,对于来水量偏枯的 2009 年和 2011 年,汛后分流量减小幅度较平均情况尤其明显。

表 3.4.2 有无三峡水库影响下的 2008~2012 年月均三口分流量

月份	2009 年 条件 1 /(m³/s)	条件 2 /(m³/s)	变幅/%	2011 年 条件 1 /(m³/s)	条件 2 /(m³/s)	变幅/%	5 年平均 条件 1 /(m³/s)	条件 2 /(m³/s)	变幅/%
1	52	0	-100.0	109	100	-8.3	44	25	-43.2
2	34	55	61.8	20	9	-55.0	15	17	13.3
3	24	12	-50.0	77	76	-1.3	43	24	-44.2
4	260	377	45.0	86	173	101.2	194	250	28.9
5	912	1 708	87.3	335	482	43.9	689	1 202	74.5
6	1 257	1 883	49.8	1 855	2 276	22.7	1 731	2 196	26.9
7	4 176	4 429	6.1	3 098	2 990	-3.5	5 204	5 654	8.6
8	6 274	6 709	6.9	2 930	2 818	-3.8	4 432	5 003	12.9
9	2 831	1 955	-30.9	2 350	1 142	-51.4	3 689	2 957	-19.8
10	1 400	265	-81.1	752	235	-68.8	1 555	702	-54.9
11	241	62	-74.3	672	910	35.4	674	560	-16.9
12	28	0	-100.0	70	27	-61.4	57	17	-70.2
年均	1 473	1 470	-0.2	1 036	942	-9.1	1 539	1 563	1.6

由表 3.4.2 可见,在多年平均情况下,有、无三峡水库三口分流量年变幅仅为 1.6%,这说明在 2008~2012 年多年平均尺度上,水库对三口分流的影响并不大。但由表 3.4.2 可以看出,枯水年(2011 年)分流量明显减小,降幅达到 9.1%。为进一步比较多年变化情况,将 2008~2012 年的还原分流量过程(2002 年地形+2008~2012 年还原枝城流量)与 1992~2012 年的实测分流量特征进行了比较(图 3.4.15)。由图 3.4.15(a)可见,在地形变化和水库调节综合作用下,年分流量变化不大,其主要特征是枯水年分流量略有减小,丰水年分流量略有增大。但由图 3.4.15(b)可见,10 月分流量普遍明显减小。以上说明,三峡水库蓄水后,三口分流量变化不是年总量的变化,而是季节性变化。汛后至枯水期,三口分流比减小将导致三口水系水资源短缺。

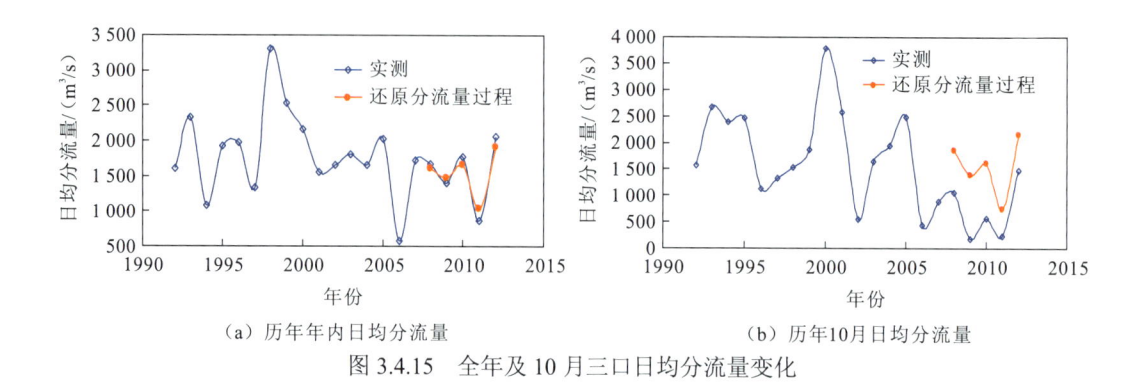

(a) 历年年内日均分流量 (b) 历年10月日均分流量

图 3.4.15　全年及 10 月三口日均分流量变化

3.5　长江中游河道入汇口水位对三峡水库调蓄的响应

3.5.1　三峡水库蓄水前后洞庭湖区与城陵矶站水位关联性变化

城陵矶站扼守洞庭湖与长江干流汇合点，其水位是反映江湖水情的重要指标。三峡水库建成后，随着水文过程调节和江湖冲淤调整，城陵矶站水位变化将直接影响湖区水面及洲滩出露面积，可能引发水资源、水环境及水生态等问题。在此背景下，城陵矶站水位对洞庭湖区水位的影响规律是江湖关系研究的重要内容之一。本节将水力学原理与观测资料相结合，分析两方面的问题：①不同条件下，城陵矶站水位与湖区水位关联性强弱转化的机理；②三峡水库建库前后不同时期及不同水文组合情况下，洞庭湖区水位对城陵矶站水位响应的量化规律，以及各种情况下湖区水位的合理估算方法。

1. 研究区域与数据资料

洞庭湖入流由长江三口分流和湘江、资江、沅江、澧水四水入流控制站所监测。将鹿角站、杨柳潭站、南咀站分别作为东、南、西洞庭湖水位代表站点，三站距湖区出口分别约 40 km、90 km 和 150 km。湖区出口监测有城陵矶（七里山）站流量和莲花塘站水位，下面统称为城陵矶站流量和水位。洞庭湖区间入流比重较大，但缺乏观测，以每年入、出湖总水量之差为准，对来流过程进行倍比放大，以此近似补偿区间流量。为反映三峡水库蓄水前、后各阶段，选取了 1992~2002 年、2003~2007 年及 2008~2014 年三个时期分别代表水库蓄水前、初期运行期和试验性蓄水运行期（杨柳潭站缺 2008 年后数据）。对各时段水文资料统计发现，2003 年前、后入湖总径流中，四水来流比例分别为 56%、54%，三口来流比例分别为 32%、33%，区间比例为 12%、13%。三口、四水的时段平均入湖流量过程和城陵矶站水位过程分别见图 3.5.1（a）、（b），由图 3.5.1 可见，三峡水库蓄水前后的水文过程年内总体特征基本未变，仅个别月份有所调整。图 3.5.1（b）中还以南咀站-城陵矶站水位差为例，给出了其年内变化过程，可见即使对于距城陵矶站较远的西洞庭湖，汛期水位也会受到明显的顶托作用，两站水位差汛期小、枯水期大的总体规律在 2003 年前后各阶段未见明显调整。

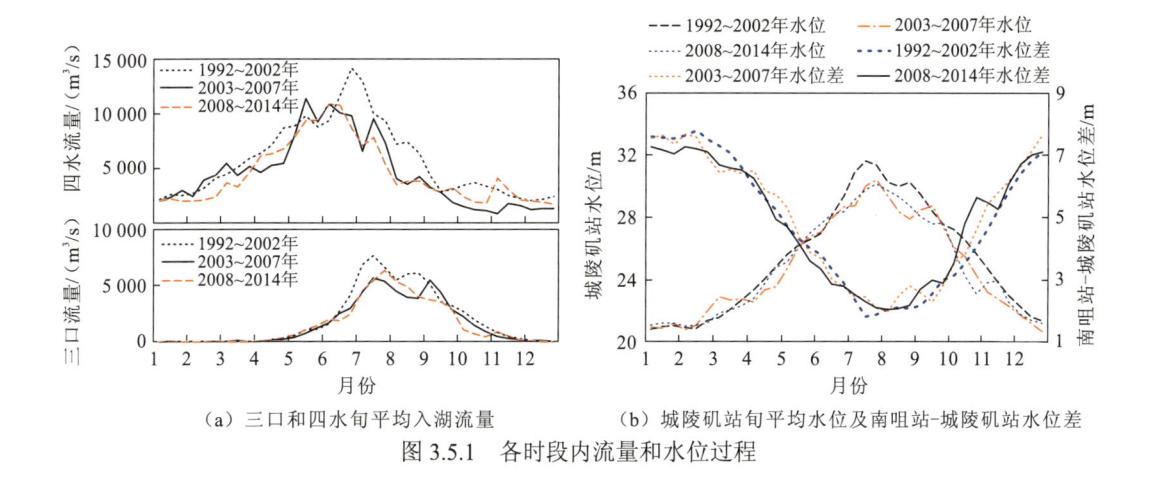

(a) 三口和四水旬平均入湖流量　　(b) 城陵矶站旬平均水位及南咀站-城陵矶站水位差

图 3.5.1　各时段内流量和水位过程

2. 洞庭湖区水位与城陵矶站水位关联特征

考察同时期相应水位或水位差与城陵矶站水位的相关关系，是研究水位关联性的主要方式。采用日均资料，点绘了相应日期的湖区三站水位与城陵矶站水位的相关关系（以下简称鹿-城关系、杨-城关系、南-城关系等），以及各站与城陵矶站水位差（以下简称鹿-城水位差、杨-城水位差、南-城水位差等）和城陵矶站水位的相关关系，见图 3.5.2。

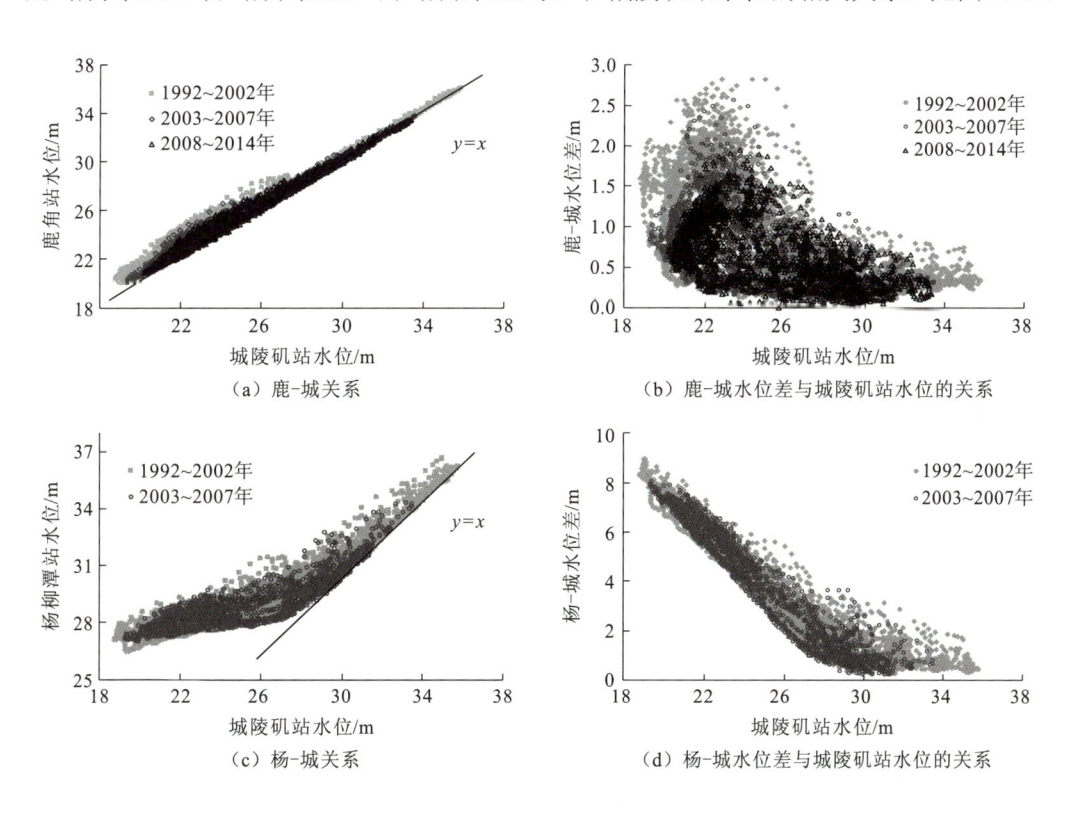

(a) 鹿-城关系　　(b) 鹿-城水位差与城陵矶站水位的关系

(c) 杨-城关系　　(d) 杨-城水位差与城陵矶站水位的关系

(e) 南-城关系 　　　　　　　　　　　(f) 南-城水位差与城陵矶站水位的关系

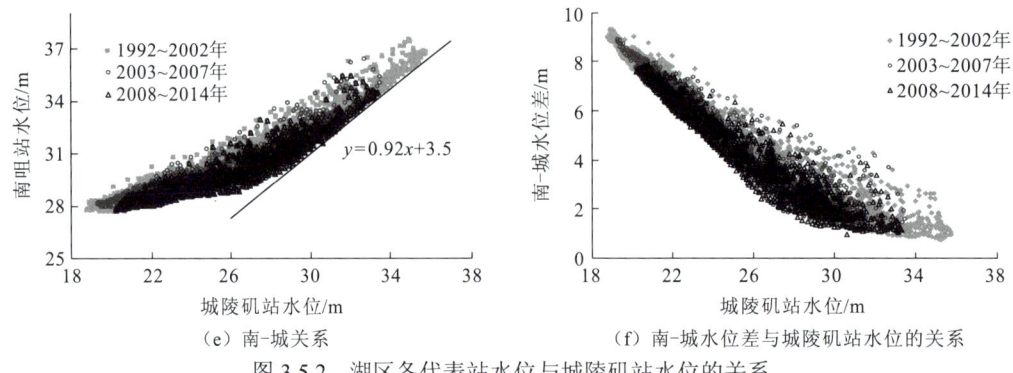

图 3.5.2　湖区各代表站水位与城陵矶站水位的关系

由图 3.5.2（a）、（c）、（e）可见，湖区三站水位随城陵矶站水位的变化而变化，虽然点群呈条带状杂乱分布，但可以看出两者之间总体正相关，并且存在非常规则的下包络线。比较鹿-城关系图、杨-城关系图、南-城关系图可见，南-城关系图、杨-城关系图较为类似：城陵矶站水位低于 28 m 时，下包络线较趋平缓，而城陵矶站水位较高时，下包络线的斜率逐渐趋近于 1，其中以杨-城关系尤为明显；鹿-城关系图中，下包络线整体接近 $y=x$ 的直线，仅在城陵矶站水位低于 20 m 时，点群才略有偏离。比较图 3.5.2（a）、（c）、（e）各个时期内的点群分布可见，2003 年后湖区水位变幅减小，点群条带变窄，但下包络线基本无变化。

由图 3.5.2（b）、（d）、（f）可见，三站都呈现出城陵矶站水位越高，水位差越小的总体规律。三站之间的差别体现在：鹿-城水位差变幅较小，最大不足 3 m，点群下包络线接近于 $y=0$；南-城水位差、杨-城水位差与城陵矶站水位的关系较为类似，枯水期水位差远大于汛期，但杨-城水位差下包络线在汛期仍可趋近于 $y=0$。同样可以看出，不同年代之间水位差的下包络线比较稳定。

3. 洞庭湖区水位估算经验模式

洞庭湖与宽浅型河道具有类似性。湖区水位变动主要由城陵矶站水位、湖区来流量两方面因素的变化引起，依据河道水力学原理，可对其影响机理进行剖析。

1）出口水位对湖区水位的影响机理

忽略惯性项后，水流运动方程为

$$\frac{\partial h}{\partial x} = i_b - \frac{n^2 Q^2}{A^2 h^{4/3}} \tag{3.5.1}$$

式中：x 为距离；Q、A、h 分别为流量、断面面积、平均水深；i_b 为河床比降；n 为粗糙系数。

河宽 B 与水深 h 之间存在河相关系 $B^{1/\gamma}/h = \xi$，其中 ξ 近似为常数，$\gamma \geqslant 1$，参照一般河道经验可近似取为 2，则过水断面面积 $A = \xi^2 h^3$。基于摄动分析的思想，假设由于河道出口的水位小扰动 h_0'，x 处产生水位增量 h'，根据式（3.5.1）应有

$$\frac{\partial(h+h')}{\partial x}=i_b-\frac{n^2Q^2}{\xi^4}(h+h')^{-22/3} \tag{3.5.2}$$

将式（3.5.2）展开，忽略高阶小量，再与式（3.5.1）相减可得

$$\frac{\partial h'}{\partial x}=\frac{22n^2Q^2}{3\xi^4 h^{25/3}}h' \tag{3.5.3}$$

对式（3.5.3）整理后，进行积分，在积分过程中考虑到 $x=0$ 时 $h'=h_0'$，得

$$h'=h_0'\exp\left(-\frac{22n^2Q^2}{3\xi^4\overline{h}^{25/3}}x\right) \tag{3.5.4}$$

式中：$\overline{h}$ 为 0 和 x 之间河段的平均水深，负号表示向上游方向为 x 正方向。

现实中，洞庭湖湖床形态沿程不均匀，可根据沿程变化情况将其概化为若干区间，如图 3.5.3 所示，区间进、出口断面编号分别为 i 和 $i-1$，区间长度为 Δx_i，区间内河相系数近似为 ξ_i。定床条件下，断面水深变幅和水位变幅具有等价性，由式（3.5.4）可得出每个区间进、出口水位变幅的关系，为

$$\Delta Z_i=\Delta Z_{i-1}\exp\left(-\frac{22n^2Q^2}{3\xi_i^4\overline{h}_i^{25/3}}\Delta x_i\right) \tag{3.5.5}$$

式中：ΔZ_i 为 i 断面水位变幅；ΔZ_{i-1} 为 $i-1$ 断面水位变幅。

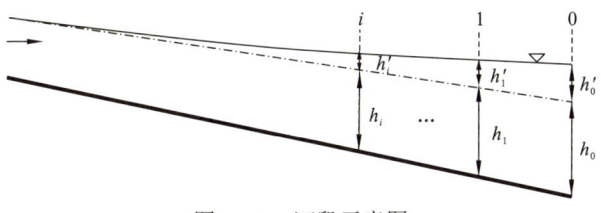

图 3.5.3 河段示意图

利用式（3.5.5）从出口断面自下而上进行递推，可得河段内第 i 断面水位变幅与出口水位变幅之间的关系，为

$$\Delta Z_i=\Delta Z_0\exp\left(-\frac{22n^2Q^2}{3}\sum_{j=1}^{i}\frac{\Delta x_j}{\xi_j^4\overline{h}_j^{25/3}}\right) \tag{3.5.6}$$

对于 0 和 i 断面之间的长距离 x_i，假设存在一个概化水深 $\overline{h}_{0\sim i}$ 和河相系数 $\overline{\xi}$ 使 $\sum_{j=1}^{i}\frac{\Delta x_j}{\xi_j^4\overline{h}_j^{25/3}}=\frac{x_i}{\overline{\xi}^4\overline{h}_{0\sim i}^{25/3}}$，则式（3.5.6）转化为

$$\Delta Z_i=\Delta Z_0\exp\left(-\frac{22n^2Q^2 x_i}{3\overline{\xi}^4\overline{h}_{0\sim i}^{25/3}}\right) \tag{3.5.7}$$

由式（3.5.7）可见，当河道出口发生水位变化 ΔZ_0 时，水位变幅沿程呈指数衰减，除了河道形态、阻力等因素之外，影响衰减快慢的主要是流量和河段平均水深：流量越大，衰减越快；水深越大，衰减越慢。由于水深的幂指数远大于流量，水位扰动沿程衰减对水深（水位）因素更为敏感。

对于 0、i 两个断面位置的水位相关曲线，曲线上各点切线的斜率为 $\Delta Z_i / \Delta Z_0$，由式（3.5.7）可见：当两点距离很近，或者出口水位很高使沿程形成大水深时，式（3.5.7）中的指数函数趋近于 1，从而使曲线斜率趋于 1，这从机理上揭示了城陵矶站水位对湖区水位的影响关系。由式（3.5.7）还可以看出，在固定流量下，上下游的水位相关曲线是由城陵矶站水位决定的单调指数函数。

2）不同流量级下城陵矶站与湖区水位的关系特征

对于任意河段区间，水流运动方程式（3.5.1）的差分形式为

$$\frac{Z_i - Z_{i-1}}{\Delta x_i} = -\frac{n^2 Q^2}{\xi_i^4 \overline{h}_i^{22/3}} \tag{3.5.8}$$

式中：Z_i 为 i 断面水位。对各区间分别列出式（3.5.8）并累加，得

$$\Delta Z_{0 \sim i} = -n^2 Q^2 \sum_{j=1}^{i} \frac{\Delta x_j}{\xi_j^4 \overline{h}_j^{22/3}} \tag{3.5.9}$$

式中：$\Delta Z_{0 \sim i}$ 为 0 与 i 断面之间的水位差。对于长距离 $x_i = \sum_{j=1}^{i} \Delta x_j$，仿照式（3.5.7）定义河段平均的概化水深 $\overline{h}'_{0 \sim i}$ 和河相系数 $\overline{\xi}'$，再考虑用进出口流量、水位的加权表示河段内概化平均流量和概化水深，则式（3.5.9）可转化为

$$\Delta Z_{0 \sim i} = -\frac{n^2 [\alpha Q_0 + (1-\alpha) Q_i]^2 x_i}{\overline{\xi}'^4 [\beta h_0 + (1-\beta) h_i]^{22/3}} = -\frac{n^2 [\alpha Q_0 + (1-\alpha) Q_i]^2 x_i}{\overline{\xi}'^4 [\beta (Z_0 - Z_{b0}) + (1-\beta)(Z_i - Z_{bi})]^{22/3}} \tag{3.5.10}$$

式中：α、β 为待定权重因子；Z_i、Z_{bi} 分别为 i 断面处水位、河床高程。式（3.5.10）可转化为

$$\overline{Z} = \left(\frac{n^2 \overline{Q}^2 x_i}{\overline{\xi}'^4 \Delta Z_{0 \sim i}} \right)^{\frac{3}{22}} + \overline{Z}_b = K \left(\frac{\overline{Q}^2}{Z_i - Z_0} \right)^b + C \tag{3.5.11}$$

式中：$\overline{Z} = \beta Z_0 + (1-\beta) Z_i$、$\overline{Z}_b = \beta Z_{b0} + (1-\beta) Z_{bi}$ 分别为 0 和 i 断面之间的概化平均水位、概化平均河床高程；$\overline{Q} = \alpha Q_0 + (1-\alpha) Q_i$ 为河段内概化平均流量；K、C、b 为与河道形态、粗糙系数、距离等有关的待定参数。

依据式（3.5.11），便可根据流量、出口水位 Z_0 确定 i 断面处水位 Z_i。

式（3.5.11）中含有较多参数，可依据实测资料率定。式（3.5.11）给出了一种考虑回水顶托作用的水位估算便捷方法，将其应用于洞庭湖区，利用流量跨度较大的 1997~1998 年日均入、出湖流量和各站水位实测资料，确定出式（3.5.11）的参数，见表 3.5.1，其中 Z_0 为城陵矶站水位，ΔZ 为各站与城陵矶站水位差。由率定出的指数可见，湖区河相系数与一般河道存在差别，说明洞庭湖区河相关系的特殊性在参数中已经得到了反映。由于 α 接近 1，以下分析中近似用城陵矶站流量代替湖区流量。

第3章 三峡水库水环境对水库调度的响应关系

表 3.5.1 湖区流量与城陵矶站水位共同影响下的各站水位计算关系式

站点	α	β	计算关系式	拟合决定系数 R^2
鹿角站	0.8	0.4	$Z_0 + 0.4\Delta Z = 0.172\left(\dfrac{\bar{Q}^2}{\Delta Z}\right)^{0.22} + 13.69$	0.982
杨柳潭站	0.8	0.8	$Z_0 + 0.8\Delta Z = 0.03\left(\dfrac{\bar{Q}^2}{\Delta Z}\right)^{0.28} + 22.77$	0.978
南咀站	0.8	0.8	$Z_0 + 0.8\Delta Z = 0.007\left(\dfrac{\bar{Q}^2}{\Delta Z}\right)^{0.36} + 23.82$	0.963

对表 3.5.1 中各式固定流量级，则各式转化为城陵矶站水位与湖区水位之间的单值非线性隐函数，可通过数值方法求解。以杨柳潭站为例，计算了各级流量下的杨-城关系曲线，见图 3.5.4（a）中虚线，可见关系曲线在城陵矶站低水位时显示了非单调性，出现了"同一流量下，城陵矶站水位下降而湖区水位上升"的不合物理意义的曲线段，这与式（3.5.7）中的理论推导相矛盾，其原因可能在于式（3.5.11）中率定的经验参数在城陵矶站低水位期误差较大。根据式（3.5.7），城陵矶站水位较低时水位相关曲线的斜率将趋于 0，对不合理段进行修正，结果见图 3.5.4（a）中实线。由此得到的各级流量下杨-城关系曲线与各级流量实测点群的比较，分别见图 3.5.4（b）、（c），可见 2003 年前后的实测点群分布与修正后曲线吻合较好，水位相关曲线在 2003 年前后无明显变化。

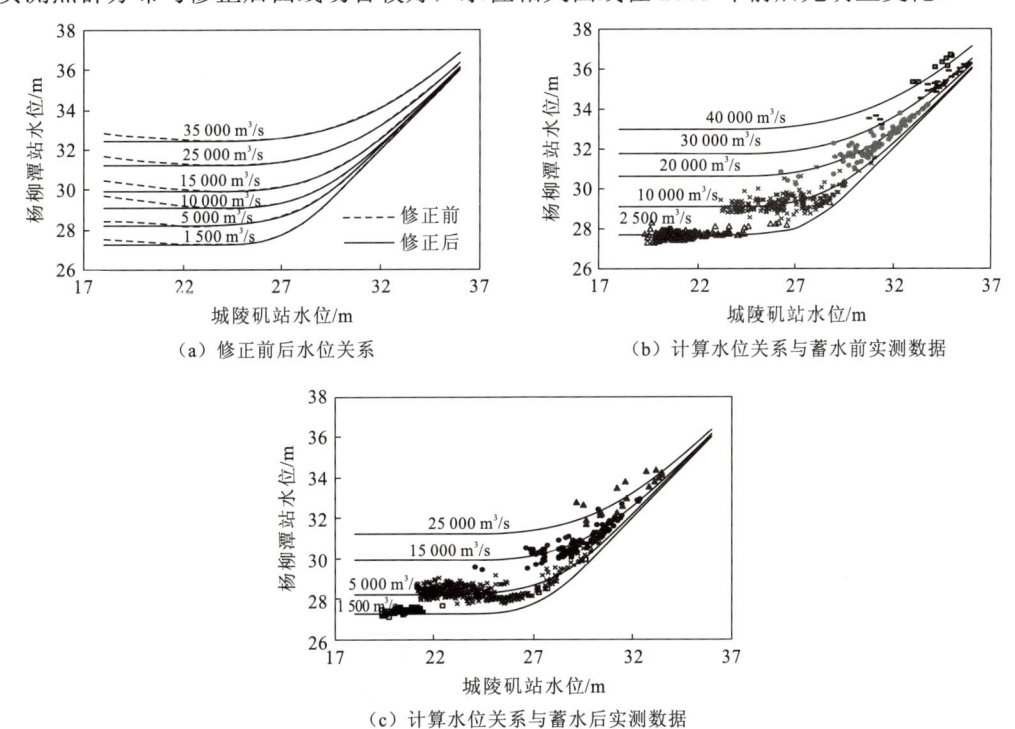

（a）修正前后水位关系

（b）计算水位关系与蓄水前实测数据

（c）计算水位关系与蓄水后实测数据

图 3.5.4 不同城陵矶站水位与流量组合下的杨柳潭站水位特征曲线族

图 3.5.4 中的曲线族涵盖了所有可能出现的来流与城陵矶站水位的组合，在实测资料基础上对组合范围延展，使得不同条件下的湖区水位变化特征得以充分凸显：城陵矶

站水位较低时，杨柳潭站水位完全由流量决定，与城陵矶站水位无关；城陵矶站水位较高时，水位相关曲线逐渐向斜率为 1 的直线聚集，城陵矶站水位成为决定杨柳潭站水位的主要因素。以上两种状态之间为过渡区域。

3）不同水文组合下城陵矶站与湖区水位关联状态的划分

仿照图 3.5.4，确定了鹿-城关系、南-城关系曲线族并与实测点群进行了比较，如图 3.5.5、图 3.5.6 所示，容易看出，图 3.5.5、图 3.5.6 中的关系曲线均符合式（3.5.7）所描述的几何特征。两者的区别主要体现在：鹿-城关系曲线上，两种直线状态的转换最快，而南-城关系曲线上的状态转换最平缓。

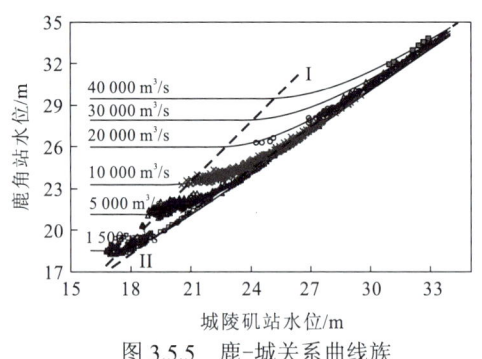

图 3.5.5 鹿-城关系曲线族　　　　图 3.5.6 南-城关系曲线族

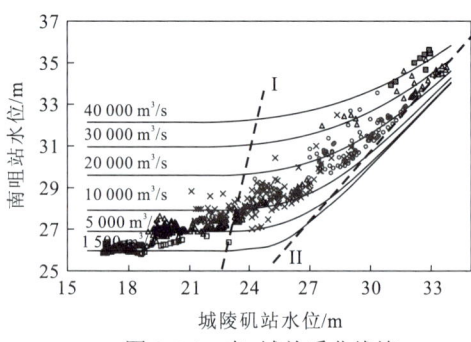

考虑到同流量下水位波动等因素，定义水位关系特征曲线的斜率达到 0.1 和 0.9 的位置为趋近于水平、$y=x$ 两种直线状态的临界点，这些临界点的连线将湖区水位-城陵矶站水位的相关程度分为了三个区（图 3.5.5、图 3.5.6），将其命名为无影响区、影响区和决定区，各区之间的分区线为 I 和 II，其形态如图 3.5.7 所示。

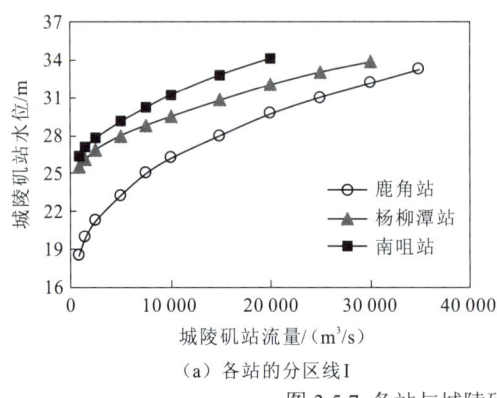

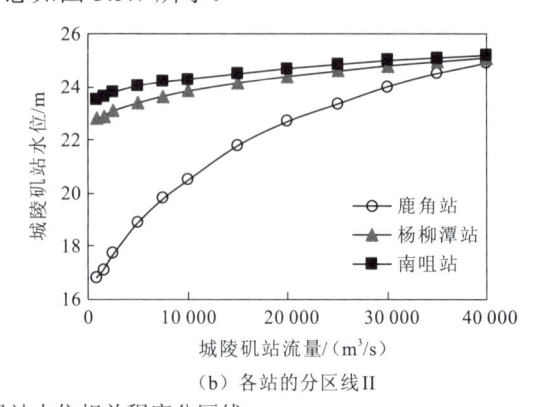

(a) 各站的分区线 I　　　　(b) 各站的分区线 II

图 3.5.7 各站与城陵矶站水位相关程度分区线

图 3.5.7 中的分区线也可由式（3.5.7）导出。根据分区线的定义，线上各点应满足：

$$\frac{22n^2Q^2x}{3\bar{\xi}^4\bar{h}^{25/3}} = r \tag{3.5.12}$$

式中：$\bar{\xi}$、$\bar{h}$ 分别为各站与城陵矶站之间的平均河相系数、水深；r 为常数，相对于斜率 0.1 和 0.9，r 分别为 2.3 和 0.1。由式（3.5.12）可得

$$Z_0 = \bar{Z}_b + \bar{h} = \bar{Z}_b + \left(\frac{22n^2 x}{3\bar{\xi}^4 r}\right)^{\frac{3}{25}} Q^{\frac{6}{25}} \tag{3.5.13}$$

其中，Z_0 为城陵矶站水位，$\bar{Z}_b$ 与区间河床高程有关。由式（3.5.13）可见，Z_0-Q 坐标系内的分区线应为指数小于 1 的幂函数，具有以下特点：越靠近尾闾，$\bar{Z}_b$ 越大，分区线在坐标平面内位置越高；若区间内形态参数 $\bar{\xi}$ 较大，则曲线陡度减缓。可见，除了三个湖区湖床高程的差别之外，东、南洞庭湖之间湘江洪道的特殊形态也是图 3.5.7 中曲线差异的重要原因，该位置变形将明显影响南、西洞庭湖水位。图 3.5.7 中的分区线 I、II，构成了湖区水位-城陵矶站水位关联性强弱转化的临界条件，对于来流和城陵矶站水位的各种可能组合情况，都可以依据这些临界条件对湖区水位的主要影响因素进行判断。

4. 三峡水库蓄水后湖区冲淤和水文条件变化对水位关联性的影响

1）湖区冲淤的影响

洞庭湖 20 世纪 50 年代以来呈淤积态势，但统计显示，三峡水库蓄水前的 1995～2003 年，包括东、南、西洞庭湖在内整个湖区的平均淤积总厚度仅为 3.7 cm；三峡水库蓄水后的 2003～2011 年，洞庭湖区总体由淤转冲，平均冲刷深度约为 10.9 cm，冲刷幅度最大的东洞庭湖平均冲深为 19 cm。由此可见，20 世纪 90 年代中期以来洞庭湖区地形冲淤平均厚度仅在 0.1 m 左右的数量级，相比于城陵矶站水位汛枯期之间超过 15 m 的变幅，冲淤引起的湖区平均水深的变化几乎可以忽略。城陵矶站与湖区三站 1995 年以来历年最低水位如图 3.5.8 所示，尽管水文条件变化和河床冲淤导致长江干流枯水位缓慢抬升，按图中趋势线估算近 20 年城陵矶站枯水位抬升大于 0.8 m，但除了与城陵矶站水力联系紧密的鹿角站之外，更易受湖床形态影响的南咀站、杨柳潭站水位变幅不明显。这说明，20 世纪 90 年代中期以来洞庭湖冲淤未对城陵矶站与湖区的水力联系产生明显影响。事实上，图 3.5.2 中的下包络线及图 3.5.4～图 3.5.6 中的各曲线在 2003 年前、后各时期均较为稳定。

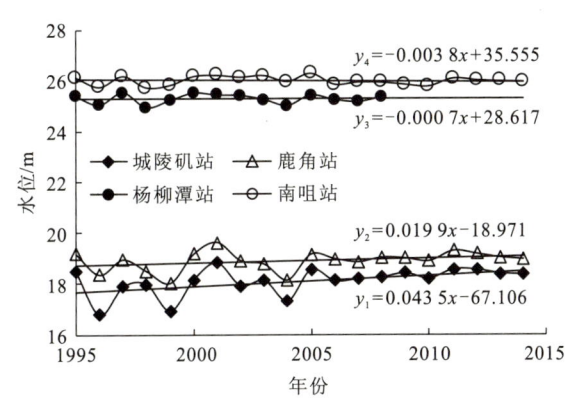

图 3.5.8 各站历年最低水位变化趋势

2）水文条件变化的影响

基于 1992~2002 年实测资料，图 3.5.9 给出了城陵矶站水位-流量点群分布及水位相关分区线。由图 3.5.9 可见：对于鹿角站，点群基本位于分区线 I 以上，城陵矶站水位较高时点群进入分区线 II 以上的决定区，反映了城陵矶站水位对鹿角站水位较强的影响；对于杨柳潭站，城陵矶站水位较低且来流偏枯时，点群位于无影响区，但城陵矶站水位高于 24 m 时，点群位于影响区，甚至少数点据处于分区线 II 附近；对于南咀站，以城陵矶站水位 24 m 左右为界，点群仅位于无影响区和影响区。以上规律与图 3.5.2 中鹿-城关系、杨-城关系曲线在城陵矶站高水位期存在 $y=x$ 的下包络线，而南-城水位差永远不为 0 的现象吻合。

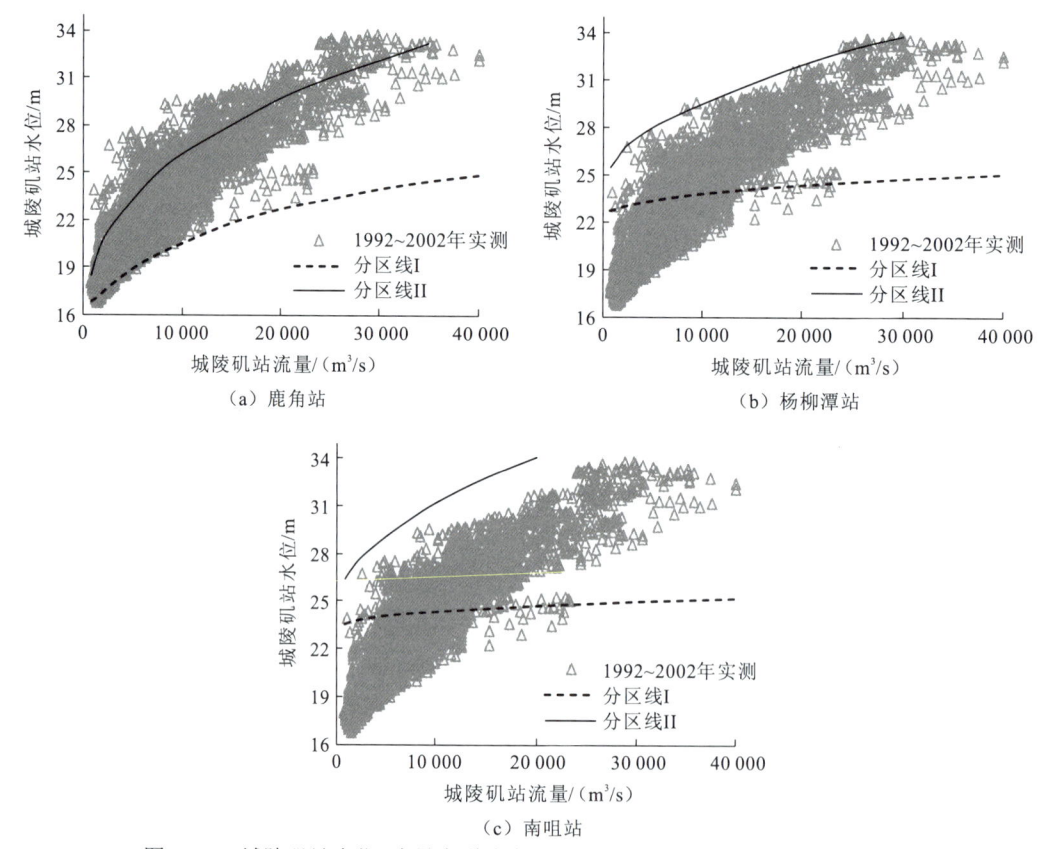

（a）鹿角站

（b）杨柳潭站

（c）南咀站

图 3.5.9 城陵矶站水位-流量点群分布及水位相关分区线（1992~2002 年）

在图 3.5.9 的基础上，仍然基于 1992~2002 年资料，考虑城陵矶站流量、水位遭遇组合的出现时机，计算了年内不同时段内点群位于三个区域的概率。由表 3.5.2 可见，鹿角站水位几乎全年受到城陵矶站水位的影响，其中 7~11 月受影响最大，该时段约有一半天数的水位完全由城陵矶站水位决定；杨柳潭站和南咀站水位在各月份内受城陵矶站水位影响的天数比例较为类似，其中 12 月~次年 3 月水位几乎与城陵矶站水位无关，4~6 月及 9~11 月有 39.5%~55.4%的天数水位与城陵矶站水位无关，杨柳潭站水位受城陵矶站水位的影响程度大于南咀站。

表 3.5.2　1992～2002 年年内不同时期各站受城陵矶站水位影响天数的比例　（单位：%）

站点	月份	无影响区	影响区	决定区
鹿角站	12～次年 3	5.2	94.8	0.0
	4～6	0.8	95.3	3.9
	7～8	0.0	44.4	55.6
	9～11	0.0	57.0	43.0
	全年	1.9	77.0	21.1
杨柳潭站	12～次年 3	99.3	0.7	0.0
	4～6	46.1	53.9	0.0
	7～8	0.5	97.2	2.3
	9～11	39.5	60.3	0.2
	全年	54.3	45.3	0.4
南咀站	12～次年 3	99.6	0.4	0.0
	4～6	55.4	44.6	0.0
	7～8	1.6	98.4	0.0
	9～11	49.9	50.1	0.0
	全年	59.6	40.4	0.0

2003 年后，城陵矶站流量、水位遭遇组合的变化可能会影响城陵矶站与湖区水位的关联性。将 0.5 m 和 2 500 m³/s 分别作为水位、流量的分级间隔，图 3.5.10 中统计比较了 2003～2007 年、2008～2014 年两个时期相比于 1992～2002 年的各级城陵矶站流量、水位遭遇概率变化情况，图中的正负数值是指水位、流量遭遇概率相比于 1992～2002 年的增加或减少值。由图 3.5.10 可见：2003 年后的两个时期内，同一城陵矶站水位下湖区来流偏小的概率增加。与鹿角站、杨柳潭站分区线对比表明，来流变化使得中枯水期湖区水位与城陵矶站水位的关联性略有增强，但并未引起各分区之间分布格局的根本性调整。这正是图 3.5.2 中南-城关系下包络线及鹿-城关系、杨-城关系低水期下包络线在 2003 年前、后能保持基本稳定的原因。

(a) 2003～2007 年　　(b) 2008～2014 年

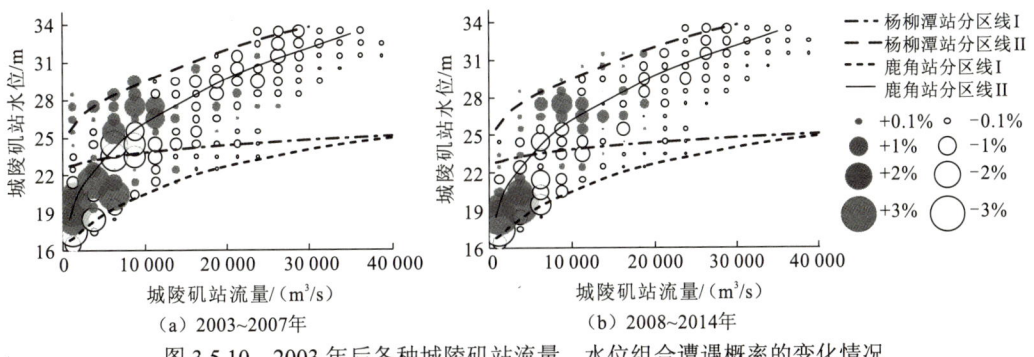

图 3.5.10　2003 年后各种城陵矶站流量、水位组合遭遇概率的变化情况

3.5.2 三峡水库蓄水前后江湖汇流区水位变化及影响

在江湖汇流区，下荆江出流与城陵矶站出流互为顶托，导致监利站、城陵矶站的水位-流量关系具有明显的多值性。三峡水库蓄水后，由于水库调节作用，长江干流与洞庭湖出流遭遇特性发生改变，而河床冲刷引起的水位下降也使不同流量级下的水位发生调整。为评估这种变化，首先提出干支交汇区水位-流量关系的拟合方法，其次利用典型流量过程计算了三峡水库蓄水前后典型站点在年内各月的水位变幅。

1. 干支交汇区水位-流量关系拟合原理

对于平原冲积河流而言，稳定的水位-流量关系主要靠长河段的河槽阻力来控制，如河段的河床坡降、断面形状、粗糙系数等因素。已知曼宁公式为

$$U = \frac{1}{n} R^{2/3} J^{1/2} \tag{3.5.14}$$

对于水面较宽的冲积河流，式（3.5.14）可近似为

$$U = \frac{1}{n} h^{2/3} J^{1/2} \tag{3.5.15}$$

结合水量连续方程

$$Q = BhU \tag{3.5.16}$$

得

$$J = \frac{Q^2 n^2}{B^2 h^{4/3}} \tag{3.5.17}$$

式中：U 为流速；R 为水力半径；J 为坡度；h 为水深；B 为河宽。

式（3.5.17）中的粗糙系数、河宽和水深等是随流量变化的变量，当流量一定时，粗糙系数和河宽都可以表示为水深的函数。

汇流点与其下游相邻站的流量变化基本一致，水位之间往往存在着较好的相关关系：

$$Z_c = aZ_d + b' \tag{3.5.18}$$

式中：Z_c 为汇流点水位；Z_d 为汇流点下游站水位；a 为 Z_c 对 Z_d 的线性回归斜率；b' 为 Z_c 对 Z_d 的线性回归截距。

汇流点下游站的水位-流量关系比较稳定，且该站下游河段的水面比降长期保持稳定，根据式（3.5.17）得到的该站的水位-流量关系为

$$(Q^2)^{\beta_u} = kh = k(Z - Z_0) \tag{3.5.19}$$

式中：Q 为流量；Z 为水文站水位；Z_0 为水文站附近河床高程；β_u 为指数，当河宽与水深关系确定时，反映河道粗糙系数的影响；k 为水位流量系数；h 为水深。

汇流点上游河段的水位受多个因素影响，水位-流量关系比较复杂。根据式（3.5.17）得到的汇流点上游河段的水位-流量关系为

$$\left(\frac{Q^2}{Z_u - Z_c}\right)^{\beta_u} = K_2(Z_u - Z_0) \tag{3.5.20}$$

式中：K_2 为系数；Z_c 为汇流点水位；Z_u 为汇流点上游站水位；β_u 为指数，当河宽与水深关系确定时，反映河道粗糙系数的影响。

由于河道形态、阻力等方面的影响，式（3.5.19）、式（3.5.20）中的系数往往表现出不同的特征，需要根据实测资料通过试算的方法进行率定。方法是：首先假定一个指数 β_u，通过线性拟合确定出系数 k 和河床高程 Z_0；然后对水位进行反算，计算标准误差；最后对比不同 β_u 取值下相关系数和标准误差的大小，取相关性最好、误差最小时的 β_u 值。

2. 汇流区水位-流量关系的建立

江湖汇流口以下河道内，水位-流量关系相对单一，而汇流口上游河段，其水位受到干支流来水的共同影响。依据河道水力学原理，建立了江湖汇流区各水文站、水位站之间的水位-流量关系，具体如下。

螺山站水位-流量关系：

$$(Q_L^2)^{\alpha_L} = k_L(Z_L - Z_{0L}) \tag{3.5.21}$$

式中：Q_L 为螺山站流量（m³/s）；Z_L 为螺山站水位（m）；Z_{0L} 为螺山站附近河床高程（m）；α_L 为反映螺山站河道粗糙系数影响的指数；k_L 为螺山站水位流量系数。

莲花塘（城陵矶）站与螺山站水位关系：

$$Z_{LH} = aZ_L + b' \tag{3.5.22}$$

式中：Z_L 为螺山站水位（m）；Z_{LH} 为莲花塘站水位（m）。

莲花塘站与监利站水位-流量关系：

$$\left(\frac{Q_J^2}{Z_J - Z_{LH}}\right)^{\alpha_J} = K_2(Z_J - Z_{0J}) \tag{3.5.23}$$

式中：Q_J 为监利站流量（m³/s）；Z_J 为监利站水位（m）；Z_{LH} 为莲花塘站水位（m）；Z_{0J} 为监利站附近河床高程（m）；α_J 为反映监利站河道粗糙系数影响的指数。

式（3.5.21）～式（3.5.23）与水量守恒方程联立后，可建立监利站水位与监利站流量、城陵矶站流量之间的函数关系式。采用不同年代的资料，可确定出不同时期的参数。以 2002 年和 2013 年为例，监利站水位与江、湖来流的关系可表示为

$$Z_J - \frac{Q_J^2}{[1.156(Z_J - 10.0934)]^{1/0.17}} = 0.9595\left[\frac{(Q_J + Q_C)^{0.4}}{3.1645} + 6.1577\right] + 2.0848 \tag{3.5.24}$$

$$Z_J - \frac{Q_J^2}{[1.1603(Z_J - 9.5182)]^{1/0.17}} = 0.9733\left[\frac{(Q_J + Q_C)^{0.4}}{2.9369} + 4.6777\right] + 1.7969 \tag{3.5.25}$$

式中：Q_C 为城陵矶站流量（m³/s）。

分别以 2002 年、2013 年为例，检验了以城陵矶站流量为参数的监利站水位-流量关系对水位的计算结果。由图 3.5.11 可见，所建立的关系式具有较好的精度。

(a)2002年实测监利站水位与计算结果

(b)2013年实测监利站水位与计算结果

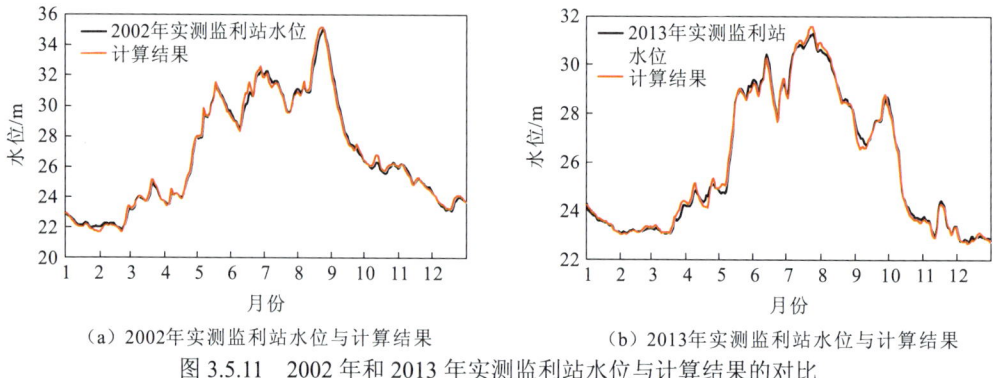

图 3.5.11　2002 年和 2013 年实测监利站水位与计算结果的对比

所建立的监利站水位-流量关系形式较为复杂，监利站水位为监利站流量的隐函数，因而以城陵矶站流量为参数，计算了不同干流、湖区出流组合情况下的监利站水位。由计算结果图 3.5.12 可见，监利站流量较小时受城陵矶站流量影响较大，监利站流量较大时受城陵矶站流量影响较小。

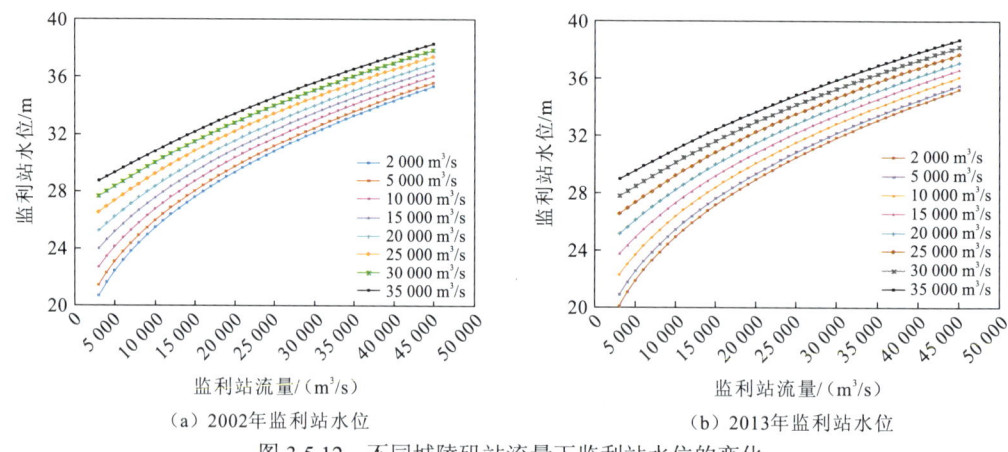

(a)2002年监利站水位

(b)2013年监利站水位

图 3.5.12　不同城陵矶站流量下监利站水位的变化

3. 河道冲淤对江湖汇流区水位的影响

为研究河床冲淤对水位的影响，固定莲花塘站水位，点绘了监利站不同时期的水位-流量关系，如图 3.5.13 所示。由图 3.5.13 可知，莲花塘站低水位时，水库蓄水后监利站水位有所下降，莲花塘站中高水位时，不同时期监利站水位基本不变。以上现象说明：莲花塘站水位较低时期，河床冲刷对监利站水位影响较大，莲花塘站中高水位时期，河床冲刷对监利站水位的影响较小。

水位-流量关系式（3.5.21）和式（3.5.23）中的参数 Z_{0L}、Z_{0J} 对应了螺山站和监利站附近河床流量为 0 时的水位，其物理意义是水文站附近的河底平均高程。因此，通过不同时期的实测资料率定 Z_{0L}、Z_{0J}，可以反推出河床冲淤变化幅度，进而比较得到河床冲淤变化对水位的影响。

(a) 莲花塘站水位19.5~20.5 m

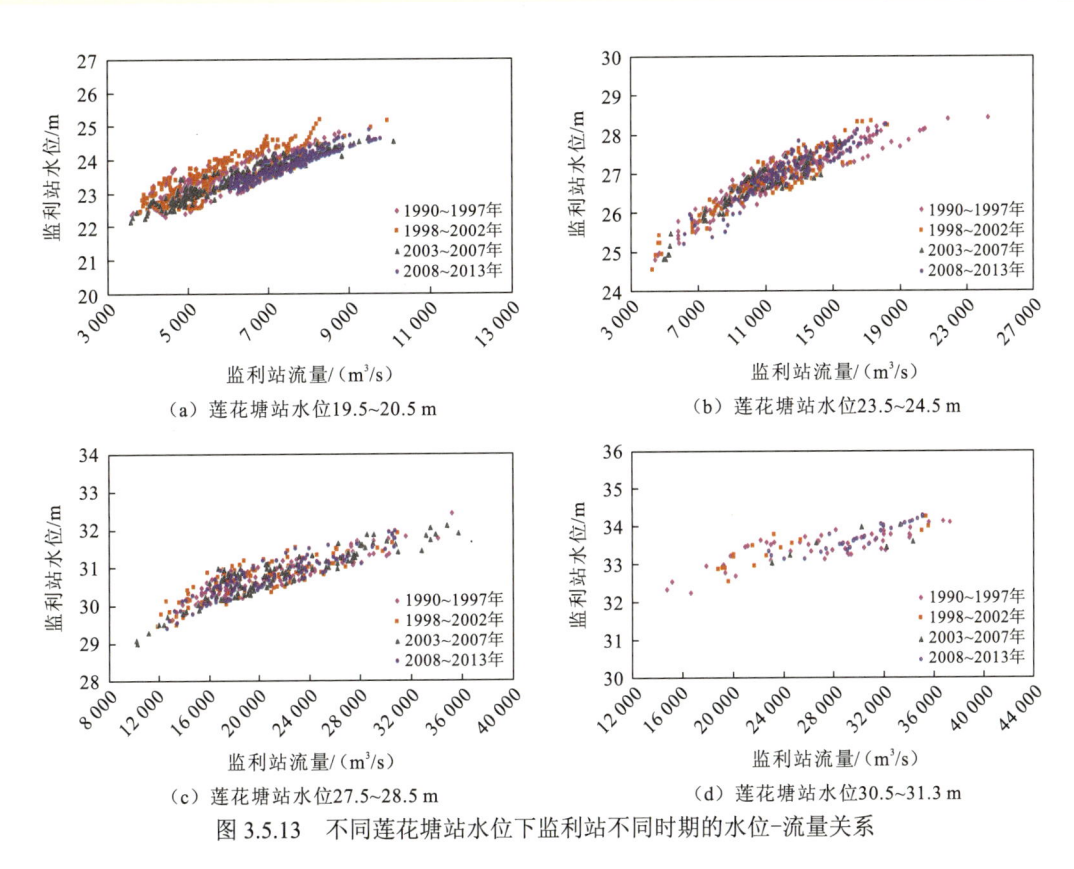

(b) 莲花塘站水位23.5~24.5 m

(c) 莲花塘站水位27.5~28.5 m

(d) 莲花塘站水位30.5~31.3 m

图 3.5.13　不同莲花塘站水位下监利站不同时期的水位-流量关系

根据不同年份的实测资料分别建立了螺山站不同时期的水位-流量关系式，从而可以得到螺山站附近不同时期的河床高程，如表 3.5.3 所示。由表 3.5.3 可知，三峡水库蓄水前螺山站附近河床高程年际波动，但水库蓄水后明显呈下降趋势，2013 年相比 2002 年下降了 1.48 m。根据实测资料建立莲花塘站与监利站不同时期的水位-流量关系式，从而得到监利站附近的河床高程，如表 3.5.4 所示，由表 3.5.4 可知，三峡水库蓄水后监利站附近的河床高程下降了约 0.57 m。需要指出的是，表 3.5.3 和表 3.5.4 中的河床高程只是一个概化的当量值，具有河床变形趋势的指示意义，但并不意味着河床冲淤厚度的真实数值。

表 3.5.3　螺山站附近不同时期的河床高程

项目	1991 年	1997 年	2002 年	2007 年	2013 年
河床高程/m	6.43	6.76	6.16	5.81	4.68

表 3.5.4　监利站附近不同时期的河床高程

项目	1997 年	2002 年	2006 年	2013 年
河床高程/m	10.07	10.09	9.86	9.52

将表 3.5.3 和表 3.5.4 中的参数 Z_0 代入以城陵矶站流量为参数的监利站水位-流量关系，可以得到不同时期河床冲刷对水位的影响。以下将 2002 年、2013 年的关系曲线作

为建库前后的对比基准，讨论河床冲淤对水位的影响。

特定城陵矶站流量下，不同年代地形下的监利站水位如图 3.5.14 所示，由图 3.5.14 可知，城陵矶站流量较小时，2013 年地形下的监利站水位下降，监利站流量越小，水位下降越明显，说明湖区出流较小时，监利站水位受地形影响，随着监利站流量的减小，地形影响变大；城陵矶站流量较大时，2013 年地形下的监利站水位上升，而且监利站流量越大，水位上升越明显，说明湖区出流较大时监利站水位基本不受地形影响。

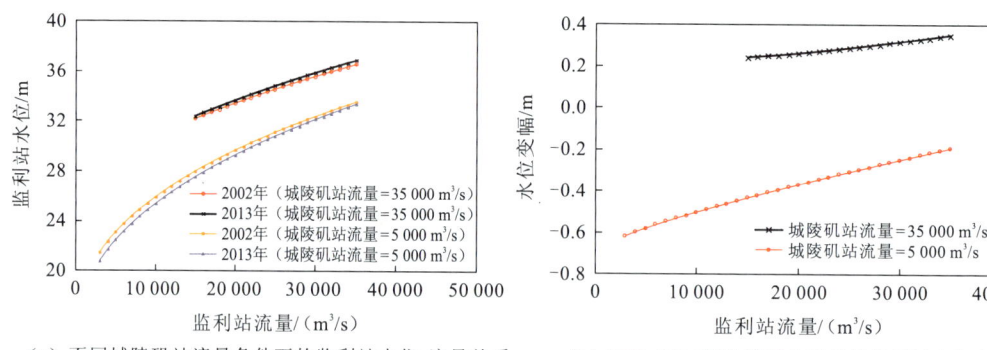

(a) 不同城陵矶站流量条件下的监利站水位-流量关系　　(b) 2002~2013 年地形变化引起的监利站水位变幅

图 3.5.14　不同地形下的监利站水位变化

图 3.5.15 是将 2013 年实测城陵矶站和监利站来流过程，结合 2002 年和 2013 年关系曲线得出的监利站水位过程，由图 3.5.15 可知，将 2002 年地形下的监利站水位作为对比基准，2013 年地形下的监利站水位下降，低水时下降幅度较大，高水时下降幅度较小，说明低水时地形变化对监利站水位的影响较大，水位降低的最大幅度约为 0.6 m。

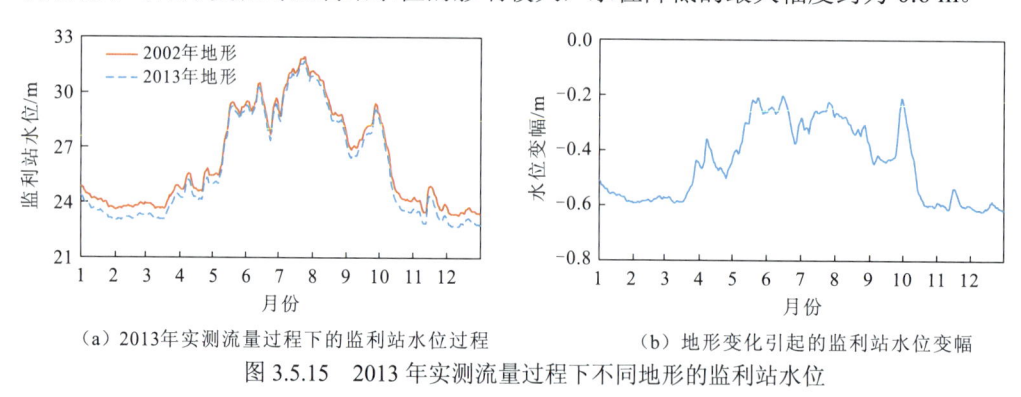

(a) 2013 年实测流量过程下的监利站水位过程　　(b) 地形变化引起的监利站水位变幅

图 3.5.15　2013 年实测流量过程下不同地形的监利站水位

4. 来流变化对江湖汇流区年内水位过程的影响

由于三峡水库对年内各月径流的调节作用不同，加之河床冲刷对洪枯流量下水位的影响也不同，坝下游各站的年内各月份水位变幅存在差异。本节首先在保证水量接近的情况下，选取水库蓄水前后的代表性水文过程，考察两个代表性水文系列内的水位过程差异。

1) 代表性水文过程的选取

以时段内螺山站径流总量相等为原则，在水库蓄水前后各选取 5 年系列，作为水库蓄水前后的代表性水文过程，它们分别是建库前的 1992 年、1994 年、1995 年、1996 年、1997 年（水文过程一）和建库后的 2008 年、2009 年、2010 年、2012 年、2013 年（水文过程二）。此外，为突出干、支流来流变化的影响，由蓄水前（水文过程一）的城陵矶站流量过程和蓄水后（水文过程二）的监利站流量过程构成水文过程三，由蓄水前（水文过程一）的监利站流量过程和蓄水后（水文过程二）的城陵矶站流量过程构成水文过程四。

对于所选择的水文过程一和水文过程二，各年份监利站、城陵矶站流量分别取多年的旬平均值，如图 3.5.16 所示。由图 3.5.16 可见，对于监利站而言，水库蓄水后的水文过程二的变化特点主要表现为：汛期洪峰略有后移，6~7 月流量减少，8~9 月流量增加，汛后 10 月流量明显减少，枯水期流量增加，其他月份流量变幅较小。对于城陵矶站而言，水库蓄水后的水文过程二的变化特点主要表现为：5~6 月、9 月和 11 月流量有所增加，其他月份流量减少，7~8 月减幅较大，12 月和 1 月减幅较小。

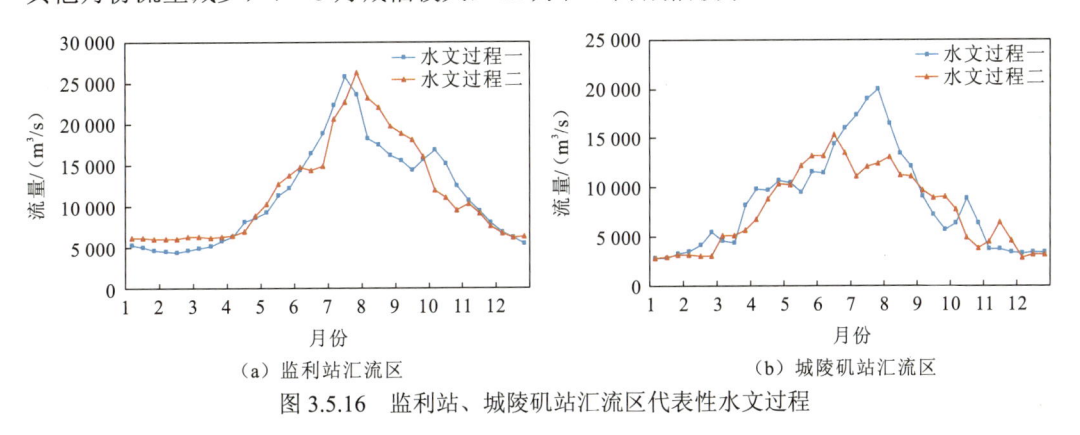

(a) 监利站汇流区　　(b) 城陵矶站汇流区

图 3.5.16　监利站、城陵矶站汇流区代表性水文过程

将以上水文过程分别作为来流条件，以 2002 年、2013 年地形条件下的各站水位-流量关系曲线为河道泄流条件，可以分析水文过程变化对水位过程的影响。

2) 来流过程变化对水位过程的影响

采用不同的水文过程，结合 2002 年关系曲线，可以计算得到 2002 年地形和代表性水文过程组合情况下的监利站水位过程，根据计算结果可以得到流量过程变化对监利站水位过程的影响。

对于水文过程四与水文过程二而言，城陵矶站出流均为建库后过程，而长江干流来流分别为建库前和建库后过程，这两种水文过程下的监利站水位的差别主要由干流来流变化引起。由图 3.5.17（a）、（b）中的水位计算结果可见，由于建库后的监利站来流变化，监利站水位在 1~3 月和 8~9 月明显上升，4 月、6~7 月、10 月则明显下降，其他月份变幅较小。

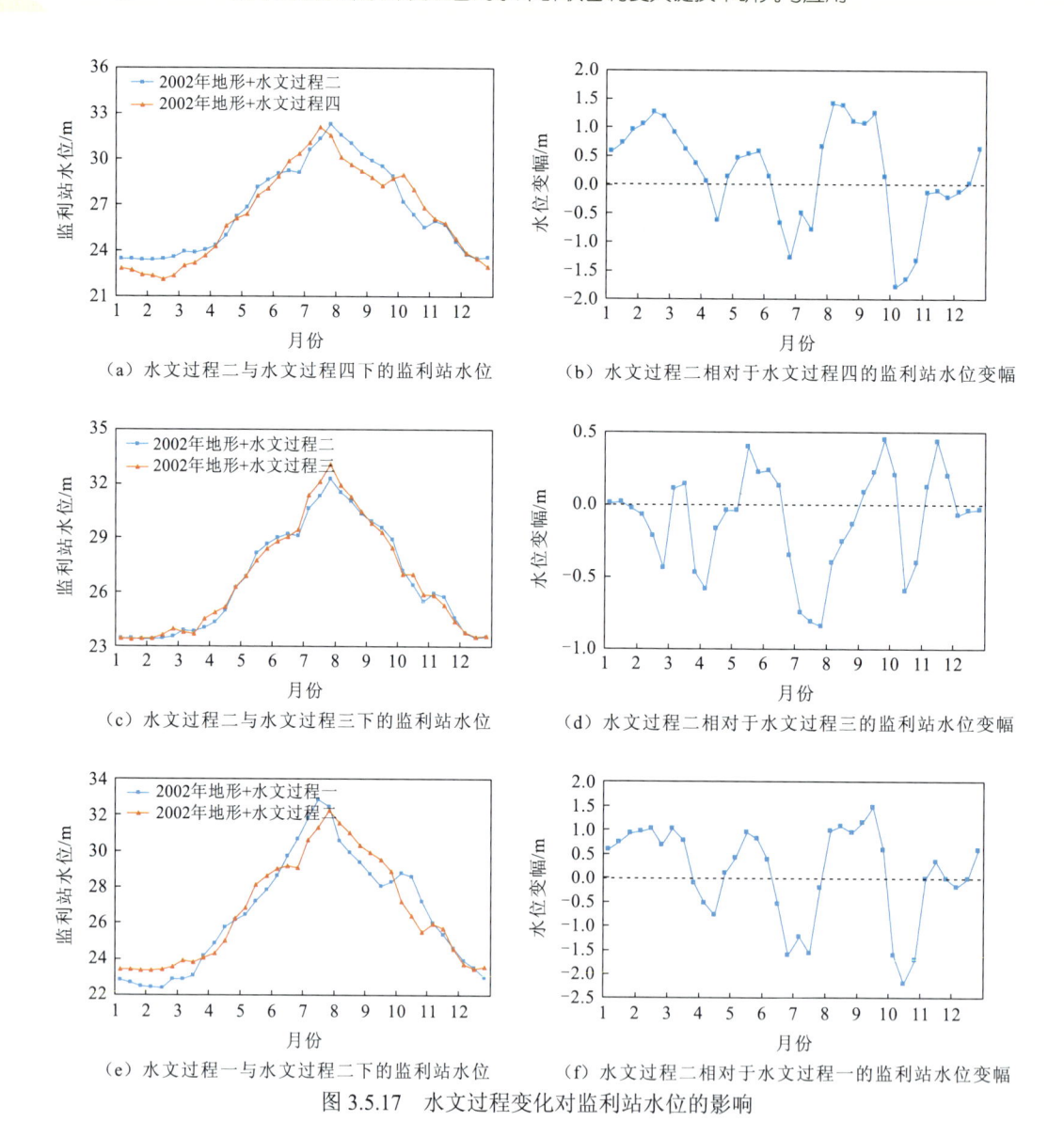

(a) 水文过程二与水文过程四下的监利站水位　　(b) 水文过程二相对于水文过程四的监利站水位变幅

(c) 水文过程二与水文过程三下的监利站水位　　(d) 水文过程二相对于水文过程三的监利站水位变幅

(e) 水文过程一与水文过程二下的监利站水位　　(f) 水文过程二相对于水文过程一的监利站水位变幅

图 3.5.17　水文过程变化对监利站水位的影响

对于水文过程三与水文过程二而言，监利站流量均为建库后过程，而城陵矶站出流分别为建库前和建库后过程，这两种水文过程下的监利站水位的差别主要由城陵矶站出流变化引起。由图 3.5.17（c）、（d）的水位计算结果可见，由于建库后城陵矶站出流的变化，监利站水位在 4 月、7～8 月和 10 月明显下降，其他月份变幅较小。

对于选取的代表性水文过程一与二，螺山站总径流量相近，仅是流量过程的年内各月分配及干流、湖区之间的分配不同，这两种水文过程下的监利站水位的差别由干流和湖区流量变化综合导致。由图 3.5.17（e）、（f）中的水位计算结果可见，建库后的流量变化导致监利站水位 1～3 月、5 月和 8～9 月明显上升，4 月、6～7 月、10 月明显下降，11～12 月变幅较小。

综合图 3.5.17 中的监利站水位计算结果可见，1～3 月的水位抬升，受干流来流变化的影响较大；4月、7月和10~11月的水位下降受到干流和湖区出流的共同影响，其中4月受湖区出流的影响较大，10~11月受干流来流的影响较大。全年来看，10~11月水位降幅最大，最大降幅达2 m，发生于10月中旬。

3）来流变化与河床冲淤对水位过程的综合影响

以蓄水前的水文过程一与2002年地形条件下的水位-流量关系曲线代表建库前状况，以蓄水后的水文过程二与2013年地形条件下的水位-流量关系曲线代表建库后的状况，分别计算了两种状况下的监利站水位过程，见图3.5.18。联系图3.5.17及图3.5.18中监利站的水位变幅可见：枯水期1~3月流量变化引起的水位抬升与河床下切引起的水位下降部分抵消，导致水位略呈上升态势；4月、10~11月流量减少引起的水位下降与河床下切的效应相叠加，使水位降幅较单一因素引起的降幅增大，其中10月最大降幅超过2.5 m，发生于10月中旬。综合来看，监利站水位的变化在6~9月主要由流量变化引起，汛后及枯水期水位变化则受地形和出流的共同影响。

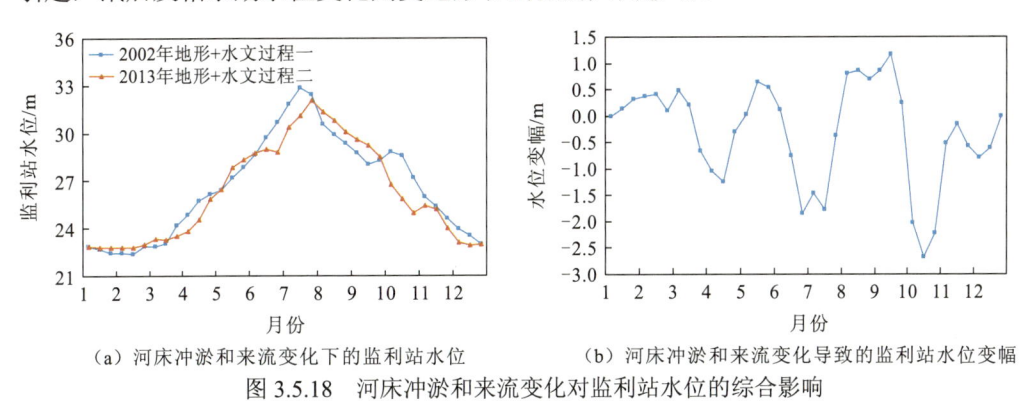

（a）河床冲淤和来流变化下的监利站水位　　（b）河床冲淤和来流变化导致的监利站水位变幅

图3.5.18　河床冲淤和来流变化对监利站水位的综合影响

5. 三峡水库蓄水后汇流区水位变化对湖区水位的影响

江湖交汇区城陵矶站水位是洞庭湖区的侵蚀基点，因而城陵矶站水位的变化将对湖区水位产生影响。为评估这种影响，用1992~2002年代表三峡水库蓄水前的自然状况，用2008~2013年代表三峡水库试验性运行期水文条件，根据两个时期内各自的多年平均各月流量，计算了汇流区水位变化对湖区年内各月水位的影响。位于西洞庭湖的南咀站，距离城陵矶站较远，受到的干流水文条件及河床冲淤的影响较小，且南咀站和杨柳潭站水位的变化规律相似，故省略南咀站的计算。

计算的步骤是：首先分别以2002年和2013年的螺山站水位-流量关系、螺山站水位-城陵矶站水位相关关系代表蓄水前后的地形条件，结合两个时期内的月均流量过程可得到相应的城陵矶站水位过程；然后将城陵矶站来流与城陵矶站水位代入式（3.5.4）确定的湖区水位计算函数，得到不同月份鹿角站、杨柳潭站的月均水位变化过程；最后，根据计算得到的各站两个时期的水位差，得到城陵矶站水位变化对湖区水位的影响。

由表3.5.5中城陵矶站月均水位计算结果可见，与1992~2002年相比，2008~2013

年 1 月、2 月月均水位分别升高 0.39 m、0.19 m，3～12 月水位下降 0.16～2.41 m，3 月降幅最小，7 月、10 月降幅较大。

表 3.5.5　城陵矶站月均水位变化过程　　　　　（单位：m）

项目	月份											
	1	2	3	4	5	6	7	8	9	10	11	12
1992～2002 年（①）	20.96	21.06	22.42	24.36	26.59	28.53	31.41	30.13	28.51	26.62	23.89	21.71
2008～2013 年（②）	21.35	21.25	22.26	23.91	26.34	28.21	29.71	29.35	27.48	24.21	23.61	21.41
②-①	0.39	0.19	-0.16	-0.45	-0.25	-0.32	-1.70	-0.78	-1.03	-2.41	-0.28	-0.30

由表 3.5.6 中鹿角站月均水位计算结果可见，鹿角站 2008～2013 年各月平均水位与 1992～2002 年相比，1 月抬高 0.08 m，2～12 月下降 0.18～2.27 m，11 月降幅最小，7 月、10 月降幅较大。

表 3.5.6　鹿角站月均水位变化过程　　　　　（单位：m）

项目	月份											
	1	2	3	4	5	6	7	8	9	10	11	12
1992～2002 年（①）	22.19	22.62	23.87	25.47	27.33	29.07	31.85	30.55	28.86	26.96	24.36	22.55
2008～2013 年（②）	22.27	22.20	23.47	25.02	27.06	28.77	29.97	29.61	27.77	24.69	24.18	22.21
②-①	0.08	-0.42	-0.40	-0.45	-0.27	-0.30	-1.88	-0.94	-1.09	-2.27	-0.18	-0.34

由表 3.5.7 中杨柳潭站月均水位计算结果可见，杨柳潭站 2008～2013 年各月平均水位与 1992～2002 年相比，1～10 月、12 月下降 0.06～1.79 m，11 月抬高 0.04 m，7 月、10 月降幅较大。

表 3.5.7　杨柳潭站月均水位变化过程　　　　　（单位：m）

项目	月份											
	1	2	3	4	5	6	7	8	9	10	11	12
1992～2002 年（①）	27.43	27.67	28.24	28.84	29.52	30.38	32.46	31.36	29.98	28.77	27.88	27.46
2008～2013 年（②）	27.37	27.35	27.99	28.65	29.35	30.20	30.67	30.38	29.13	27.60	27.92	27.30
②-①	-0.06	-0.32	-0.25	-0.19	-0.17	-0.18	-1.79	-0.98	-0.85	-1.17	0.04	-0.16

根据表 3.5.5～表 3.5.7 中各时期内的城陵矶站、鹿角站、杨柳潭站月均水位变化得出图 3.5.19。由图 3.5.19 可见：在汛期及汛后蓄水期，城陵矶站、鹿角站和杨柳潭站月均水位差的变化规律基本一致，但枯水期距离城陵矶站较远的杨柳潭站水位变化甚小。

第3章 三峡水库水环境对水库调度的响应关系

综合比较可以发现，城陵矶站与鹿角站水位变化具有一定的类似性，水位变幅在年内体现为汛后蓄水期＞汛期＞枯水期；杨柳潭站距离城陵矶站较远，其水位变幅在年内各月份体现为汛期＞汛后蓄水期＞枯水期。这说明，东洞庭湖鹿角站水位受城陵矶站水位影响最大，杨柳潭站枯水期水位受城陵矶站水位影响较小。

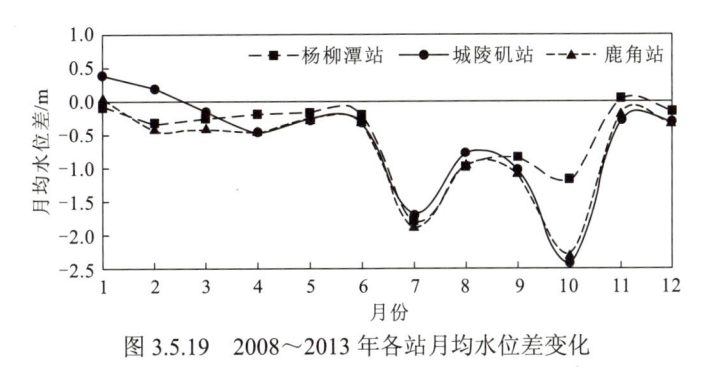

图 3.5.19 2008～2013 年各站月均水位差变化

3.6 大通站流量过程对三峡水库调蓄的响应

三峡水库运行后，气候降雨等变化导致长江径流整体偏枯，加之三峡水库的调节作用，大通站流量过程出现较明显的调整。图 3.6.1 给出了 1950 年以来不同时期的大通站流量频率分布，由图 3.6.1 可见，三峡水库运行初期的 2003～2007 年及 175 m 试验性运行期的 2008～2016 年，40 000 m³/s 以上流量明显偏少，且 10 000 m³/s 以下流量明显减少，尤其是 2008 年后枯水流量的增加更为明显。

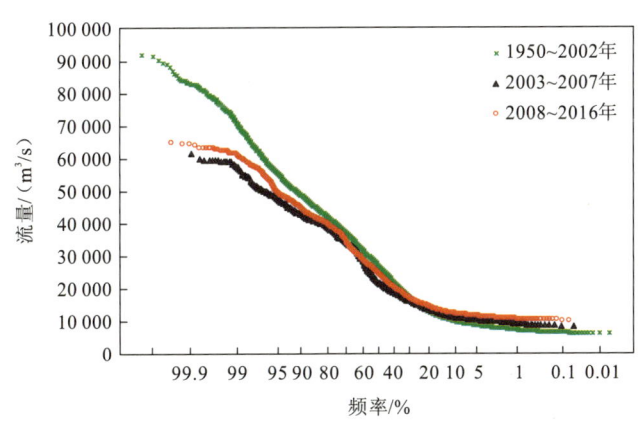

图 3.6.1 不同时期大通站流量频率分布

为排除气候变化的影响，以 175 m 试验性运行期的 2008～2016 年为典型系列，计算了有无三峡水库影响下的大通站流量过程。其计算原理是：首先，依据大通站和宜昌站实测流量将大通站流量分解为宜昌站以上来流和宜昌至大通段来流；然后，根据宜昌站实测流量与三峡库区的逐日蓄水量变化得到还原的宜昌站流量过程；最后，将还原的宜昌站流量与宜昌至大通段流量合成，得到还原的大通站流量过程。图 3.6.2 给出了有无三峡水库调蓄作用的各月流量差异。由图 3.6.2 可见，三峡水库的调蓄作用主要体现在：枯水期 11 月～次年 4 月，大通站流量增加，以 1～3 月大通站流量增加最多，约 1 000 m³/s；汛前的 5～6 月，水库预泄导致流量增加，5 月最为明显；汛期流量变化不大，但汛后的 9～10 月流量被明显削减，降幅达 3 000 m³/s 以上。

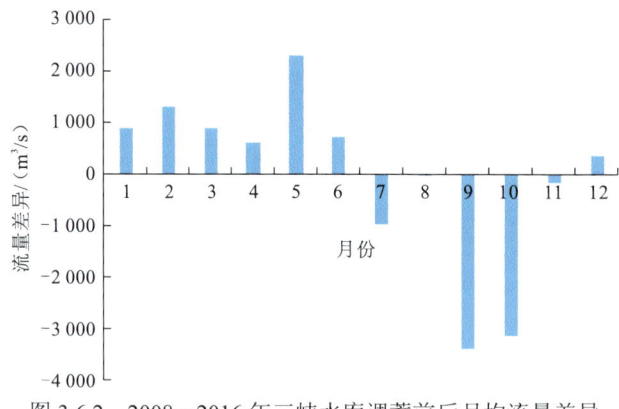

图 3.6.2　2008～2016 年三峡水库调蓄前后月均流量差异

参 考 文 献

班璇, 姜刘志, 曾小辉, 等, 2014. 三峡水库蓄水后长江中游水沙时空变化的定量评估[J]. 水科学进展, 25(5): 650-657.

卞俊杰, 陈峰, 2006. 三峡水库蓄水后库区水温影响分析[J]. 水利水电快报, 27(19): 7-10.

陈沈良, 陈吉余, 2003. 三峡大坝与下游环境[J]. 科学, 55(6): 36-38.

董哲仁, 张晶, 2009. 洪水脉冲的生态效应[J]. 水利学报, 40(3): 281-288.

段唯鑫, 郭生练, 王俊, 2016. 长江上游大型水库群对宜昌站水文情势影响分析[J]. 长江流域资源与环境, 25(1): 120-130.

韩宇平, 解建仓, 2002. 模糊综合评判法在水库洪水调度方案评价中的应用[J]. 西北农林科技大学学报(自然科学版), 30(6): 198-201.

柯福恩, 危起伟, 张国良, 等, 1992. 中华鲟产卵洄游群体结构和资源量估算的研究[J]. 淡水渔业(4): 7-11.

李克飞, 2013. 水库调度多目标决策与风险分析方法研究[D]. 北京: 华北电力大学.

娄保锋, 印士勇, 穆宏强, 等, 2011. 三峡水库蓄水前后干流总磷浓度比较[J]. 湖泊科学, 23(6): 863-867.

马颖, 2007. 长江生态系统对大型水利工程的水文水力学响应研究[D]. 南京: 河海大学.

梅亚东, 翟丽妮, 杨娜, 2008. 生态友好型水库调度控泄方案的评价[J]. 武汉大学学报(工学版), 41(5): 10-13, 62.

史璇, 2013. 江湖关系变化对洞庭湖湖滨湿地生态演变的影响与调控[D]. 上海: 东华大学.

四川省长江水产资源调查组, 1988. 长江鲟鱼类生物学及人工繁殖研究[M]. 成都: 四川科学技术出版社.

王波, 2009. 三峡工程对库区生态环境影响的综合评价[D]. 北京: 北京林业大学.

王才君, 郭生练, 刘攀, 等, 2004. 三峡水库动态汛限水位洪水调度风险指标及综合评价模型研究[J]. 水科学进展, 15(3): 376-381.

王金龙, 黄炜斌, 马光文, 等, 2015. 基于熵权模糊迭代法的生态友好型水库调度控泄方案模糊集对综合评价[J]. 工程科学与技术, 47(S2): 1-8.

王艳芳, 2016. 三峡工程对下游河流生态水文影响评估研究[D]. 郑州: 华北水利水电大学.

危起伟, 杨德国, 2003. 中国鲟鱼的保护、管理与产业化[J]. 淡水渔业(3): 3-7.

徐薇, 刘宏高, 唐会元, 等, 2014. 三峡水库生态调度对沙市江段鱼卵和仔鱼的影响[J]. 水生态学杂志, 35(2): 1-8.

易仲强, 刘德富, 杨正健, 等, 2009. 三峡水库香溪河库湾水温结构及其对春季水华的影响[J]. 水生态学杂志, 30(5): 6-11.

余真真, 王玲玲, 戴会超, 2011. 三峡水库香溪河库湾水温分布特性研究[J]. 长江流域资源与环境, 20(1): 84-89.

张莉莉, 陈进, 2007. 长江上游水沙变化分析[J]. 长江科学院院报, 24(6): 34-37.

周建军, 2005. 关于三峡电厂日调节调度改善库区支流水质的探讨[J]. 科技导报, 23(10): 8-12.

BERTRAM B, MAITIN S, 2008. Stratification of lakes[J]. Reviews of geophysics, 46(2): 1-27.

CAI H, SAVENIJE H, ZUO S, et al., 2015. A predictive model for salt intrusion in estuaries applied to the Yangtze estuary[J]. Journal of hydrology, 529(3): 1336-1349.

CHEN X, YAN Y, FU R, et al., 2008. Sediment transport from the Yangtze River, China, into the sea over the Post-Three Gorge Dam Period: A discussion[J]. Quaternary international, 186: 55-56.

XU Y, ZHANG M, WANG L, et al., 2011. Changes in water types under the regulated mode of water level in Three Gorges Reservoir, China[J]. Quaternary international, 244(2): 272-279.

SOUCHON Y, KEITH P, 2001. Freshwater fish habitat: Science, management, and conservation in France[J]. Aquatic ecosystem health and management, 4(4): 401-412.

ZHANG Q, XU C, SINGH V P, et al., 2009. Multiscale variability of sediment load and streamflow of the lower Yangtze River basin: Possible causes and implications[J]. Journal of hydrology, 368: 96-104.

ZHOU G, ZHAO X, BI Y, et al., 2011. Effects of silver carp (Hypophthalmichthys molitrix) on spring phytoplankton community structure of Three-Gorges Reservoir (China): Results from an enclosure experiment [J]. Journal of limnology, 70(1): 26-32.

HIGGINS J M, BROCK W G, 1999. Overview of reservoir release improvements at 20 TVA dams[J]. Journal of energy engineering, 125(1): 1-17.

HORREVOETS A C, SAVENIJE H H G, SCHUURMAN J N, et al., 2004. The influence of river discharge on tidal damping in alluvial estuaries[J]. Journal of hydrology, 94(4): 213-228.

HUISMAN J, THI N N P, KARL D M, et al., 2006. Reduced mixing generates oscillations and chaos in the oceanic deep chlorophyll maximum[J]. Nature, 439(7074): 322-325.

KING J M, LOUW M D, 1998. Instream flow assessments for regulated rivers in South Africa using the building block methodology[J]. Aquatic ecosystem health and management, 1: 109-124.

LEI C, 2008. Sediment management in the Three Gorges Reservoir[J]. International journal on hydropower and dams, 15(3): 115-122.

RICHARD S, 2008. Three Gorges Dam: Into the unknown[J]. Science, 321(1): 628-632.

ROLF G L, TODD D M, 1997. Topographically induced mixing around a shallow seamount[J]. Science, 276(5320): 1831-1833.

第 4 章

三峡水库及下游水环境对水库群调度的响应模型及解算方法

4.1 水库群调度响应模型基本原理及解算方法

4.1.1 一维水动力-水质数学模型

三峡水库及上游梯级水库库区、下游宜昌至武汉段采用一维水动力-水质模型进行模拟，宜昌至大通段采用一维河网水动力-水质数学模型模拟计算。该模型由一维水动力子模型及水质子模型组成。其中，一维水动力子模型针对流域内河网典型要素的水流特征和研究需要，对河道内的水流运动采用圣维南方程组进行描述，对三峡水库以上长江干流及其支流水位的变化采用水量平衡方程进行描述。水质子模型采用对流-扩散方程描述污染物在水体中的输移扩散过程和源汇变化过程。在此基础上，通过衔接两个子模型的输入输出条件，建立三峡水库及上下游河道水流的一维水动力-水质数学模型。

1. 基本控制方程

一维水动力子模型的基本方程为圣维南方程组，包括水流连续方程和水流运动方程。

水流连续方程：

$$\frac{\partial Q}{\partial x} + B\frac{\partial Z}{\partial t} = q \tag{4.1.1}$$

水流运动方程：

$$\frac{\partial Q}{\partial t} + \frac{\partial}{\partial x}\left(\frac{Q^2}{A}\right) + gA\frac{\partial Z}{\partial x} = -g\frac{n'^2 Q|Q|}{A(A/B)^{4/3}} \tag{4.1.2}$$

式中：Z 为断面水位（m）；A 为过水断面面积（m²）；Q 为流量（m³/s）；g 为重力加速度；q 为旁侧入流，是由降水、支流汇入、引水等引起的单位长度的源汇流量强度（m²/s）；x 与 t 分别为空间和时间坐标；n' 为粗糙系数；B 为平均河宽（m）。

水质子模型采用一维非恒定流对流-扩散方程，基本方程为

$$\frac{\partial(AC_1)}{\partial t} + \frac{\partial(QC_1)}{\partial x} = \frac{\partial}{\partial x}\left(EA\frac{\partial C_1}{\partial x}\right) - AKC_1 + C_2 q \tag{4.1.3}$$

式中：C_1 为污染物质的断面平均质量浓度（mg/L）；Q 为流量（m³/s）；E 为纵向离散系数（m²/s）；K 为污染物降解系数（1/d）；C_2 为源汇项质量浓度（mg/L）；q 为旁侧入流（m²/s）。

2. 差分方程

采用四点线性隐格式法，图 4.1.1 为一矩形网格，网格中的 M 点处于距离步长 Δx 的正中，取 $0 \leq \theta \leq 1$，其中 θ 为权重系数，M 点距已知时刻 n 为 $\theta\Delta t$，按线性插值可得偏心点 M 的差商和函数在 M 点的值：

第4章 三峡水库及下游水环境对水库群调度的响应模型及解算方法

$$f_M = \frac{f_{j+1}^n + f_j^n}{2} \tag{4.1.4}$$

$$\left(\frac{\partial f}{\partial x}\right)_M = \frac{\theta(f_{j+1}^{n+1} - f_j^{n+1}) + (1-\theta)(f_{j+1}^n - f_j^n)}{\Delta x} \tag{4.1.5}$$

$$\left(\frac{\partial f}{\partial t}\right)_M = \frac{f_{j+1}^{n+1} + f_j^{n+1} - f_{j+1}^n - f_j^n}{2\Delta t} \tag{4.1.6}$$

式中：f_x^t 为位置为 x（$x = j, j+\frac{1}{2}, j+1$）、时间为 t（$t = n, n+\theta, n+1$）的值。

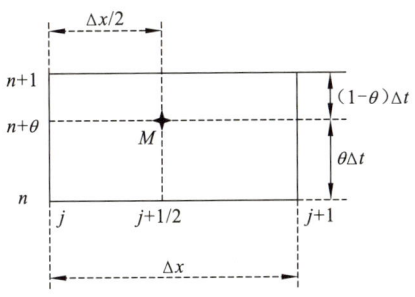

图 4.1.1 四点偏心矩形网格

由此可以得到连续方程的离散格式，为

$$\frac{B_{j+\frac{1}{2}}^n (Z_{j+1}^{n+1} - Z_{j+1}^n + Z_j^{n+1} - Z_j^n)}{2\Delta t} + \frac{\theta(Q_{j+1}^{n+1} - Q_j^{n+1}) + (1-\theta)(Q_{j+1}^n - Q_j^n)}{\Delta x_j} = q_{j+\frac{1}{2}}^n \tag{4.1.7}$$

式中：$B_{j+1/2}^n$ 为位置为 $j+1/2$、时间为 n 的河宽（m）；Z_x^t 为位置为 x（$x = j, j+1$）、时间为 t（$t = n, n+1$）的水位（m）；Q_x^t 为位置为 x（$x = j, j+1$）、时间为 t（$t = n, n+1$）的流量（m³/s）；Δt 为时间间隔（s）；Δx_j 为空间间隔（m）；$q_{j+1/2}^n$ 为位置为 $j+1/2$、时间为 n 的通量（m²/s）。

整理得

$$Q_{j+1}^{n+1} - Q_j^{n+1} + C_j Z_{j+1}^{n+1} + C_j Z_j^{n+1} = D_j \tag{4.1.8}$$

其中，

$$\begin{cases} C_j = \dfrac{B_{j+\frac{1}{2}}^n \Delta x_j}{2\Delta t \theta} \\ D_j = \dfrac{q_{j+\frac{1}{2}}^n \Delta x_j}{\theta} - \dfrac{1-\theta}{\theta}(Q_{j+1}^n - Q_j^n) + C_j(Z_{j+1}^n + Z_j^n) \end{cases} \tag{4.1.9}$$

式中：C_j、D_j 为相关系数。

运动方程的离散格式为

$$E_j Q_j^{n+1} + G_j Q_{j+1}^{n+1} + F_j Z_{j+1}^{n+1} - F_j Z_j^{n+1} = \Phi_j \tag{4.1.10}$$

其中，

$$\begin{cases} E_j = \dfrac{\Delta x}{2\theta\Delta t} - (\alpha' u)_j^n + \left(\dfrac{g|u|}{2\theta C^2 R}\right)_j^n \Delta x \\ G_j = \dfrac{\Delta x}{2\theta\Delta t} + (\alpha' u)_{j+1}^n + \left(\dfrac{g|u|}{2\theta C^2 R}\right)_{j+1}^n \Delta x \\ F_j = (gA)_{j+\frac{1}{2}}^n \\ \varPhi_j = \dfrac{\Delta x}{2\theta\Delta t}(Q_{j+1}^n + Q_j^n) - \dfrac{1-\theta}{\theta}\left[(\alpha' uQ)_{j+1}^n - (\alpha' uQ)_j^n\right] - \dfrac{1-\theta}{\theta}(gA)_{j+\frac{1}{2}}^n(Z_{j+1}^n - Z_j^n) \end{cases} \quad (4.1.11)$$

式中：E_j、G_j、F_j、$\varPhi_j$ 为过程量；α' 为流速修正系数；u 为断面平均流速（m/s）；g 为重力加速度（m/s²）；C 为谢才系数；R 为水力半径（m）；A 为过水断面面积（m²）。

3. 计算方法

任一河段的差分方程可写为

$$\begin{cases} Q_{j+1} - Q_j + C_j Z_{j+1} + C_j Z_j = D_j \\ E_j Q_j + G_j Q_{j+1} + F_j Z_{j+1} - F_j Z_j = \varPhi_j \end{cases} \quad (4.1.12)$$

上游边界流量已知，假设有如下追赶关系：

$$\begin{cases} Z_j = S_{j+1} - T_{j+1} Z_{j+1} \\ Q_{j+1} = P_{j+1} - V_{j+1} Z_{j+1} \end{cases} \quad (j = L_1, L_1+1, \cdots, L_2-1) \quad (4.1.13)$$

式中：S_{j+1}、T_{j+1}、P_{j+1}、V_{j+1} 为追赶关系参数；L_1、L_2 为河段的上、下边界。

因为 $Q_{L_1} = Q_{L_1}(t) = P_{L_1} - V_{L_1} Z_{L_1}$，所以 $Q_{L_1}(t) = P_{L_1}$，$V_{L_1} = 0$，由此可得

$$\begin{cases} -(P_j - V_j Z_j) + C_j Z_j + Q_{j+1} + C_j Z_{j+1} = D_j \\ E_j(P_j - V_j Z_j) - F_j Z_j + G_j Q_{j+1} + F_j Z_{j+1} = \varPhi_j \end{cases} \quad (4.1.14)$$

与下游边界条件 $Z_{L_2} = Z_{L_2}(t)$ 联解，依次回代可求得 Z_j、Q_j。

水质控制方程，即对流-扩散方程采用有限体积法进行离散，通过三对角矩阵算法（tridiagonal matrix algorithm，TDMA）进行求解。

4.1.2 带闸、堰等内边界条件的一维河网水动力-水质数学模型

1. 河网特性

首先对河网进行概化。在一个河网中，河道汇流点称为节点，两个节点之间的单一河道称为河段，河段内两个计算断面之间的局部河段称为微段。根据未知量的个数将节点分为两种：一是节点处有已知的边界条件，称为外节点；二是节点处的水力要素全部未知，称为内节点。同样，将河段也分为内、外河段，只要某个河段的一端连接外节点，称为外河段，若两端均连接内节点，称为内河段。约定在环状河网计算中把内节点简称为节点。

为方便考虑，给河网的节点、河段和断面进行编号。如图 4.1.2 所示，1、2、3、4 为节点，一、二、三、四为河段，其中 1、4 为外节点，2、3 为内节点，一、四称为外河段，二、三称为内河段。河道水流流向需事先假定，并标在概化图中（箭头所指方向为假定水流流向），河网的计算简图成为一幅有向图，各断面顺着初始流量方向依次编号。用关联矩阵来描述汊点与河道之间的关系，当汊点与其连接的第 i 个河道相连，并且在该河道上是流入该汊点时，以 i 记；若汊点与河道相连，且在该河道上是流出该汊点时，以 $-i$ 记。

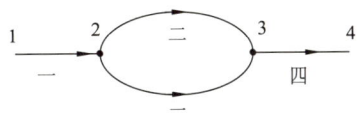

图 4.1.2 河网概化示意图

根据河道交汇处的范围大小来决定如何概化节点。若该范围较大，则将其视为可调蓄节点，否则，按无调蓄节点处理。

2. 基本方程及其离散

上述微段的一维非恒定流的数值计算采用一维圣维南方程组。

由于一维非恒定水流运动方程组为二元一阶双曲拟线性方程组，常采用有限差分法求其数值解。为了加大计算时间步长，提高计算精度，节省计算时间，利用四点偏心 Preissmann 差分格式，详见 4.1.1 小节。

3. 边界方程

边界方程取决于实际的边界控制条件。边界控制条件一般有水位控制、流量控制、水位-流量关系控制等几种情况，可以统一概化为

$$aZ_i + bQ_i = c \tag{4.1.15}$$

式中：a、b、c 为按不同边界条件确定的系数和右端项；Z_i 为 i 处水位（m）；Q_i 为 i 处流量（m³/s）。

4. 汊点连接方程

虽然实际汊点形式很多，连接情况也往往不同，但总可以找到如下两方面的条件。

（1）流量衔接条件：进出每一汊点的流量必须与该汊点内实际水量的增减率相平衡，即

$$\sum Q_i = \frac{\partial \Omega}{\partial t} \tag{4.1.16}$$

其中，i 表示汊点的各汊道断面的编号，Q_i 表示通过 i 断面进入汊点的流量，Ω 为汊点的蓄水量。如将该点概化成一个几何点，则 $\Omega = 0$，否则，$\dfrac{\partial \Omega}{\partial t}$ 将是该汊点平均水位变率 $\dfrac{\partial \bar{Z}}{\partial t}$ 的函数，即

$$\frac{\partial \Omega}{\partial t} = f\left(\frac{\partial \overline{Z}}{\partial t}\right) \tag{4.1.17}$$

式中：f 为需水量速度对水位变率的函数；$\overline{Z}$ 为平均水位。

当采用插分近似时，式（4.1.17）可以概化为

$$\sum Q_i + \lambda \overline{Z} = \xi \tag{4.1.18}$$

式中：λ、ξ 分别为由汊点几何形态和已知瞬时平均水位组成的系数与右端项。$\overline{Z}$ 还可以进一步转化为各汊道断面水位 Z_i 的函数，于是可得

$$\sum Q_i + \sum \lambda_i Z_i = \xi \tag{4.1.19}$$

式中：λ_i 为由汊点几何形态和瞬时水位 Z_i 组成的系数。

（2）动力衔接条件：汊点的各汊道断面上的水位和流量与汊点平均水位之间，必须符合实际的动力衔接要求。目前用于处理这一条件的方法如下：如果汊点可以概化为一个几何点，出入各汊道的水流平缓，不存在水位突变的情况，则各汊道断面的水位应相等，等于该汊点的平均水位，即

$$Z_i = Z_j = \cdots = \overline{Z} \tag{4.1.20}$$

如果各断面的过水面积相差悬殊，流速有较明显的差别，但仍属于缓流情况，则按伯努利方程，当略去汊点的局部损耗时，各断面之间的水头 H_i 应相等，即

$$H_i = Z_i + \frac{u_i^2}{2g} = H_j = \cdots = H \tag{4.1.21}$$

并可处理成

$$\eta_1 Z_i + \eta_2 Q_i + \eta_3 Z_j + \eta_4 Q_j = 0 \tag{4.1.22}$$

在更一般的情况（包括汊点设有闸、堰等建筑物）下，汊点两两断面之间的动力衔接条件总可以按具体条件概化成

$$\eta_1 Z_i + \eta_2 Q_i + \eta_3 Z_j + \eta_4 Q_j = e \tag{4.1.23}$$

式中：Z_i、Z_j、$\overline{Z}$ 分别为汊道断面 i、j 的水位和平均水位（m）；H_i 为各断面之间的水头（m）；u_i 为断面流速（m/s）；g 为重力加速度（m/s²）；η_1、η_2、η_3、η_4、e 为概化系数。

式（4.1.23）是动力衔接条件的一般形式，可以概括式（4.1.20）和式（4.1.21）。

5. 带闸、堰的汊点连接方程

含有闸、堰等水工建筑物的特殊汊点如图 4.1.3 所示，其概化处理方式不同。

相比于普通汊点而言，带闸、堰等水工建筑物的汊点依旧满足质量守恒方程，即式（4.1.16）依旧成立，同时闸、堰等水工建筑物的过流量可由其自身的出流公式确定，两者结合起来就形成了带闸、堰的特殊汊点连接方程。近年来，围绕如何更加准确地模拟闸、堰出流，各家探索不断，对其做了一定程度的研究与改进，但均需在闸后增设断面。本节直接考虑汊点连接断面的形式，提出改进后的双向迭代内边界控制法，模拟含有闸、堰的特殊汊点，具体步骤如下。

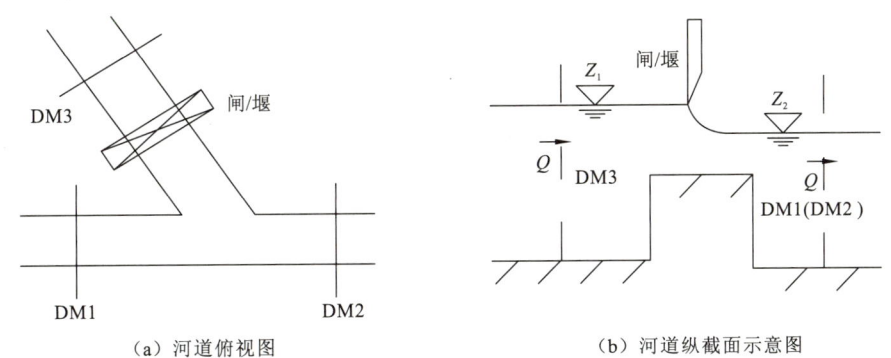

(a) 河道俯视图　　　　　　　　　　(b) 河道纵截面示意图

图 4.1.3　带闸、堰的汊点示意图

由初始时刻的闸上、闸下水位 Z_1、Z_2（其中闸上水位 Z_1 为 DM3 处水位，闸下水位 Z_2 根据 DM1 和 DM2 处水位加权平均而来），按照闸、堰泄流公式计算闸、堰出流量 Q，并且根据连续性条件，闸上、闸下流量皆为 Q；然后将质量守恒方程式（4.1.16）作为该汊点带闸、堰的汊点连接方程，根据三级联解算法求解下一时刻闸上、闸下水位的试算值 Z_1、Z_2；重复上述两步，通过水位、流量的双向迭代求解出带有闸、堰的特殊汊点的水位、流量。

6. 求解方法

对于一维河网的算法研究，至今主要集中在如何降低节点系数矩阵的阶数，主要有二级联解算法、三级联解算法、四级联解算法和汊点分组解法等。采用三级联解算法（将河网计算分微段、河段和汊点三级进行）对离散方程进行分级计算。分级的思想是：首先求关于节点水位（或流量）的方程组，然后求节点周围各断面的水位和流量，最后求各微段上其他断面的水位和流量。其中，节点水位法使用较为普遍，效果也较好。在求得了各微段的水位-流量关系式之后，还要进行下面两步工作。

（1）推求河段首尾断面的水位-流量关系。

首先，利用微段水位-流量关系式（4.1.22）、式（4.1.23）得

$$\begin{cases} Z_{j+1} = L_j Z_j + M_j Q_j + W_j \\ Q_{j+1} = P_j Z_j + R_j Q_j + S_j \end{cases} \quad (4.1.24)$$

其中，

$$\begin{cases} L_j = \dfrac{-2a_{1i}a_{2i}}{a_{2i}c_{1i} + a_{1i}d_{2i}} \\ M_j = \dfrac{a_{2i}c_{1i} - a_{1i}c_{2i}}{a_{2i}c_{1i} + a_{1i}d_{2i}} \\ W_j = \dfrac{a_{2i}e_{1i} + a_{1i}e_{2i}}{a_{2i}c_{1i} + a_{1i}d_{2i}} \end{cases}, \quad \begin{cases} P_j = \dfrac{a_{2i}c_{1i} - a_{1i}d_{2i}}{a_{1i}d_{2i} + a_{2i}c_{1i}} \\ R_j = \dfrac{c_{1i}d_{2i} + c_{1i}c_{2i}}{a_{1i}d_{2i} + a_{2i}c_{1i}} \\ S_j = \dfrac{d_{2i}e_{1i} - c_{1i}e_{2i}}{a_{1i}d_{2i} + a_{2i}c_{1i}} \end{cases}$$

自相消元后，可以很容易地得到一对只含有首尾断面变量的方程组，取 m 为河段末断面，则有

$$\begin{cases} Z_m = L'Z_1 + M'Q_1 + W' \\ Q_m = P'Z_1 + R'Q_1 + S' \end{cases} \quad (4.1.25)$$

式中：Z_m、Z_1 为断面 m、1 的水位；Q_m、Q_1 为断面 m、1 的流量；a_{1i}、a_{2i}、c_{1i}、c_{2i}、d_{1i}、d_{2i}、e_{1i}、e_{2i} 为概化系数；L'、M'、W'、P'、R'、S' 为中间过程量。

（2）形成河网矩阵并求解。

结合式（4.1.25）、边界条件及节点连接条件，消去流量，得到河网节点方程组：

$$\mathbf{A} \cdot \mathbf{Z} = \mathbf{B} \quad (4.1.26)$$

式中：$\mathbf{A}$ 为系数矩阵，其各元素与递推关系的系数有关；$\mathbf{Z}$ 为节点水位；$\mathbf{B}$ 为与河网各河段的流量，以及其他流量（如边界条件、源、汇等）有关的矩阵。通过求解方程组，结合定解条件，计算出各节点的水位，进而推求出所有河段各计算断面的流量和水位。

4.1.3 平面二维水动力-水质数学模型

1. 基本原理及方程

水流连续方程：

$$\frac{\partial Z}{\partial t} + \frac{\partial (hU)}{\partial x} + \frac{\partial (hV)}{\partial y} = 0 \quad (4.1.27)$$

水流运动方程：

$$\frac{\partial U}{\partial t} + U\frac{\partial U}{\partial x} + V\frac{\partial U}{\partial y} + g\frac{\partial Z}{\partial x} + g\frac{U\sqrt{U^2+V^2}}{C^2 h} - \gamma\left(\frac{\partial^2 U}{\partial x^2} + \frac{\partial^2 V}{\partial y^2}\right) = 0 \quad (4.1.28)$$

$$\frac{\partial V}{\partial t} + U\frac{\partial V}{\partial x} + V\frac{\partial V}{\partial y} + g\frac{\partial Z}{\partial y} + g\frac{U\sqrt{U^2+V^2}}{C^2 h} - \gamma\left(\frac{\partial^2 U}{\partial x^2} + \frac{\partial^2 V}{\partial y^2}\right) = 0 \quad (4.1.29)$$

式中：Z 为水位（m）；h 为水深（m）；U、V 为 x、y 方向的平均流速（m/s）；γ 为紊动黏性系数；C 为谢才系数；g 为重力加速度（m/s²）。

二维对流-扩散方程：

$$\frac{\partial hC_1}{\partial t} + \frac{\partial hUC_1}{\partial x} + \frac{\partial hVC_1}{\partial y} = \frac{\partial}{\partial x}\left(hD_x\frac{\partial C_1}{\partial x}\right) + \frac{\partial}{\partial y}\left(hD_y\frac{\partial C_1}{\partial y}\right) + hKC_1 \quad (4.1.30)$$

式中：h 为水深（m）；C_1 为水体污染物断面平均质量浓度（mg/L）；U、V 分别为 x 与 y 方向的平均流速（m/s）；D_x、D_y 为 x、y 方向的污染物扩散系数；K 为污染物的降解系数。

2. 方程的求解

采用非结构网格进行剖分。非结构网格模型采用的数值方法是单元中心的有限体积法。控制方程离散时，结果变量 U、V 位于单元中心，跨边界通量垂直于单元边界。在计算出每个控制体边界沿法向输入（出）的流量和动量通量之后，对每个控制体分别进行水量和动量平衡计算，得到计算时段末各控制体的平均水深和流速。然后由多个控制体的方程联合求解节点的数据。而相比于四边形网格，三角形网格在局部地形巨变、粗细网格过渡及曲折边界处处理得更好。时间差分采用的是显格式。

4.1.4 立面二维水动力-水质数学模型

CE-QUAL-W2 模型是由美国陆军工程兵团和波特兰州立大学负责开发,应用于河流、河口、湖泊和水库的纵向/垂向二维水动力-水质数学模型。模型假定水体横向均匀,在较狭窄的、纵向和垂向上存在温度或浓度梯度的水体中都有广泛的应用。

1. 模型基本方程

CE-QUAL-W2 模型的控制方程是以流体力学为基础,建立的忽略横向 y 轴差异的连续方程、动量方程。其基于以下假定:①流体为不可压缩流体;②满足布西内斯克假定。

(1) 连续方程。

$$\frac{\partial UB}{\partial x} + \frac{\partial WB}{\partial z} = qB \tag{4.1.31}$$

式中:U 为 x 向流速(m/s);W 为 z 向流速(m/s);q 为旁侧入流(m²/s);B 为平均河宽(m)。

(2) 动量方程。

x 向:

$$\begin{aligned}&\frac{\partial UB}{\partial t} + \frac{\partial UUB}{\partial x} + \frac{\partial WUB}{\partial z} \\ &= gB\sin\alpha + g\cos\alpha B\frac{\partial \eta}{\partial x} - \frac{g\cos\alpha B}{\rho}\int_\eta^z \frac{\partial \rho}{\partial x}\mathrm{d}z + \frac{1}{\rho}\frac{\partial B\tau_{xx}}{\partial x} + \frac{1}{\rho}\frac{\partial B\tau_{xz}}{\partial z} + qB\frac{\partial U}{\partial x}\end{aligned} \tag{4.1.32}$$

z 向:

$$\frac{\partial W}{\partial t} + U\frac{\partial W}{\partial x} + W\frac{\partial W}{\partial z} = g\cos\alpha - \frac{1}{\rho}\frac{\partial P}{\partial z} + \frac{1}{\rho}\left(\frac{\partial \tau_{zx}}{\partial x} + \frac{\partial \tau_{zz}}{\partial z}\right) \tag{4.1.33}$$

式中:U 为 x 向流速(m/s);W 为 z 向流速(m/s);B 为平均河宽(m);g 为重力加速度(m/s²);ρ 为水体密度(kg/m³);α 为河底与水平线的夹角(rad);τ_{xx} 为控制体在 x 面 x 向的湍流剪应力(N/m²);τ_{xz} 为控制体在 z 面 x 向的湍流剪应力(N/m²);τ_{zz} 为控制体在 z 面 z 向的湍流剪应力(N/m²);τ_{zx} 为控制体在 x 面 z 向的湍流剪应力(N/m²);η 为水面高度;P 为断面压强(Pa)。

由于忽略水体横向差异,z 方向动量方程简化为

$$0 = g\cos\alpha - \frac{1}{\rho}\frac{\partial P}{\partial z} \tag{4.1.34}$$

(3) 状态方程。

水体密度受水体温度(T_w)、水体总溶解性有机物(total dissolved solids,TDS)、水体总悬浮物(total suspended solid,TSS)等因素共同影响。状态方程为描述水体密度随水体温度和水体中溶解质含量变化而变化的方程,其关系式为

$$\rho = f(T_w, \Phi_{TDS}, \Phi_{TSS}) = \rho_T + \Delta\rho_S \tag{4.1.35}$$

式中：ρ 为水体密度（kg/m³）；ρ_T 为考虑水温影响的水体密度（kg/m³）；$\Delta\rho_S$ 为水体内溶解性有机物及悬浮物对水体密度产生的增量（kg/m³），当不考虑这些带来的密度差异时，忽略 $\Delta\rho_S$ 项；f 为密度对于水温和 TDS、TSS 通量（Φ_{TDS}、Φ_{TSS}）的函数；T_w 为水体温度。

水温 T_w 与考虑水温影响的水体密度 ρ_T 的关系式如下：

$$\begin{aligned}\rho_T = &999.85 + 6.79\times 10^{-2}T_w - 9.10\times 10^{-3}T_w^2 \\ &+ 1.00\times 10^{-4}T_w^3 - 1.12\times 10^{-6}T_w^4 + 6.54\times 10^{-9}T_w^5\end{aligned} \tag{4.1.36}$$

（4）对流-扩散方程。

$$\frac{\partial B\Phi}{\partial t} + \frac{\partial UB\Phi}{\partial x} + \frac{\partial WB\Phi}{\partial z} - \frac{\partial\left(BD_x\frac{\partial\Phi}{\partial x}\right)}{\partial x} - \frac{\partial\left(BD_z\frac{\partial\Phi}{\partial z}\right)}{\partial z} = q_\Phi B + S_\Phi B \tag{4.1.37}$$

式中：Φ 为横向平均组分质量浓度（g/m³）；U 为 x 向流速（m/s）；W 为 z 向流速（m/s）；B 为平均河宽（m）；D_x 为温度和组分 x 方向扩散系数（m²/s）；D_z 为温度和组分 z 方向扩散系数（m²/s）；q_Φ 为单位体积内物质横向流入或流出的量[g/(m³·s)]；S_Φ 为横向平均的源汇项[g/(m³·s)]。

（5）自由水面方程。

$$B_\eta\frac{\partial\eta}{\partial t} = \frac{\partial}{\partial x}\int_\eta^h Bu_\eta \mathrm{d}z - \int_\eta^h qB\mathrm{d}z \tag{4.1.38}$$

式中：B_η 为水面为 η 时的河道宽（m）；u_η 为水面为 η 时的入流流速（m/s）；q 为对应出流单宽流量。

（6）湍流模型。

模型提供了多种垂向涡流黏滞系数计算方法，当模拟水库水温时，模型推荐采用 W2 公式，形式为

$$A_z = \kappa\left(\frac{l_m}{2}\right)^2\sqrt{\left(\frac{\partial W}{\partial z}\right)^2 + \left(\frac{\tau_{wy}\mathrm{e}^{-2kz} + \tau_{ytributary}}{\rho A_z}\right)^2}\mathrm{e}^{-CR_i} \tag{4.1.39}$$

$$l_m = \Delta z_{max} \tag{4.1.40}$$

式中：A_z 为垂向涡流黏滞系数（m²/s）；κ 为卡门常数（无量纲）；l_m 为混合长度（m）；W 为垂向流速（m/s）；z 为垂向坐标（m）；τ_{wy} 为因风力产生的横向剪应力（N/m²）；k 为波数；$\tau_{ytributary}$ 为因支流汇入产生的横向剪应力（N/m²）；R_i 为理查森数；Δz_{max} 为垂向网格间距的最大值（m）；$C=0.15$。

2. 模型求解方法

1）自由水面方程数值求解

通过对水平方向动量方程进行向前差分格式的离散可得

$$UB_i^{n+1} = UB_i^n + \Delta t\left(-\frac{\partial UUB}{\partial x} - \frac{\partial WUB}{\partial z} + gB\sin\alpha + g\cos\alpha B\frac{\partial \eta}{\partial x}\right.$$
$$\left. - \frac{g\cos\alpha B}{\rho}\int_\eta^z \frac{\partial \rho}{\partial x}\mathrm{d}z + \frac{1}{\rho}\frac{\partial B\tau_{xx}}{\partial x} + \frac{1}{\rho}\frac{\partial B\tau_{xz}}{\partial z} + qB\frac{\partial U}{\partial x}\right)_i^n \quad (4.1.41)$$

式中：U 为 x 向流速（m/s）；W 为 z 向流速（m/s）；B_i^n 为 i 分段、n 时间的平均河宽（m）；g 为重力加速度（m/s²）；ρ 为水体密度（kg/m³）；α 为河底与水平线的夹角（rad）；τ_{xx} 为控制体在 x 面 x 向的湍流剪应力（N/m²）；τ_{xz} 为控制体在 z 面 x 向的湍流剪应力（N/m²）；η 为水面高度。

定义变量 F 以简化方程：

$$F = -\frac{\partial UUB}{\partial x} - \frac{\partial WUB}{\partial z} + \frac{1}{\rho}\frac{\partial B\tau_{xx}}{\partial x} \quad (4.1.42)$$

对式（4.1.42）中 τ_{xx} 变换后可得

$$F = -\frac{\partial UUB}{\partial x} - \frac{\partial WUB}{\partial z} + \frac{\partial\left(BA_x\frac{\partial U}{\partial x}\right)}{\partial x} \quad (4.1.43)$$

式中：A_x 为纵向涡流黏滞系数（m²/s）。

将式（4.1.43）代入自由水面方程可得其离散方程为

$$B_\eta\frac{\partial \eta}{\partial t} = \frac{\partial}{\partial x}\int_\eta^h UB_i^n \mathrm{d}z + \Delta t\frac{\partial}{\partial x}\int_\eta^h F^n\mathrm{d}z + \Delta t\frac{\partial}{\partial x}\int_\eta^h gB\sin\alpha\mathrm{d}z$$
$$+ \Delta t\frac{\partial}{\partial x}\int_\eta^h g\cos\alpha B\frac{\partial \eta}{\partial x}\bigg|^n \mathrm{d}z - \Delta t\frac{\partial}{\partial x}\int_\eta^h \frac{g\cos\alpha B}{\rho}\int_\eta^z \frac{\partial \rho}{\partial x}\bigg|^n \mathrm{d}z\mathrm{d}z \quad (4.1.44)$$
$$+ \Delta t\frac{\partial}{\partial x}\int_\eta^h \frac{1}{\rho}\frac{\partial B\tau_{xz}}{\partial z}\bigg|^n \mathrm{d}z + \Delta t\frac{\partial}{\partial x}\int_\eta^h qB\frac{\partial U}{\partial x}\bigg|^n \mathrm{d}z - \int_\eta^h q^n B\mathrm{d}z$$

式中：U 为 x 向流速（m/s）；B_η 为水面为 η 时的河道宽（m）；g 为重力加速度（m/s²）；ρ 为水体密度（kg/m³）；α 为河底与水平线的夹角（rad）；τ_{xz} 为控制体在 z 面 x 向的湍流剪应力（N/m²）；η 为水面高度；q 为旁侧入流（m²/s）。

方程经过迭代变形可得

$$A_1\eta_{i-1}^n + A_2\eta_i^n + A_3\eta_{i+1}^n = A_4 \quad (4.1.45)$$

其中，

$$A_1 = \frac{-g\cos\alpha\Delta t^2}{\Delta x}\sum_{ki}^{kb}BH_r\big|_{i-1} \quad (4.1.46)$$

$$A_2 = B_\eta\Delta x + \frac{g\cos\alpha\Delta t^2}{\Delta x}\left(\sum_{ki}^{kb}BH_r\big|_i + \sum_{ki}^{kb}BH_r\big|_{i-1}\right) \quad (4.1.47)$$

$$A_3 = \frac{-g\cos\alpha\Delta t^2}{\Delta x}\sum_{ki}^{kb}BH_r\big|_i \quad (4.1.48)$$

$$A_4 = \Delta t \sum_{ki}^{kb}(BH_r|_i - BH_r|_{i-1}) + B_\eta \eta_i^{n+1} \Delta x + \Delta t^2 \sum_{ki}^{kb}(FH_r|_i - FH_r|_{i-1})$$

$$+ \Delta t^2 g \sin\alpha \sum_{ki}^{kb}(BH_r|_i - BH_r|_{i-1}) + \Delta t^2 \frac{-g\cos\alpha}{\rho} \sum_{ki}^{kb}(BH_r|_i - BH_r|_{i-1}) \sum_{ki}^{kb}\frac{\partial \rho}{\partial x}H_r$$

$$+ \Delta x \Delta t \sum_{ki}^{kb} qBH_r + \Delta x \Delta t^2 \frac{\partial}{\partial x}\sum_{ki}^{kb} q \frac{\partial U}{\partial x}BH_r + \frac{\Delta t^2}{\rho}[(B\tau_{xz}|_h - B\tau_{xz}|_\eta)_i - (B\tau_{xz}|_h - B\tau_{xz}|_\eta)_{i-1}]$$

(4.1.49)

式中：H_r 为垂向单元深度（m）；Δx 为纵向网格间距（m）；B 为平均河宽（m）；g 为重力加速度（m/s²）；ρ 为水体密度（kg/m³）；α 为河底与水平线的夹角（rad）；τ_{xz} 为控制体在 z 面 x 向的湍流剪应力（N/m²）；η 为水面高度；Δt 为时间间隔（s）；$\sum_{ki}^{kb}$ 中 ki 表示垂向单位的最小值，kb 表示垂向单位的最大值。

2）动量方程数值求解

动量方程可采用显式差分和隐式差分求解，其中显式差分求解如下。

基于动量差分离散形式，动量的纵向平流采用逆风差分格式：

$$\left.\frac{\partial UUB}{\partial x}\right|_{i,k} \cong \frac{1}{\Delta x_i}(B_{i,k}^n U_{i,k}^n U_{i,k}^n - B_{i-1,k}^n U_{i-1,k}^n U_{i-1,k}^n) \quad (4.1.50)$$

其中，上标"n"表示时间，下标"i"为分段编号，下标"k"为分层编号。

动量的垂向平流同上，其逆风差分格式如下：

$$\left.\frac{\partial WUB}{\partial z}\right|_{i,k} \cong \frac{1}{\Delta z_k}(W_{i,k}^n U_{i,k}^n B_{i,k}^n - W_{i,k-1}^n U_{i,k-1}^n B_{i,k-1}^n) \quad (4.1.51)$$

重力方程为

$$gB\sin\alpha = g\sin\alpha B_i^n \quad (4.1.52)$$

压力梯度方程为

$$g\cos\alpha B \frac{\partial \eta}{\partial x} - \frac{g\cos\alpha B}{\rho}\int_\eta^x \frac{\partial \rho}{\partial x}\mathrm{d}z = \frac{g\cos\alpha B_i^n}{\Delta x}(\eta_{i+1} - \eta_i)^n - \frac{g\cos\alpha B_i^n}{\rho\Delta x}\sum(\rho_{i+1,k} - \rho_{i,k})^n \Delta z_k$$

(4.1.53)

则动量方程的水平对流项为

$$\frac{1}{\rho}\frac{\partial B\tau_{xx}}{\partial x} = \frac{\partial BA_x}{\partial x}\frac{\partial U}{\partial x} = \left(\frac{B_{i+1/2}^n A_x}{\Delta x_i \Delta x_{i+1/2}}\right)(U_{i+1,k}^n - U_{i,k}^n) - \left(\frac{B_{i-1/2}^n A_x}{\Delta x_i \Delta x_{i-1/2}}\right)(U_{i,k}^n - U_{i-1,k}^n) \quad (4.1.54)$$

水体横向支流对纵向动量的贡献为

$$qB\frac{\partial U}{\partial x} = qB\left.\frac{\partial U}{\partial x}\right|_{i,k} \quad (4.1.55)$$

定义剪应力方程：

$$\tau_{xz} = \tau_w + \tau_b + A_z \frac{\partial U}{\partial z} \quad (4.1.56)$$

式中：U 为 x 向流速（m/s）；A_z 为垂向涡流黏滞系数（m²/s）；τ_{xz} 为控制体在 z 面 x 向的湍流剪应力（N/m²）；τ_w 为水面剪应力（N/m²）；τ_b 为底部剪应力（N/m²）。

第4章　三峡水库及下游水环境对水库群调度的响应模型及解算方法

同理可得，垂向动量方程为

$$\frac{1}{\rho}\frac{\partial B\tau_{xz}}{\partial z} = \frac{\partial}{\partial z}\frac{B}{\rho}\left(\tau_w + \tau_b + A_z\frac{\partial U}{\partial z}\right) = \left(\frac{B_{i,k+1/2}^n}{\Delta z_k \Delta z_{k+1/2}}\right)\left[\tau_w\mid_{i,k+\frac{1}{2}}^n + \tau_b\mid_{i,k+\frac{1}{2}}^n + \frac{A_{zi,k+\frac{1}{2}}^n}{\Delta z_{k+\frac{1}{2}}}(U_{i,k+1}^n - U_{i,k}^n)\right]$$

$$-\left(\frac{B_{i,k-1/2}^n}{\Delta z_k \Delta z_{k-1/2}}\right)\left[\tau_w\mid_{i,k-\frac{1}{2}}^n + \tau_b\mid_{i,k-\frac{1}{2}}^n + \frac{A_{zi,k-\frac{1}{2}}^n}{\Delta z_{k-\frac{1}{2}}}(U_{i,k}^n - U_{i,k-1}^n)\right]$$

(4.1.57)

水平动量方程可以分成以下方程组：

$$\frac{\partial UB}{\partial t} + \frac{\partial UUB}{\partial x} + \frac{\partial WUB}{\partial z} = gB\sin\alpha + g\cos\alpha B\frac{\partial \eta}{\partial x}$$

$$-\frac{g\cos\alpha B}{\rho}\int_\eta^z \frac{\partial \eta}{\partial x}\mathrm{d}z + \frac{1}{\rho}\frac{\partial B\tau_{xx}}{\partial x} + \frac{1}{\rho}\frac{\partial B(\tau_b + \tau_w)}{\partial x} + qB\frac{\partial U}{\partial x}$$

(4.1.58)

$$\frac{\partial UB}{\partial t} = \frac{1}{\rho}\frac{\partial}{\partial z}\left(BA_z\frac{\partial U}{\partial z}\right)$$

(4.1.59)

对式（4.1.58）离散可得

$$U_i^* B_i^{n+1} = U_i^n B_i^n + \Delta t\left[-\frac{\partial UUB}{\partial x} + \frac{\partial WUB}{\partial z} + gB\sin\alpha + g\cos\alpha B\frac{\partial \eta}{\partial t} - \frac{g\cos\alpha B}{\rho}\int_\eta^z \frac{\partial \eta}{\partial x}\mathrm{d}z\right.$$

$$\left.+\frac{1}{\rho}\frac{\partial B\tau_{xx}}{\partial c} + \frac{1}{\rho}\frac{\partial B(\tau_b + \tau_w)}{\partial x} + qB\frac{\partial U}{\partial x}\right]_i^n$$

(4.1.60)

其中，上标"*"代表下一次迭代过程中新时刻($n+1$)的变量。

完全隐式求解方程可得

$$\frac{\partial UB}{\partial t} = \frac{U_i^{n+1} B_i^{n+1} - U_i^n B_i^{n+1}}{\Delta t} = \frac{1}{\rho}\frac{\partial}{\partial z}\left(B^{n+1} A_z \frac{\partial U^{n+1}}{\partial z}\right)$$

(4.1.61)

对式（4.1.61）变形可得

$$U_i^{n+1} B_i^{n+1} = U_i^n B_i^{n+1} + \left(\frac{\Delta t B_{i,k+\frac{1}{2}}^{n+1}}{\Delta z_k \rho}\right)\left[\frac{A_{zi,k+\frac{1}{2}}}{\Delta z_{k+\frac{1}{2}}}(U_{i,k+1}^{n+1} - U_{i,k}^{n+1})\right] - \left(\frac{\Delta t B_{i,k-\frac{1}{2}}^{n+1}}{\Delta z_k \rho}\right)\left[\frac{A_{zi,k-\frac{1}{2}}}{\Delta z_{k-\frac{1}{2}}}(U_{i,k}^{n+1} - U_{i,k-1}^{n+1})\right]$$ (4.1.62)

在 $n+1$ 时间，方程重组可得

$$B_1 U_{i,k-1}^{n+1} + B_2 U_{i,k}^{n+1} + B_3 U_{i,k+1}^{n+1} = U_{i,k}^*$$

(4.1.63)

其中，

$$B_1 = \left(\frac{-\Delta t B_{i,k-\frac{1}{2}}^{n+1}}{B_{i,k}^{n+1} \Delta z_k \rho}\right)\left(\frac{A_{zi,k+\frac{1}{2}}}{\Delta z_{k-1/2}}\right)$$

(4.1.64)

$$B_2 = 1 + \left(\frac{\Delta t B_{i,k+\frac{1}{2}}^{n+1}}{B_{i,k}^{n+1} \Delta z_k \rho}\right)\left(\frac{A_{zi,k+\frac{1}{2}}}{\Delta z_{k+\frac{1}{2}}}\right) + \left(\frac{\Delta t B_{i,k-\frac{1}{2}}^{n+1}}{B_{i,k}^{n+1} \Delta z_k \rho}\right)\left(\frac{A_{zi,k-\frac{1}{2}}}{\Delta z_{k-\frac{1}{2}}}\right)$$

(4.1.65)

$$B_3 = \left(\frac{-\Delta t B^{n+1}_{i,k+\frac{1}{2}}}{B^{n+1}_{i,k}\Delta z_k \rho}\right)\left(\frac{A_{zi,k+\frac{1}{2}}}{\Delta z_{k+\frac{1}{2}}}\right) \quad (4.1.66)$$

该方程通过 Thomas 算法求解。

3）对流-扩散方程数值求解

基于雷诺平均算法，将流场和浓度场做如下简化：

$$\begin{cases} U = \bar{u} + u' \\ V = \bar{v} + v' \\ W = \bar{w} + w' \\ M = \bar{c} + c' \end{cases} \quad (4.1.67)$$

式中：U 为 x 向流速（m/s）；$\bar{u}$ 为 x 向平均流速（m/s）；u' 为 x 向脉动流速（m/s）；V 为 y 向流速（m/s）；$\bar{v}$ 为 y 向平均流速（m/s）；v' 为 y 向脉动流速（m/s）；W 为 z 向流速（m/s）；$\bar{w}$ 为 z 向平均流速（m/s）；w' 为 z 向脉动流速（m/s）；M 为质量浓度（g/m³）；$\bar{c}$ 为平均组分质量浓度（g/m³）；c' 为脉动组分质量浓度（g/m³）。

三维对流-扩散方程为

$$\frac{\partial \bar{c}}{\partial t} + \bar{u}\frac{\partial \bar{c}}{\partial x} + \bar{v}\frac{\partial \bar{c}}{\partial y} + \bar{w}\frac{\partial \bar{c}}{\partial z} = \frac{\partial}{\partial x}\left[(E_x+D)\frac{\partial \bar{c}}{\partial x}\right] + \frac{\partial}{\partial y}\left[(E_y+D)\frac{\partial \bar{c}}{\partial y}\right] + \frac{\partial}{\partial z}\left[(E_z+D)\frac{\partial \bar{c}}{\partial z}\right] + \bar{S} \quad (4.1.68)$$

式中：E_x 为 x 向湍流扩散系数；E_y 为 y 向湍流扩散系数；E_z 为 z 向湍流扩散系数；D 为分子扩散系数；$\bar{S}$ 为平均源/汇项[g/（m³·s）]。

基于该立面二维模型假定横向平均，由式（4.1.68）可得

$$\frac{\partial B\Phi}{\partial t} + \frac{\partial UB\Phi}{\partial x} + \frac{\partial WB\Phi}{\partial z} - \frac{\partial\left(BD_x\frac{\partial \Phi}{\partial x}\right)}{\partial x} - \frac{\partial\left(BD_z\frac{\partial \Phi}{\partial z}\right)}{\partial z} = q_\Phi B + S_\Phi B \quad (4.1.69)$$

式中：U 为 x 向流速（m/s）；W 为 z 向流速（m/s）；B 为平均河宽（m）；D_x 为 x 方向温度和组分扩散系数（m²/s）；D_z 为 z 方向温度和组分扩散系数（m²/s）；Φ 为横向平均组分质量浓度（g/m³）；q_Φ 为单位体积的横向流入或流出成分的质量流量[g/（m³·s）]；S_Φ 为横向平均源/汇项[g/（m³·s）]。

3. 模型评价方法

CE-QUAL-W2 模型采用平均误差（ME）、绝对平均误差（AME）、均方差（RMSE）三个统计量来评价模型模拟的好坏，这三个统计量的计算公式如下：

$$\text{ME} = \frac{\sum_{i=1}^{m'}(X_{\text{obs},i} - X_{\text{model},i})}{m'} \quad (4.1.70)$$

$$\text{AME} = \frac{\sum_{i=1}^{m'}|X_{\text{obs},i} - X_{\text{model},i}|}{m'} \quad (4.1.71)$$

$$\text{RMSE} = \sqrt{\frac{\sum_{i=1}^{m'}(X_{\text{obs},i} - X_{\text{model},i})^2}{m'}} \qquad (4.1.72)$$

式中：m' 为实测值的个数；$X_{\text{obs},i}$ 为变量 X 的第 i 个实测值；$X_{\text{model},i}$ 为变量 X 对应于第 i 个实测值的模拟值。

4.1.5 平面二维溢油模型

水源地风险预测分析中常分析事故溢油对水质的影响。在平面二维水动力计算成果的基础上，展开溢油输运预测。溢油进入水体后发生扩展、漂移、扩散等油膜组分保持恒定的输移过程和蒸发、乳化、溶解等油膜组分发生变化的风化过程，在溢油的输移过程和风化过程中还伴随着水体、油膜和大气三相间的热量迁移过程，而黏度、表面张力等油膜属性也随着油膜组分和温度的变化不断变化。采用在国际上得到广泛应用的 MIKE21 Spill Analysis 油粒子模型对溢油事故影响进行预测与分析。

1. 输移过程

油粒子的输移包括了扩展、漂移、扩散等过程，这些过程是油粒子位置发生变化的主要原因，而油粒子的组分在这些过程中不发生变化。

1）扩展运动

采用修正的 Fay 重力-黏力公式计算油膜扩展：

$$\frac{dA_{\text{oil}}}{dt} = K_a A_{\text{oil}}^{1/3} \left(\frac{V_{\text{oil}}}{A_{\text{oil}}}\right)^{4/3} \qquad (4.1.73)$$

式中：A_{oil} 为油膜面积，$A_{\text{oil}} = \pi R_{\text{oil}}^2$，$R_{\text{oil}}$ 为油膜直径；V_{oil} 为油膜体积；K_a 为系数；t 为时间。

油膜体积为

$$V_{\text{oil}} = \pi \cdot R_{\text{oil}}^2 h_s \qquad (4.1.74)$$

式中：h_s 为初始油膜厚度，取 10 cm。

2）漂移运动

油粒子漂移作用力是水流和风拽力，油粒子总漂移速度由以下权重公式计算：

$$U_{\text{tot}} = c_w(z) U_w + U_s \qquad (4.1.75)$$

式中：U_w 为水面以上 10 m 处的风速；U_s 为表面流速；c_w 为风漂移系数，一般在 0.03 和 0.04 之间。

风场数据从气象部门获得，而流场数据从二维水动力模型计算结果获得。但是一般二维水动力模型计算出的是垂向平均值，必须据此估算流速的垂向分布。假定其符合对数关系：

$$V(z) = \frac{U_f}{\kappa} \ln\left(\frac{h-z}{k_n/30}\right) \tag{4.1.76}$$

式中：h 为水深；$V(z)$ 为对数流速关系；κ 为卡门常数（0.42）；k_n 为 Nikuradse 阻力系数；U_f 为摩阻速度，定义为

$$U_f = \frac{V_{\text{mean}}\kappa}{\ln\left(\frac{h}{k_n/30}-1\right)} \tag{4.1.77}$$

其中，V_{mean} 为平均流速。

$$z = h - \frac{k_n}{30} \tag{4.1.78}$$

当水深大于此位置时，模型假定对流速度为 0。当 $z=0$ 时，即可求出表面流速 $U_s = V(0)$。

3）紊动扩散

假定水平扩散各向同性，一个时间步长内 α 方向上可能的扩散距离 S_α 可以表示为

$$S_\alpha = [R]_{-1}^{1}\sqrt{6D_\alpha \Delta t_p} \tag{4.1.79}$$

式中：$[R]_{-1}^{1}$ 为-1 到 1 的随机数；D_α 为 α 方向上的扩散系数；Δt_p 为计算时间步长。

2. 风化过程

油粒子的风化包括蒸发、乳化和溶解等过程，在这些过程中油粒子的组成发生改变，但油粒子的水平位置没有变化。

1）蒸发

油膜蒸发受油分、气温和水温、溢油面积、风速、太阳辐射和油膜厚度等因素的影响。假定在油膜内部扩散不受限制（气温高于 0℃及油膜厚度低于 5 cm 时基本如此）；油膜完全混合；油组分在大气中的分压与蒸气压相比可忽略不计。蒸发率可表示为

$$N_i^e = \frac{k_{ei}P_i^{\text{SAT}}}{R_a T} \cdot \frac{M_i}{\rho_i} \tag{4.1.80}$$

式中：N_i^e 为蒸发率；k_{ei} 为物质输移系数；P_i^{SAT} 为蒸气压；R_a 为气体常数；T 为温度；M_i 为分子量；ρ_i 为油组分的密度；i 为各种油组分。k_{ei} 由式（4.1.81）估算：

$$k_{ei} = k' A_{\text{oil}}^{0.045} Sc^{-2/3} U_{\text{w}}^{0.78} \tag{4.1.81}$$

式中：k' 为蒸发系数；Sc_i 为组分 i 的蒸气 Schmidts 数。

2）乳化

（1）形成水包油乳化物的过程。

油向水体中运动的机理包括溶解、扩散、沉淀等。扩散是溢油发生后最初几个星期内最重要的过程。扩散是一种机械过程，水流的紊动能量将油膜撕裂成油滴，形成水包油的乳化物。这些乳化物可以被表面活性剂稳定，防止油滴返回到油膜。在恶劣天气状

况下最主要的扩散作用力是波浪破碎，而在平静的天气状况下最主要的扩散作用力是油膜的伸展压缩运动。从油膜扩散到水体中的油分损失量为

$$D_o = D_a D_b \tag{4.1.82}$$

式中：D_a 为进入水体的分量；D_b 为进入水体后没有返回的分量。

$$D_a = \frac{0.11(1+U_w)^2}{3600} \tag{4.1.83}$$

$$D_b = \frac{1}{1+50\mu_{oil}h_s\gamma_{ow}} \tag{4.1.84}$$

式中：μ_{oil} 为油的黏度；γ_{ow} 为油-水界面张力。油滴返回油膜的速率为

$$\frac{dV_{oil}}{dt} = D_a(1-D_b) \tag{4.1.85}$$

（2）形成油包水乳化物的过程。

油中含水率的变化可由平衡方程式（4.1.86）表示：

$$\frac{dy_w}{dt} = R_1 - R_2 \tag{4.1.86}$$

R_1 和 R_2 分别为水的吸收速率和释出速率，表示为

$$R_1 = K_1 \frac{(1+U_w)^2}{\mu_{oil}}(y_w^{max} - y_w)$$
$$R_2 = K_2 \frac{1}{A_s W_{ax}\mu_{oil}} y_w \tag{4.1.87}$$

式中：y_w^{max} 为最大含水率；y_w 为实际含水率；A_s 为油中沥青含量（重量比）；W_{ax} 为油中石蜡含量（重量比）；K_1、K_2 分别为吸收系数、释出系数。

3）溶解

溶解率用式（4.1.88）表示：

$$\frac{dV_{ds_i}}{dt} = Ks_i C_i^{sat} X_{mol_i} \frac{M_i}{\rho_i} A_{oil} \tag{4.1.88}$$

式中：V_{ds_i} 为组分 i 的溶解体积；C_i^{sat} 为组分 i 的溶解度；X_{mol_i} 为组分 i 的摩尔分数；M_i 为组分 i 的分子量；Ks_i 为溶解传质系数，估算为

$$Ks_i = 2.36 \times 10^{-6} e_i \tag{4.1.89}$$

$$e_i = \begin{cases} 1.4, & 烷烃 \\ 2.2, & 芳香烃 \\ 1.8, & 精制油 \end{cases} \tag{4.1.90}$$

3. 热量迁移

蒸气压与黏度受温度影响，而且观察发现通常油膜的温度要高于周围的大气和水体。图 4.1.4 为油膜的热量平衡示意图。

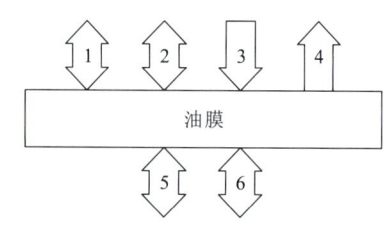

图 4.1.4 油膜的热量平衡示意图

1 为大气与油膜之间的传热过程；2 为大气与油膜之间的热辐射过程；3 为太阳辐射；4 为蒸发热损失；
5 为油膜与水体之间的热量迁移；6 为油膜与水体之间散发和接受的热辐射

1）油膜与大气之间的热量迁移

油膜与大气之间的热量迁移可以表达为

$$H_T^{\text{oil-air}} = A_{\text{oil}} k_H^{\text{oil-air}} (T_{\text{air}} - T_{\text{oil}})$$
$$k_H^{\text{oil-air}} = k_m \rho_a C_{\text{pa}} \left(\frac{S_c}{Pr}\right)^{0.67} \quad (4.1.91)$$

式中：$H_T^{\text{oil-air}}$ 为油膜与大气之间的热量迁移量；$k_H^{\text{oil-air}}$ 为油膜与大气之间的热量迁移系数；k_m 为系数；S_c 为大气常数；T_{oil} 为油膜温度；T_{air} 为大气温度；ρ_a 为大气密度；C_{pa} 为大气的热容量；Pr 为大气 Prandtl 数，有

$$Pr = \frac{C_{\text{pa}} \rho_a}{0.024\,1(0.180\,55 + 0.003 T_{\text{air}})} \quad (4.1.92)$$

2）太阳辐射

油膜接受的太阳辐射取决于许多因素，其中最重要的为溢油位置、日期、时刻、云层厚度及大气中的水、尘埃、臭氧含量。一天中的太阳辐射变化可假定为正弦曲线：

$$H(t) = \begin{cases} K_t H_0^{\max} \sin\left(\pi \dfrac{t - t^{\text{sunrise}}}{t^{\text{sunset}} - t^{\text{sunrise}}}\right), & t^{\text{sunrise}} < t < t^{\text{sunset}} \\ 0, & \text{其他} \end{cases} \quad (4.1.93)$$

式中：K_t 为导热系数；$H_0^{\max}$ 为初始辐射；t^{sunrise} 为日出时刻（午夜后秒数）；t^{sunset} 为日落时刻（午夜后秒数），有

$$t^{\text{sunset}} = t^{\text{sunrise}} + T_d \quad (4.1.94)$$

其中，T_d 为日长。

T_d 由式（4.1.95）计算：

$$T_d = \mu \cos(\tan\phi \tan\varsigma) \quad (4.1.95)$$

式中：μ 为漫射系数；ϕ 为纬度；ς 为太阳倾斜角度（太阳在正午时与赤道平面的角度），有

$$\varsigma \cong 23.45 \sin\left(360 \times \frac{284 + D_n}{365}\right) \quad (4.1.96)$$

$$H_0^{\max} = \frac{12 K_t}{t^{\text{sunset}} - t^{\text{sunrise}}} I_{\text{sc}} \left[1 + 0.033 \cos\left(\frac{360 D_n}{365}\right)\right] (\cos\phi \cos\varsigma \sin\omega_s + \omega_s \sin\phi \sin\varsigma)$$

式中：I_{sc} 为太阳常数（1.353 W/m）；D_n 为一年中的日数；ω_s 为日出的小时角度，正午时为 0°，每小时等于 15°（上午为正）；K_t 为导热系数，晴天时 $K_t=0.75$，随着云层厚度的增加而减小。很大一部分太阳辐射到达地面时已被反射，因此净热量输入为 $(1-\mu)\times H(t)$。

3）蒸发热损失

蒸发将引起油膜热量损失：

$$H^{vapor} = \sum_i N_i \cdot \Delta H_{vi} \tag{4.1.97}$$

式中：N_i 为油膜热量损失系数；ΔH_{vi} 为组分 i 的汽化热。油膜总的动态热平衡综合考虑了上述各种因素：

$$\begin{aligned}\frac{dT_{oil}}{dt} = \frac{1}{\zeta C_p h}&[(1-\mu)H' + (l_{air}T_{air}^4 + l_{water}T_w^4 - 2l_{oil}T_{oil}^4)] \\ &+ h_{ow}(T_w - T_{oil}) + h_{oa}(T_{air} - T_{oil}) - \sum N_i \Delta H_{vi} \\ &+ \left(\frac{dV_{water}}{dt}\zeta_w C_{pw} + \frac{dV_{oil}}{dt}\zeta_{oil} C_{poil}\right)(T_w - T_{oil})A_{oil}\end{aligned} \tag{4.1.98}$$

式中：T_{oil} 为油温；T_w 为水温；ζ、ζ_w、ζ_{oil} 为修正系数；C_p 为气油界面的热容量；C_{poil} 为油的热容量；C_{pw} 为水的热容量；H' 为热量；l_{air} 为空气热量系数；l_{water} 为水热量系数；l_{oil} 为油热量系数；h_{ow} 为水油热量传导系数；h_{oa} 为气油热量传导系数；V_{water} 为水体积；V_{oil} 为油体积。

4）油膜与水体之间的热量迁移

油膜与水体之间的热量迁移可表达为

$$H_H^{oil} = a_{oil} k_H^{oil\text{-}air}(T_w - T_{oil}) \tag{4.1.99}$$

$$k_H^{oil\text{-}air} = 0.332 + r_w C_{pw} Re^{-0.5} Pr_w^{-2/3} \tag{4.1.100}$$

式中：H_H^{oil} 为油膜与水体之间的热量迁移；a_{oil} 为油热参数；r_w 为水的运动黏滞系数；Pr_w 为水的 Prandtl 数，有

$$Pr_w = C_{pw} v_w \rho \left[\frac{1}{0.330 + 0.000\,848(T_w - 273.15)}\right] \tag{4.1.101}$$

Re 为特征雷诺数，有

$$Re = \frac{v_{rel}\sqrt{\frac{4A_{oil}}{\pi}}}{\eta_w} \tag{4.1.102}$$

其中：C_{pw} 为水的热容量；v_w 为水的黏滞力；ρ 为水体密度；v_{rel} 为油膜的运动黏滞系数；η_w 为黏性系数。

5）反射和接受辐射

油膜将损失和接受长波辐射。净接受量由 Stefan-Boltzman 公式计算：

$$H_{total}^{rad} = \sigma(L_{air}T_{air}^4 + L_{water}T_w^4 - 2L_{oil}T_{oil}^4) \tag{4.1.103}$$

式中：σ 为 Stefan-Boltzman 常数 $[5.72\times 10^{-8}\text{ W}/(\text{m}^2\cdot\text{K}^4)]$；$L_{air}$、$L_{water}$、$L_{oil}$ 分别为大气、水和油的辐射率。

4.1.6 三峡水库及下游水环境对水库群调度的响应模型的耦合

研究区域一、二维数学模型的模拟范围如图 4.1.5 所示。其中，三峡水库上游一维计算范围为溪洛渡水库库尾至三峡水库坝址；重庆南岸长江黄桷渡饮用水源地、重庆九龙坡长江和尚山饮用水源地、宜昌秭归长江段凤凰山饮用水源地区域为平面二维计算区域；香溪河至入汇口区域为立面二维计算区域。三峡水库下游一维计算范围为宜昌至大通段；宜昌至枝城段、荆州太平口至石首段（荆州柳林水厂水源地河段）采用平面二维数学模型模拟。一维计算给二维计算区域提供边界条件，实现一、二维数学模型的耦合计算。

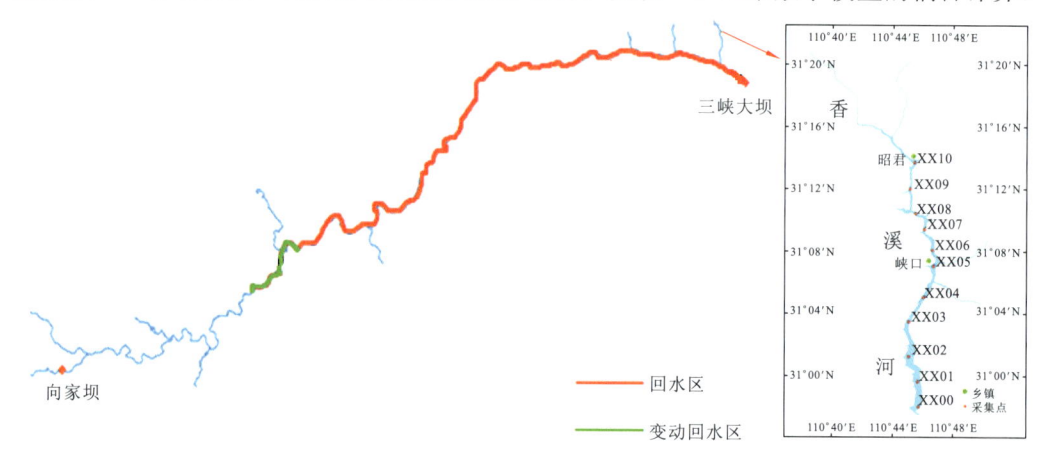

（a）一维数学模型计算范围

（b）二维数学模型计算范围

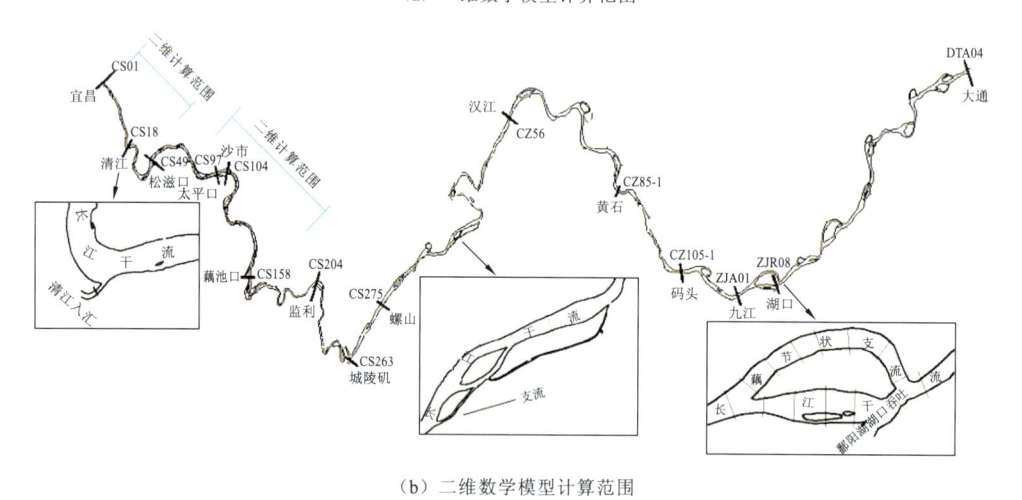

图 4.1.5 三峡水库及下游水环境对水库群调度的响应模型计算范围

对于非恒定水流，在保证格式能独立求解的条件下，一、二维数值计算得到的水力要素具有足够的时间精度。对于任一数值格式，在 Δt 时段内数值波传播的距离 $d=(\sqrt{gh}+u)\Delta t$，

共包含 $d/\Delta x = (\sqrt{gh}+u)\Delta t/\Delta x$,且不超过 Courant 数$[=(\sqrt{gh}+u_{max})\Delta t/\Delta x$,$u_{max}$ 为最大水流速度]个网格点。基于这点,在一维计算水域的边界处向二维计算水域内延伸可收敛和稳定的网格点,形成虚拟重叠区域。对一维计算水域的虚拟边界采用滞后耦合条件。在下一时步虚拟重叠水域的水力要素值,通过二维计算得到的精确解来代替滞后条件引入的不精确解。

设 $X' = [Z, Q]$ 为一维计算区域内的物理量(水位、流量),Y 为二维计算区域相应的物理量,σ' 为 Courant 数。耦合过程如下:

(1)一维计算区域虚拟边界的时间滞后条件取为 $\Delta X'^{n+1} = 0$;

(2)求解一维隐格式(包括虚节点在内),得到各水力要素在二维真实边界点处的时间精确解,若时间步长不等,则在一维计算时间步长内插值得到合适的物理量(如水位、流量等),并作为二维计算的边界条件;

(3)虚拟重叠区域的投影,即将二维计算得到的精确解投影到一维虚拟点上,$X'^{n+1}_{-i+1} = Y^{n+1}_k$,$i=1,2,\cdots,\sigma'$,其中 k 为二维计算区域对应物理量的下标;

(4)重复上述步骤,直至计算结束,如图 4.1.6 所示。

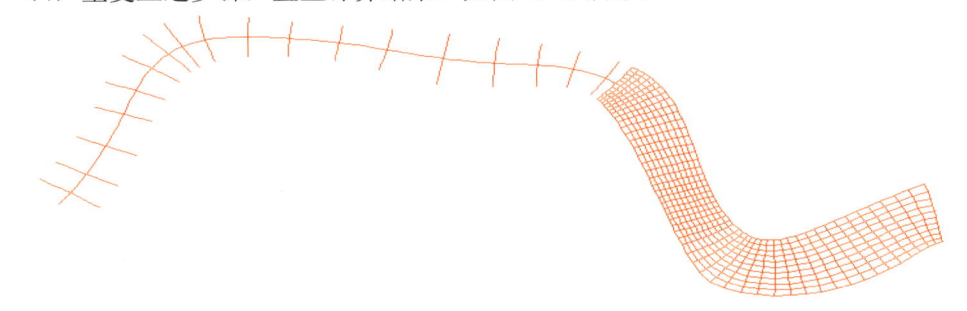

图 4.1.6　一、二维数学模型的耦合示意图

4.2　水库群调度响应模型参数率定与验证

4.2.1　模拟范围及河网概化

一维水动力-水质数学模型的模拟范围为溪洛渡坝址—向家坝坝址—三峡坝址—大通。库区模拟范围选取长江干流溪洛渡大坝至三峡大坝河道,河段蜿蜒曲折,地形复杂,采用一维水动力子模型进行模拟。整个河道概化为 1 个入口、1 个出口、8 支旁侧入流。河道全长约 1 200 km,河底高程 35～360 m 不等,模型划分为 538 个断面,断面间距 200～8 000 m 不等,河道概化图如图 4.2.1 所示。向家坝枢纽为堰、闸边界条件。

长江中下游宜昌至大通段模拟范围包含清江和汉江两条主要支流的入汇、洞庭湖水系囊括的荆江三口分流和城陵矶入汇及鄱阳湖湖口的吞吐。长江干流中下游分汊河道众多,断面形态不满足一维水动力-水质数学模型的假定,因此在充分掌握河网实际地形条件、水文资料的基础上,选择以干流河道为主体,将分汊河段概化成一维河网形式。洞

图 4.2.1 河道概化图

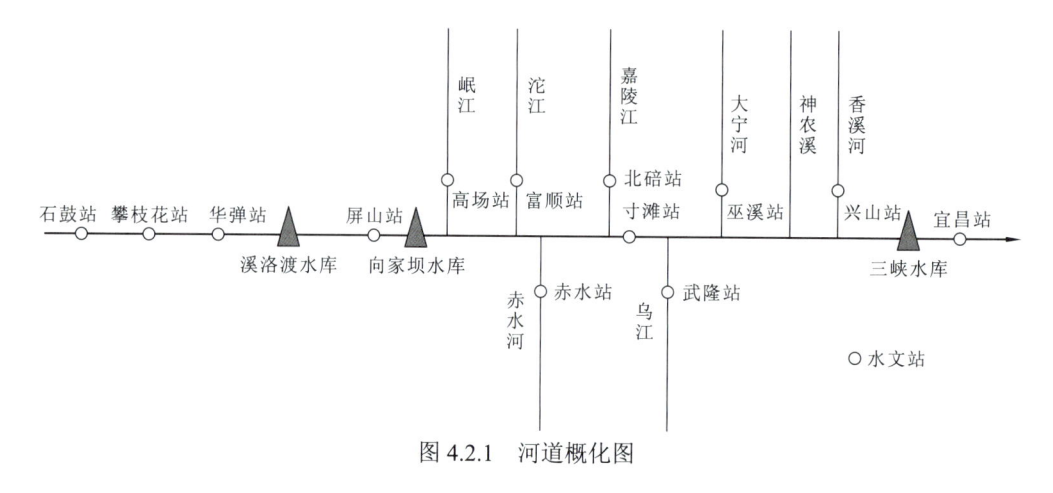

庭湖与长江上荆江段以松滋口、太平口及藕池口三口相连,三口分流处概化成分流节点;在城陵矶处入汇长江概化成汇流节点。鄱阳湖在湖口处与长江干流以吞吐形式完成水动力交换,因此分汇流节点在湖口处重合;主要支流清江在宜都长江大桥右岸入汇,汉江在武汉河段左岸入汇,形成两个汇流节点。总的概化处理原则是:在不同水位条件下,概化后的河道流量、河道调蓄量与被概化河道基本保持一致,即概化河网要反映天然河网的基本水力特性。研究河段河势曲折且断面形态多变,在河网概化的基础上,断面选择应尽可能反映河势和水力特性,遇曲折河段时,所选断面间的水流特点应符合一维渐变流的假定。考虑到研究河段河势和水流较为复杂的实际情况,现在已有资料基础上尽可能多地选取有代表性的断面,以尽量准确地反映河道沿程变化及过流能力。

对于长江中游河段的生态流量和环境水位问题,以及长江口大通站的压咸流量问题,由于一维圣维南方程求解出的流量和水位足够精确,建立长江干流宜昌至大通段的一维水动力-水质数学模型,全长约 1 200 km,干流共布设 925 个断面,平均断面间距约为 1 167.57 m。沿程藕节状支流概化河段共 22 个,共概化断面 204 个。

分析三峡水库建库后荆江、洞庭湖的江湖关系,将三口分流作为宽顶堰溢流处理,采用以下拟合公式。

松滋口分流量:
$$Q_{\text{SZ},t} = 0.143\,8 Z_{Z,t}^4 - 25.159 Z_{Z,t}^3 + 1\,688.4 Z_{Z,t}^2 - 50\,715 Z_{Z,t} + 569\,830 \quad (4.2.1)$$

太平口分流量:
$$Q_{\text{TP},t} = 16.192 Z_{S,t}^2 - 1\,027.2 Z_{S,t} + 16\,287 \quad (4.2.2)$$

藕池口分流量:
$$Q_{\text{OC},t} = 0.019\,4 Z_{X,t}^4 - 1.554\,8 Z_{X,t}^3 + 58.657 Z_{X,t}^2 - 1\,393.9 Z_{X,t} + 15\,230 \quad (4.2.3)$$

式中:$Q_{\text{SZ},t}$、$Q_{\text{TP},t}$、$Q_{\text{OC},t}$ 分别为松滋口、太平口及藕池口的分流量;$Z_{Z,t}$、$Z_{S,t}$、$Z_{X,t}$ 分别为枝城、沙市、新厂处水位。

库区重庆南岸长江黄桷渡饮用水源地、重庆九龙坡长江和尚山饮用水源地、宜昌秭归长江段凤凰山饮用水源地区域为平面二维计算区域;同时,为了研究宜昌、荆州水源地水质及四大家鱼产卵地的监利河段水环境问题,三峡水库下游宜昌至枝城段、荆州太平口至石首段采用平面二维数学模型模拟；立面二维水动力-水质数学模型的模拟范围包括香溪河口段。将一维长河段计算结果作为典型河段二维数学模型计算的边界条件，实现一、二维数学模型的耦合计算。

4.2.2 上游库区一维水动力-水质数学模型的率定与验证

1. 初始条件及边界条件

水质子模型选取重点关注的水质指标（高锰酸盐指数、氨氮）为研究对象。

初始水位设为近似水位，初始流速设为 0。上边界为向家坝水库，采用向家坝水库实测出库流量过程进行计算；下边界为三峡大坝，采用三峡大坝实测坝前水位进行计算。旁侧入流包括岷江、沱江、赤水河、嘉陵江、乌江、神农溪、香溪河等支流的入流。

研究选取 2013 年 7 月 14～23 日和 9 月 10～19 日两个时段进行三峡水库及上游梯级水库干流水质子模型的率定和验证，时间步长设为 3 600 s，共 240 个时段，空间步长为断面间距。边界流量和边界水位过程如图 4.2.2 所示，旁侧入流流量如图 4.2.3 所示。溪洛渡水库、向家坝水库、三峡水库调度原则见 3.1 节。

图 4.2.2　边界流量和边界水位过程

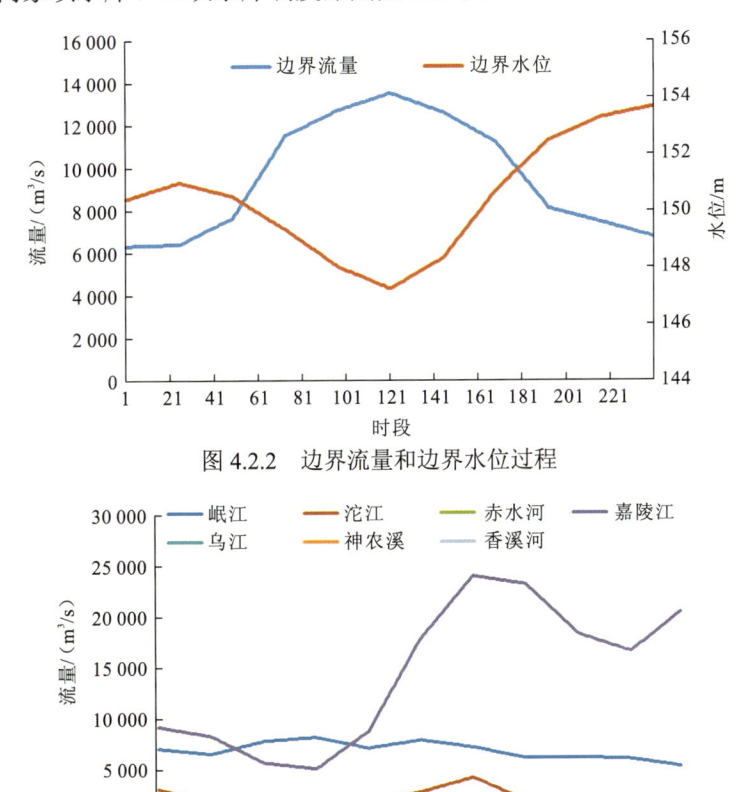

图 4.2.3　旁侧入流流量过程

2. 模型参数的率定

选取朱沱站、寸滩站、清溪场站、奉节站 4 个水文站的实测流量、水位数据进行水动力学参数率定，以重点关注的水质指标高锰酸盐指数、氨氮为研究对象。

三峡库区河道较长，沿程地形变化明显，河道粗糙系数变化大，因此模型中分段设置河道粗糙系数参数。经率定，Pressimann 系数为 0.7，纵向离散系数为 20 m^2/s，高锰酸盐指数、氨氮降解系数为 0.2 d^{-1}。干流水文站水位实测值与模拟值的对比如图 4.2.4 和图 4.2.5 所示，误差如表 4.2.1 所示。流量实测值与模拟值的对比如图 4.2.6 和图 4.2.7 所示，相对误差如表 4.2.2 所示。水质模拟结果如图 4.2.8 和图 4.2.9 所示。可以看出，水位和流量均得到了较好的拟合，模拟水位值与实测水位值的误差大部分在 0.1 m 以内，模拟流量值与实测流量值的相对误差大部分在 5% 以内，模拟效果好，可用于三峡水库上游水量和水质的模拟计算。

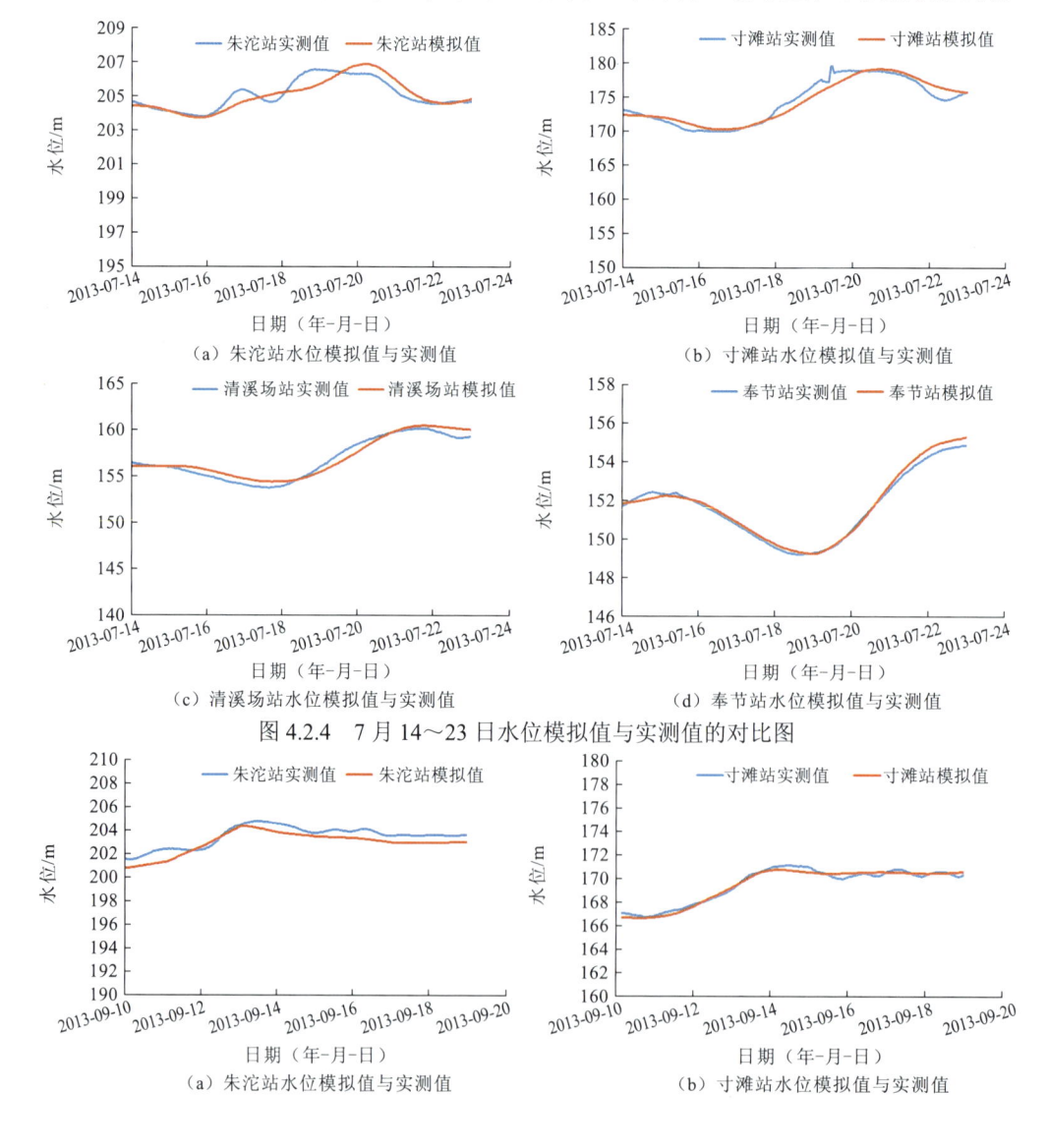

（a）朱沱站水位模拟值与实测值

（b）寸滩站水位模拟值与实测值

（c）清溪场站水位模拟值与实测值

（d）奉节站水位模拟值与实测值

图 4.2.4　7 月 14~23 日水位模拟值与实测值的对比图

（a）朱沱站水位模拟值与实测值

（b）寸滩站水位模拟值与实测值

(c) 清溪场站水位模拟值与实测值　　　　　　(d) 奉节站水位模拟值与实测值

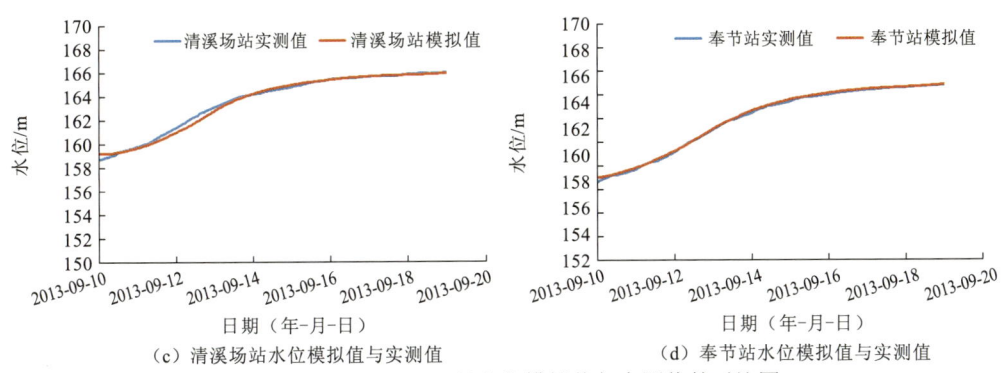

图 4.2.5　9月10～19日水位模拟值与实测值的对比图

表 4.2.1　各水文站水位误差

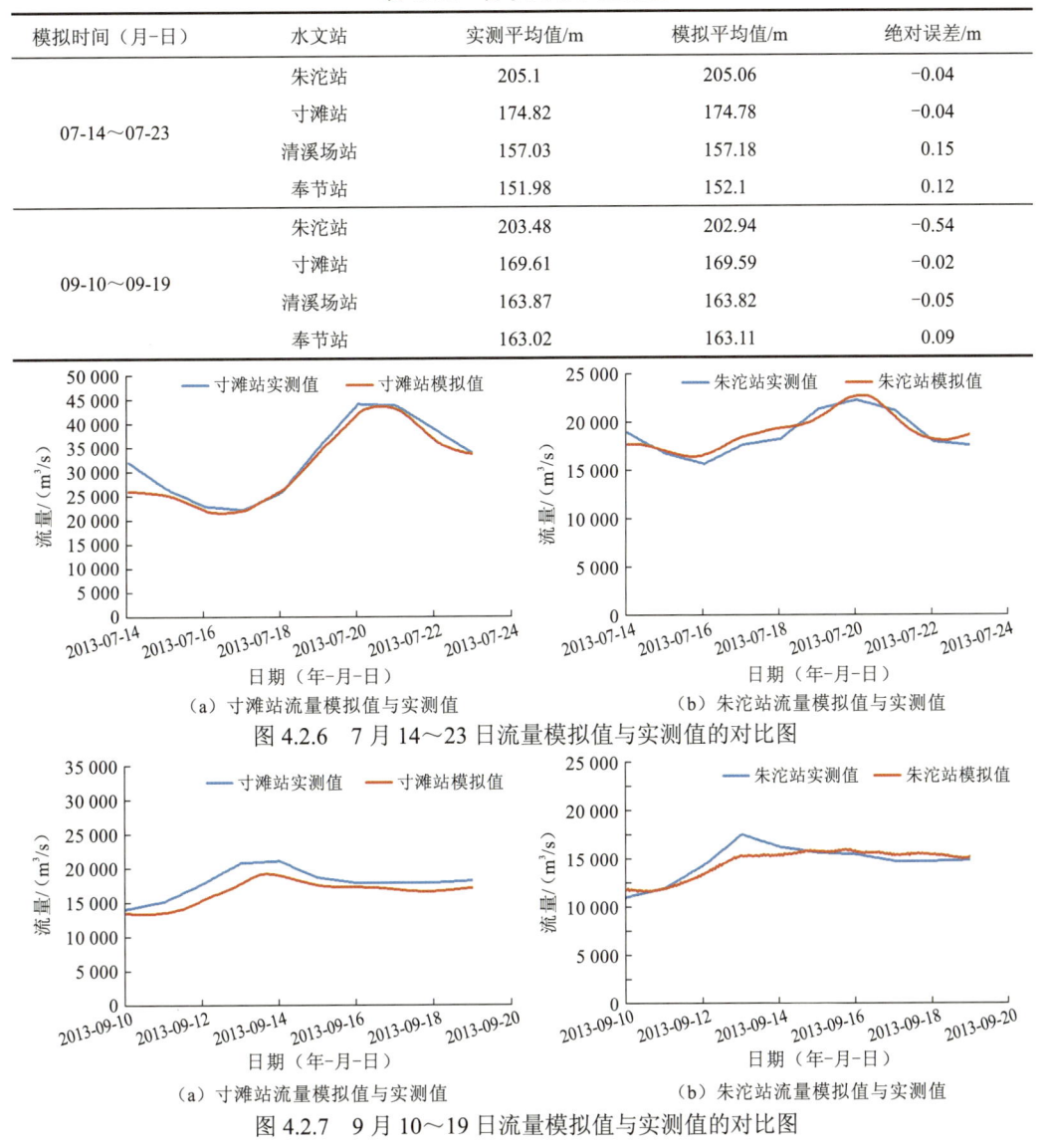

模拟时间（月-日）	水文站	实测平均值/m	模拟平均值/m	绝对误差/m
07-14～07-23	朱沱站	205.1	205.06	-0.04
	寸滩站	174.82	174.78	-0.04
	清溪场站	157.03	157.18	0.15
	奉节站	151.98	152.1	0.12
09-10～09-19	朱沱站	203.48	202.94	-0.54
	寸滩站	169.61	169.59	-0.02
	清溪场站	163.87	163.82	-0.05
	奉节站	163.02	163.11	0.09

(a) 寸滩站流量模拟值与实测值　　　　　　(b) 朱沱站流量模拟值与实测值

图 4.2.6　7月14～23日流量模拟值与实测值的对比图

(a) 寸滩站流量模拟值与实测值　　　　　　(b) 朱沱站流量模拟值与实测值

图 4.2.7　9月10～19日流量模拟值与实测值的对比图

表 4.2.2　各水文站流量相对误差

模拟时间（月-日）	水文站	实测平均值/（m³/s）	模拟平均值/（m³/s）	相对误差绝对值的平均值/%
07-14～07-23	朱沱站	18 900	17 700.8	3.34
	寸滩站	32 802.29	31 626.79	3.73
09-10～09-19	朱沱站	14 825.63	14 721.37	4.37
	寸滩站	18 075.63	16 670.58	7.88

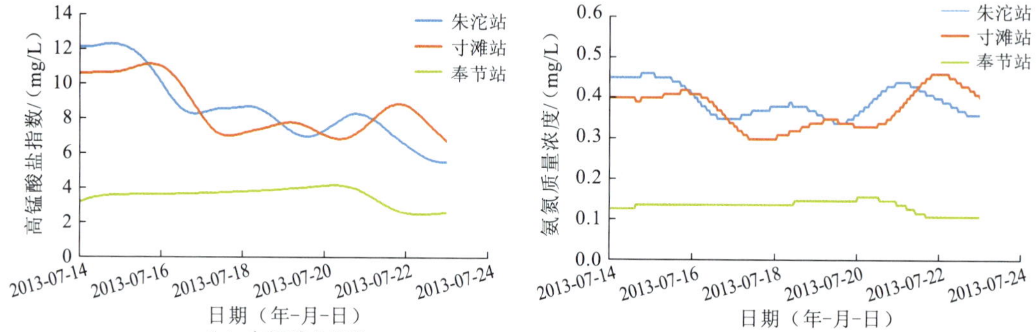

（a）高锰酸盐指数　　（b）氨氮

图 4.2.8　7 月 14～23 日水质模拟结果

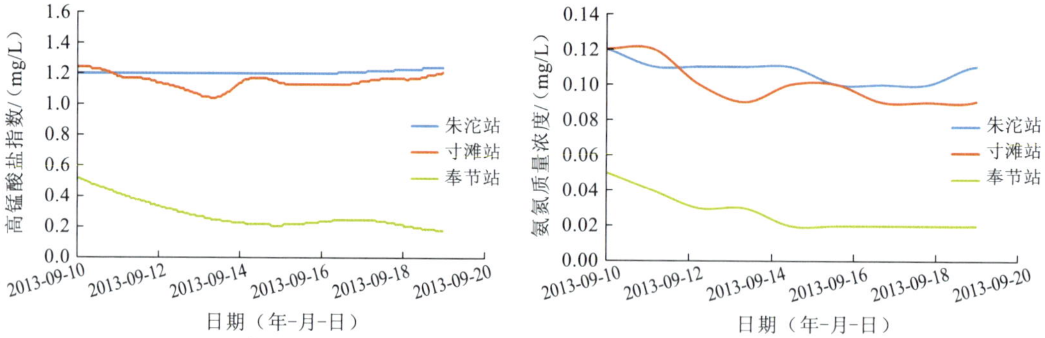

（a）高锰酸盐指数　　（b）氨氮

图 4.2.9　9 月 10～19 日水质模拟结果

3. 模型验证

选取 2014 年 2 月 19 日～3 月 1 日这一时段进行模型的验证，时间步长取为 3 600 s，选取朱沱站、寸滩站、清溪场站、奉节站 4 个水文站的水位数据进行模型验证。验证结果表明，水位误差平均值在 0.15 m 以内，模拟效果较好，如图 4.2.10、图 4.2.11 所示。

图 4.2.10　水位验证结果

图 4.2.11　验证期水位相对误差

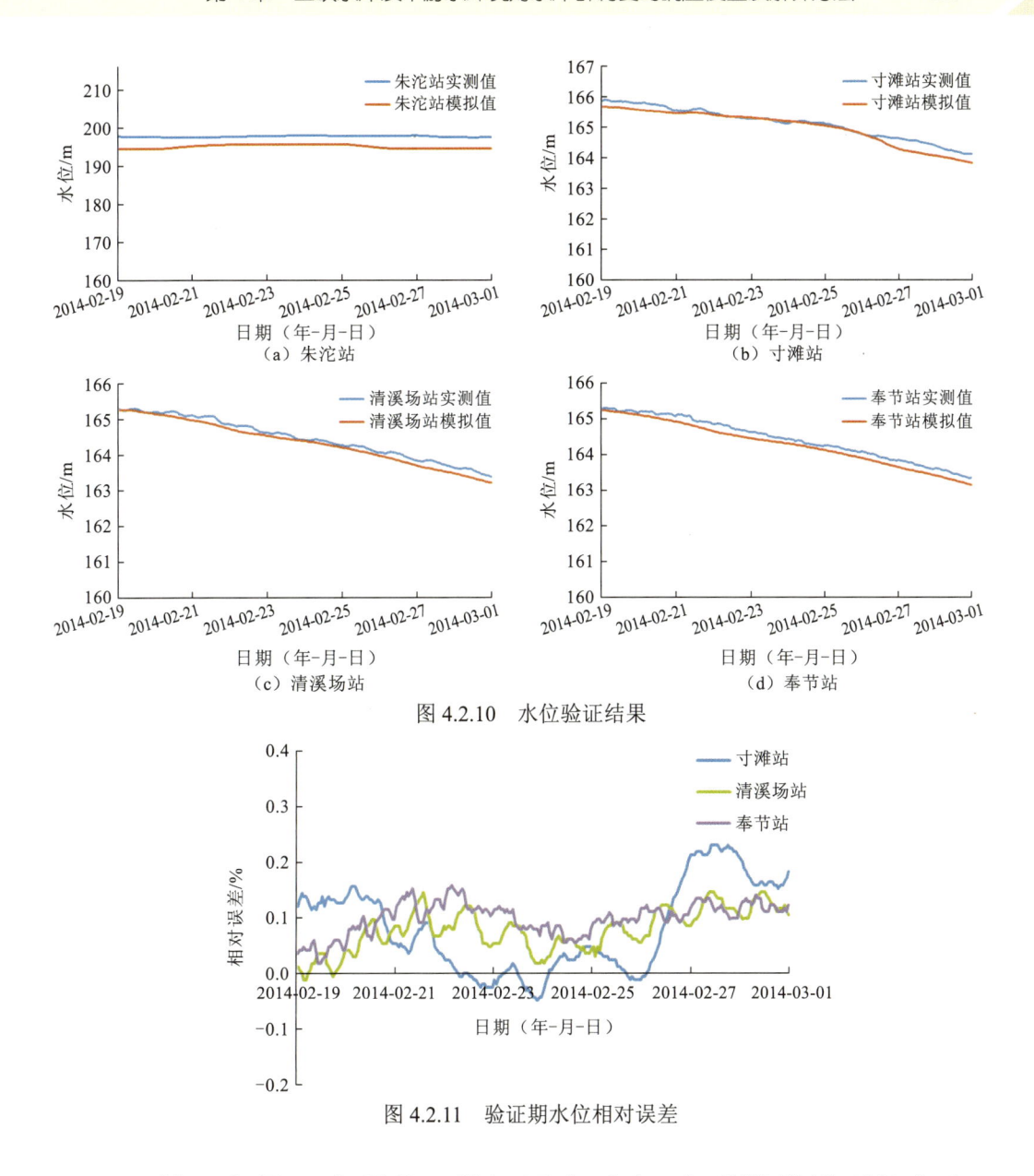

4.2.3　长江宜昌至大通段一维河网水动力-水质数学模型的率定与验证

1. 边界条件

结合长江干流宜昌至大通段及沿程支流、湖泊河网水系现状，模型上边界设在宜昌水文监测断面，为流量过程；下边界设于大通水文监测断面，采用与流量过程相对应的水位信息。内部边界根据实际情况设定，包括清江、城陵矶、汉江入汇流量，以及松滋口、太平口、藕池口三口分流量。

2. 参数率定

由于研究河段河道长度较长、地形复杂、天然河道断面形态各异且藕节状支流众多，所以粗糙系数的取值有一定难度。本次河道粗糙系数率定计算选取 2010 年为水文代表年，其中 2010 年 8 月、10 月和 1 月 3 个月份分别代表丰水期、平水期和枯水期，每个月选取一个代表流量，用恒定流模型率定河道粗糙系数。经多次试算，三峡水库下游长江干流宜昌至大通段的粗糙系数率定结果见表 4.2.3，绘制出的河道部分监测点的水位对比如图 4.2.12 所示。

表 4.2.3　2010 年长江中下游干流河段粗糙系数率定结果表

干流河段	丰水期粗糙系数	平水期粗糙系数	枯水期粗糙系数
宜昌至宜都段	0.037 0	0.043 0	0.046 0
宜都至荆州段	0.034 5	0.039 0	0.045 0
荆州至监利段	0.031 0	0.034 0	0.032 0
监利至城陵矶段	0.028 5	0.036 0	0.034 5
城陵矶至螺山段	0.024 5	0.030 0	0.035 5
螺山至汉口段	0.021 5	0.032 0	0.031 5
汉口至黄石段	0.023 0	0.029 0	0.024 5
黄石至码头段	0.027 0	0.035 0	0.029 0
码头至九江段	0.021 0	0.026 0	0.020 5
九江至大通段	0.029 0	0.031 0	0.030 5

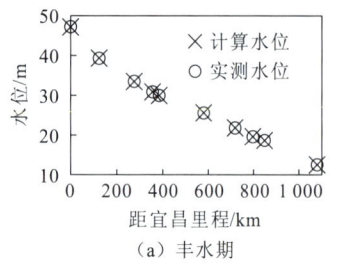

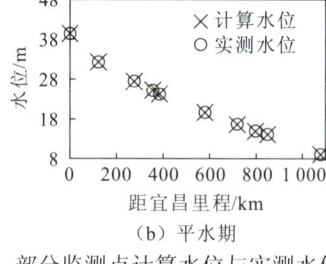

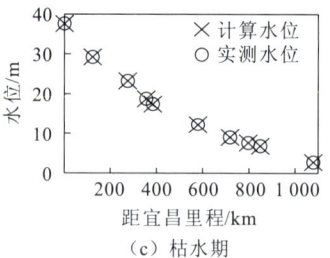

（a）丰水期　　（b）平水期　　（c）枯水期

图 4.2.12　部分监测点计算水位与实测水位的对比图

3. 模型的验证

1）计算条件

在恒定流率定的基础上，本次河网水动力-水质数学模型的验证采用非恒定流过程进行，目的在于能够较为精确地确定长江中下游干流河道的粗糙系数。采用长江干流宜昌至大通段干流及藕节状支流水系实测的 2013 年 1 月 17～24 日水文资料进行模拟验证，在实测干流江段内布设 12 个水文监测断面，分别是宜昌、沙市、监利、城陵矶、莲花塘、螺山、汉口、黄石、码头、九江、湖口、大通。其中，与恒定流率定过程外边界条件相同，以宜昌流量过程为上边界条件，以大通相应水位过程为下边界条件；内部边界有所区别，加入了鄱阳湖区的水流吞吐，以及实际情况下沿程的水量抽蓄，具体分别为清江入汇（高坝洲水文站流量过程）、松滋口分流（新江口水文站流量过程+沙道观水文站流量过程）、太平口分流（弥陀寺水文站流量过程）、藕池口分流（管家铺水文站流量过程+康家岗水文站流量过程）、城陵矶入汇（城陵矶水文站流量过程，城陵矶水文站设置在湖区入汇洪道上）、汉江入流（仙桃水文站流量过程）、鄱阳湖吞吐（湖口水文站流量过程）。

2）验证结果

（1）流量验证结果。

由以下各水文监测断面流量（2013年1月17~24日）的验证对比图4.2.13可知，除大通水文监测断面流量的最大误差达10%外，其他断面的流量过程计算值与实测值较为一致，最大误差均在5%以内，说明模型能较好地模拟长江中下游河道的水流传播过程。

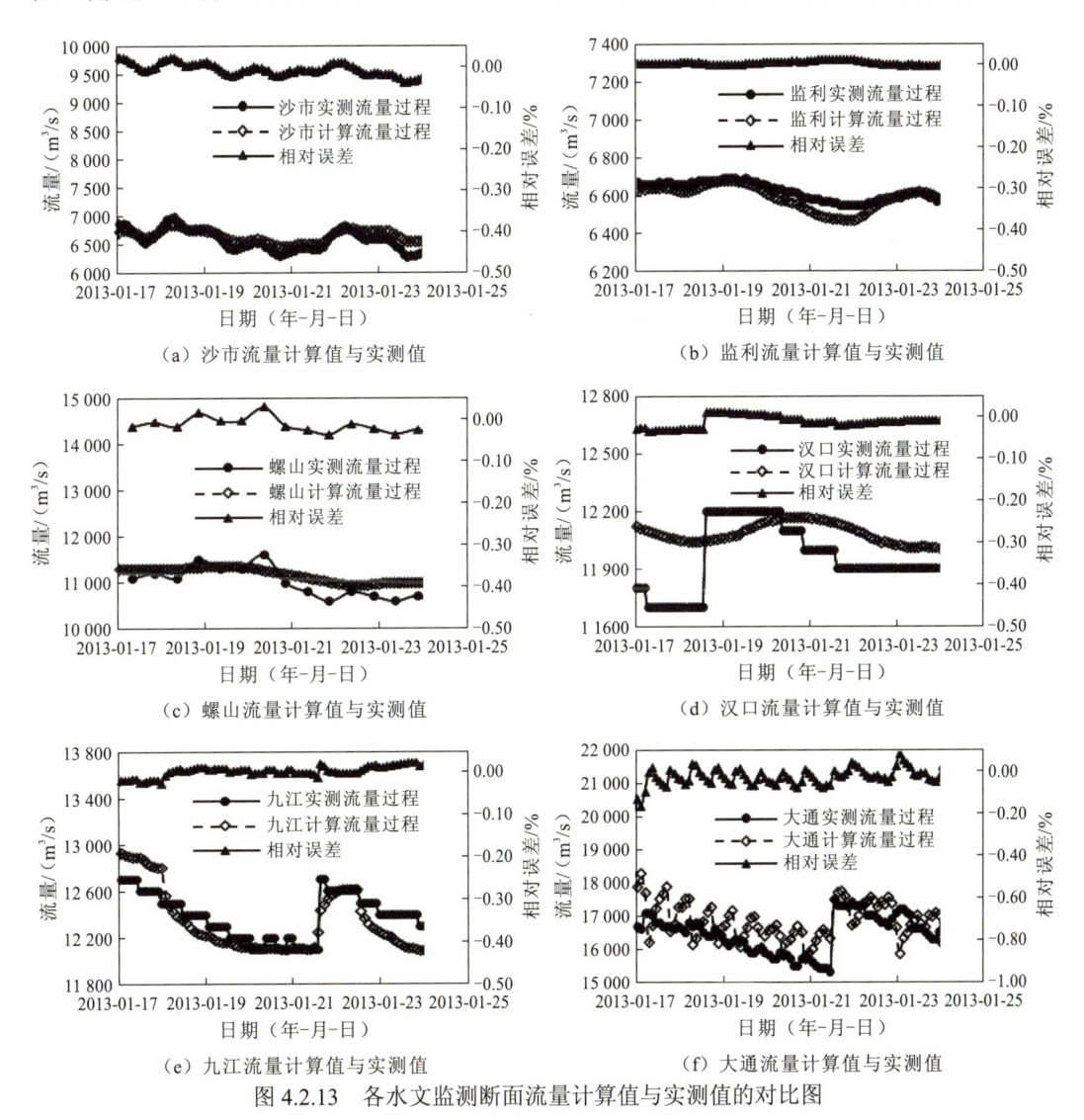

(a) 沙市流量计算值与实测值

(b) 监利流量计算值与实测值

(c) 螺山流量计算值与实测值

(d) 汉口流量计算值与实测值

(e) 九江流量计算值与实测值

(f) 大通流量计算值与实测值

图4.2.13 各水文监测断面流量计算值与实测值的对比图

其中，大通流量过程的稳定性和精度较差，主要原因可能在于沿程小的支流与长江干流的水流交换、沿程供水等未计入考虑范围；实测地形资料与验证水流过程的时间间隔长达十几年，因此地形也可能是产生最终误差的直接原因。但是，由图 4.2.13 的总体来看，水流总量的差别并不是很大，在可以接受的范围之内，模型的适用性可以得到保证。

（2）水位验证结果。

与流量验证时段相同，由以下各水文监测断面水位过程（2013 年 1 月 17～24 日）的验证结果对比图 4.2.14 可知，除宜昌监测断面外，实测和计算的水位过程相差不大，最大误差基本保持在 10 cm 以内，说明模型能较好地模拟三峡水库下游河段水位的变化特点。其中，宜昌水位呈现随时间波动的变化趋势，局部波动较为剧烈。而计算结果与之相比，局部波动范围并未达到实测水位的极大值或极小值，因此绝对误差出现了大于

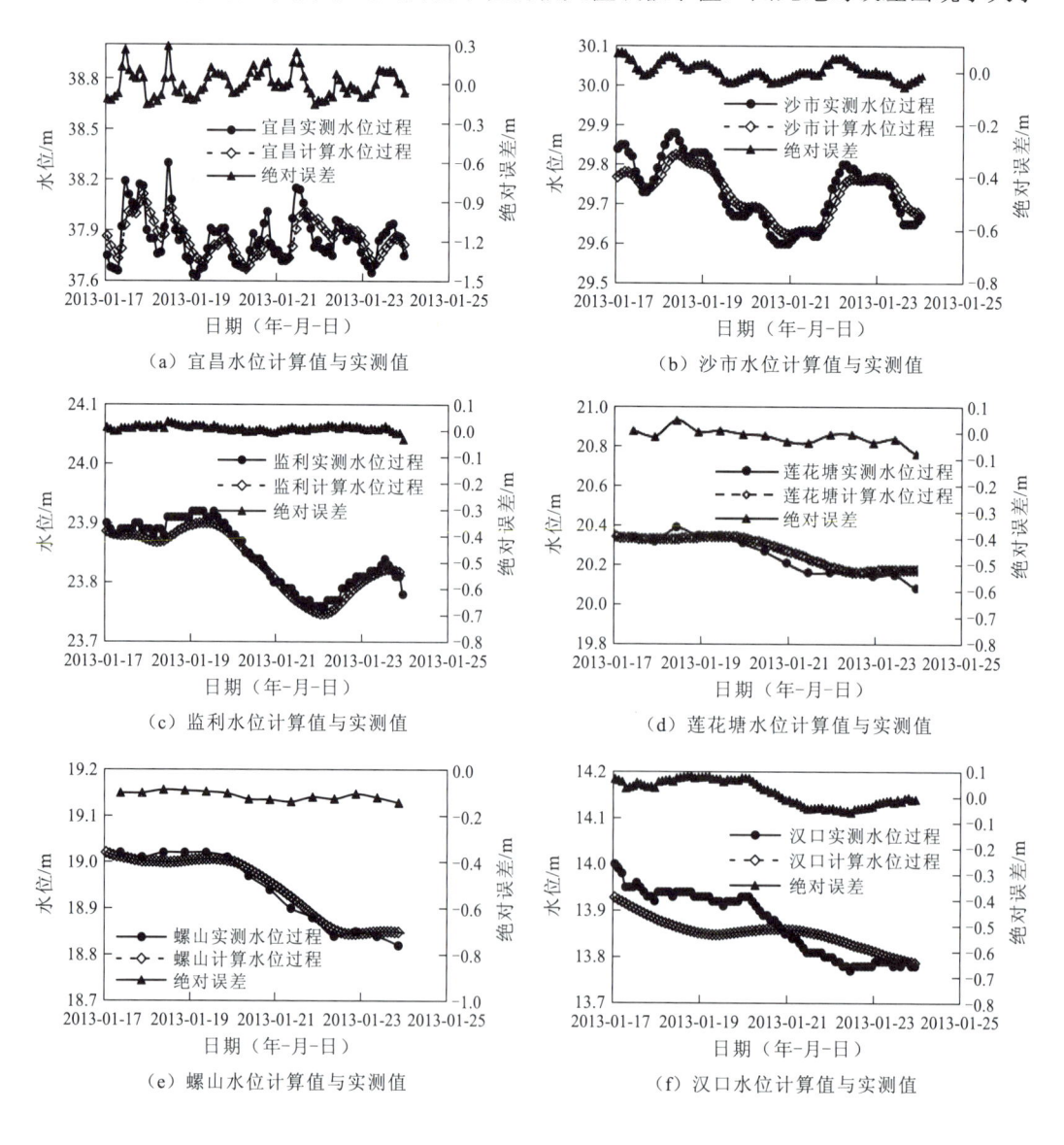

(a) 宜昌水位计算值与实测值

(b) 沙市水位计算值与实测值

(c) 监利水位计算值与实测值

(d) 莲花塘水位计算值与实测值

(e) 螺山水位计算值与实测值

(f) 汉口水位计算值与实测值

(g) 黄石水位计算值与实测值　　　　　　(h) 码头水位计算值与实测值

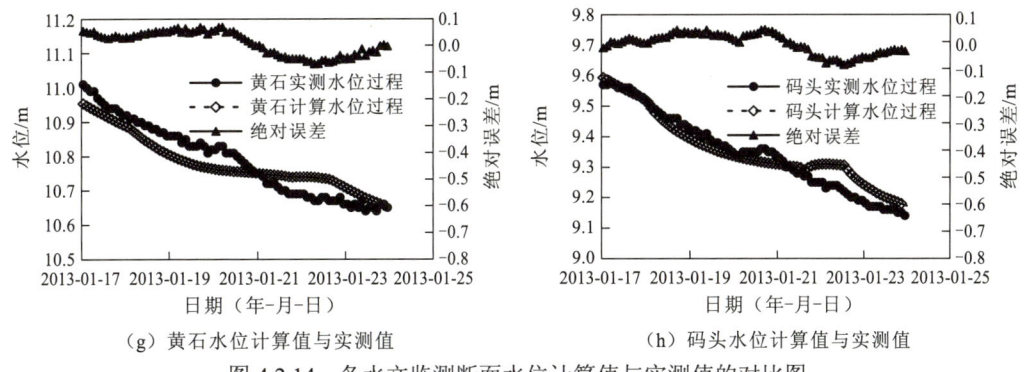

图 4.2.14　各水文监测断面水位计算值与实测值的对比图

10 cm 的情况。根据一般拟合经验，对局部极大值或极小值可以适当舍弃，以整体符合度为主要参考依据，因此尽管宜昌监测断面的水位过程并未使误差全程在 10 cm 范围以内，仍可以认定计算结果基本符合实际，模型适用性良好。

（3）验证过程粗糙系数修正。

水流验证过程选取的时段为 2013 年 1 月 17～24 日，与之前 2010 年 1 月、8 月、10 月的水情有所差别，并且沿程进行了适当的水流补给与抽排，内部边界条件加入了鄱阳湖的吞吐，与实际情况更为接近，因此在验证过程中对原本率定的粗糙系数进行了一定程度的修正。修正结果如表 4.2.4 所示。

表 4.2.4　2013 年与 2010 年河道枯水期粗糙系数对比表

干流河段	2013 年枯水期验证粗糙系数	2010 年枯水期率定粗糙系数	修正值
宜昌至宜都段	0.045 0	0.046 0	-0.001
宜都至荆州段	0.044 0	0.045 0	-0.001
荆州至监利段	0.031 0	0.032 0	-0.001
监利至城陵矶段	0.032 8	0.034 5	-0.001 7
城陵矶至螺山段	0.035 0	0.035 5	-0.000 5
螺山至汉口段	0.031 1	0.031 5	-0.000 4
汉口至黄石段	0.024 3	0.024 5	-0.000 2
黄石至码头段	0.029 2	0.029 0	0.000 2
码头至九江段	0.022 5	0.020 5	0.002
九江至大通段	0.023 6	0.030 5	-0.006 9

4.2.4　三峡库区水源地典型河段平面二维水动力-水质数学模型的率定与验证

1. 参数率定

水质安全预警预报模型确定后，接下来面临水质子模型参数的选取和确定。参数确定的准确性、合理性直接决定了水质安全预警预报模型的准确性和合理性。在实际情况中，模型往往经过一定的假设简化以进行实际应用，需要确定的参数众多。ε_x、ε_y分别为x、y方向的涡动黏滞系数，选取$20\ m^2/s$；横向湍流扩散系数E_x、E_y取值为$0.5\ m^2/s$。选用恒定流率定河道粗糙系数，主要目的在于初步确定三大水源地的粗糙系数范围。由于研究河段河道长度较长、地形复杂、天然河道断面形态各异且藕节状支流众多，粗糙系数的取值有一定的难度。本次河道粗糙系数率定计算选取2015年为水文代表年，根据2015年的实测数据（三个水源地27项水质指标、一月一次）来率定参数，以氨氮为污染物，通过迭代算法，实现模拟值对实测值的逼近。经多次试算，三峡库区三大饮用水源地的粗糙系数率定结果见表4.2.5，绘制出的2015年三大水源地氨氮质量浓度变化对比见图4.2.15。

表 4.2.5　2015 年三峡库区饮用水源地粗糙系数率定结果表

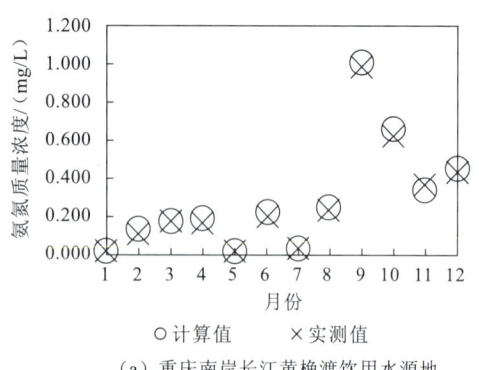

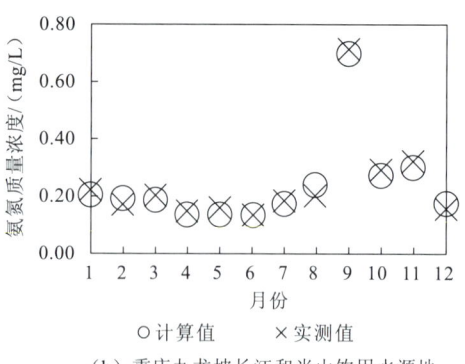

水源地名称	粗糙系数
重庆南岸长江黄桷渡饮用水源地	0.030
重庆九龙坡长江和尚山饮用水源地	0.030
宜昌秭归长江段凤凰山饮用水源地	0.025

（a）重庆南岸长江黄桷渡饮用水源地

（b）重庆九龙坡长江和尚山饮用水源地

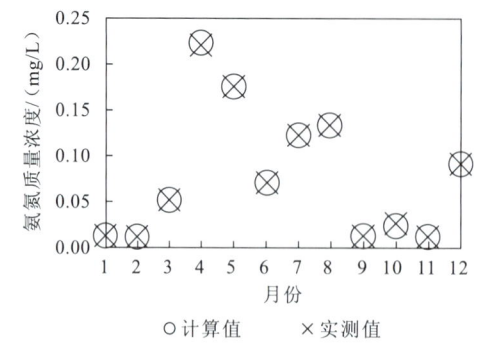

（c）宜昌秭归长江段凤凰山饮用水源地

图 4.2.15　2015 年三大水源地氨氮质量浓度计算值与实测值的对比图

2. 模型验证

研究选取重庆南岸长江黄桷渡饮用水源地和宜昌秭归长江段凤凰山饮用水源地作为典型水源地进行模型验证。利用平面二维水动力-水质数学模型,把率定好的参数代入模型中,对该突发事故情景的 TP 质量浓度变化情况进行模拟。根据 2014 年各个水源地断面水质的月监测结果,对模拟得到的数据与实测数据进行对比验证,如图 4.2.16 所示。结果表明,该算法在水源地突发事故污染物模拟中绝对误差的平均值不超过 6%,在合理范围内,可进行实际应用。

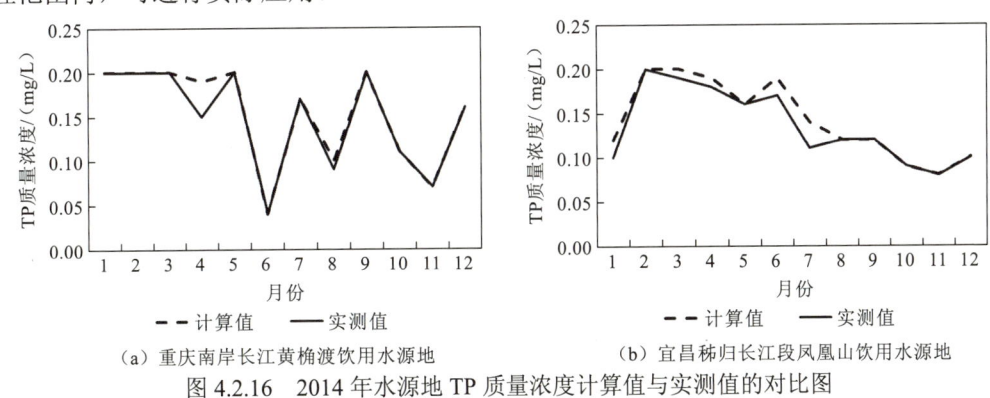

(a) 重庆南岸长江黄桷渡饮用水源地　　(b) 宜昌秭归长江段凤凰山饮用水源地

图 4.2.16　2014 年水源地 TP 质量浓度计算值与实测值的对比图

4.2.5　三峡水库下游典型河段平面二维水动力-水质数学模型的率定与验证

平面二维水动力-水质数学模型的验证分荆州河段及石首河段进行,荆州河段主要确定水动力计算参数,石首河段主要确定水质计算参数。

1. 荆州河段水动力计算参数率定及模型验证

采用 2014 年 12 月 23 日的实测资料确定边滩粗糙系数为 0.020,主槽粗糙系数为 0.011。荆州河段河势见图 4.2.17,水位验证结果见图 4.2.18,断面流速分布验证结果见图 4.2.19。

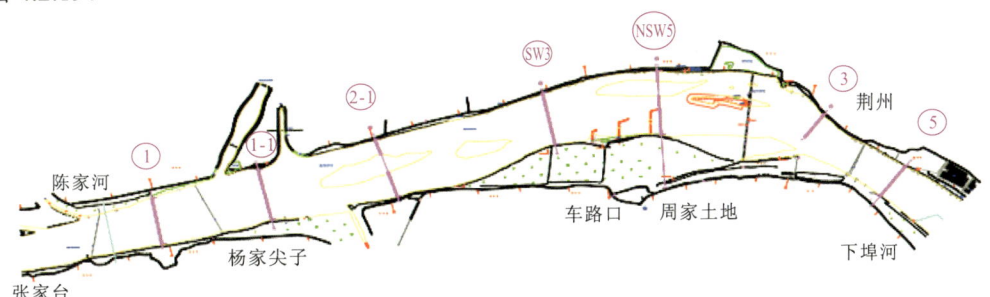

图 4.2.17　荆州河段河势图

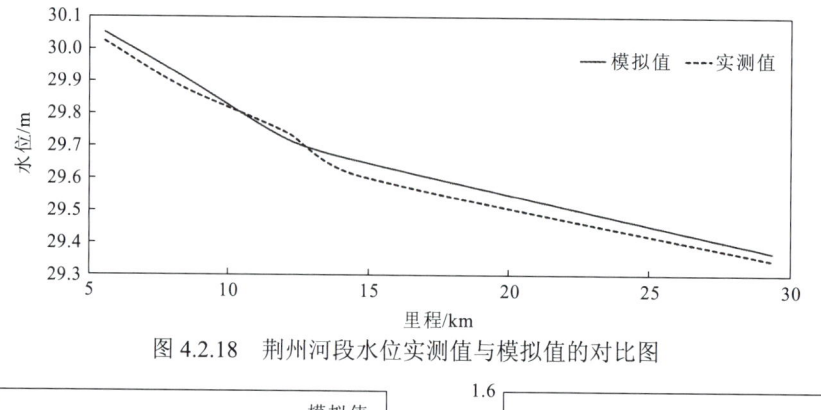

图 4.2.18 荆州河段水位实测值与模拟值的对比图

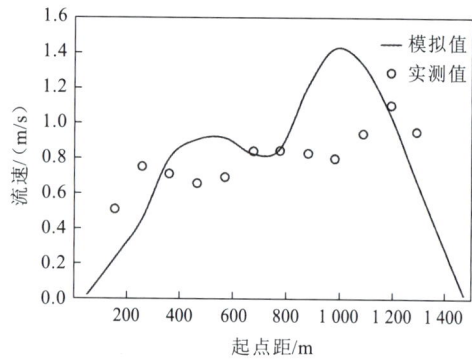

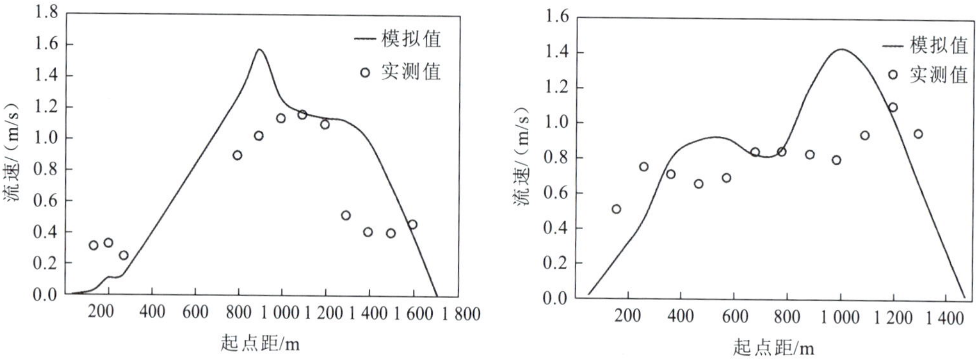

（a）断面NSW5的流速分布　　（b）断面SW3的流速分布

图 4.2.19　太平口断面流速分布验证图

2. 石首河段水质计算参数率定及模型验证

1）水流验证

采用 2016 年 7 月 9 日的实测资料进行验证，上游荆 90 断面流量为 18 200 m³/s，下游荆 97 断面水位为 35.03 m。确定边滩粗糙系数为 0.020，主槽粗糙系数为 0.011。石首河段河势见图 4.2.20，水位验证结果见图 4.2.21，流速分布验证结果见图 4.2.22，水位模拟结果比实测结果略微偏大，可能是由于验证河段弯曲角度较大且实测资料中流量较大，模拟结果误差偏大，但仍在允许范围内，综合结果来看选取的粗糙系数具有可信度。

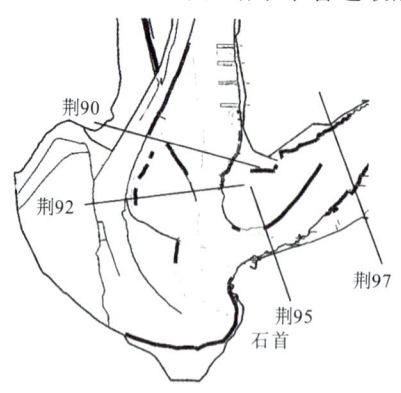

图 4.2.20　石首河段河势图

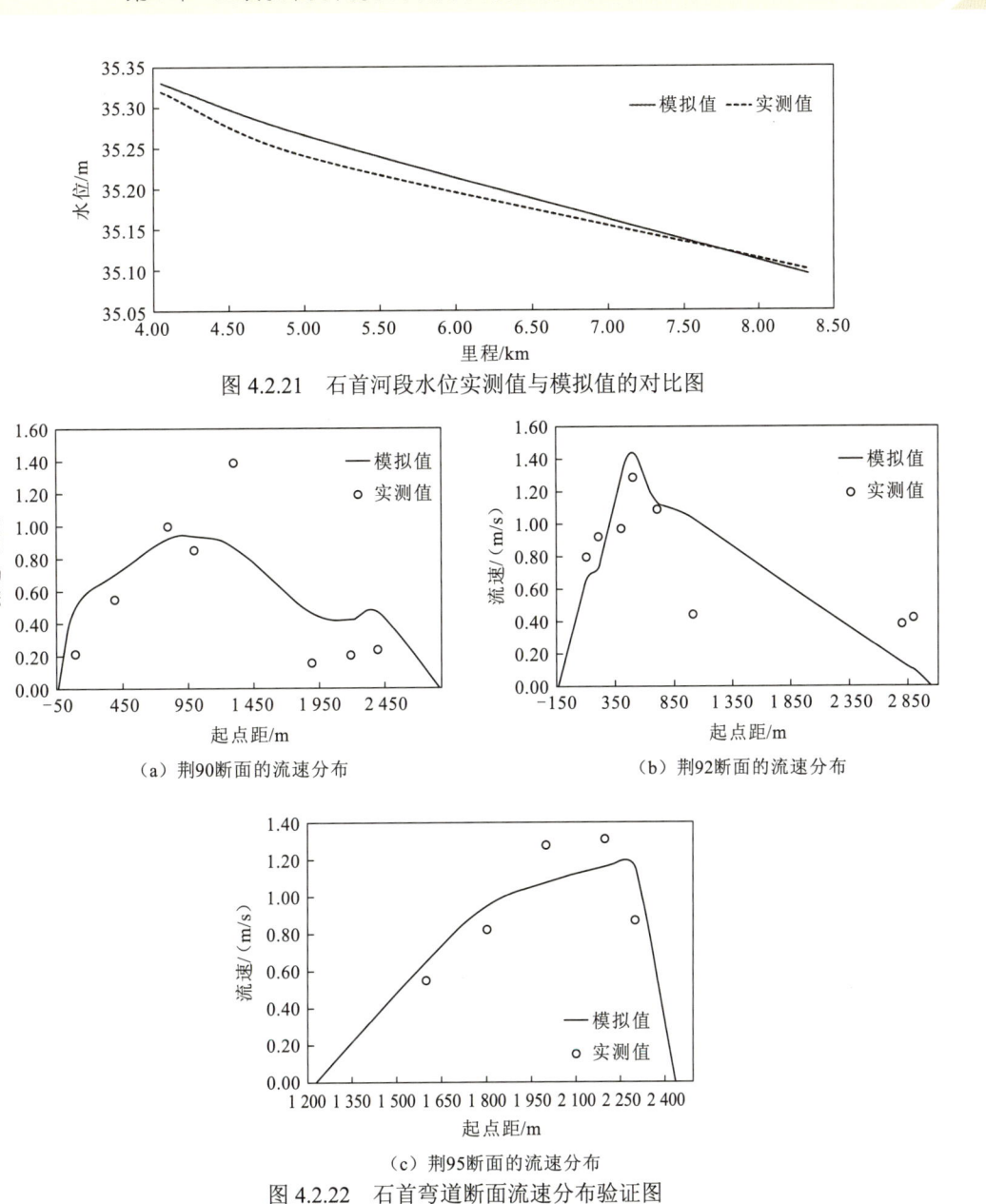

图 4.2.21　石首河段水位实测值与模拟值的对比图

（a）荆90断面的流速分布

（b）荆92断面的流速分布

（c）荆95断面的流速分布

图 4.2.22　石首弯道断面流速分布验证图

2）水质验证

根据 7 月 9 日当日实测资料，验证 COD 污染指标的降解系数。降解系数表征了水体污染物降解速率的大小，是模型中的一个重要参数，与污水特征、河段特征、水文条件、温度等有关。

监测点分布于荆 90、荆 92 及荆 95 断面，每个断面有五个监测点。根据当日情况确定模型边界条件，最后可确定 COD 降解系数为 2.16 d^{-1}。COD 质量浓度实测值与模拟值的对比见表 4.2.6。由于实测资料受到地形、水流、温度及取样条件等多种因素影响，且监测时存在误差，少数点验证结果较差，但整体验证结果较好。

表 4.2.6　COD 质量浓度实测值与模拟值对比表

断面	测点号	实测值/(mg/L)	模拟值/(mg/L)	绝对误差/(mg/L)	相对误差的绝对值/%
荆90	1	38.421	42.626	4.205	10.945
	2	51.435	44.663	-6.772	13.166
	3	38.658	45.159	6.501	16.817
	4	48.832	44.912	-3.920	8.028
	5	35.582	45.371	9.789	27.511
荆92	1	38.658	43.246	4.588	11.868
	2	40.551	43.971	3.420	8.434
	3	41.379	43.739	2.360	5.703
	4	39.019	40.094	1.075	2.755
	5	29.903	37.820	7.917	26.476
荆95	1	34.399	40.135	5.736	16.675
	2	35.622	40.357	4.735	13.292
	3	35.859	40.396	4.537	12.652
	4	37.475	38.589	1.114	2.973
	5	40.787	35.488	-5.299	12.992

4.2.6　三峡库区支流香溪河立面二维水动力-水质数学模型的率定与验证

1. 网格划分

根据网格划分原则，将香溪河库湾划分为 64 个河段、109 层，包括首尾 2 个虚拟河段和顶底层 2 个虚拟层，如图 4.2.23 所示。计算网格垂向间距为 1 m，各单元长度为 500 m。考虑到三峡水库最高蓄水位为 175 m，因此模型顶部高程设为 175 m。为评价所建网格的合理性，将模型计算出的水位-库容关系与实际监测的香溪河水位-库容关系进行比较，发现两者的平均相对误差为 0.065%（图 4.2.24），在允许误差范围之内。这说明计算网格划分合理，能够准确反映出香溪河库湾水位和水量的关系，并可代表香溪河库湾的实际地形特征。

2. 模型参数率定

主要对代表库湾水动力特性的垂向水温、纵向流速进行率定，垂向水温选取库湾具有代表性的 XX01（库湾下游）、XX06（库湾中游）、XX09（库湾上游）三个样点进行描述，纵向流速选取整个库湾剖面进行描述。率定时间为 2010 年 1 月 1 日～2012 年 12 月 31 日，验证时间为 2013 年 1 月 1 日～2015 年 12 月 31 日。

(a) 纵剖面图　　(b) 俯视图

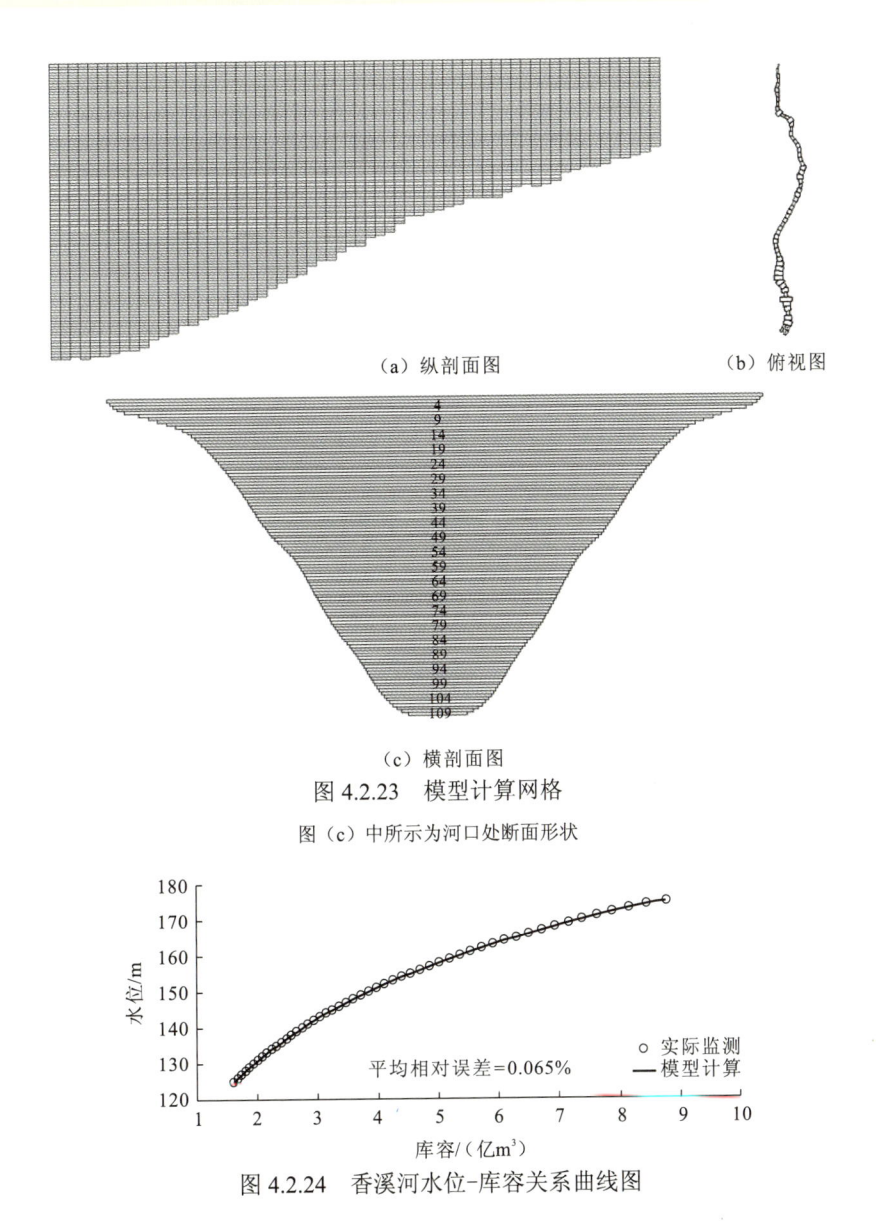

(c) 横剖面图

图 4.2.23　模型计算网格

图（c）中所示为河口处断面形状

图 4.2.24　香溪河水位-库容关系曲线图

入流水温边界采用兴山水文站逐日水温过程，如图 4.2.25 所示。2010 年 1 月 1 日～2015 年 12 月 31 日水温呈现出循环规律，年际变化规律较为一致，8 月水温升到最高，2 月水温降至最低。入流流量边界采用兴山水文站逐日流量过程，如图 4.2.26 所示，每年的 6～9 月（汛期）流量较大，最大值发生在 2011 年 8 月 23 日，达到了 595 m³/s，其余月份流量均较小。

入流营养盐浓度和浮游植物生物量为现场原位采集水样室内分析得到的实际监测值。下游水位边界条件采用坝前水位日均值，如图 4.2.27 所示，可以得知：三峡水库 2010 年第一次蓄水至 175 m 后，每年汛末都蓄至 175 m。在 2010～2013 年每年汛期（6～9 月），三峡水库坝前水位都有较大频率和范围的波动，2014～2015 年此波动较小，符合

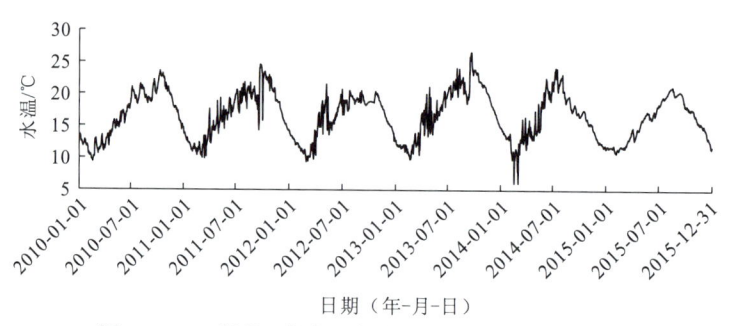

图 4.2.25 香溪河库湾入流水温边界随时间的变化图

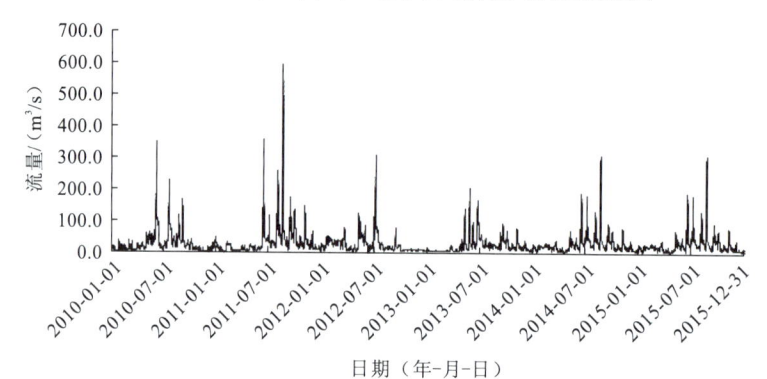

图 4.2.26 香溪河库湾入流流量边界随时间的变化图

常规蓄泄方式。下游水温边界为香溪河库湾与长江交汇处垂向上的实际监测水温值，监测频率根据实际需要为每周一次或每月一次。下游营养盐浓度和浮游植物生物量边界采用香溪河库湾与长江交汇处分层采集水样室内分析的监测值，监测频率根据实际需要为每周一次或每月一次。

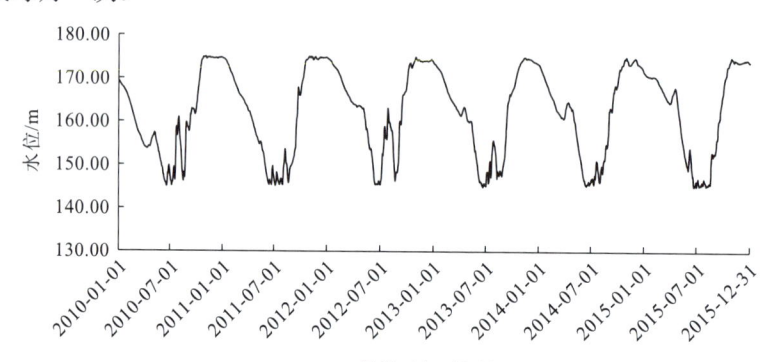

图 4.2.27 香溪河下游水位边界过程线

水表面的边界条件主要是指水气界面热交换过程，气温、露点温度、太阳辐射、风速、风向、云量和计算水域的经纬度等都是水气界面热交换过程的重要影响因素。气温、风速、风向和经纬度都是由实际监测和兴山气象站获得的，云量则由实际记录的日照小时数来计算。太阳辐射由兴山水文站根据实际监测提供，露点温度由实测相对湿度和气温拟合得到，所有因素的输入时间间隔为 1 天。

影响水库水动力特性的条件较多，主要有气象条件、入流条件、出流条件、水库地理形态等。所率定的主要水力学参数如表 4.2.7 所示。

表 4.2.7 模型水力学参数取值

水力学参数	变量名	默认值	校正值
霍尔涡流黏度/(m²/s)	[AX]	1.0	1.0
霍尔涡流扩散系数/(m²/s)	[DX]	1.0	1.0
底部热交换系数/[W/(m²·℃)]	[CBHE]	0.3	0.3
沉积物的温度/℃	[TSED]	10.0	11.5
界面摩擦系数	[FI]	0.015	0.015
垂直涡黏性	[AZC]	—	—
底部摩擦系数	[FRICT]	—	0.04
水面上吸收的太阳辐射度	[BETA]	0.45	0.45
水消光系数	[EXH2O]	0.45	0.46
风遮蔽系数	[WSC]	—	0.9
动态阴影或静态阴影	[Dynsh]	—	0.8

3. 模型验证

主要对代表库湾水动力特性的垂向水温、纵向流速进行率定，垂向水温选取库湾具有代表性的 XX01（库湾下游）、XX06（库湾中游）、XX09（库湾上游）三个样点进行描述，纵向流速选取整个库湾剖面进行描述。验证时间为 2013 年 1 月 1 日～2015 年 12 月 31 日。

1）垂向水温验证

根据实测数据，选取库湾 2013 年 4 月 12 日和 10 月 21 日、2014 年 3 月 22 日和 12 月 29 日、2015 年 2 月 3 日和 5 月 26 日的水温数据与模拟结果进行对比。分别选取库湾控制点位 XX09、XX06、XX01 进行对比，近河口处 XX01 样点的模型输出效果最佳，绝对平均误差（AME）和均方差（RMSE）均小于 0.47 ℃，库湾上游 XX09 样点处模型输出效果较差，但误差小于 1.2 ℃，误差范围可接受，满足本模型率定要求。

2）纵向流速验证

2010 年 4 月 4 日表层水流均表现为长江干流水体由表层倒灌潜入香溪河库湾，实测流速数据表明干流倒灌厚度为 0～30 m，随着潜入距离的增大，倒灌强度变小，大部分水体潜入距河口约 20 km 处，小部分水体潜入库尾 30 km 处，库湾上游来流水体以底部顺坡异重流的形式流出库湾，模拟结果表明干流倒灌厚度为 0～30 m，倒灌水体厚度与实测值相当，但潜入距离可至库尾约 25 km 处，倒灌强度比实测值偏小，实测结果表明流向呈现出多元化，靠近河口水深 45 m 处的中间水体流向与四周水体流向均不同，这种不同可能由监测时的扰动导致。可以确定模型能够较好地模拟出香溪河库湾分层流动的水流特性,总体呈现出定性准确、定量合理的原则。存在的小部分的误差相对于库湾约 100 m 的水深和 30 km 的回水区来说,是可以接受的。

参 考 文 献

付长营,陶敏,方涛,等,2006. 三峡水库香溪河库湾沉积物对磷的吸附特征研究[J]. 水生生物学报, 30(1): 31-36.

郭劲松,李胜海,龙腾锐,2002. 水质模型及其应用研究进展[J]. 重庆建筑大学学报, 24(2): 109-115.

郝芳华,李春晖,赵彦伟,等,2008. 流域水质模型与模拟[M]. 北京: 北京师范大学出版社.

吉小盼,刘德富,黄钰铃,等,2010. 三峡水库泄水期香溪河库湾营养盐动态及干流逆向影响[J]. 环境工程学报, 4(12): 2687-2693.

纪道斌,刘德富,杨正健,等,2010. 三峡水库香溪河库湾水动力特性分析[J]. 中国科学: 物理学力学天文学, 40(1): 101-112.

李锦秀,禹雪中,幸治国,2005. 三峡库区支流富营养化模型开发研究[J]. 水科学进展, 16(6): 777-783.

钱宁,万兆惠,1983. 泥沙运动力学[M]. 北京: 科学出版社.

唐涛,黎道丰,潘文斌,等,2004. 香溪河河流连续统特征研究[J]. 应用生态学报, 15(1): 141-144.

王光谦,方红卫,1996. 异重流运动基本方程[J]. 科学通报, 41(18): 1715-1720.

王祥,2010. 三峡库区溢油模拟及应急对策研究[D]. 武汉: 武汉理工大学.

BERGER C J, WELLS S A, WELLS V, 2012. Modeling of water quality and greenhouse emissions of proposed South American reservoirs[C]//Proceedings of World Environmental and Water Resources Congress. California: The American Society of Civil Engineers.

BOEGMAN L, LOEWEN M, HAMBLIN P, et al., 2001. Application of a two-dimensional hydrodynamic reservoir model to Lake Erie[J]. Canadian journal of fisheries and aquatic sciences, 58(5): 858-869.

BORSUK M, CLEMEN R, MAGUIRE L, et al., 2001. Stakeholder values and scientific modeling in the Neuse River watershed[J]. Group decision and negotiation, 10(4): 355-373.

LINDENSCHMIDT K E, CHORUS I, 1998. The effect of water column mixing on phytoplankton succession, diversity and similarity[J]. Journal of plankton research, 20(10): 1927-1951.

SCOTT Å, 1998. Environment-accident index: Validation of a model[J]. Journal of hazardous materials, 61(1): 305-312.

SHAHA D, CHONNAM Y, KWARK M, et al., 2011. Spatial variation of the longitudinal dispersion coefficient in an estuary[J]. Hydrology and earth system sciences(15): 3679-3688.

TOCKNER K, MALARD F, WARD J V, 2000. An extension of the flood pulse concept[J]. Hydrological processes, 14: 2861-2883.

YE L, HAN X, XU Y, et al., 2007. Spatial analysis for spring bloom and nutrient limitation in Xiangxi bay of Three Gorges Reservoir[J]. Environmental monitoring and assessment, 127(1): 135-145.

YU Z, WANG L, 2011. Factors influencing thermal structure in a tributary bay of Three Gorges Reservoir[J]. Journal of hydrodynamics, 23(4): 407-415.

第 5 章

基于库区水源地安全保障的水库群联合调度技术

5.1 三峡库区水源地概况

本章选取了三峡库区三个重要饮用水源地——重庆南岸长江黄桷渡饮用水源地、重庆九龙坡长江和尚山饮用水源地、宜昌秭归长江段凤凰山饮用水源地，开展了基于库区水源地安全保障的联合调度技术与需求的研究。

1. 重庆南岸长江黄桷渡饮用水源地

重庆南岸长江黄桷渡饮用水源地位于重庆南岸，水源地范围为 29°32'35.40"～29°33'6.00"N，106°33'2.00"～106°33'47.00"E，该水源地为河流型水源地，长度约 1.1 km，宽度约 741.5 m，流量为 3 000～5 000 m³/s。该水源地向黄桷渡饮用水源地水厂供水，实际取水量为 10 万 t/d，服务人口 29 万人，取水方式是岸边浮船方式。

2. 重庆九龙坡长江和尚山饮用水源地

重庆九龙坡长江和尚山饮用水源地位于重庆九龙坡，水源地范围为 29°30'48.05"～29°31'22.69"N，106°31'51.19"～106°32'9.18"E，该水源地也为河流型水源地，水源地长度约 1.1 km，宽度约 481.5 m，流量为 3 000～5 000 m³/s。该水源地向和尚山水厂供水，实际取水量为 20 万 t/d，服务人口 98 万人，取水方式是中心底层方式。

3. 宜昌秭归长江段凤凰山饮用水源地

宜昌秭归长江段凤凰山饮用水源地位于宜昌秭归茅坪凤凰山，水源地范围为 30°49'38.48"～30°50'26.96"N，110°59'22.91"～ 111°0'35.73"E，也为河流型水源地。该水源地向秭归县自来水公司二水厂供水，实际取水量为 4.2 万 t/d，服务人口 4 万人，取水方式是浮动泵船取水。

5.2 水源地水环境安全评判体系

5.2.1 饮用水源地水环境安全评判体系构建

1. 饮用水源地水环境安全评判指标及权重

根据《地表水环境质量标准》（GB 3838—2002）的相关要求及饮用水源地的功能，按照 III 类标准进行评价。因此，选取的三峡库区饮用水源地水环境安全评判指标共 27 项，具体为水温、pH、溶解氧、高锰酸盐指数、五日生化需氧量（BOD_5）、氨氮（$NH_3\text{-}N$）、TP、铜、锌、氟化物、硒、砷、汞、镉、铬（六价）、铅、氰化物、挥发酚、石油类、阴离子表面活性剂、硫化物、粪大肠杆菌、硫酸盐、氯化物、硝酸盐、铁、锰。鉴于《环境保护部办公厅关于印发〈地表水环境质量评价办法（试行）〉的通知》（环办〔2011〕22号）中要求"水温和粪大肠杆菌作为参考指标进行单独评价"，将三峡库区饮用水源地水环境安全评判指标分为两类：一般评判指标和参考评判指标。其中，一般评判指标包括25项，即pH、溶解氧、高锰酸盐指数、五日生化需氧量（BOD$_5$）、氨氮（NH$_3$-N）、TP、铜、锌、氟化物、硒、砷、汞、镉、铬（六价）、铅、氰化物、挥发酚、石油类、阴离子表面活性剂、硫化物、硫酸盐、氯化物、硝酸盐、铁、锰；参考评判指标包括2项，即水温和粪大肠杆菌。各个一般评判指标的权重相等，取值均为1；而对于参考评判指标，由于其仅用于单独评价，在三峡库区饮用水源地水环境安全评判体系中权重取值为0。

2. 饮用水源地水环境安全评判方法

1）水质评价方法

水环境水质评价主要采用单因子评价法，依据标准指数来进行单个水质指标的评价，若水质指标的标准指数大于1，则表明该水质指标不能满足规定的水质标准。计算方法如下。

（1）溶解氧的标准指数如下。

若DO$_j$≥DO$_s$，则有

$$S_{\text{DO},j} = \frac{|\text{DO}_f - \text{DO}_j|}{\text{DO}_f - \text{DO}_s} \tag{5.2.1}$$

若DO$_j$<DO$_s$，则有

$$S_{\text{DO},j} = 10 - 9\frac{\text{DO}_j}{\text{DO}_s} \tag{5.2.2}$$

$$\text{DO}_f = 468/(31.6 + T) \tag{5.2.3}$$

式中：DO$_f$为饱和溶解氧质量浓度（mg/L）；DO$_s$为溶解氧的地面水水质标准（mg/L）；DO$_j$为j点溶解氧质量浓度（mg/L）；T为水温（℃）；$S_{\text{DO},j}$为溶解氧标准指数。

（2）pH的标准指数为

$$S_{\text{pH},j} = \frac{7.0 - \text{pH}_j}{7.0 - \text{pH}_{\text{sd}}} \quad (\text{pH}_j \leqslant 7.0) \tag{5.2.4}$$

$$S_{\text{pH},j} = \frac{\text{pH}_j - 7.0}{\text{pH}_{\text{su}} - 7.0} \quad (\text{pH}_j > 7.0) \tag{5.2.5}$$

式中：$S_{\text{pH},j}$为j点的pH标准指数；pH$_j$为j点pH；pH$_{\text{sd}}$为地面水水质标准中规定的pH下限；pH$_{\text{su}}$为地面水水质标准中规定的pH上限。

（3）其余25个水质指标i在第j点的标准指数为

$$S_{i,j} = c_{i,j}/c_{\text{s}i} \tag{5.2.6}$$

式中：$c_{i,j}$为(i,j)点的污染物质量浓度或污染物i在预测点（或监测点）j的质量浓度（mg/L）；$c_{\text{s}i}$为水质指标i的地面水水质标准值；i为x方向位置标号或污染物标号；j为y方向位置标号或预测点（监测点）标号。

2）水环境安全分级

依据单项水质指标评价方法，若所采集水源地水样的水质优于或等于Ⅲ类标准，则视为达标水量；若劣于Ⅲ类标准，则视为不达标水量；每个饮用水源地的监测频次为1次/月，饮用水源地水质达标率=（达标水量/取水总量）×100%。鉴于此，三峡库区饮用水源地水环境安全分级标准见表5.2.1。

表5.2.1 水环境安全分级标准

项目	水源地水质达标率			
	<70%	70%~80%（不含80%）	80%~95%（不含95%）	≥95%
水环境安全等级	不安全	基本安全	安全	非常安全

5.2.2 饮用水源地水环境安全评价

根据提出的三峡库区饮用水源地水环境安全评判指标，利用所构建的三峡库区饮用水源地水环境安全评判方法，依据《地表水环境质量标准》（GB 3838—2002）Ⅲ类标准、《环境保护部办公厅关于印发〈地表水环境质量评价办法（试行）〉的通知》（环办〔2011〕22号）和《环境影响评价技术导则 地表水环境》（HJ 2.3—2018）开展三峡库区饮用水源地水环境安全评价。对三峡库区3个重要水源地（重庆南岸长江黄桷渡饮用水源地、重庆九龙坡长江和尚山饮用水源地和宜昌秭归长江段凤凰山饮用水源地）进行了为期4年（即2014~2017年）的实地水样监测，监测频次为1次/月。

1. 重庆南岸长江黄桷渡饮用水源地

根据5.2.1小节提到的饮用水源地水质达标率的计算方法，重庆南岸长江黄桷渡饮用水源地的水质达标率为79.2%。对照三峡库区饮用水源地水环境安全评判体系提出的水环境安全评判标准，重庆南岸长江黄桷渡饮用水源地水环境安全属于"基本安全"。

2. 重庆九龙坡长江和尚山饮用水源地

重庆九龙坡长江和尚山饮用水源地水质达标率为81.3%。对照三峡库区饮用水源地水环境安全评判体系提出的水环境安全评判标准，重庆九龙坡长江和尚山饮用水源地水环境安全属于"安全"。

3. 宜昌秭归长江段凤凰山饮用水源地

宜昌秭归长江段凤凰山饮用水源地水质达标率为97.9%。对照三峡库区饮用水源地水环境安全评判体系提出的水环境安全评判标准，宜昌秭归长江段凤凰山饮用水源地水环境安全属于"非常安全"。

5.3 水库群联合调度保障库区饮用水源地安全的可行性分析

5.3.1 三峡水库分期运行库区水质状况

根据 2014~2017 年水源地实地监测资料、《重庆市水资源公报》、重庆市环境保护局发布的水质状况数据，逐年分析宜昌秭归长江段凤凰山饮用水源地、重庆南岸长江黄桷渡饮用水源地、重庆九龙坡长江和尚山饮用水源地在三峡水库枯水期、消落期、汛期、蓄水期的水质状况。

1. 宜昌秭归长江段凤凰山饮用水源地

2014 年枯水期，除参考指标粪大肠杆菌超标外，其余水质指标均满足 III 类水要求，其中 1~2 月 27 项水质指标均满足 III 类水要求；在消落期，4 月仅有粪大肠杆菌超标，5 月仅有铁超标；在汛期，除 8~9 月粪大肠杆菌超标外，其余时间段水质指标均满足 III 类水要求；在蓄水期，仅有粪大肠杆菌超标，其余水质指标均满足 III 类水要求。

2015 年枯水期，除参考指标粪大肠杆菌超标外，其余水质指标均满足 III 类水要求，其中 2 月、3 月和 11 月 27 项水质指标均满足 III 类水要求；在消落期，5 月 27 项水质指标均满足 III 类水要求，其余时间段仅有粪大肠杆菌超标；在汛期，7 月、8 月和 9 月 27 项水质指标均满足 III 类水要求，其余时间段仅有粪大肠杆菌超标；在蓄水期，27 项水质指标均满足 III 类水要求。

2016 年枯水期，除参考指标粪大肠杆菌超标外，其余水质指标均满足 III 类水要求，其中 1 月、2 月、12 月 27 项水质指标均满足 III 类水要求；在消落期，5 月仅有粪大肠杆菌超标，其余时间段 27 项水质指标均满足 III 类水要求；在汛期，7 月、8 月仅有粪大肠杆菌超标，其余时间段 27 项水质指标均满足 III 类水要求；在蓄水期，除粪大肠杆菌外，其余水质指标均满足 III 类水要求。

2017 年，随着溪洛渡-向家坝-三峡梯级水库群的联合调度运行，水源地水质较好，在四个水期的监测中，27 项水质指标均未出现超标情况，水质达标率为 100%。

2. 重庆南岸长江黄桷渡饮用水源地

2014 年枯水期，除 TP 超标外，其余水质指标均满足 III 类水要求，其中 1~2 月水质指标均满足 III 类水要求；在消落期，水源地超标污染物增多，包括 TP、铁、锰和高锰酸盐指数；在汛期，水质有所改善，超标污染物减少为 TP、铁和锰，到汛期末期仅剩 TP 超标，且超标浓度不大；在蓄水期，整体水质良好，没有发现超标污染物的存在。

2015 年枯水期，除 12 月仅有参考指标粪大肠杆菌超标外，其余时间段的 27 项水质指标均满足 III 类水要求；在消落期，整体水质良好，27 项水质指标均满足 III 类水要求；

在汛期，7月仅有TP超标，8月汞和粪大肠杆菌超标，9月仅有粪大肠杆菌超标，其余水质指标均满足III类水要求；在蓄水期，水质有所改善，27项水质指标均满足III类水要求。

2016年枯水期，除12月仅有参考指标粪大肠杆菌超标外，其余时间段的27项水质指标均满足III类水要求；在消落期，水质较好，27项水质指标均满足III类水要求；在汛期，除粪大肠杆菌超标外，其余监测指标均满足III类水要求；在蓄水期，除粪大肠杆菌外，其余监测指标均满足III类水要求。

2017年，随着溪洛渡-向家坝-三峡梯级水库群的联合调度运行，水源地水质较好，27项水质指标均未出现超标情况，水质达标率为100%。

3. 重庆九龙坡长江和尚山饮用水源地

2014年枯水期，除TP超标外，其余水质指标均满足III类水要求，其中1月、2月和12月包括粪大肠杆菌在内的27项水质指标均满足III类水要求；在消落期，水源地超标污染物增多，包括TP和铁；在汛期，TP满足III类水要求，超标污染物变为铁和锰，到汛期末期27项水质指标均满足III类水要求；在蓄水期，仅有铁超标，但超标浓度较小，其余监测指标均满足III类水要求。

2015年枯水期，参考指标粪大肠杆菌和TP均出现过超标现象，其余时间段27项水质指标均满足III类水要求；在消落期，除参考指标粪大肠杆菌偶有超标外，其余水质指标均满足III类水要求；在汛期，除参考指标粪大肠杆菌偶有超标外，其余水质指标均满足III类水要求，其中8月27项水质指标均达标；在蓄水期，27项水质指标均满足III类水要求。

2016年枯水期，除1月仅有参考指标粪大肠杆菌超标外，其余时间段的27项水质指标均满足III类水要求；在消落期，水质较好，27项水质指标均满足III类水要求；在汛期，除粪大肠杆菌超标外，其余监测指标均满足III类水要求；在蓄水期，除粪大肠杆菌和铁外，其余监测指标均满足III类水要求。

2017年，随着溪洛渡-向家坝-三峡梯级水库群的联合调度运行，水源地水质较好，27项水质指标均未出现超标情况，水质达标率为100%。

5.3.2　三峡水库单库调度对库区水源地水质的影响

利用第4章构建的一维水动力-水质数学模型，分析计算得出：当三峡水库蓄水位为水库最低水位，即防洪限制水位145 m时，三峡水库的回水区（常年回水区）范围为大坝前缘到重庆长寿清溪场，即三峡水库145 m水位水面线的回水末端在重庆长寿清溪场附近，距三峡大坝前缘约524 km；当三峡水库蓄水位为正常蓄水位175 m，上游来水为5年一遇时，其回水区（变动回水区）范围为大坝前缘到重庆江津花红堡，即三峡水库175 m水位水面线的回水末端在重庆江津花红堡附近，距三峡大坝前缘约663 km。而当三峡水库蓄水位在防洪限制水位145 m与正常蓄水位175 m之间时，其回水末端在重庆长寿清溪场与重庆江津花红堡之间变动；当三峡水库蓄水位为 161 m 时，三峡水库的回水区末端位于重庆南岸长江黄桷渡饮用水源地、重庆九龙坡长江和尚山饮用水源地附近，距三峡大坝前缘约 623 km（图 5.3.1）。

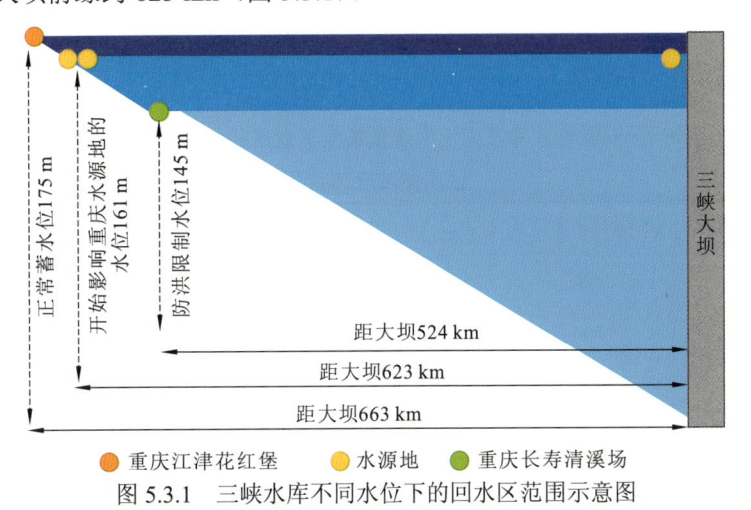

图 5.3.1 三峡水库不同水位下的回水区范围示意图

宜昌秭归长江段凤凰山饮用水源地位于三峡大坝坝前，距三峡大坝前缘仅 0.5 km，处于三峡水库库首，当三峡水库坝前水位由汛期的防洪限制水位 145 m 变动到枯水期的正常蓄水位 175 m 时，该水源地的水位也随之同步变动，变幅在 30 m 左右，且其水文、水动力条件受三峡水库单库常规调度的影响显著，水环境承载力也有所增加，三峡水库单库常规调度对该饮用水源地能起到改善水质的作用。

对于重庆南岸长江黄桷渡饮用水源地、重庆九龙坡长江和尚山饮用水源地，只有在三峡水库蓄水位大于 161 m 时，才处于变动回水区范围内。根据三峡水库调度规程，这两个水源地只有在蓄水期和枯水期（10 月中旬～次年 3 月中旬）受三峡水库蓄水的影响。利用第 4 章构建的一维水动力-水质数学模型，对三峡水库正常蓄水位 175 m 下变动回水区较天然水位的变化进行了沿程计算。当三峡水库水位为正常蓄水位 175 m 时，重庆两个饮用水源地的水位增幅仅为 0.1 m，而重庆两个水源地的天然水位在 190 m 左右（上游来水为 5 年一遇），水位增幅为 0.05%。因此，重庆两个饮用水源地的水文、水动力条件受三峡水库单库常规调度的影响甚微，三峡水库单库常规调度对其水环境承载力的影响很小，对水源地水质改善无明显作用。

5.3.3 溪洛渡-向家坝水库联合调度对三峡库区水源地水质的影响

对于宜昌秭归长江段凤凰山饮用水源地，根据 2014～2016 年的逐月水质监测数据，选取超标月份开展了溪洛渡-向家坝水库联合调度对该水源地水质的影响分析。根据水质资料，2014 年 5 月铁的质量浓度为 0.33 mg/L，超过了《地表水环境质量标准》（GB 3838—2002）的 III 类水标准值（0.30 mg/L）。同期向家坝水库的下泄流量为 1 827 m^3/s，考虑溪洛渡水库的可调节库容为 64.6 亿 m^3，向家坝水库的可调节库容为 9.03 亿 m^3，因此设计溪洛渡-向家坝水库的出库流量分别取 1 800 m³/s、3 000 m³/s 和 4 500 m³/s，通过计算分析，得出不同下泄流量条件下铁质量浓度的变化情况，结果见表 5.3.1。分析可知，即便是对于极端工况（工况 3），将溪洛渡-向家坝水库可调节库容全部考虑进来，仍然不能缓解宜昌秭归长江段凤凰山饮用水源地的水质超标问题，对宜昌秭归长江段凤凰山饮用水源地的水质改善作用较小。

表 5.3.1　溪洛渡-向家坝水库不同出库流量条件下宜昌秭归长江段凤凰山饮用水源地铁质量浓度的变化

工况	溪洛渡-向家坝水库出库流量/(m³/s)	铁质量浓度/(mg/L)	削减质量浓度值/(mg/L)	是否达标
1	1 800	0.33（现状值）	0	不达标
2	3 000	0.33	0	不达标
3	4 500	0.32	0.01	不达标

对于重庆南岸长江黄桷渡饮用水源地，根据 2014~2016 年的逐月水质监测数据，选取超标月份开展了溪洛渡-向家坝水库联合调度对该水源地水质的影响分析。根据水质资料，2014 年 5 月 TP 质量浓度为 0.26 mg/L，超过了《地表水环境质量标准》（GB 3838—2002）的 III 类水标准值（0.20 mg/L）。同期向家坝水库的下泄流量为 1 827 m³/s，同样考虑溪洛渡水库和向家坝水库的可调节库容，设计三种溪洛渡-向家坝水库出库流量条件，通过计算分析，得出不同下泄流量条件下 TP 质量浓度的变化情况，结果见表 5.3.2。分析可知，工况 2 和工况 3 条件下 TP 质量浓度可以达标，通过溪洛渡-向家坝水库联合调度可以解决重庆南岸长江黄桷渡饮用水源地的水质超标问题，对重庆南岸长江黄桷渡饮用水源地的水质改善能够起到积极的作用。

表 5.3.2　溪洛渡-向家坝水库不同出库流量条件下重庆南岸长江黄桷渡饮用水源地 TP 质量浓度的变化

工况	溪洛渡-向家坝水库出库流量/(m³/s)	TP 质量浓度/(mg/L)	削减质量浓度值/(mg/L)	是否达标
1	1 800	0.26（现状值）	0	不达标
2	3 000	0.20	0.06	达标
3	4 500	0.20	0.06	达标

对于重庆九龙坡长江和尚山饮用水源地，根据 2014~2016 年的逐月水质监测数据，选取超标月份开展了溪洛渡-向家坝水库联合调度对该水源地水质的影响分析。根据水质资料，2014 年 5 月铁质量浓度为 0.41 mg/L，超过了《地表水环境质量标准》（GB 3838—2002）的 III 类水标准值（0.30 mg/L）。同期向家坝水库的下泄流量为 1 827 m³/s，同样考虑溪洛渡水库和向家坝水库的可调节库容，设计三种溪洛渡-向家坝水库出库流量条件，通过计算分析，得出不同下泄流量条件下铁质量浓度的变化情况，结果见表 5.3.3。分析可知，工况 2 和工况 3 条件下铁质量浓度可以达标，通过溪洛渡-向家坝水库联合调

度可以解决重庆九龙坡长江和尚山饮用水源地的水质超标问题,对重庆九龙坡长江和尚山饮用水源地的水质改善能够起到积极的作用。

表 5.3.3　溪洛渡-向家坝水库不同出库流量条件下重庆九龙坡长江和尚山饮用水源地铁质量浓度的变化

工况	溪洛渡-向家坝水库出库流量/(m³/s)	铁质量浓度/(mg/L)	削减质量浓度值/(mg/L)	是否达标
1	1 800	0.41（现状值）	0	不达标
2	3 000	0.23	0.18	达标
3	4 500	0.16	0.25	达标

5.3.4　水库群联合调度对三峡库区水源地水质的影响

根据 3 个饮用水源地 2014~2016 年的逐月水质监测数据,选择 3 个饮用水源地均出现了指标超标的 2014 年 5 月作为典型月份,2014 年 5 月超标指标分别为宜昌秭归长江段凤凰山饮用水源地的铁,质量浓度值为 0.33 mg/L;重庆南岸长江黄桷渡饮用水源地的 TP,质量浓度值为 0.26 mg/L;重庆九龙坡长江和尚山饮用水源地的铁,质量浓度值为 0.41 mg/L。

依据第 4 章提出的一维水动力-水质数学模型和平面二维水动力-水质数学模型,对水库群联合调度条件下三峡库区水源地相关污染物质量浓度的变化进行了计算分析,其中溪洛渡-向家坝水库出库流量按 1 800 m³/s、3 000 m³/s 和 4 500 m³/s 三种工况设计。另外,由于 5 月三峡水库正处于消落期,三峡水库水位按 145 m 和 175 m 两种工况设计,详见表 5.3.4。

表 5.3.4　水库群联合调度下三峡库区饮用水源地水质达标情况

工况	溪洛渡-向家坝水库出库流量/(m³/s)	三峡水库水位/m	水源地	超标污染物	污染物质量浓度/(mg/L)	是否达标
1	1 800（现状值）	145	宜昌秭归长江段凤凰山饮用水源地	铁	0.33	不达标
			重庆南岸长江黄桷渡饮用水源地	TP	0.26	不达标
			重庆九龙坡长江和尚山饮用水源地	铁	0.41	不达标
2	3 000	145	宜昌秭归长江段凤凰山饮用水源地	铁	0.33	不达标
			重庆南岸长江黄桷渡饮用水源地	TP	0.20	达标
			重庆九龙坡长江和尚山饮用水源地	铁	0.23	达标
3	4 500	145	宜昌秭归长江段凤凰山饮用水源地	铁	0.33	不达标
			重庆南岸长江黄桷渡饮用水源地	TP	0.20	达标
			重庆九龙坡长江和尚山饮用水源地	铁	0.16	达标

续表

工况	溪洛渡-向家坝水库出库流量/(m³/s)	三峡水库水位/m	水源地	超标污染物	污染物质量浓度/(mg/L)	是否达标
4	1 800（现状值）	175	宜昌秭归长江段凤凰山饮用水源地	铁	0.30	达标
			重庆南岸长江黄桷渡饮用水源地	TP	0.26	不达标
			重庆九龙坡长江和尚山饮用水源地	铁	0.41	不达标
5	3 000	175	宜昌秭归长江段凤凰山饮用水源地	铁	0.30	达标
			重庆南岸长江黄桷渡饮用水源地	TP	0.20	达标
			重庆九龙坡长江和尚山饮用水源地	铁	0.23	达标
6	4 500	175	宜昌秭归长江段凤凰山饮用水源地	铁	0.30	达标
			重庆南岸长江黄桷渡饮用水源地	TP	0.20	达标
			重庆九龙坡长江和尚山饮用水源地	铁	0.16	达标

分析表5.3.4可知，工况1和工况4下重庆南岸长江黄桷渡饮用水源地、重庆九龙坡长江和尚山饮用水源地均存在水质超标的情况；工况2和工况3下重庆南岸长江黄桷渡饮用水源地、重庆九龙坡长江和尚山饮用水源地的水质有所改善，但宜昌秭归长江段凤凰山饮用水源地的水质超标问题仍不能解决；而工况5和工况6条件下，随着三峡水库水位的提升，宜昌秭归长江段凤凰山饮用水源地的水质也有所改善，由此通过溪洛渡-向家坝-三峡水库群联合调度可在一定程度上实现库区水源地的水质达标。

由以上分析可知，三峡水库主要对宜昌秭归长江段凤凰山饮用水源地的水质有改善作用，三峡水库上游溪洛渡-向家坝水库联合调度对重庆南岸长江黄桷渡饮用水源地、重庆九龙坡长江和尚山饮用水源地有较为显著的水质改善作用（图5.3.2）。

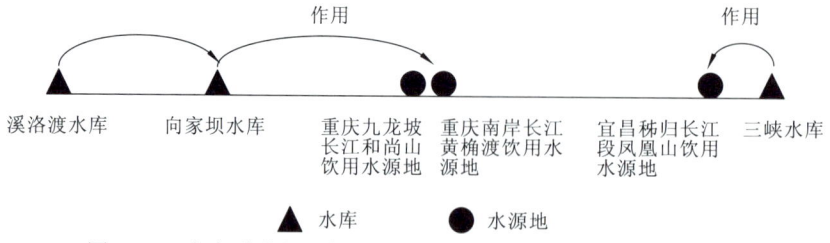

图 5.3.2 水库群联合调度对三峡库区水源地水质改善作用示意图

5.4 三峡库区水源地水环境安全的水库群联合调度需求

5.4.1 三峡库区水源地超标污染物现状

根据 2014~2016 年的水源地监测数据，依据《地表水环境质量标准》（GB 3838—2002）中的 III 类标准，宜昌秭归长江段凤凰山饮用水源地水质达标率为 97.2%，满足"水源地水质保证达标 95%以上"的要求，超标污染物为铁；重庆南岸长江黄桷渡饮用水源地水质达标率为 72.2%，低于水源地要求的水质达标率 95%，水源地的超标污染物主要有 TP、铁、锰、汞和高锰酸盐指数；重庆九龙坡长江和尚山饮用水源地水质达标率为 75.0%，低于水源地要求的水质达标率 95%，水源地的超标污染物有 TP、铁、锰和氨氮。

5.4.2 水库群联合调度方案设定及分析

饮用水源地水环境安全的水库群联合调度方案设定及各工况下的水源地水质达标率见表 5.4.1。从中可见，工况 5 条件下，宜昌秭归长江段凤凰山饮用水源地和重庆南岸长江黄桷渡饮用水源地的水质达标率均提升至 97.2%，重庆九龙坡长江和尚山饮用水源地的水质达标率为 100%，实现了 3 个库区重要水源地水质达标率在 95%以上的目标。工况 10 条件下，重庆九龙坡长江和尚山饮用水源地、重庆南岸长江黄桷渡饮用水源地的水质达标率均提升至 97.2%，宜昌秭归长江段凤凰山饮用水源地的水质达标率提升至 100%，也实现了 3 个库区重要水源地水质达标率在 95%以上的目标。

表 5.4.1 水库群联合调度方案设定及水源地水质达标率

工况	三峡水库水位/m	溪洛渡-向家坝水库出库流量/(m³/s)	宜昌秭归长江段凤凰山饮用水源地水质达标率/%	重庆南岸长江黄桷渡饮用水源地水质达标率/%	重庆九龙坡长江和尚山饮用水源地水质达标率/%
0	现行调度方案		97.2	72.2	75.0
1	145	4 000	97.2	86.1	88.9
2	145	6 000	97.2	91.7	88.9
3	145	9 000	97.2	91.7	94.4
4	145	10 000	97.2	94.4	97.2
5	145	11 000	97.2	97.2	100
6	175	4 000	97.2	86.1	75.0
7	175	6 000	97.2	91.7	88.9
8	175	9 000	97.2	91.7	88.9
9	175	10 000	97.2	94.4	94.4
10	175	11 000	100	97.2	97.2

5.4.3 考虑水库群调度空间的三峡库区水环境安全的联合调度需求

在分析 2014～2016 年向家坝水库逐月平均出库流量的基础上,结合各水源地的超标指标及污染物浓度,利用第 4 章提出的一维水动力-水质数学模型和平面二维水动力-水质数学模型,对三峡水库上游梯级水库调度需求进行分析计算。以 2014 年 5 月为例,对宜昌秭归长江段凤凰山饮用水源地铁质量浓度、重庆南岸长江黄桷渡饮用水源地 TP 质量浓度、重庆九龙坡长江和尚山饮用水源地铁质量浓度展开了模拟,以宜昌秭归长江段凤凰山饮用水源地为例,模拟效果如图 5.4.1 所示。对三峡水库上游梯级水库的逐月调度需求见表 5.4.2。

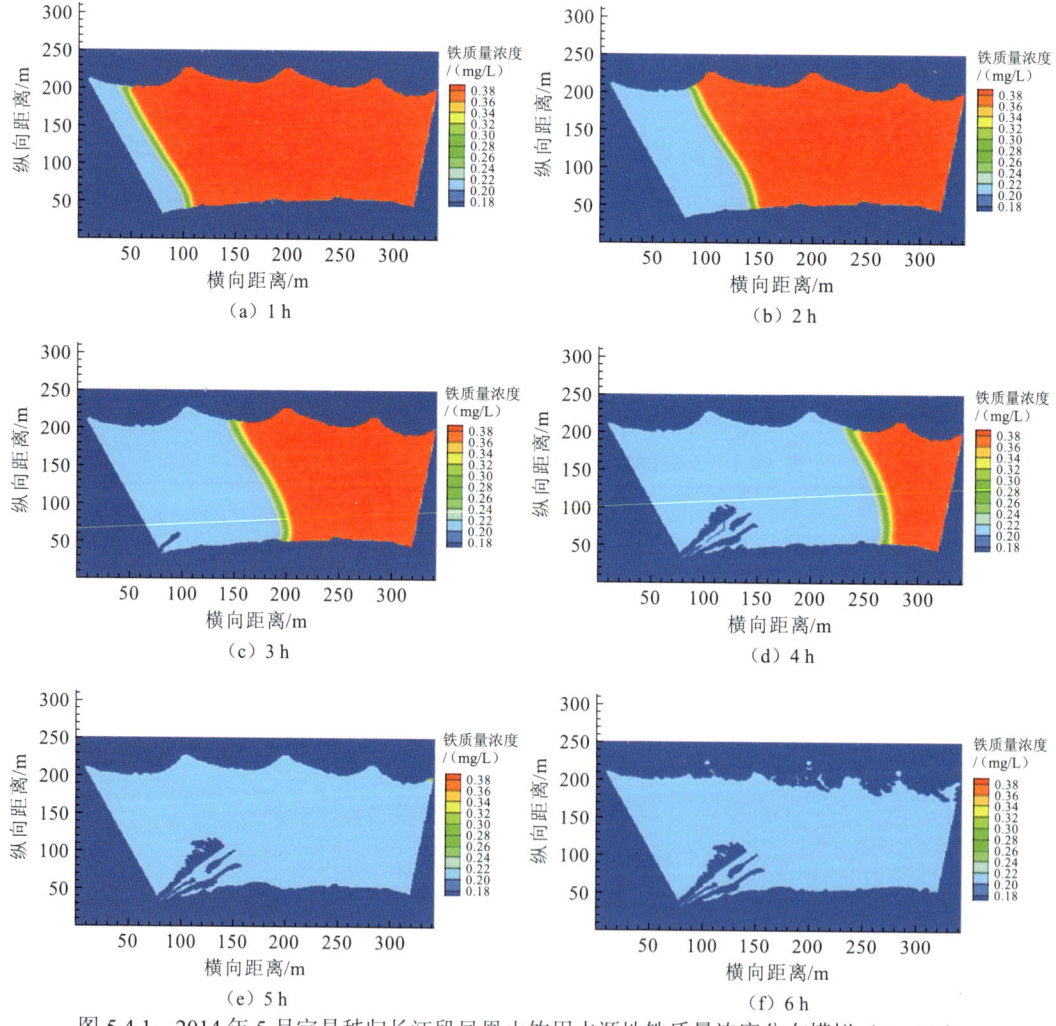

图 5.4.1 2014 年 5 月宜昌秭归长江段凤凰山饮用水源地铁质量浓度分布模拟（1～6 h）

表 5.4.2　饮用水源地水质达标对水库群的逐月调度需求　　　（单位：m³/s）

日期 (年-月)	向家坝水库 实际出库 流量	对向家坝水库出库流量的需求		对溪洛渡水库出库流量的需求		考虑调度空间的向家坝水库最大出库流量	
		重庆南岸长江黄桷渡饮用水源地	重庆九龙坡长江和尚山饮用水源地	重庆南岸长江黄桷渡饮用水源地	重庆九龙坡长江和尚山饮用水源地	重庆南岸长江黄桷渡饮用水源地	重庆九龙坡长江和尚山饮用水源地
2014-01	1 779	2 838	—	722	—	2 116	—
2014-02	1 701	1 875	—	—	—	1 875	—
2014-03	1 673	1 845	1 845	—	—	1 845	1 845
2014-04	2 151	2 340	2 340	—	—	2 340	2 340
2014-05	1 827	2 726	2 726	562	562	2 164	2 164
2014-07	8 629	9 740	9 740	774	774	8 966	8 966
2014-08	10 771	10 956	10 956	—	—	10 956	10 956
2014-09	10 184	11 678	—	1 146	—	10 532	—
2014-11	2 504	—	3 418	—	566	—	2 852
2015-01	2 177	—	2 850	—	336	—	2 514
2015-07	4 960	5 356	—	59	—	5 297	—
2015-08	5 404	5 475	—	—	—	5 475	—
2016-07	8 433	—	8 879	—	109	—	8 770
2016-10	6 133	—	6 586	—	116	—	6 470

综上，在综合考虑水库群调度空间、饮用水源地水质现状、水库群水质现状、向家坝水库至三峡水库段来水水质后，提出的保障库区饮用水源地水环境安全的梯级水库群联合调度需求如下：①汛期，6月中旬～9月上旬，对三峡水库上游梯级调度的需求流量为7 677 m³/s；②蓄水期，按现行调度运行准则运行，9月中旬～9月底蓄水，保障向家坝水库最小下泄流量为3 259 m³/s；③枯水期，10～12月对三峡水库上游梯级调度的需求流量为4 190 m³/s；④供水期，12月下旬～次年6月上旬，对三峡水库上游梯级调度的需求流量为2 249 m³/s。

结合研究提出的保障库区饮用水源地水环境安全的梯级水库群联合调度方案与运行准则，2017年7～12月实施了库区水源地安全保障的中长期联合调度示范，2017年5月和2018年8月实施了库区水源地安全保障的短期联合调度示范，同期进行了加密观测。示范结果表明：①2017年7～12月中长期调度示范期间，库区3个重要水源地的水质达标率在95%以上，说明保障库区饮用水源地水环境安全的梯级水库群联合调度方案与运行准则能够有效地保障库区水源地安全;②2017 年 5 月和 2018 年 8 月两次短期联合调度示范期间,库区 3 个重要水源地的水质达标率提升至 100%,水质有明显改善,进一步验证了保障库区饮用水源地水环境安全的梯级水库群联合调度方案与运行准则的可行性和合理性。

5.4.4 三峡库区水源地突发事件多等级应急调度需求

一般情况下,三峡库区水库调度采用单库调度方式,其调度运行准则采用三峡水库调度运行准则,若单库调度不能满足条件,则参照各水库调度准则,对溪洛渡水库、向家坝水库和三峡水库进行联合调度。

1. 宜昌秭归长江段凤凰山饮用水源地枯水期应急调度水量需求

假设宜昌秭归长江段凤凰山饮用水源地在枯水期发生突发性非持久性污染物氰化钠(NaCN)和持久性污染物砷的水污染事件,需启用三峡水库进行应急调度,综合考虑水文、水环境特性和污染物可能的影响时间,利用建立的平面二维水动力-水质数学模型,预测事故发生对宜昌秭归长江段凤凰山饮用水源地水质的影响程度,研究不同调度方案对不同事故排放种类的影响规律。

对于 NaCN,设置为载有 10 m^3 的 30% NaCN 溶液的运输车辆在库区重要水源地取水口上游 1 km 处的路侧翻车,NaCN 溶液的泄漏量按 100%、80%、60%、40%设为四个源项等级,事故相应分为四个等级,其中 NaCN 溶液泄漏最大总量为 11.5 t,最大质量浓度为 1.15×10^6 mg/L。2014~2017 年水源地氰化物实测质量浓度值<0.004 mg/L,水源地氰化物的背景质量浓度值设为 0.002 mg/L。对于砷,体积为 5 000 m^3 的含砷废水在岸边排放,排污口距离取水口上游 1 km,模拟水期选择枯水期,含砷废水的质量浓度值按 100%、80%、60%、40%设为四个源项等级,事故相应分为四个等级,其中砷泄漏最大总量为 6.81 t,最大质量浓度设为 1362.5 mg/L。2014~2017 年实测砷质量浓度多<0.002 mg/L,水源地砷的背景质量浓度值设为 0.001 mg/L。

三峡水库常规调度流量为 8 325 m^3/s,三峡水库 1 h 后进行应急调度。

1)模型计算工况

突发性非持久性污染物 NaCN 和持久性污染物砷水污染事故发生后,分别考虑如下 2 种应急调度方案:①事故发生后紧急调度 2 h,泄水 2 h 后水流流量从 8 325 m^3/s 增大至 15 900 m^3/s,并持续 2 h;②事故发生后紧急调度 1 h,泄水 1 h 后水流流量为 22 750 m^3/s(三峡电站满负荷发电时的出库流量)。根据上述 2 种应急调度方案和事故排放类型,设计工况如下(表 5.4.3)。

表 5.4.3　岸边瞬排模拟工况情况表

工况	污染物类型	事故等级	排放时间	污染物总负荷量/t	调度流量/(m³/s)	调度时间
1	NaCN	I	30 s	11.5	8 325	无应急调度
2					15 900	事故发生后持续 2 h
3					22 750	事故发生后持续 1 h
4		II	30 s	9.2	8 325	无应急调度
5					15 900	事故发生后持续 2 h
6					22 750	事故发生后持续 1 h
7		III	30 s	6.9	8 325	无应急调度
8					15 900	事故发生后持续 2 h
9					22 750	事故发生后持续 1 h
10		IV	30 s	4.6	8 325	无应急调度
11					15 900	事故发生后持续 2 h
12					22 750	事故发生后持续 1 h
13	砷	I	10 min	6.81	8 325	无应急调度
14					15 900	事故发生后持续 2 h
15					22 750	事故发生后持续 1 h
16		II	10 min	5.45	8 325	无应急调度
17					15 900	事故发生后持续 2 h
18					22 750	事故发生后持续 1 h
19		III	10 min	4.09	8 325	无应急调度
20					15 900	事故发生后持续 2 h
21					22 750	事故发生后持续 1 h
22		IV	10 min	2.73	8 325	无应急调度
23					15 900	事故发生后持续 2 h
24					22 750	事故发生后持续 1 h

2）计算结果

（1）对污染团的影响。

由于宜昌秭归长江段凤凰山饮用水源地距离三峡大坝较近，水库应急调度效果最为明显，所以针对 24 种工况，研究分析不同事故等级下不同类型的污染团在不同调度方案下的运动规律，对不同工况对污染团输移的影响效果进行对比与分析。根据模型计算结果，不同事故等级下不同工况污染团的影响时间结果见表 5.4.4。

表 5.4.4 宜昌秭归长江段凤凰山饮用水源地不同工况污染团的影响时间统计表

工况编号	工况	影响时间	工况编号	工况	影响时间
1	现行调度	61 min 30 s	13	现行调度	2 h 33 min
2	15 900 m³/s 持续 2 h	46 min	14	15 900 m³/s 持续 2 h	1 h 54 min
3	22 750 m³/s 持续 1 h	32 min 30 s	15	22 750 m³/s 持续 1 h	1 h 11 min
4	现行调度	49 min 30 s	16	现行调度	2 h 2 min
5	15 900 m³/s 持续 2 h	37 min	17	15 900 m³/s 持续 2 h	1 h 33 min
6	22 750 m³/s 持续 1 h	26 min 30 s	18	22 750 m³/s 持续 1 h	59 min
7	现行调度	37 min 30 s	19	现行调度	1 h 39 min
8	15 900 m³/s 持续 2 h	28 min	20	15 900 m³/s 持续 2 h	1 h 13 min
9	22 750 m³/s 持续 1 h	20 min	21	22 750 m³/s 持续 1 h	47 min
10	现行调度	25 min 30 s	22	现行调度	61 min
11	15 900 m³/s 持续 2 h	19 min	23	15 900 m³/s 持续 2 h	52 min
12	22 750 m³/s 持续 1 h	13 min 30 s	24	22 750 m³/s 持续 1 h	35 min

从改变流量大小和不同事故等级两个角度，分别对两种污染物不同事故等级下污染团的迁移影响效果进行对比分析，得出以下结论：

对于同一种污染物，通过增加三峡库区出库流量，可减少污染团滞留时间，且流量越大，对水源地的影响越小。随着污染物事故等级的下降，污染团滞留时间整体上减少，说明对于同一种污染物，增加出库流量，持续时间短，效果更好。

对于不同污染物的岸边瞬排，增加出库流量及延长调度时间，均可减少污染物影响时间。相同的持续时间，出库流量越大，影响时间越短；相同事故等级和相同的出库流量下，污染物越容易降解，影响时间越短。这说明对于不同污染物，出库流量越大，污染物越容易降解，影响时间越短，效果更好。其中，对比非持久性污染物 NaCN 和持久性污染物砷的质量浓度发现，持久性污染物扩散程度更大。

（2）污染团对重点区域的影响。

宜昌秭归长江段凤凰山饮用水源地是重要的水源地，此江段水体污染会对两岸居民健康有不良影响，而且会产生严重的社会影响，因此将饮用水源地取水区域约 2 km（距离上游事故点约 1.0 km）作为重点区域进行研究。按照湖北水功能区划，此段需满足 III 类水标准（氰化物质量浓度小于 0.2 mg/L；砷质量浓度小于 0.05 mg/L）。

在污染团运动规律的影响研究中，非持久性污染物 NaCN 和持久性污染物砷的岸边瞬排规律相似，故选取污染团运动过程更为明显的持久性污染物砷的岸边瞬排情况作为研究对象。现行调度工况中，不同事故等级下污染团在饮用水源地区域内的运动如图 5.4.2 所示（依次为 I～IV 级事故）。分析可知，I 级事故发生后约 153 min、II 级事故发生后约 122 min、III 级事故发生后约 99 min、IV 级事故发生后约 61 min 污染团离开饮用水源地区域。

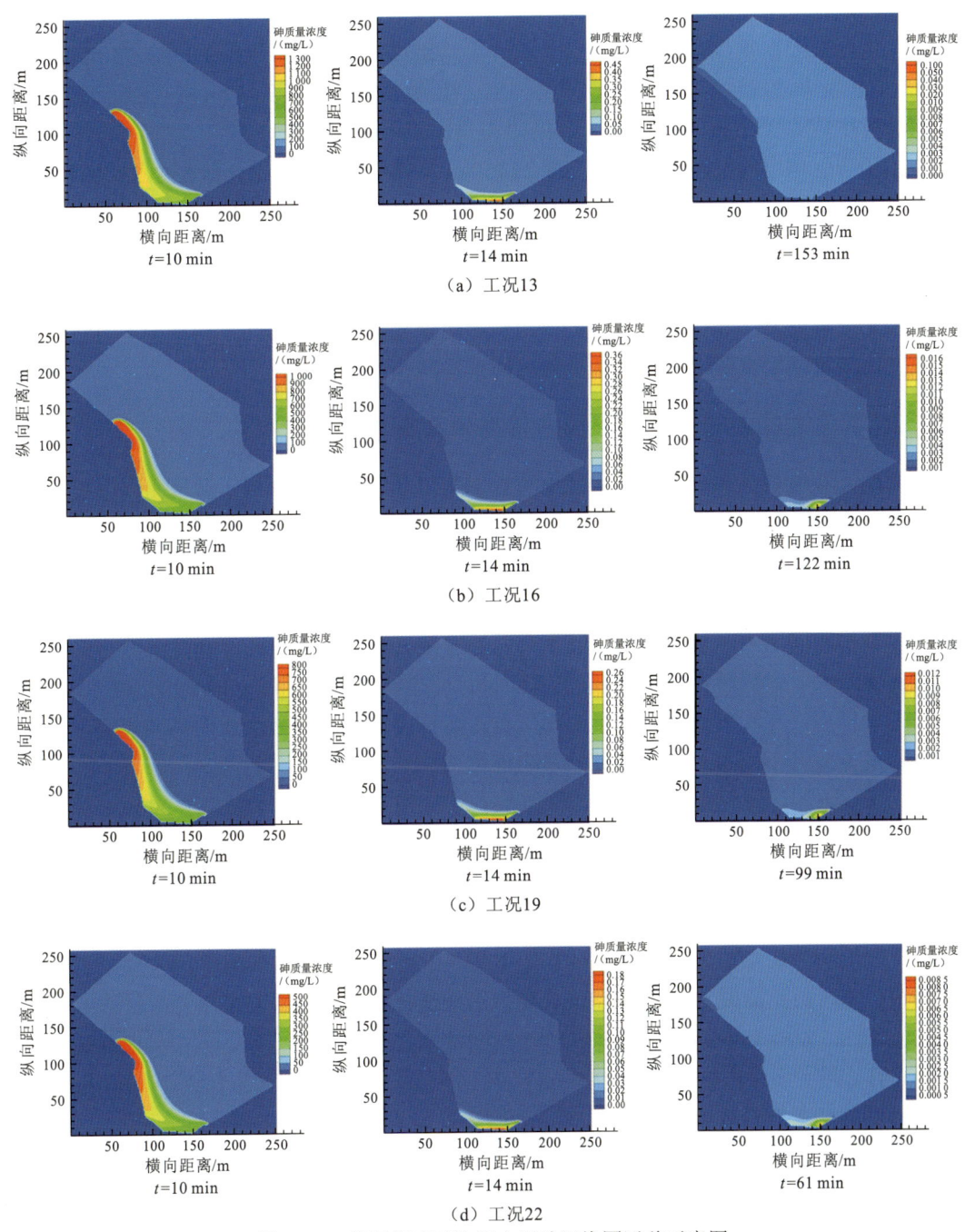

图 5.4.2 现行调度时饮用水源地污染团迁移示意图

在三峡水库下泄流量 15 900 m³/s 持续 2 h 的工况中，计算不同事故等级（I～IV 级事故）下污染团在重点区域内的运动。由计算结果可知，I 级事故发生后约 114 min（工况 14）、II 级事故发生后约 93 min（工况 17）、III 级事故发生后约 73 min（工况 20）、IV 级事故发生后约 52 min（工况 23）污染团离开饮用水源地区域。

在三峡水库下泄流量 22 750 m³/s 持续 1 h 的工况中，计算不同事故等级（I～IV 级事故）下污染团在重点区域内的运动。由计算结果可知，I 级事故发生后约 71 min（工况 15）、II 级事故发生后约 59 min（工况 18）、III 级事故发生后约 47 min（工况 21）、IV 级事故发生后约 35 min（工况 24）污染团离开饮用水源地区域。

由于应急调度时间较短，出库流量 22 750 m³/s 持续 1 h 方案中，弃水所占比例较小，占库容的 0.13%，在较短时间内对发电效益影响不大。

通过分析可知，增大出库流量对于缩短重点区域恢复至 III 类水的时间有明显作用。因此，从尽快恢复水质的效果来说，22 750 m³/s 维持 1 h 的调度方案缩短时间效果最佳，相比于无应急调度，非持久性污染物饮用水源地恢复至达标的时间平均减少了 46.9%，持久性污染物饮用水源地恢复至达标的时间平均减少了 54.8%。

2. 重庆饮用水源地枯水期应急调度水量需求

重庆九龙坡长江和尚山饮用水源地与重庆南岸长江黄桷渡饮用水源地距离较近，水文特征基本一致，因此以重庆南岸长江黄桷渡饮用水源地为案例开展相关研究。重庆南岸长江黄桷渡饮用水源地在三峡库区末端，受三峡水库调度影响较小，主要受上游溪洛渡-向家坝水库调度的影响，枯水期向家坝水库现行调度流量为 1 800 m³/s。假设重庆南岸长江黄桷渡饮用水源地在枯水期发生突发性非持久性污染物 NaCN 和持久性污染物砷的水污染事件，需启用溪洛渡-向家坝水库进行应急调度，利用建立的平面二维水动力-水质数学模型，预测事故发生对重庆南岸长江黄桷渡饮用水源地水质的影响程度，研究不同调度方案对不同事故排放种类的影响规律。

对于 NaCN，设置为载有 10 m³ 的 30% NaCN 溶液的运输车辆在库区重要水源地取水口上游 1 km 处的路侧翻车，NaCN 溶液的泄漏量按 100%、80%、60%、40%设为四个源项等级，事故相应分为四个等级，其中 NaCN 溶液泄漏最大总量为 11.5 t，最大质量浓度为 1.15×10^6 mg/L。2014～2017 年水源地氰化物实测质量浓度值<0.004 mg/L，水源地氰化物的背景质量浓度值设为 0.002 mg/L。对于砷，体积为 5 000 m³ 的含砷废水在岸边排放，排污口距离取水口上游 1 km，模拟水期选择枯水期，含砷废水的质量浓度值按 100%、80%、60%、40%设为四个源项等级，事故相应分为四个等级，其中砷泄漏最大总量为 6.81 t，最大质量浓度设为 1 362.5 mg/L。2014～2017 年实测砷质量浓度多<0.002 mg/L，水源地砷的背景质量浓度值设为 0.001 mg/L。

1）模型计算工况

突发性非持久性污染物 NaCN 和持久性污染物砷水污染事故发生后，分别考虑如下 2 种应急调度方案：①事故发生后紧急调度，泄水维持 30 min，向家坝水库下泄流量由

1 800 m³/s 增大至 2 700 m³/s，并持续 30 min；②事故发生后紧急调度 20 min，泄水 15 min 后，向家坝水库下泄流量由 1 800 m³/s 增大至 3 600 m³/s。根据上述 2 种应急调度方案和事故排放类型，设计工况如下（表 5.4.5）。

表 5.4.5 岸边瞬排模拟工况

工况	污染物类型	事故等级	排放时间	污染物总负荷量/t	调度流量/(m³/s)	调度时间
1	NaCN	I	60 s	11.5	1 800	现行调度
2					2 700	事故发生后持续 30 min
3					3 600	事故发生后持续 20 min
4		II	60 s	9.2	1 800	现行调度
5					2 700	事故发生后持续 30 min
6					3 600	事故发生后持续 20 min
7		III	60 s	6.9	1 800	现行调度
8					2 700	事故发生后持续 30 min
9					3 600	事故发生后持续 20 min
10		IV	60 s	4.6	1 800	现行调度
11					2 700	事故发生后持续 30 min
12					3 600	事故发生后持续 20 min
13	砷	I	10 min	6.81	1 800	现行调度
14					2 700	事故发生后持续 30 min
15					3 600	事故发生后持续 20 min
16		II	10 min	5.45	1 800	现行调度
17					2 700	事故发生后持续 30 min
18					3 600	事故发生后持续 20 min
19		III	10 min	4.09	1 800	现行调度
20					2 700	事故发生后持续 30 min
21					3 600	事故发生后持续 20 min
22		IV	10 min	2.73	1 800	现行调度
23					2 700	事故发生后持续 30 min
24					3 600	事故发生后持续 20 min

2）计算结果

（1）对污染团的影响。

针对 24 种工况，研究分析不同事故等级下不同类型的污染团在不同调度方案下的运动规律，对不同工况下污染团的输移特点进行比较分析。根据模型计算结果，不同事故等级下不同工况污染团的影响时间结果见表 5.4.6。

表 5.4.6 重庆南岸长江黄桷渡饮用水源地不同工况污染团的影响时间统计表

工况编号	工况	影响时间	工况编号	工况	影响时间
1	现行调度	23 min	13	现行调度	31 min
2	2 700 m^3/s 持续 30 min	21 min	14	2 700 m^3/s 持续 30 min	24 min
3	3 600 m^3/s 持续 20 min	20 min	15	3 600 m^3/s 持续 20 min	23 min
4	现行调度	23 min	16	现行调度	27 min
5	2 700 m^3/s 持续 30 min	21 min	17	2 700 m^3/s 持续 30 min	21 min
6	3 600 m^3/s 持续 20 min	20 min	18	3 600 m^3/s 持续 20 min	20 min
7	现行调度	22 min	19	现行调度	25 min
8	2 700 m^3/s 持续 30 min	20 min	20	2 700 m^3/s 持续 30 min	19 min
9	3 600 m^3/s 持续 20 min	19 min	21	3 600 m^3/s 持续 20 min	18 min
10	现行调度	22 min	22	现行调度	24 min
11	2 700 m^3/s 持续 30 min	20 min	23	2 700 m^3/s 持续 30 min	19 min
12	3 600 m^3/s 持续 20 min	19 min	24	3 600 m^3/s 持续 20 min	18 min

（2）污染团对饮用水源地区域的影响。

重庆南岸长江黄桷渡饮用水源地是重要的水源地，此江段水体污染会对两岸居民健康有不良影响，而且会产生严重的社会影响，因此将饮用水源地取水区域约 2 km（距离上游事故点约 1.0 km）作为重点区域进行研究。按照水功能区划，此段需满足 III 类水标准（氰化物质量浓度小于 0.2 mg/L；砷质量浓度小于 0.05 mg/L）。

在污染团运动规律的影响研究中，非持久性污染物 NaCN 和持久性污染物砷的岸边瞬排规律相似，故选取污染团运动过程更为明显的持久性污染物砷的岸边瞬排情况作为研究对象。现行调度工况中，不同事故等级下污染团在饮用水源地区域内的运动如图 5.4.3 所示（依次为 I～IV 级事故）。分析可知，I 级事故发生后约 31 min、II 级事故发生后约 27 min、III 级事故发生后约 25 min、IV 级事故发生后约 24 min 污染团离开饮用水源地区域。

向家坝水库下泄流量为 2 700 m^3/s 时，I 级事故发生后约 24 min、II 级事故发生后约 21 min、III 级事故发生后约 19 min、IV 级事故发生后约 19 min 污染团离开饮用水源地区域。向家坝水库下泄流量为 3 600 m^3/s 时，I 级事故发生后约 23 min、II 级事故发生后约 20 min、III 级事故发生后约 18 min、IV 级事故发生后约 18 min 污染团离开饮用水源地区域。可以看出，在重庆南岸长江黄桷渡饮用水源地发生突发性水污染事件后采取应急调度手段，可以缩短饮用水源地区域恢复至 III 类水的时间，其中增大流量对于缩短时间有明显的作用，因此多等级污染事故下，向家坝水库下泄流量 3 600 m^3/s 维持 20 min

(a) 工况13

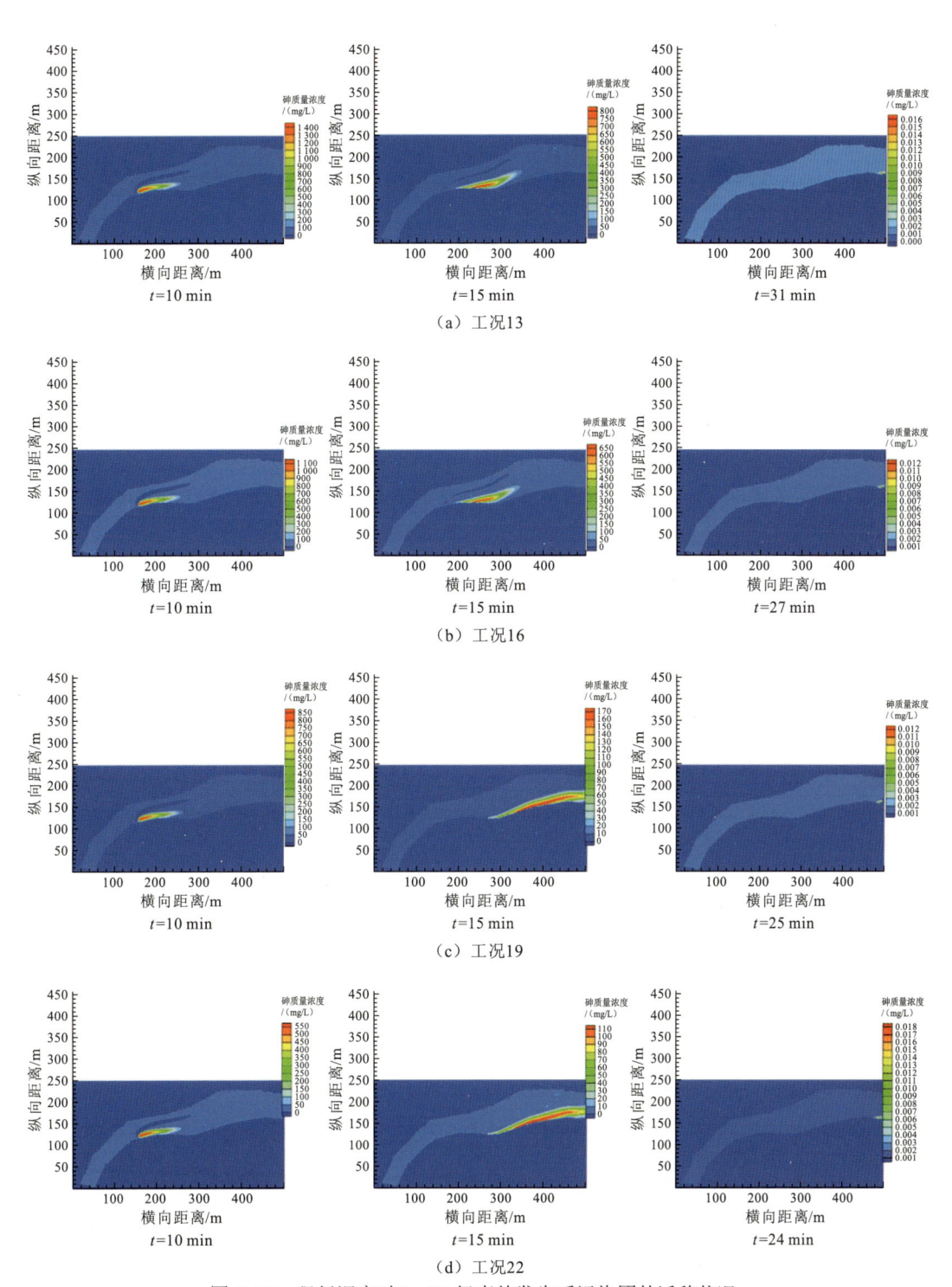

(b) 工况16

(c) 工况19

(d) 工况22

图 5.4.3 现行调度时 I～IV 级事故发生后污染团的迁移状况

的调度方案缩短时间效果最佳，非持久性污染物饮用水源地恢复至达标的时间平均减少了 13.3%，持久性污染物饮用水源地恢复至达标的时间平均减少了 26.2%。

参 考 文 献

陈进, 李清清, 2015. 三峡水库试验性运行期生态调度效果评价[J]. 长江科学院院报, 32(4): 1-6.
郭媛, 2015. 汾河水库突发事件水污染模拟与应急处置研究[D]. 太原: 太原理工大学.
毛小苓, 刘阳生, 2003. 国内外环境风险评价研究进展[J]. 应用基础与工程科学学报, 11(3): 266-273.
冉祥滨, 姚庆祯, 巩瑶, 等, 2009. 蓄水前后三峡水库营养盐收支计算[J]. 水生态学杂志, 30(2): 1-8.
石剑荣, 2005. 水体扩散衍生公式在环境风险评价中的应用[J]. 水科学进展, 16(1): 92-102.
王浩, 2010. 湖泊流域水环境污染治理的创新思路与关键对策研究[M]. 北京: 科学出版社.
吴宗之, 高进东, 魏利军, 2001. 危险评价方法及其应用[M]. 北京: 冶金工业出版社.
席庆, 李兆富, 罗川, 2014. 基于扰动分析方法的 AnnAGNPS 模型水文水质参数敏感性分析[J]. 环境科学, 35(5): 1773-1780.
谢永明, 1996. 环境水质模型概念[M]. 北京: 中国科学技术出版社.
曾光明, 何理, 黄国和, 等, 2002. 河流水环境突发性与非突发性风险分析比较研究[J]. 水电能源科学, 20(3): 13-15.
张羽, 2006. 城市水源地突发性水污染事件风险评价体系及方法的实证研究[D]. 上海: 华东师范大学.
中国环境规划院, 2003. 全国水环境容量核定技术指南[Z].
中华人民共和国水利部, 2007. 地表水资源质量评价技术规程: SL 395—2007[S]. 北京: 中国水利水电出版社.
中华人民共和国卫生部, 中国国家标准化管理委员会, 2006. 生活饮用水卫生标准: GB 5749—2006[S]. 北京: 中国标准出版社.
GLENN B M, LARELLE D F, 2008. Dominance of Cylindrospermopsis raciborskii (Nostocales, Cyanoprokaryota) in Queensland tropical and subtropical reservoirs: Implications for monitoring and management[J]. Lakes & reservoirs, 5(3): 195-205.
HENGEL W V, KRUITWAGEN P G, 1996. Environmental risks of inland water treatment transport[J]. Water science and technology, 29(3): 173-179.
JENKINS L, 2000. Selecting scenarios for environmental disaster planning[J]. European journal of operational research, 121(2): 275-286.
LI X, GUO S, LIU P, et al., 2010. Dynamic control of flood limited water level for reservoir operation by considering inflow uncertainty[J]. Journal of hydrology, 391: 124-132.
TARCZYŃSKA M, ROMANOWSKA D Z, JURCZAK T, et al., 2001. Toxic cyanobacterial blooms in a drinking water reservoir-causes, consequences and management strategy[J]. Water science and technology: Water supply, 1(2): 237-246.

第 6 章

基于三峡水库下游生态环境改善的联合调度技术

6.1 三峡水库下游江湖水环境安全综合评判

6.1.1 长江中下游生态环境指标阈值及其确定方法

1. 生态流量和环境水位的概念及其计算方法

1）生态流量和环境水位的概念

（1）河流生态流量和生态水位。

广义上讲，河流生态流量是指维持河流河道内（包括河床、漫滩、湿地、阶地）与河流关联供给（湖泊、海洋、森林、草地、工业、农业、城市）生态系统良性发展所需要的流量及其过程。狭义上讲，河流生态流量是指维持河道内生态系统中生物群落良性发展所需要的流量及其过程，具体就是水生态系统中水生物群落发展所需的水量在特定断面上的"折算"值，河流按这个"折算"值对河槽水量进行"补偿"，其水量的补偿大小可用断面流量（其中一部分）来度量，这就是"河流生态流量"得名的内涵所在。生态流量对应的水位称为生态水位。

（2）河流环境流量和环境水位。

广义上讲，河流环境流量是指维系河流系统完整和功能发挥，以及河流关联区域生态环境需求和人类活动及规划所需要的流量及其过程。河流关联区域生态环境指河道内（河床、漫滩、湿地、阶地）、外（湖泊、森林、草地、工业、农业、城市）生态与环境需求。广义河流环境流量与狭义的差别在于其是在狭义内涵的基础上通过延展性拓宽到河流之外的生态与环境需求的流量及其过程。环境流量对应的水位称为环境水位。

2）生态流量的计算方法

（1）典型河段生态流量计算方法。

典型河段生态流量计算方法主要包括水文学法、水力学法和栖息地法及综合法。水文学法是操作最简单同时也是最为成熟的生态流量计算方法，其主要依据历史的月径流或日径流数据进行计算，主要包含 Tennant 法、流量历时曲线法、7Q10 法、变异性范围法（range of variability approach，RVA）等。水力学法是根据河道水力参数（如宽度、深度、流速和湿周等）确定河道内所需流量，其在国内外应用并不多，其中两种代表性的方法是湿周法和 R2-CROSS 法。栖息地法又称为生境模拟法，其代表性方法为内流量增加法（instream flow incremental methodology，IFIM）（Stalnaker et al.，1995）。

本书主要采用比较成熟的水文学法对生态流量进行研究，以 RVA 计算生态流量值为主，数据检验不满足 RVA 时将 7Q10 法作为辅助计算方法。RVA 根据历史日流量系列确定 32 个水文变异性指标（indicators of hydrologic alteration，IHA），并分析它们在人类活动影响下的变化程度，最终以未受人类干扰情况下的流量为初始生态流量，并在该生态流量实施后继续监测河流的相关数据来进行评价，指标见表 6.1.1。

表 6.1.1　IHA 及其生态特征

IHA 指数组	水文指标	生态特征
月均流量（包含 12 个指数）	1~12 月的月均流量	水生生物的栖息地需求；植被土壤湿度需求；陆地生物对水资源的需求；食肉动物筑巢的通道；影响水温、含氧量、光合作用
极端水文条件及持续时间（包含 11 个指数）	年均 1 天、3 天、7 天、30 天、90 天最大流量 年均 1 天、3 天、7 天、30 天、90 天最小流量 零流量天数	为植被提供更多生存场所，丰富水生生态系统；对水生生物产生压力；河流和漫滩的养分交换；塑造河道地形
极端水文条件的出现时间（包含 2 个指数）	年最大流量出现时间 年最小流量出现时间	满足鱼类的洄游产卵；为生物繁殖提供栖息地
高流量和低流量的出现频率及持续时间（包含 4 个指数）	高流量出现次数 高流量出现时间 低流量出现次数 低流量出现时间	植物所需土壤温度的频度与尺度；漫滩栖息地对水生有机物的有效性；河道与漫滩间营养和有机物的交换；为水鸟提供栖息地
水流条件变化速率及频率（包含 3 个指数）	流量平均增加率 流量平均减少率 流量过程转换次数	植物的干旱压力；孤岛、漫滩的有机物截留；对河床边缘生物的干燥压力

传统 RVA 以日流量数据为基础，将大坝（或其他水利设施）建设前的流量系列作为未受人类活动影响的自然流量状态，统计 32 个 IHA 在大坝建立前后的变化，分析大坝建前建后的改变程度，但是 IHA 受影响程度的衡量需要借助生态方面受影响的资料，如果这方面资料匮乏，Richter 等（1997）建议以各指标的均值加减一个标准差或将各指标发生概率的 75%及 25%的值作为各个指标的上下限，称为 RVA 阈值。

若建坝后受影响的流量序列仍有较高比例落在 RVA 阈值范围内，则认为建坝对径流的影响较小，反之，则认为大坝改变了自然径流过程，为了量化这种改变程度，Richter 等（1997）建议采用式（6.1.1）进行评估：

$$D = \left| \frac{N_0 - N_e}{N_e} \right| \times 100\% \tag{6.1.1}$$

式中：D 为各个 IHA 的改变度；N_0 为建坝后 IHA 落入 RVA 阈值范围内的年数；N_e 为预期建坝后 IHA 落入 RVA 阈值范围内的年数，$N_e = r \times N_T$，r 为建坝前 IHA 落入 RVA 阈值范围内的比率，N_T 为建坝后流量序列的总长度。认为 D 在 0%~33%时为无或低度改变，在 33%~67%时为中度改变，在 67%~100%时为高度改变。

RVA 被广泛用于评估河流生态系统是否得到维护，近年来更是不断有学者尝试将该评价方法的思路应用于估算生态流量。本书参考了水文序列突变点的检验方法，提出对日流量序列进行秩和检验，在一定的置信水平下将检验点前后流量序列分布差异最大的时间点作为传统 RVA 中的建坝时间点，余下步骤遵从传统 RVA 和前人研究成果，计算思路如图 6.1.1 所示。

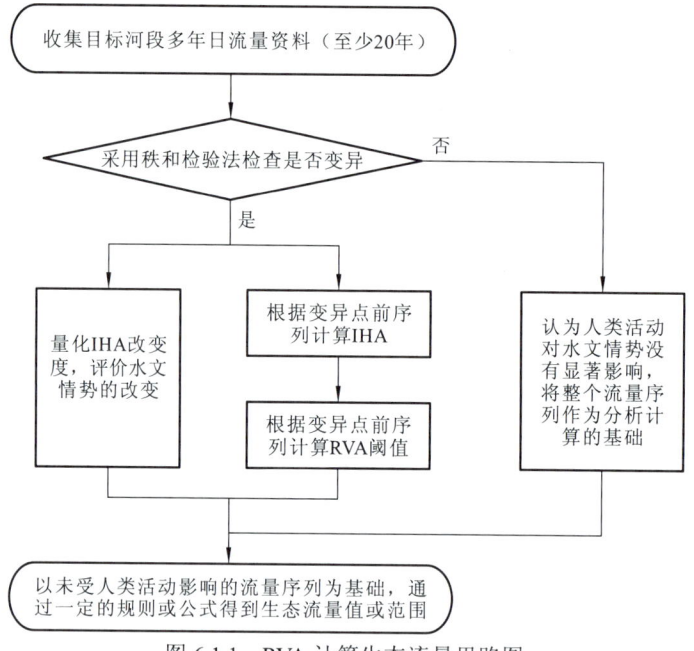

```
收集目标河段多年日流量资料（至少20年）
            ↓
      采用秩和检验法检查是否变异 ──否──→ 认为人类活动对水文情势没有显著影响，将整个流量序列作为分析计算的基础
            │是
      ┌─────┴─────┐
   量化IHA改变度，   根据变异点前序
   评价水文情势的改变  列计算IHA
                    ↓
                根据变异点前序
                列计算RVA阈值
```

图 6.1.1 RVA 计算生态流量思路图

为保证用于计算的日流量时间序列未受人类活动等干扰，检验方法采用 Mann-Whitney U 检验法（Durdu，2010）。依据监利站日流量资料计算出各年目标月份的月均流量，并按时间顺序将各年份作为分割点，对两个样本的水文序列进行滑动秩和检验。做假设 H_0：两个样本的分布无显著差异，即气候变化和人类活动对水文序列影响不显著。H_1：两个样本的分布有显著差异，即气候变化和人类活动对水文序列影响显著。

两个样本容量小者为 n_1，容量大者为 n_2，T 为 n_1 中各数值的秩和，用下列公式计算 U_1 和 U_2 的值：

$$U_1 = n_1 n_2 + \frac{n_1(n_1+1)}{2} - T \tag{6.1.2}$$

$$U_2 = n_1 n_2 - U_1 \tag{6.1.3}$$

取 U_1 和 U_2 中较小的值作为检验统计值 U，并构造秩统计量 Z：

$$Z = \frac{U - n_1(n_1+n_2+1)/2}{\sqrt{n_1 n_2 (n_1+n_2)/12}} \tag{6.1.4}$$

Z 服从标准正态分布，取置信水平 $\alpha=0.05$，则所有满足 $|Z|>Z_{0.05/2}=1.96$ 的检验点均表明检验点前后两个序列的分布有显著差别。

（2）长江中游四大家鱼生态水文因子分析。

河流水生态系统的健康最直接地反映在水生生物的数量和种类等特征上，而鱼类又是河流水生态系统的顶级消费者，若水体受到污染或是水文情势有较大改变，鱼类都是最先受到影响的，故鱼类的数量和种类在相当大程度上能够反映整个河流生态系统的健康程度。四大家鱼（青鱼、草鱼、鲢鱼和鳙鱼）作为我国特有的经济鱼类，是我国淡水渔业的主要捕捞对象，长江更是全国家鱼苗种主要的供应地，天然苗产量约占全国总产量的70%。因此，可以把四大家鱼作为反映长江中游水生态系统健康的指示物种。

一，四大家鱼特征及生物习性。

青鱼、草鱼、鲢鱼和鳙鱼均属鲤科，均不能在静水中产卵。四大家鱼在通江湖泊中育肥，秋末到长江中下游越冬，次年春天再溯江至中上游产卵，卵产出后的早期仔鱼要顺水漂流数百千米，在发育成熟并具备足够的溯游能力后，才再次溯河至合适的江段中繁殖，故四大家鱼均具有江湖洄游习性，也称为半洄游性鱼类。

二，水温。

大量研究调查表明，温度是制约家鱼繁殖的重要因素之一，调查2012~2015年四大家鱼在宜都和荆州断面第一次产卵的时间与水温，得到产卵水温范围为18.5~22℃，可以认为产卵水温需达到18℃以上。据观测，长江中游水温一般能够满足家鱼产卵的要求，但仍需严格控制保证水温范围。

三，水文水动力条件。

长江干流四大家鱼的繁殖期为4~7月，其中5月、6月为繁殖高峰期，其繁殖与长江中游的水文水动力要素密切相关，因此三峡水库进行生态调度的时间也应放在每年的5月、6月。根据长江水产研究所1997~1999年在监利断面3年的监测结果（段辛斌 等，2002），可以认为在江段水位开始上涨之后（一般认为是0.5~2天）家鱼便开始产卵，当每次涨水来到尾声时，苗汛形成，因此涨水是家鱼产卵的必备条件之一。此外，起涨流量量级更大时，起涨时间与鱼汛产生时间的间隔更短。

为进一步说明涨水强度与四大家鱼产卵量正相关，将收集到的近两次对监利断面四大家鱼鱼苗径流量的监测数据及相应的水文数据整理于表6.1.2。从苗汛时间上可以看出，2008~2010年的苗汛时间相较于之前的观测推迟了约一个月。自三峡水库蓄水以来，随着蓄水位的逐渐升高，水库库容逐渐增大，水库的"滞温"效应也随之增强，蓄水后4~5月的水温明显降低，坝下水温达到18℃的时间延后，因而四大家鱼产卵的时间也有逐年延后的趋势，首次发现产卵日期最多推迟一个月以上。

表 6.1.2 监利断面鱼苗径流量与水文数据

年份	苗汛月份	鱼苗径流量/(亿尾)	月均流量/(m³/s)	涨水次数	涨水日数/d	平均每次涨水时间/d	平均每次水位涨幅/m	平均每次流量涨幅/(m³/s)
1997	5、6	35.87	12 744	3	29	9.7	2.54	7 600
1998	5、6	27.47	12 782	5	42	8.4	2.61	5 260
1999	5、6	21.54	13 783	6	35	5.8	1.11	3 667
2000	5、6	28.54	12 659	3	36	12.6	3.02	8 580
2001	5、6	19.04	12 244	5	42	8.4	1.79	4 004
2008	6、7	1.82	16 283	6	32	5.3	1.15	4 850
2009	6、7	0.42	16 959	8	37	4.6	0.62	3 025
2010	6、7	4.05	19 969	4	45	11.3	1.73	7 300

利用 SPSS 对监利断面鱼苗径流量与月均流量、涨水次数、涨水日数、平均每次涨水时间、平均每次水位涨幅和平均每次流量涨幅分别进行相关性检测，检测结果表明鱼苗径流量只与平均每次涨水时间、平均每次水位涨幅、平均每次流量涨幅呈现正相关关系，相关系数分别为 0.484、0.455、0.792，其中平均每次流量涨幅与鱼苗径流量呈显著正相关性。又考虑到 2010 年是在进行了人工增殖放流的情况下鱼苗径流量才从前一年的 0.42 亿尾显著增加到 4.05 亿尾，故剔除该年数据以进行修正，修正后鱼苗径流量依然与平均每次涨水时间、平均每次水位涨幅和平均每次流量涨幅呈正相关关系，但相关系数分别调整为 0.811、0.688、0.844，即修正后鱼苗径流量与平均每次涨水时间和平均每次流量涨幅呈极强相关关系（5%置信水平）。

3）环境水位计算方法

（1）天然水位资料法。

此方法需要确定统计的水位资料系列的长度和最低水位的种类。最低水位可以是瞬时最低水位、日均最低水位、月均最低水位等。这里简单地给出统计水位资料的长度为 20 年，采用月均最低水位。湖泊最低环境水位表达式如下：

$$Z_{emin} = \min(Z_{min1}, Z_{min2}, \cdots, Z_{mini}, \cdots, Z_{minn}) \tag{6.1.5}$$

式中：Z_{emin} 为湖泊最低环境水位；$\min(\cdot)$ 为取最小值的函数；Z_{mini} 为第 i 年最低月均水位；n 为统计的水位资料年数。

（2）湖泊形态分析法。

我国大多数湖泊往往存在天然水位资料缺乏的问题。为此，需要提出在天然水位资料缺乏的情况下，湖泊最低环境水位的计算方法。

湖泊最低环境水位表达为

$$F = f(H) \tag{6.1.6}$$

$$\frac{\partial^2 F}{\partial H^2} = 0 \tag{6.1.7}$$

$$H_{min} - a \leqslant H \leqslant H_{min} + b \tag{6.1.8}$$

式中：F 为湖面面积（m²）；H 为湖泊水位（m）；H_{min} 为湖泊自然状况下多年最低水位（m）；a 和 b 分别为与湖泊水位变幅相比较小的一个正数（m）。

求解式（6.1.6）～式（6.1.8）即可得到湖泊最低环境水位。

（3）生物空间最小需求法。

用湖泊各类生物对生存空间的需求来确定最低环境水位。湖泊水位是和湖泊生物生存空间一一对应的，因此，将湖泊水位作为湖泊生物生存空间的指标。湖泊植物、鱼类等为维持各自群落不严重衰退均需要一个最低环境水位。取这些最低环境水位的最大值，即湖泊最低环境水位，表示为

$$Z_{emin} = \max(Z_{emin1}, Z_{emin2}, \cdots, Z_{emini}, \cdots, Z_{eminm}) \quad (i=1,2,\cdots,m) \tag{6.1.9}$$

式中：Z_{emin} 为湖泊最低环境水位（m）；Z_{emini} 为第 i 种生物所需的湖泊最低环境水位（m）；m 为湖泊生物种类。

公式简化如下:

$$Z_{emin} = Z_{emin鱼} \qquad (6.1.10)$$

式中:$Z_{emin鱼}$为鱼类所需的最低环境水位(m)。

对于在湖泊居住的鱼类,水深是最重要和基本的物理栖息地指标,因此,必须为鱼类提供最小水深。鱼类所需的最小水深加上湖底高程即最低环境水位。鱼类所需的最低环境水位表示如下:

$$Z_{emin鱼} = H_0 + h_鱼 \qquad (6.1.11)$$

式中:H_0为湖底高程(m);$h_鱼$为鱼类所需的最小水深(m)。

(4)保证率设定法。

基于水文学中的Q95th法来计算湖泊最低环境水位。计算公式如下:

$$Z_{emin} = \mu \bar{Z} \qquad (6.1.12)$$

式中:Z_{emin}为湖泊最低环境水位;$\bar{Z}$为某保证率下的水文年年平均水位;μ为权重。

计算步骤如下:①根据系列水文资料,对历年最低水位按照从小到大的顺序进行排列;②根据湖泊自然地理、结构和功能选择适宜的保证率(50%、75%、95%),然后计算该保证率下的水文年;③计算水文年年平均水位;④确定权重μ。

以水文年年平均水位为湖泊最低环境水位,因没有考虑生物的细节,计算的结果可能与客观情况有一定差别。为了使得成果更加符合实际情况,故用权重μ来进行调整。它反映的是水文年年平均水位与最低环境水位的接近程度。根据文献,将湖泊生态系统健康等级分为优、较好、中等、差和极差5个级别。再由生态水文学原理,可确定权重μ与湖泊生态系统健康等级的对应关系,如表6.1.3所示。

表6.1.3 湖泊生态系统健康等级与权重μ的对应关系

项目	湖泊生态系统健康等级				
	优	较好	中等	差	极差
权重μ	0.945	0.975	1.000	1.005	1.013

为了体现调度的时效性,将三峡水库蓄水末期在湖泊生态系统健康等级中等情况下,75%保证率的湖泊水位作为环境水位。

(5)消落带面积法。

消落带(区)是季节性水位涨落而周边被淹没土地周期性出露于水面的一段特殊区域,当前对水库消落带的研究较多。湖滨消落带参照水库消落带定义,将最高水位和最低水位之间的区域作为湖滨消落带。将每年最高与最低月水位之间的淹没范围作为湖滨湿地消落带,研究1961~2008年湖滨湿地消落带面积的变化情况,探讨水位变化对洞庭湖湖滨湿地的影响。将洞庭湖区湿地分为湖泊、河流、水库坑塘、滩地、沼泽、水田六类。对2000年和2005年洞庭湖湖滨湿地变化情况进行研究。

2. 长江中游生态流量确定

1)典型河段生态流量的确定

(1)监利河段关键月份的生态流量。

监利河段是长江四大家鱼关键产卵场之一。三峡水库蓄水前四大家鱼的产卵时间为 5~6 月,三峡水库蓄水使下泄水流水温偏低,生态调查显示四大家鱼产卵时间后延。因此,将 5~7 月均作为监利河段生态流量计算的关键月份。基于 1975~2014 年的监利水文站日流量数据来推算该河段的生态流量。RVA 共涉及评价 32 个 IHA,通常大部分研究将指标发生概率的 75%和 25%的值作为各指标参数的 RVA 上下阈值,初步将流量发生概率的 75%和 25%的值作为流量的上下阈值。选用皮尔逊 III 型曲线对月流量系列进行适线,适当修正统计参数直到配合良好为止。在得到理论频率曲线后从频率曲线上得到月均流量的 RVA 阈值,依据式(6.1.13)估算河流生态流量:

$$Q_e = \bar{Q} - (Q_上 - Q_下) \tag{6.1.13}$$

式中:Q_e 为生态流量;$\bar{Q}$ 为流量均值;$Q_上$ 为 RVA 的上限阈值;$Q_下$ 为 RVA 的下限阈值。另外,考虑到 6 月、7 月为汛期,其流量较容易满足生态健康需求,故将 RVA 的上限阈值、下限阈值保证率调整为 15%与 85%,据此得到监利河段 5~7 月的生态流量,见表 6.1.4。

表 6.1.4 监利河段 RVA 计算结果

月份	均值/(m³/s)	上限阈值/(m³/s)	下限阈值/(m³/s)	生态流量/(m³/s)
5	10 846	12 273	9 076	7 649
6	15 434	17 814	13 232	10 852
7	23 489	28 955	18 497	13 031

作为对比,本书采用以下几种传统的水文学法:①Tennant 法,将平均流量的 60%作为推荐的河流生态流量;②7Q10 法,将近 10 年最枯月均流量或 90%保证率最枯月均流量作为河流生态流量;③NGPRP(northern great plains resource program)法,将年份分为枯水年、平水年、丰水年,取平水年组月均流量的 90%保证率为生态流量。此外,还采用了刘苏峡等(2007)基于生态保护对象生活习性和流量变化提出的习变法,习变法认为关键月份河流需要保证中值流量标准方差量级的流量才能保护研究的生态对象的正常生活习性。用以上所述方法计算的监利河段的生态流量结果见图 6.1.2。从图 6.1.2 中可见,习变法的计算结果远小于其他 5 种方法的计算结果,故认为此处该法的计算结果不合理,不适用于监利河段生态流量的估算。剩余 5 种方法中,NGPRP 法得到的结果最大,Tennant 法最小。两种 7Q10 法得到的结果占多年月均流量的比例均在 65%~80%,RVA 计算得到的三个月的结果占多年月均流量的比例为 70%、70%、55%。值得一提的是,以上两种 7Q10 法均针对国内实际情况做了一定的改进,而 RVA 计算结果基本落在这两种方法计算结果的范围之内,可以认为 RVA 计算得到的结果是合理的,能够作为生态流量最终取值的参考。

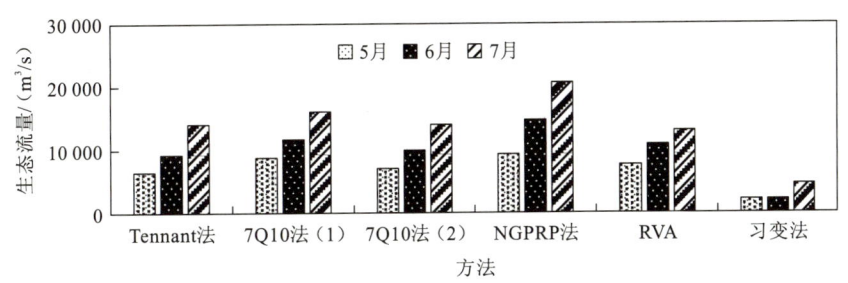

第6章 基于三峡水库下游生态环境改善的联合调度技术

图 6.1.2 各方法计算的监利河段生态流量结果的比较

(2) 监利河段其他月份生态流量过程。

对监利河段非关键月份即 8 月~次年 4 月的流量序列（1975~2014 年）同样进行 Mann-Whitney U 检验，并做相同的 H_0 和 H_1 假设，其中检验的置信水平为 0.05，结果显示 8 月、9 月、11 月的检验结果均为没有变异点，而 10 月、12 月、1 月、2 月、3 月和 4 月的流量在检验点前后的分布是有显著差异性的，综合来看，人类活动对监利河段水文序列的影响主要集中在非汛期、枯水期。

结合三峡水库的水位调度过程线来看，为保证发电水头并在来年枯水月份有足够的水量对下游进行补水，10 月三峡水库减少下泄流量，并在 11 月 1 日之前从 145 m 的水位蓄至 175 m，1~3 月对下游进行补水，三峡水库加大下泄流量，水库水位也在 4 月之前从 175 m 降低至 155 m，这必然使得 10 月三峡水库下游流量较天然流量减小，而 1~3 月的下游流量较天然流量更大，这与秩和检验的结果是大致相符的，将 2003 年作为这几个月份的检验点，同样发现检验点前后序列分布显著不同，用 RVA 计算这些月份的水文改变度和生态流量值，结果如表 6.1.5 所示。

表 6.1.5 10 月及次年 1~3 月 RVA 计算结果

月份	月均流量/(m³/s) 变异前	月均流量/(m³/s) 变异后	改变度/%	改变度评价	RVA 阈值/(m³/s) 上限	RVA 阈值/(m³/s) 下限	生态流量/(m³/s)
10	15 798	11 540	53	中度	17 500	13 650	11 948
1	4 609	5 746	55	中度	4 890	4 264	3 983
2	4 212	5 548	70	高度	4 522	3 926	3 615
3	4 658	6 006	70	高度	5 338	4 067	3 386

可以看到，RVA 认为人类活动对 2 月、3 月的流量影响很大，对 10 月和 1 月也有着不小的影响，表 6.1.5 中给出的 10 月及次年 1~3 月的生态流量与三峡水库蓄水后的月均流量相去甚远，且其显然并不是十分适用于目前该阶段的河流管理目标，故将 RVA 的计算结果仅作为恢复天然流量的一个参考值，对这几个月份采用传统的水文学法中的 7Q10 法进行计算。对于没有变异点的 8 月、9 月和 11 月，仍然采用 RVA 计算这些月份的生态流量。将全年生态流量值绘于图 6.1.3 (a) 中，并与月均流量及历年各月最小流量对比，可以看到生态流量在 1~3 月这样的枯水月与月均流量十分接近，且超出历年各月最小流量较多，因此在枯水期要特别注意生态流量不能长时间过低，而在洪水期（同时也

是关键月）生态流量与月均流量相去较远，与历年各月最小流量相当，这说明关键月份生态流量的数值较容易得到保证。

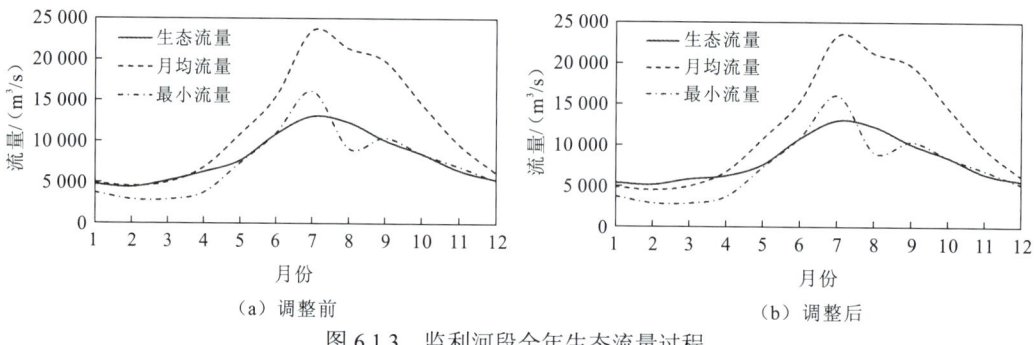

图 6.1.3　监利河段全年生态流量过程

众所周知，水库的运行会对天然流量过程起到一定的均化作用。因此，研究水库下游河段的生态流量除了以多年历史水文资料为依据外，还应根据蓄水后的流量特征进行校正。三峡水库蓄水前后，监利河段的枯水期逐月平均流量具有明显的差异，主要体现在蓄水后枯水期流量的增加。考虑到蓄水后年份较短，故采用平均值兼顾最小值的办法对枯水期生态流量进行调整，并重新绘制于图 6.1.3（b）。

（3）三峡水库下游典型河段生态流量的确定。

通过收集监利水文站 1975~2014 年逐日实测流量资料，运用 RVA 计算得到监利河段适宜四大家鱼产卵的全年逐月生态流量值。将类似的研究思路应用于螺山站和汉口站两个水文站，收集螺山站和汉口站 1992~2016 年逐日实测流量资料，比较 RVA、Tennant 法和 7Q10 法三种方法计算得到的逐月生态流量后推荐采用 7Q10 法的计算结果，如表 6.1.6 所示，综合三个测站的计算成果并进行取整处理得到表 6.1.7。

表 6.1.6　三峡水库下游主要监测站各月生态流量需求

监测站名称	逐月生态流量需求/(m^3/s)											
	1月	2月	3月	4月	5月	6月	7月	8月	9月	10月	11月	12月
螺山站	7 250	7 808	8 622	10 689	12 346	23 532	26 310	16 665	14 193	10 543	8 687	7 163
汉口站	7 760	8 342	9 235	11 505	13 032	24 251	27 535	18 039	15 437	11 361	9 874	7 587

表 6.1.7　三峡水库下游主要监测站全年生态流量需求

监测站名称	生态流量需求
监利站	1~12 月逐月月均生态流量依次为 5 400 m^3/s、5 190 m^3/s、5 480 m^3/s、6 280 m^3/s、7 650 m^3/s、10 850 m^3/s、13 030 m^3/s、12 290 m^3/s、10 100 m^3/s、8 480 m^3/s、6 420 m^3/s、5 630 m^3/s
螺山站	全年下限值为 7 163 m^3/s
汉口站	全年下限值为 7 587 m^3/s

2）监利河段四大家鱼的生态流量需求

在分析生态流量的内涵时，仅仅给出生态流量的大小范围这一指标是不能满足保护河段生态环境需求的,例如,四大家鱼的产卵与水温和涨水有着密切联系,故仍需对水温和涨水条件提出要求。关于水温,应尽量使得三峡水库下泄水温在生态调度期间保持在 18℃以上,但也不宜超过 24℃。而关于涨水条件,将从涨水次数、涨水发生时间、涨水持续时间、涨水幅度这几个方面逐一分析。

(1) 涨水次数。尽管在相关性分析中,鱼苗径流量与涨水次数几乎无相关性可言,但是每次苗汛前都必然伴随着涨水的发生,即涨水次数不能少于四大家鱼产卵期间的苗汛次数,根据表 6.1.2 所示的监利断面 1997~1999 年的苗汛资料,产卵期间一般会有两到三次苗汛,因此涨水次数不能少于三次,从苗汛日期对应的涨水日期上来看,最短历时的涨水时间是 1999 年第二次苗汛对应的 6 月 6~11 日,涨水历时 5 天,又考虑到三峡水库调度还要为其他综合调度目标服务,因此生态调度应尽可能不影响三峡水库的其他效益,故将调度涨水次数定为三次,每次涨水历时不短于 5 天。

(2) 涨水发生时间。参考 1999 年的两次苗汛时间并同时考虑到监利断面家鱼发江时间后延的影响,两次涨水的发生时间应分别在 5 月下旬、6 月下旬。

(3) 涨水持续时间。在修正后的相关性分析中,鱼苗径流量与平均涨水时间显著相关,每次涨水的天数以控制在 5~8 天为宜。

(4) 涨水幅度。每次涨水的流量上涨幅度控制在 6 000~10 000 m³/s。

从 2011 年开始长江防汛抗旱总指挥部对三峡水库连续三年实施了生态调度试验,旨在为长江主要渔业资源四大家鱼创造产卵条件,每年的具体实施情况见表 6.1.8。

表 6.1.8 2011~2013 年生态调度实施情况

序号	时间 (年-月-日)	入库流量范围 /(m³/s)	出库流量范围 /(m³/s)	下泄水温 /℃	调度期间效果	核查情况
1	2011-06-16~ 2011-06-19	12 236~20 071	13 951~18 598	23.2	宜昌下游河段四大家鱼有较大规模产卵,推算总卵苗数为 1.31 亿粒	流量涨幅、涨水天数不满足设计方案要求
2	2012-05-25~ 2012-05-31	13 346~21 129	11 906~22 444	20.4	调度期间,宜都断面监测到 6 次产卵,推算总卵苗数为 5.15 亿粒	满足设计方案要求
	2012-06-20~ 2012-06-27	12 402~16 578	12 097~18 607	22.3		
	2012-07-01~ 2012-07-09	35 432~59 623	24 439~38 607	21.4		
3	2013-05-07~ 2013-05-09	7 795~9 165	6 800~8 503	17.0	调度期间,宜都断面未发现四大家鱼产卵,荆州断面发现产卵	水温、流量、涨水天数未达到设计方案要求

为印证以上提出的对生态流量的各要素的要求是否合理,现与表 6.1.8 做比较分析:①水温方面,要求保持在 18~24℃,仅 2013 年的生态调度未满足要求,下泄水温过低,仅为 17.0℃;②涨水次数方面,要求在 5~7 月应当发生三次涨水以满足可能发生的三次苗汛,三年中仅 2012 年通过调度人为地制造了三次涨水;③涨水发生时间上,三年的生态调度时间均控制在 5~7 月,符合要求;④涨水持续时间要求以 5~8 天为宜,2011

年涨水过程持续 3 天，2013 年涨水过程持续 2 天，均不符合要求；⑤每次涨水流量的上涨幅度应控制在 6 000～10 000 m³/s，2011 年出库流量上涨 4 647 m³/s，2013 年涨幅仅为 1 703 m³/s，2012 年第一次生态调度出库流量上涨 10 538 m³/s，2012 年第三次生态调度出库流量的涨幅为 14 168 m³/s，均不达标。以上分析与表 6.1.8 中核查情况基本吻合，略有出入之处在于涨水幅度这一点上，2012 年的三次涨水中有两次涨水幅度超过了 10 000 m³/s，但就调度效果来看应该是成功的，说明在流量涨幅的确定上还有待研究并修正。

3. 长江中游江湖连通区枯水期环境水位确定

本节水位除特殊说明外，为吴淞高程。

1）城陵矶河段水位代表性分析

城陵矶河段水位与洞庭湖湖泊水域面积及水深密切相关。分析三峡水库蓄水后 2004～2016 年的城陵矶洪道、螺山站、莲花塘站的数据，可以看出：城陵矶洪道水位与莲花塘站水位具有明显的线性关系，见图 6.1.4，其 R^2 达到 0.983 7；莲花塘站水位与螺山站水位的线性关系更为明显，见图 6.1.5，其 R^2 达到 0.999；而螺山站流量与莲花塘站水位之间呈现出二次函数的关系，其 R^2 为 0.987 2，见图 6.1.6。因此，可以认为莲花塘站的水位、螺山站的流量对长江干流城陵矶河段具有极强的代表性。

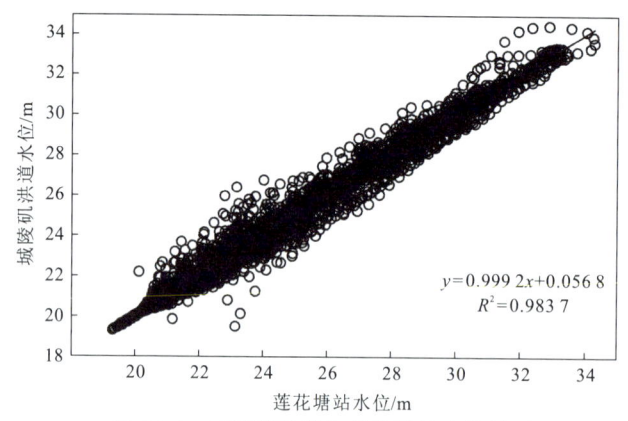

图 6.1.4 城陵矶洪道与莲花塘站水位关系

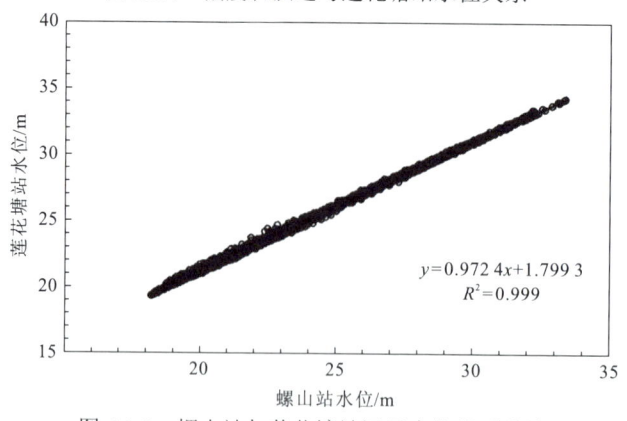

图 6.1.5 螺山站与莲花塘站逐日水位关系曲线

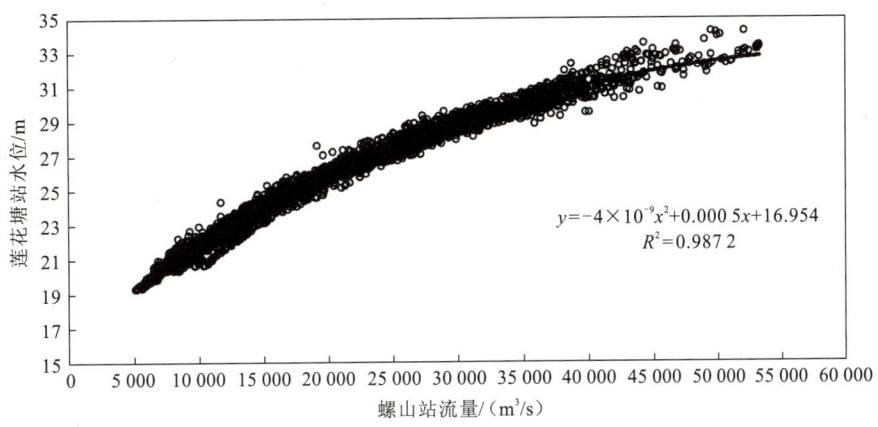

图 6.1.6 螺山站逐日流量与莲花塘站逐日水位关系曲线

2）洞庭湖环境水位确定

三峡水库汛末蓄水调度使下泄流量大幅减少，水库蓄水期末洞庭湖区部分洲滩提前露出水面，加速水面以上滩地的失水，显著影响部分植物的生长，减少白鹤、天鹅等植食性候鸟的越冬饵料和栖息地面积。下面确定东洞庭湖环境水位。

（1）天然水位资料法。

1960～1980 年洞庭湖湖区人工围垦面积较大，对湖区破坏作用突出。因此，认为洞庭湖 1960 年之前的生态接近于天然状况。此时期湖泊水面大，水较深，鱼类区系组成复杂，鸟类资源繁多，生态结构较为合理。城陵矶站位于洞庭湖入江洪道，因此，洞庭湖水位也可以用城陵矶站的水位表征。统计分析 1993～2017 年城陵矶站的水文资料发现，最低环境水位为 19.07 m（黄海高程），发生于 1999 年 3 月。19.07 m 是采用传统的天然水位资料法统计的环境水位，这里将传统的天然水位资料法称为天然水位资料法 I，取整为 19.1 m。

对 1993～2017 年的历年最低月平均水位取均值，得到该历史时段内城陵矶站最低月平均水位为 20.58 m，取整为 20.6 m。该水位可以作为城陵矶站枯水期环境水位的参考值。环境水位采用历年枯水期最低水位平均值的方法，简称为天然水位资料法 II。

（2）湖泊形态分析法。

以洞庭湖中水域面积较大的、具有代表性的湖面——东洞庭湖为研究对象，根据 1995 年东洞庭湖区实测库容、面积资料，建立湖泊库容-面积关系曲线，当库容在 33 亿 m³ 以下时，随着库容的减小，水面面积的降低率明显增加；当库容在 33 亿 m³ 以上时，随着库容的增加，水面面积的变化较小。由东洞庭湖水位-库容关系可知，当洞庭湖水位约为 25 m 时，其库容为 33 亿 m³，即洞庭湖的最低环境水位为 25 m。

（3）生物空间最小需求法。

长江江豚是一种哺乳动物，仅分布于长江中下游干流及洞庭湖、鄱阳湖，是唯一的江豚淡水亚种，是 3 个江豚亚种中最濒危的一个。2014 年 10 月，我国把江豚列为国家一级重点保护动物,江豚也被世界自然保护联盟(International Union for Conservation of Nature,IUCN)列入濒危物种红色名录中的极度濒危等级。因此,将江豚作为洞庭湖鱼类指示物种,它们对不同的水深具有显著的选择偏好,它们主要在小于 15 m 的水深处活动(87.6%)。考虑到洞庭湖湖底平均高程为 6.39 m,为满足江豚的生存空间,洞庭湖环境水位可定为 21.39 m。

(4)保证率设定法。

对于通江湖泊,枯水期来临前其出口江段的水位直接影响湖区的水位与蓄水量。9月、10月为三峡水库的蓄水时间,蓄水随着时间的延续对下游河道与通江湖泊的影响也逐渐显露,分析 10 月城陵矶站水位可以发现,1993～2002 年,城陵矶站的月平均水位有下降的趋势,而 2003～2017 年 10 月的月平均水位仍然存在下降的趋势,但与 1993～2002 年相比有所减缓。同样,蓄水末期,即 10 月 25～31 日,城陵矶站的水位也呈下降趋势。

(5)消落带面积法。

史璇等(2012)采用消落带面积法对洞庭湖环境水位进行了研究。其利用 431 220 个湖底实测高程点,结合 1∶25 万湖滨高程数据,通过 ArcGIS9.3 软件的 Topogrid 命令得到湖区高程模型。其分辨率为 30 m。整体来看,洞庭湖湖滨消落带面积呈现周期性波动变化,在 1 336～2 920 km^2 波动,1961～2008 年多年平均消落带面积为 2 434.5 km^2。分析发现,水位变化与湿地消落带面积具有相似的变化规律。取 1980～2002 年水位的多年平均值 23.3 m 为洞庭湖环境水位。

(6)环境水位合理性分析。

综合以上五种计算方法,整理出城陵矶站环境水位计算结果,如表 6.1.9 所示。关于环境水位的计算方法,目前尚不成熟,每种方法既有优势又有弊端。湖泊形态分析法计算的城陵矶站环境水位偏高,保证率设定法和消落带面积法计算的城陵矶站水位接近。综合来讲,保证率设定法更加客观,故蓄水末期以该方法为准,确定洞庭湖城陵矶站环境水位为 23.35 m。而枯水期则以改进的天然水位资料法获得的 20.6 m 为环境水位。

表 6.1.9 不同计算方法得到的城陵矶站环境水位

计算方法	计算结果
天然水位资料法Ⅰ	19.1
天然水位资料法Ⅱ	20.6
湖泊形态分析法(湖区)	24.1(25.0)
生物空间最小需求法	23.3
保证率设定法(蓄水末期75%)	23.35
消落带面积法	23.3

3）城陵矶河段环境水位确定

根据图 6.1.4 确定的城陵矶洪道与莲花塘站的水位关系，计算得到城陵矶站 23.35 m 环境水位对应的莲花塘站的环境水位为 23.31 m，换算成黄海高程则约为 21.4 m。因此，三峡水库蓄水末期，即 10 月 25~31 日，莲花塘站水位约为 21.4 m（黄海高程）。枯水期城陵矶站 20.6 m 的环境水位折算到莲花塘站时约为 18.7 m（黄海高程）。

4）监利站全年环境水位确定

根据监利站、城陵矶站两站之间的落差和流量关系可知，在城陵矶站环境水位一定的条件下，监利站环境水位取决于监利站的生态流量，监利站生态流量越大，其环境水位越大。

$$\left(\frac{Q_J^2}{Z_J-Z_C}\right)^{0.17}=1.16(Z_J-9.52) \tag{6.1.14}$$

式中：Q_J 为监利站流量（m³/s）；Z_J 为监利站水位（m）；Z_C 为城陵矶站水位（m）。监利站水位、城陵矶站水位均为黄海高程。

因此，可以通过式（6.1.14）计算得到城陵矶站枯水期 18.7 m、其他时段 21.4 m 环境水位条件下，监利站逐月生态流量对应的环境水位，见图 6.1.7。2 月的环境水位最低，其黄海高程为 22.7 m。

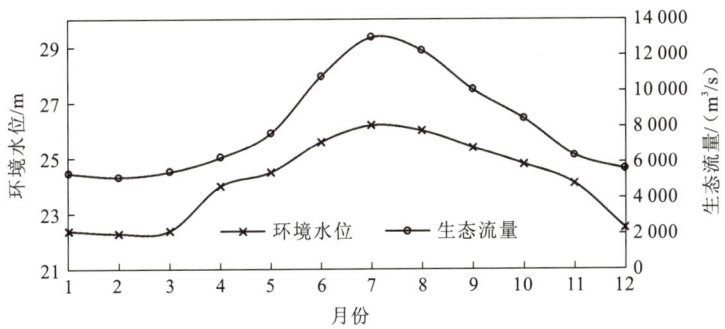

图 6.1.7 监利站逐月生态流量与环境水位（黄海高程）

6.1.2 长江口压咸流量阈值

1. 长江口北支倒灌影响下典型区域盐度预测经验模型

1）方法现状

对于河口盐水入侵强度的预测，国内外常用方法有三种：①数学模型方法。基于水流运动和盐水输移控制方程，采用数值方法求解一、二、三维数学模型，能够给出区域内详细的盐度时空分布，但该方法需要地形数据，为准确反映潮泵作用、咸淡水密度差等的影响，模型参数率定工作量大，计算耗时，多用于盐度过程的精细模拟。②解析模型方法。将河口盐度输移概化为一维对流-扩散方程，其中包含径流量及河道形态因子、纵向扩散系数等参数，方程解析解可给出纵向盐度分布，但由于其中最为关键的纵向扩散系数与潮汐等因素有关，具有空间差异和时变性，需借助一些经验关系和实测资料才能给出结果，多用于涨落憩或潮平均等情况下的盐度入侵距离的估算。③基于实测资料统计的经验模型。借助于量纲分析、相关性统计等手段，各种主要因子和盐水入侵的相关关系较易识别，在此基础上借助观测资料率定参数，可形成对盐水入侵进行描述的经验关系，适用于资料丰富的特定区域。

以上三种方法中，后两种均具有较强的经验性，且只能给出日最大、最小和平均值，但由于其形式简单、参数少，尤其是对地形资料的依赖性小，在工程和规划中依然广泛应用。以往方法仍存在的不足之处：一是过去主要关注极端和平均情况下盐水入侵的空间范围，因而提出的预测模型多是针对涨憩、落憩或潮平均情况下的盐水入侵距离，针对特定地点盐度随时间变化的研究较少；二是径流压咸调度中，径流量是唯一可控因素，但以往研究往往建立在径流、潮位（潮差）已知情况下，预报功能受制于潮差预报。

2）研究区域与数据处理

长江口具有三级分汊、四口入海的特殊河势条件，各口门径流、潮汐动力不同，加之水平环流、漫滩横流等的影响，盐度的时空变化规律复杂多变。根据以往研究，南支中上段盐水来源主要为北支倒灌的过境盐水团，其路径沿青龙港、崇头、杨林、浏河口。盐水团的倒灌主要发生于大潮期，滞后数日到达宝钢、陈行一带。因此，盐度研究的区域仅限于徐六泾至浏河口附近。

多个文献的资料分析表明，在研究区域内，由于南支径流的掺混作用，各站点盐度日内变幅自上游至下游逐渐减小，盐度月内变幅远大于日内变幅。本次对 2011 年 2~3 月少量氯度观测资料的统计也表明（图 6.1.8），沿程日均氯度的相关性非常明显。尽管研究区域内多个站点的氯度同步观测资料较为缺乏，但根据以上认识，各站点的氯度变化规律具有相似性。因此，下面以氯度日均值为讨论对象，选取资料相对丰富的东风西沙为代表站点。该站点位于崇明岛南岸，上距崇头约 11.6 km，氯度资料时间为 2009~2014 年枯季。

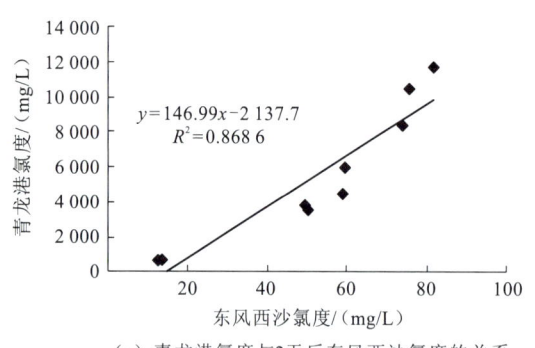

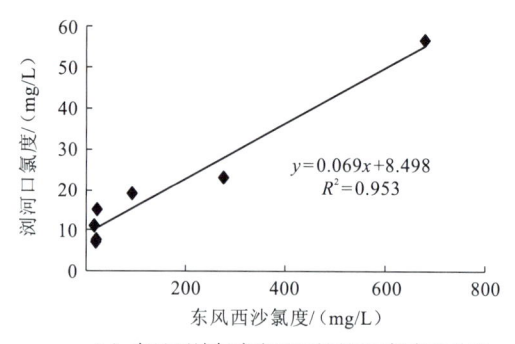

(a) 青龙港氯度与2天后东风西沙氯度的关系：$y=146.99x-2137.7$，$R^2=0.8686$

(b) 东风西沙氯度和2天后浏河口氯度的关系：$y=0.069x+8.498$，$R^2=0.953$

图 6.1.8 2011 年 2~3 月不同站点日均氯度观测值的相关性

大通站流量常用于代表长江口入海流量。选取1950~2013年的大通站流量资料，结果如图6.1.9所示，多年的资料显示，大通站流量年际在21 154~43 105 m³/s变化，多年平均流量约为28 288 m³/s。虽然大通站流量在年际存在变化，但总地说来比较稳定（除特枯水年和特丰水年）。

已有研究认为，大通站与徐六泾之间流量的传播时间约为6天，鉴于此，下面所指的流量均是6天前大通站日均流量。如图6.1.10、图6.1.11所示，通过分析2012年实测资料，证明了大通站流量传递至徐六泾需要4~6天。在考虑了此滞后时间的基础上，大通站流量和徐六泾流量的相关性可以达到0.957。

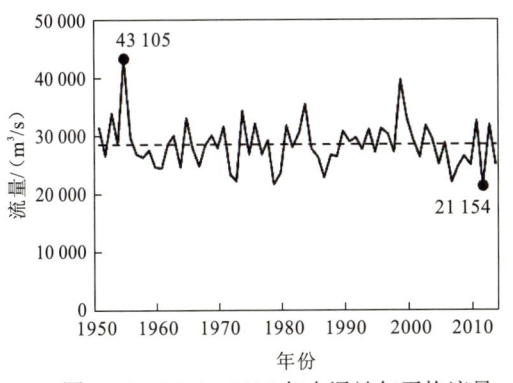

图6.1.9　1950~2013年大通站年平均流量

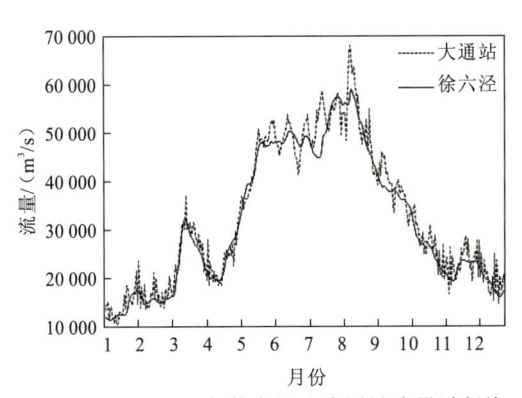

图6.1.10　2012年徐六泾和大通站流量过程线

对于北支盐水倒灌，多将青龙港潮位或潮差作为潮汐强度指标，但青龙港潮位资料较为缺乏。从收集到的部分资料来看，青龙港与其附近的徐六泾同日潮位和潮差之间存在较强相关性（图6.1.12），因而以徐六泾日均潮差近似替代青龙港日均潮差进行分析，潮差资料为2009年全年。

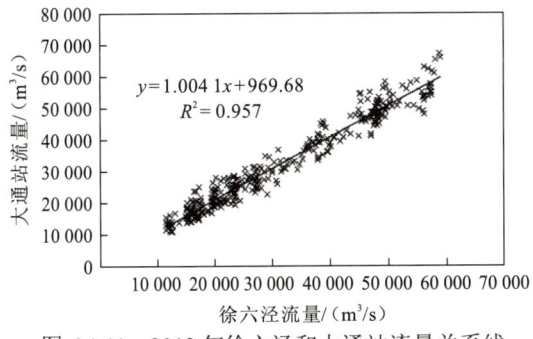

图6.1.11　2012年徐六泾和大通站流量关系线

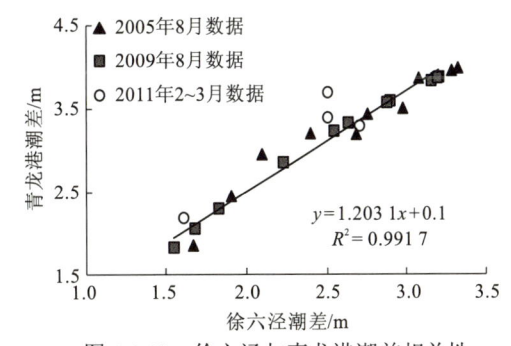

图6.1.12　徐六泾与青龙港潮差相关性

3）模型建立与验证

（1）潮差预测模型。

一，潮差变化规律。潮泵作用是河口盐水上溯的最主要原因，在盐度入侵经验关系中，多数研究都将潮差作为潮汐强度指标。感潮河段内，潮波上溯过程中，受径流、河道形态、沿程阻力等因素影响,会不断变形和坦化,潮差沿程衰减。但对圣维南方程的理论解析表明,靠近河口端的河道呈开敞喇叭形,其宽度远大于径流河段,在该范围内径流量丰枯变化导致的水深变幅为小量,对潮差的影响可以忽略,潮差主要受河口形态、摩阻等的影响,在靠近潮流界的某个临界位置以上,汛枯季水深变幅较大,径流量才明显对潮差产生影响。

徐六泾位于长江口喇叭形分汊顶点,处于潮流界以下,模拟计算表明,徐六泾以下洪枯各级流量下月均潮差相差仅 0.2 m。这里采用 2009 年徐六泾实测日均潮差,点绘其与大通站日均流量(已考虑 6 天传播时间,下同)的关系[图 6.1.13(a)],可见两者不存在明显的相关性。由此可见,径流丰枯变化对徐六泾以下潮差的影响可近似忽略。进一步采用 2009 年全年资料,分析了日均潮差随时间的变化情况,结果表明,各月内的日均潮差波动明显,但在年尺度上不存在明显变化趋势。在此基础上,分析了阴历日期和日均潮差之间的关系,由图 6.1.13(b)可见,日均潮差随着阴历日期的变化呈现出明显的波动规律,月内呈现两涨两落的周期变化。

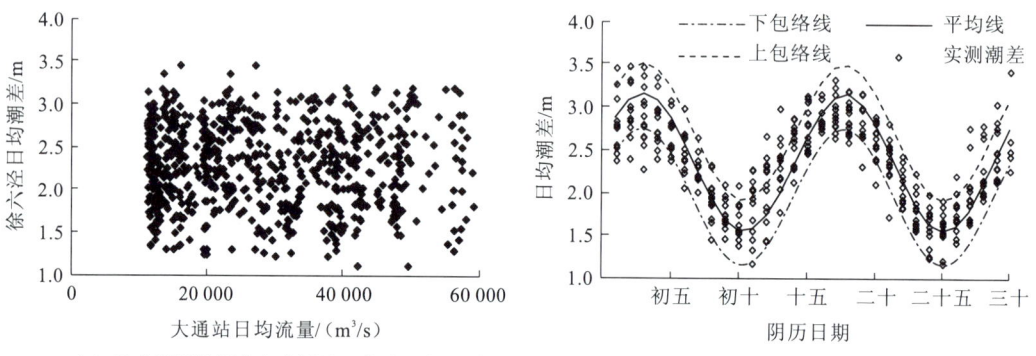

(a)徐六泾日均潮差与大通站日均流量的关系　　(b)徐六泾日均潮差与阴历日期的关系

图 6.1.13　徐六泾日均潮差与大通站日均流量、阴历日期的关系

二、潮差估算方法。在河口地区,可使用调和分析法预测某处的潮位,其计算式为

$$Z(t) = Z_0 + \sum_{j=1}^{n} H_j \cos(w_j t + \varphi_j) \quad (6.1.15)$$

式中:$Z(t)$ 为 t 时刻潮位;Z_0 为受径流影响的平均海平面;H_j、w_j、φ_j 分别为第 j 个分潮的振幅、角频率和相位。

长江口潮汐属非正规半日潮,主要分潮包括:浅水分潮,角频率约为 $60(°)/h$;半日分潮,角频率约为 $30(°)/h$;全日分潮,角频率约为 $15(°)/h$;半月分潮,角频率约为 $1(°)/h$。忽略其他次要分潮,并将角频率相近的分潮合并考虑,式(6.1.15)简化为

$$Z(t) = Z_0 + H_1 \cos(30t+\varphi_1) + H_2 \cos(15t+\varphi_2) + H_3 \cos(t+\varphi_3) + H_4 \cos(60t+\varphi_4) \quad (6.1.16)$$

其中,下角标 1~4 分别表示半日分潮、全日分潮、半月分潮和浅水分潮,其中 H_1 显著大于 H_2、H_3、H_4。假定 t_{i0}、t_{i1}、t_{i2}、t_{i3} 分别代表第 i 日的 4 次高、低潮位时刻,其时间间隔为 6 h,则由相邻高、低潮位时 $\partial Z/\partial t = 0$,近似有 $30t_{i0}+\varphi_1 = k \cdot 180°$($k=0,1,2,\cdots$),前、后两次涨落潮的潮差分别为

第 6 章 基于三峡水库下游生态环境改善的联合调度技术

$$\Delta Z_{i1} = Z(t_{i0}) - Z(t_{i1}) = 2H_1 + H_2[\cos(15t_{i0} + \varphi_2) + \sin(15t_{i0} + \varphi_2)] \\ + H_3[\cos(t_{i0} + \varphi_3) - \cos(t_{i0} + \varphi_3 + 6)]$$ （6.1.17a）

$$\Delta Z_{i2} = Z(t_{i2}) - Z(t_{i3}) = 2H_1 + H_2[-\cos(15t_{i0} + \varphi_2) - \sin(15t_{i0} + \varphi_2)] \\ + H_3[\cos(t_{i0} + \varphi_3 + 12) - \cos(t_{i0} + \varphi_3 + 18)]$$ （6.1.17b）

式（6.1.17）中的浅水分潮影响已被抵消。由式（6.1.17）得到第 i 日内的平均潮差为

$$\Delta Z_i = (\Delta Z_{i1} + \Delta Z_{i2})/2 = 2H_1 + H_3 \cos(t_{i0} + \phi)$$ （6.1.18）

其中，ϕ 与 φ_3 有关，是决定于地理位置的常数。由式（6.1.18）可见，日均潮差可以近似表示为半月（15 天）周期函数，其平均值为半日分潮幅值的 2 倍，变幅为半月分潮幅值。在有实测资料情况下，H_1、H_3、ϕ 皆可率定。

式（6.1.18）可以用来估算日均潮差，在实践中为便于应用，可建立阴历日期与日均潮差的关系（平均周期为 29.5 天），徐六泾最大潮差约出现于每月朔望之后 3 天，根据潮差振幅和均值，可得日均潮差估算式为

$$\Delta Z_t = \Delta Z_0 + 0.7\cos\left[\frac{2\pi}{14.75}(t-3)\right]$$ （6.1.19）

式中：ΔZ_t 为阴历月第 t 日的徐六泾日均潮差；ΔZ_0 为潮差均值，对应于图 6.1.13（b）中上包络线、平均线、下包络线该值分别为 2.7 m、2.3 m 和 1.9 m。之所以在平均线之外给出上、下包络线，是因为式（6.1.19）中忽略了次要分潮和气象等随机因素，潮差估算值会存在误差，但根据实际应用场合选取包络线，有助于合理弥补误差带来的风险。

如图 6.1.14 所示，运用潮差估算公式预测的潮差和实测潮差的相关性可达 0.895 8。

（2）氯度预测模型。

一，氯度变化特征。如图 6.1.15 所示，对东风西沙 2009~2014 年的氯度数据进行统计分析，发现其氯度值和阴历日期有很好的相关性。明显发现氯度值的波动情况类似于潮汐运动规律，东风西沙氯度值在每一阴历月内都出现两个峰、谷值，而且峰值出现在每月初三和十七左右，谷值出现在阴历初八和二十四左右。这点与潮汐运动出现大潮的时间稍有不同，原因是氯度峰值相对于出现大潮的时间有一定的滞后性。

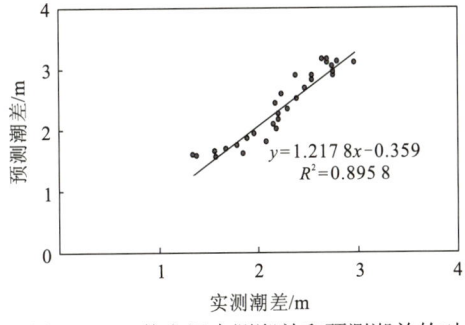

图 6.1.14 徐六泾实测潮差和预测潮差的对比

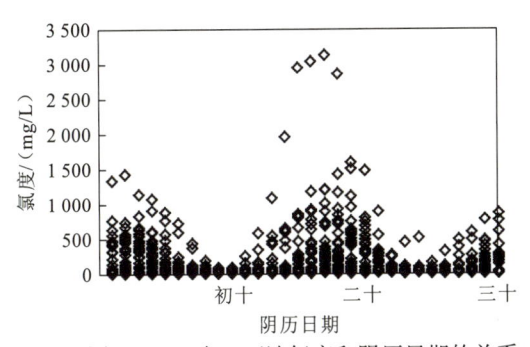

图 6.1.15 东风西沙氯度和阴历日期的关系

二，氯度和潮差的关系。东风西沙附近的盐水主要来源于北支倒灌。由于潮波传播速度显著快于盐水团输移速度，潮差与氯度的变化存在相位差。以 2012 年阴历二月为例，

比较日均氯度和日均潮差过程线（图 6.1.16）发现，两者周期一致、峰谷相应，但氯度相位滞后于潮差约 2 天，以下分析中潮差均指 2 天前徐六泾日均潮差。

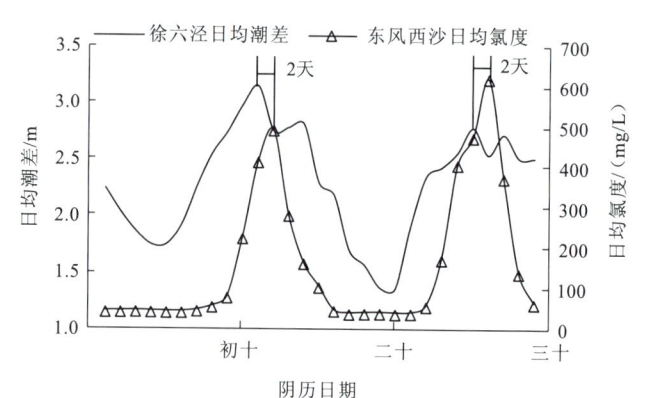

图 6.1.16　东风西沙日均氯度和徐六泾日均潮差过程

采用 2009 年 1~5 月数据，分别分析了日均氯度与日均潮差之间的关系，如图 6.1.17（a）、（b）所示。对大通站流量进行排序后，考察东风西沙日均氯度与徐六泾日均潮差的关系，如图 6.1.17（c）、（d）所示，可见流量分级之后，日均氯度与日均潮差之间的相关度明显提高，但对比而言，形如图 6.1.17（c）、（d）的关系呈现出更好的效果。

(a) 日均氯度与日均潮差之间的关系（拟合函数1）
$y = 0.5043e^{2.1375x}$
$R^2 = 0.44$

(b) 日均氯度与日均潮差之间的关系（拟合函数2）
$y = 3335.1e^{-8.513x}$
$R^2 = 0.36$

(c) 流量分级之后日均氯度与日均潮差之间的关系（拟合函数1）
$y_1 = 1.78x_1 + 1.87$，$R^2 = 0.87$
$y_2 = 2.51x_2 - 1.22$，$R^2 = 0.80$
$y_3 = 2.13x_3 - 1.25$，$R^2 = 0.65$

(d) 流量分级之后日均氯度与日均潮差之间的关系（拟合函数2）
$y_1 = -7.17x_1 + 9.31$，$R^2 = 0.82$
$y_2 = -8.44x_2 + 8.28$，$R^2 = 0.70$
$y_3 = -8.38x_3 + 7.49$，$R^2 = 0.55$

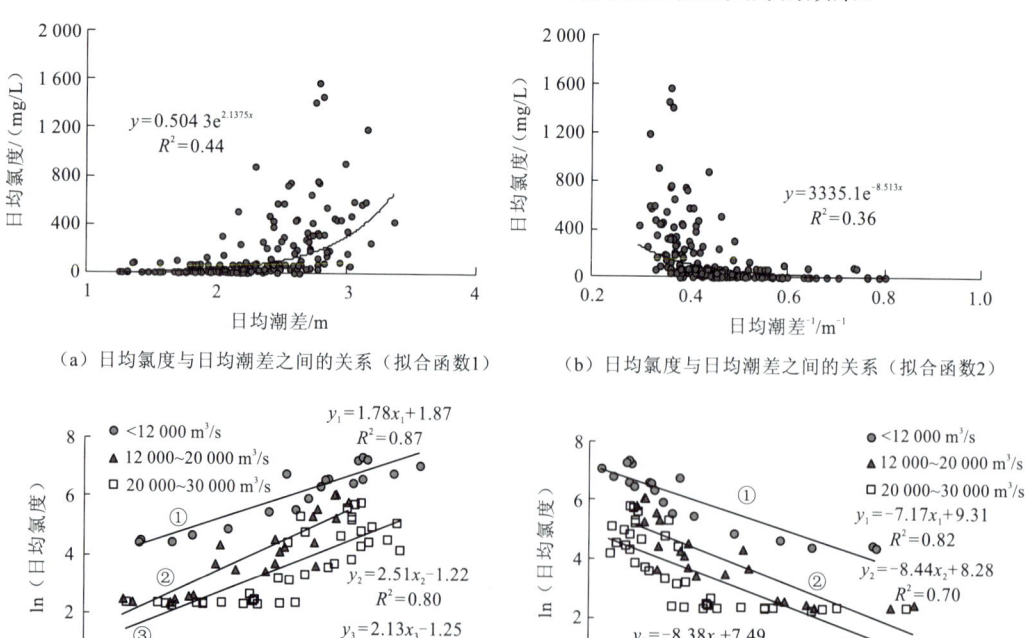

图 6.1.17　东风西沙日均氯度与徐六泾日均潮差的关系

第6章 基于三峡水库下游生态环境改善的联合调度技术

三、氯度和大通站径流的关系分析。采用 2009~2014 年东风西沙氯度与大通站流量数据，统计各级流量下的氯度，如图 6.1.18（a）所示，可见在潮差影响下氯度存在变幅，变幅总体呈现随流量增加而衰减的趋势。图 6.1.18（a）中各级流量下的氯度最大值（上包络线）主要发生于大潮期，潮差与流量相关性不大，根据式（6.1.19），大潮期日均潮差相差不大，因此图 6.1.18（a）中氯度上包络线在平均意义上反映了固定潮差情况下的氯度随流量的变化规律。分别采用不同函数形式对图 6.1.18（a）的上包络线进行了拟合，其效果见表 6.1.10，其中指数型拟合效果见图 6.1.18（b）。

(a) 各级流量下的氯度

(b) 各级流量下氯度上包络线的拟合效果
$y = 15\,649.83 e^{-0.000\,18x}$
$R^2 = 0.98$

(c) 同一潮差下不同函数的拟合效果
① 指数函数 $y = 3\,443.73 e^{-0.000\,143x}$，$R^2 = 0.86$
② 多项式函数 $y = 0.000\,002 x^2 - 0.12 x + 1\,859.35$，$R^2 = 0.72$

(d) 不同潮差下指数函数的拟合效果
$y_1 = -0.000\,143 x_1 + 8.14$
$y_2 = -0.000\,121 x_2 + 6.75$

图 6.1.18 东风西沙氯度与大通站流量的关系

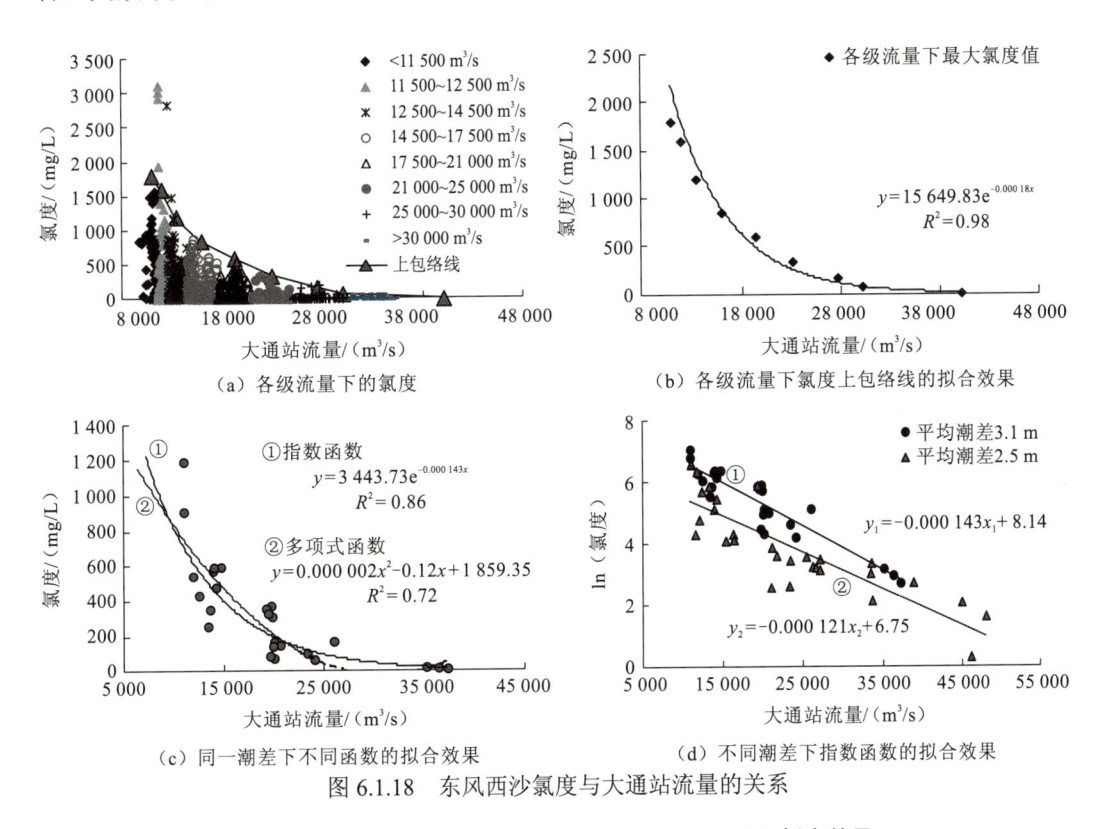

表 6.1.10 不同函数形式对图 6.1.18（a）上包络线的拟合效果

项目	函数形式			
	$C \sim \exp(-a_0 Q)$	$C \sim \exp(a_0 Q^{-1})$	$C \sim Q^{\alpha_0}$	$C \sim c_1 Q^2 + c_2 Q + c_3$
决定系数 R^2	0.978	0.782	0.899	0.978

注：C 表示氯度；Q 表示流量；a_0、α_0、c_1、c_2、c_3 为参数。

采用实测徐六泾潮差资料，筛选了 3.1 m、2.5 m 两级较大潮差下的东风西沙氯度数据。针对 3 m 潮差附近点据，采用指数函数、多项式函数的拟合效果见图 6.1.18（c），由图可见，采用实测潮差后，各种随机因素的影响较图 6.1.18（b）增大，指数函数相比于多项式函数拟合效果更佳。针对 3.1 m、2.5 m 两级潮差下的数据样本，分别点绘关系，如图 6.1.18（d）所示，可见氯度的对数值随流量的增大而线性减小，不同潮差下的点据呈条带状分布。以上分析说明，采用指数函数能够较好地描述氯度随流量的变化规律。

四，具有预报功能的氯度估算经验模型。仅考虑单因素时，氯度与流量、潮差之间的关系近似为

$$\ln C = a_1 \Delta Z + b_1 \tag{6.1.20a}$$

$$\ln C = -a_2 Q + b_2 \tag{6.1.20b}$$

式中：a_1、a_2、b_1、b_2 为参数。由图 6.1.18（c）、（d）可见，a_1、a_2、b_1、b_2 皆为变数，但当流量变化时，b_1 远较 a_1 敏感，当潮差变化时，b_2 远较 a_2 敏感。因此，流量、潮差同时变化时，可近似用式（6.1.21）描述氯度变化：

$$\ln C = a_0 \Delta Z - b_0 Q + c \quad 即 \quad C = A\exp(a_0 \Delta Z - b_0 Q) \tag{6.1.21}$$

其中，a_0、b_0、c 皆为待定参数，可用实测资料通过多元线性回归确定；得到 c 之后，$A = e^c$。

潮差用式（6.1.19）估算，则式（6.1.21）转化为

$$C = A\exp(-b_0 Q)\exp\left\{a_0 \Delta Z_0 + 0.7 a_0 \cos\left[\frac{2\pi}{14.75}(t-3)\right]\right\} \tag{6.1.22}$$

采用该式，仅需阴历日期及 6 天前的大通站流量，便可估算目标位置当日的日均氯度。需要指出的是，作为一种经验模式，式（6.1.22）中的潮差和氯度两方面参数都需要结合目标位置的实测资料加以率定，位置不同则参数不同。

（3）模型验证。

采用 2009 年枯季东风西沙氯度实测资料，确定式（6.1.22）中各参数值为 $A = 5.26$，$a_0 = 2.45$，$b_0 = 0.000\,155$。率定参数后，将实测流量、阴历日期代入式（6.1.22）计算氯度值并与实测值比较，如图 6.1.19 所示，可见两者总体沿 45°线分布，决定系数在 0.8 以上，低氯度时期误差较大。相比于图 6.1.18，由于式（6.1.22）中同时考虑了流量和潮差的影响，所以计算值与实测值的相关度显著提高。

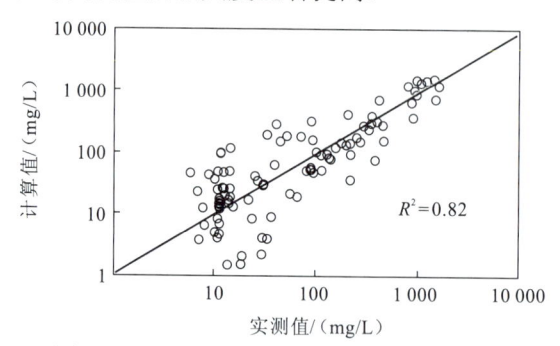

图 6.1.19　参数率定效果（2009 年 2~5 月）

采用图 6.1.13（b）中的平均潮差线计算东风西沙氯度，其结果如图 6.1.20（a）及（b）中的计算值 1 所示，可见计算的氯度与实测值波动相位、幅度基本一致。由于式（6.1.22）中参数是采用 2009 年资料率定的，2009 年的计算效果优于 2011 年，这说明经验模式的精度与参数紧密相关。由于潮差计算存在误差，加之氯度变化还受到气象等随机因素的影响，图 6.1.20（a）中个别位置存在明显误差。图 6.1.20（b）中，除了取用图 6.1.13（b）中平均潮差线对应值 2.3 m 之外，适当考虑潮差上包络线，将值取为 2.7 m，得到计算值 2。

由图 6.1.20（b）可见，计算值 2 总体大于实测值，从工程和规划角度，计算结果偏于安全。这说明适当将潮差向图 6.1.13（b）上包络线方向调整，可减小潮差计算误差带来的风险。

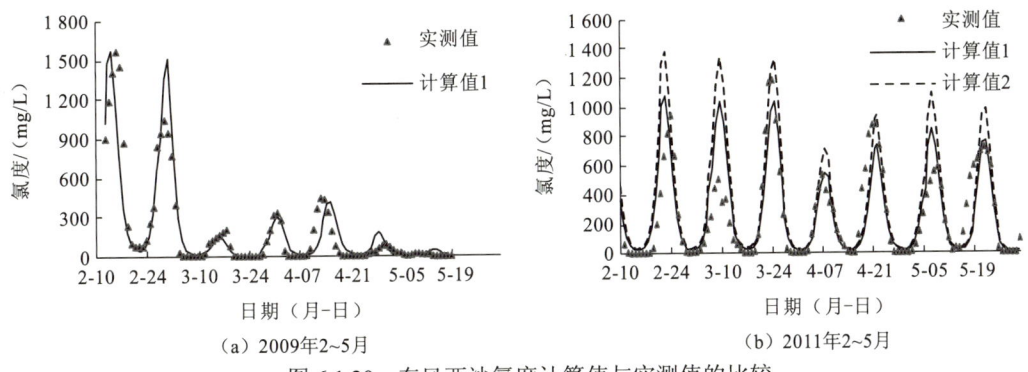

(a) 2009年2~5月

(b) 2011年2~5月

图 6.1.20 东风西沙氯度计算值与实测值的比较

需要指出的是，除了参数、随机因素引起的误差之外，极端情况下南支上段还可能受到南支盐水直接上溯的影响，这在经验模式中未加考虑，不可避免会引起误差。尽管如此，作为一种估算模式，式（6.1.22）的价值在于：仅根据当前大通站流量可估算数日后的氯度，也可根据水源地的氯度控制标准和持续时间要求，对大通站日均流量过程提出大致要求。

2. 满足河口压咸需求的临界大通站流量

1）研究区域与资料来源

研究区域为长江口南支上段的徐六泾至浏河口，研究区域有东风西沙水库、陈行水库、宝钢水库等，均为长江口重要水源地。该区域盐水主要源自北支倒灌。

除了利用文献中前人资料和成果之外，如表 6.1.11 所示，另外收集有 1950~2015 年大通站日均流量，东风西沙 2009~2014 年各年 11 月~次年 4 月的日均氯度实测值，2009 年和 2012 年徐六泾日均潮差，2005 年、2009 年、2011 年、2013 年、2014 年和 2017 年 4 月、5 月青龙港日均潮差。

表 6.1.11 数据来源

序号	数据名称	时间	类型
1	大通站流量	1950~2015 年	日均值
2	徐六泾潮差	2009 年、2012 年	日均值
3	青龙港潮差	2005 年、2009 年、2011 年、2013 年、2014 年、2017 年	日均值
4	东风西沙氯度	2009~2014 年	日均值

2）入海径流特征统计

已有研究表明，长江入海控制站——大通站径流传播到研究河段的时间约为6天，一般将6天前的大通站流量作为徐六泾以下径流代表值。为了便于比较流量过程的变化，以三峡水库不同蓄水位划分时间阶段，分别为1950~2002年、2003~2007年和2008~2015年。三峡水库蓄水后，$Q<25\,000\ m^3/s$的频率有所增加，$Q<15\,000\ m^3/s$、$Q<12\,000\ m^3/s$和$Q<10\,000\ m^3/s$的频率均有所减小。

针对易发生盐水入侵的10月~次年4月进行统计，三个时段内这7个月份的平均流量分别为$16\,725\ m^3/s$、$15\,938\ m^3/s$、$17\,806\ m^3/s$，变幅较小。但由图6.1.21中各月的多年月均流量及三个时段内各月出现的最大、最小流量可见，水库蓄水后月均流量在12月~次年3月增大，在10~11月减小；各月最小流量均增加，流量最大值被削减，月内变幅减小。对于最小流量，1950~2002年、2003~2007年和2008~2015年分别为$6\,300\ m^3/s$（1963年）、$8\,380\ m^3/s$（2004年）和$9\,927\ m^3/s$（2014年2月），为增加趋势。

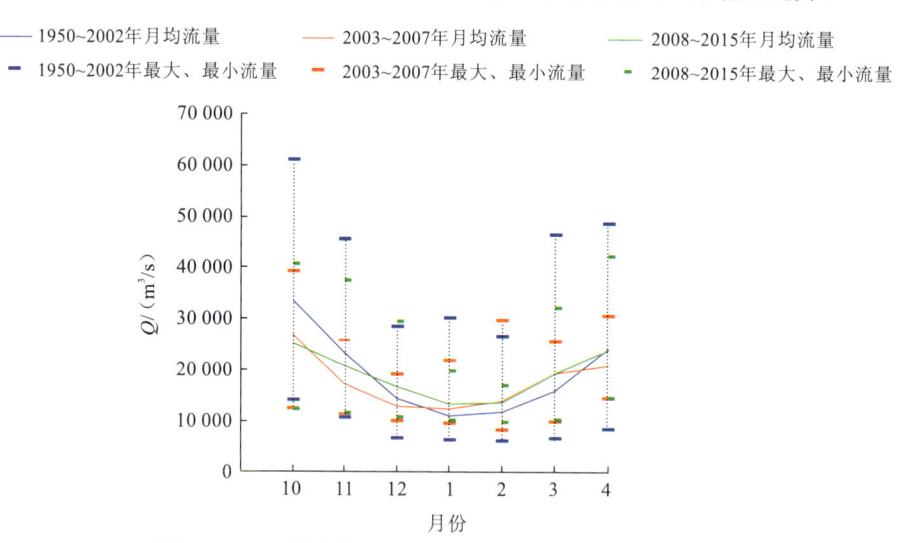

图6.1.21 三峡水库蓄水前后大通站枯水期各月流量特征

3）潮差特征统计

青龙港站为北支进口代表潮位站，其潮汐参数反映北支潮动力强弱，由于未收集到青龙港站长系列的潮汐数据资料，采用徐六泾站与青龙港站潮汐参数关系，确定青龙港站的潮汐参数。本节收集了2005年8月、2009年8月、2011年2~3月、2013年8月、2014年3月、2017年4~5月青龙港站潮差数据，如图6.1.22所示，青龙港站与其附近的徐六泾站同日潮差之间存在较强的相关性，相关系数达0.94。

徐六泾站位于长江口喇叭形分汊顶点，处于潮流界以下。徐六泾站实测日均潮差与大通站日均流量相关性不显著。因此，可不考虑径流洪枯变化对徐六泾站以下潮差的影响。以2009年和2012年徐六泾站日均潮差数据分析了潮差频率特征，如图6.1.23所示，可见潮差$\Delta Z>2\ m$的概率为72%，$\Delta Z>2.5\ m$的概率为42%，$\Delta Z>3\ m$的概率为10%。

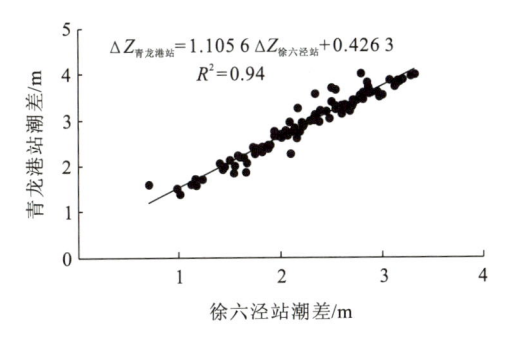

图 6.1.22　青龙港站潮差和徐六泾站潮差相关性 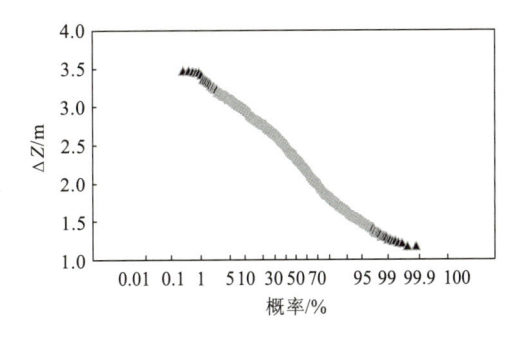　　图 6.1.23　徐六泾站各级潮差概率分布

徐六泾站日均潮差的周期特征如图 6.1.24（a）所示，潮差随阴历日期大体呈半月周期变化，峰值出现在阴历初三和十八附近，平均振幅约为 0.7 m，受气象等随机因素影响，图中的振幅存在约为 0.5 m 的变幅。为清晰描述潮差变化，图 6.1.24（a）中以正弦曲线近似给出了点据的上包络线 A、平均线 B 等特征曲线，并根据图 6.1.22 中青龙港站与徐六泾站潮差的相关关系，给出了青龙港站潮差特征曲线，如图 6.1.24（b）所示。图 6.1.24（b）中同时给出了文献中得到的少量青龙港站潮差实测值，尽管数据较少，但可以看出青龙港站的潮差变化特征与图 6.1.24（a）类似。

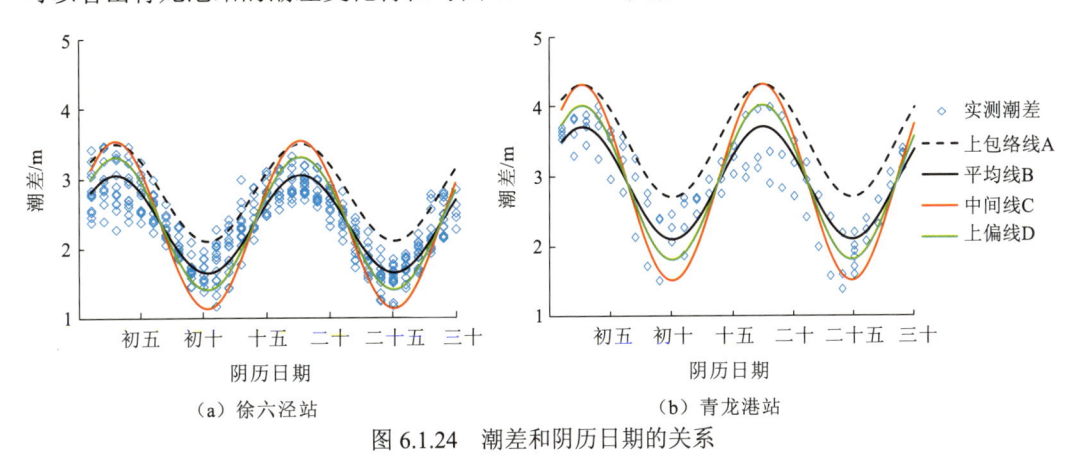

图 6.1.24　潮差和阴历日期的关系

4）盐水入侵特征统计

收集了近年来南支中上段盐水入侵持续时间较长（≥9 天）的部分相关数据，见表 6.1.12。由表 6.1.12 中数据可见，大通站流量越大，盐水入侵天数越短，但即使流量条件相近，盐水入侵天数也存在一定变幅，这说明流量不是影响盐水入侵的唯一因素。由这些数据统计盐水入侵发生时机，可以看出如下几方面的特征：①80%的盐水入侵发生在枯期 11 月～次年 4 月，盐水入侵时段内，82%的大通站平均流量低于 15 000 m³/s，这说明一旦大通站平均流量接近或低于 15 000 m³/s，盐水入侵概率较大。②当盐水入侵持续时间接近或超过一个潮周期 15 天时，该时段大通站平均流量普遍低于 10 000 m³/s，这说明 10 000 m³/s 左右的大通站流量是较长时期盐水入侵的临界流量。③盐水入侵时段

长度大于 15 天，但时段内大通站平均流量大于 10 000 m³/s 的次数较少，如 2014 年 2 月出现强偏北风，南支正面侵袭与北支倒灌相叠加，导致前后两次咸潮相衔接，氯度连续超标近 20 天，但这种事件仅出现 1 次，占总次数的 5%，说明气象条件是小概率影响因素。

表 6.1.12 长江口南支中上段严重咸潮入侵事件统计特征

发生时间	监测点	超标天数/d	超标时段内大通站流量均值/(m³/s)
1978 年冬～1979 年春	吴淞水厂	64	7 256
1987 年 2～3 月		13	8 467
1999 年 2～3 月		25	9 487
2004 年 2 月	陈行水库	9.8	9 479
2006 年 10 月		9	14 300
2014 年 2 月		19	10 900
2009 年 11 月 3～12 日		10	14 030
2013 年 11 月 15～24 日		10	12 240
2013 年 12 月 3～11 日	东风西沙水库	9	12 500
2013 年 12 月 17～25 日		9	11 356
2014 年 1 月 2～10 日		9	12 144
2014 年 1 月 30 日～2 月 22 日		24	11 138

5) 基于实测资料统计的临界大通站流量确定

(1) 不同流量下的氯度超标概率。

利用东风西沙 2009～2014 年枯季共 1 113 天的氯度观测资料，分析不同径流条件下的氯度特征（图 6.1.25）。图 6.1.25（a）表明，当大通站流量高于 30 000 m³/s 时，氯度基本不超过 250 mg/L，随着流量减小，氯度超标的可能性迅速增加。将大通站 30 000 m³/s 以下流量划分为不同的区间，统计各区间内氯度值超过 250 mg/L 的天数占该区间总天数的比例[图 6.1.25（b）]，当流量低于 10 000 m³/s 时，发生氯度超标的概率接近 100%；当流量处于 11 000～12 000 m³/s 时，氯度超标的发生概率为 65%。将统计数据内共计 301 天的氯度超标天数做累积概率分析，如图 6.1.25（c）所示，可见 97% 的超标天数出现在 20 000 m³/s 流量以下，69% 的天数出现在 15 000 m³/s 流量以下。

综上，大通站流量小于 30 000 m³/s 时，即可发生氯度超标现象，但主要发生在流量小于 15 000 m³/s 时，尤其以流量小于 12 000 m³/s 时最易发生。三峡水库蓄水后，大通站流量低于 10 000 m³/s 的概率接近于 0，但 2014 年仍然出现了明显的氯度持续超标（≥9 天）的情形，因此大通站临界流量应在 10 000 m³/s 以上[图 6.1.25（c）]。

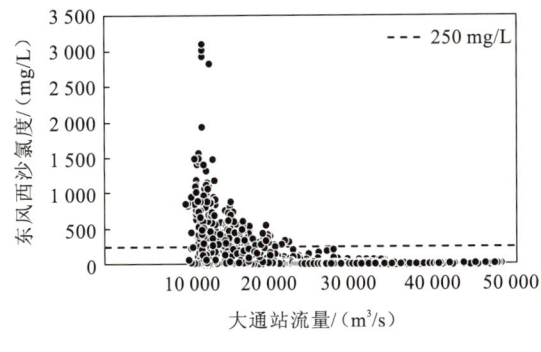

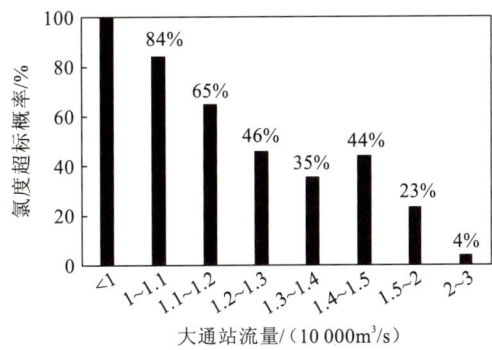

(a) 大通站流量与东风西沙氯度的关系

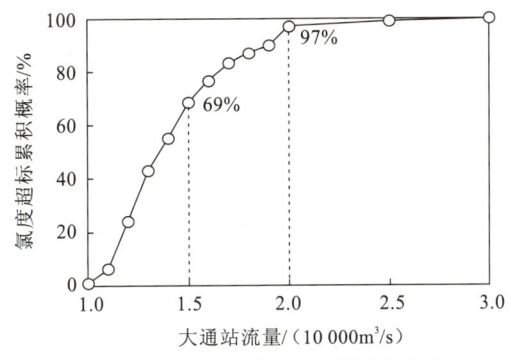

(b) 各流量区间内氯度超标概率

(c) 氯度超标累积概率与大通站流量的关系

图 6.1.25　不同流量下的盐水入侵特征

（2）考虑潮差影响的临界流量确定。

图 6.1.25（b）显示，当流量小于 15 000 m³/s 时氯度仍存在不超标的情况，这与潮汐动力作用的强弱有关。绘制东风西沙氯度与徐六泾站潮差之间的关系曲线（图 6.1.26）发现，当徐六泾站潮差大于 1.8 m 时，就可能发生氯度超标现象，当潮差大于 2.3 m 时，氯度超标的概率明显增加。发生氯度超标的条件是流量小于某一数值与潮差大于某一数值的组合，对于临界潮差的确定，在不考虑气象等随机因素的影响下，进行两个方面的假定：

一，对于恒定的来流量 Q_c，存在某一恒定强度潮差 ΔZ_c，两者组合可使南支上段特定位置的日均氯度维持在 250 mg/L；

二，来流量维持 Q_c，若潮差强度大于 ΔZ_c，则该位置的氯度将超过 250 mg/L。

在已有的研究中，在固定潮差或来流中的任意一个因素时，另一个因素与氯度之间为单调的影响关系，即上述假定成立。在此前提下，可利用实测资料筛选出特定流量下氯度与潮差的关系，如图 6.1.27 为 11 000 m³/s 流量附近的数据关系图，可见两者近似呈指数关系，决定系数 R^2 在 0.8 以上。类似地，固定多级流量可确定出各级流量下氯度与潮差的关系曲线，利用这些曲线关系，对于给定的 Q_c 可得到相应的 ΔZ_c（表 6.1.13）。

图 6.1.26 徐六泾站潮差和东风西沙氯度的关系

图 6.1.27 固定大通站流量下徐六泾站潮差和氯度的关系

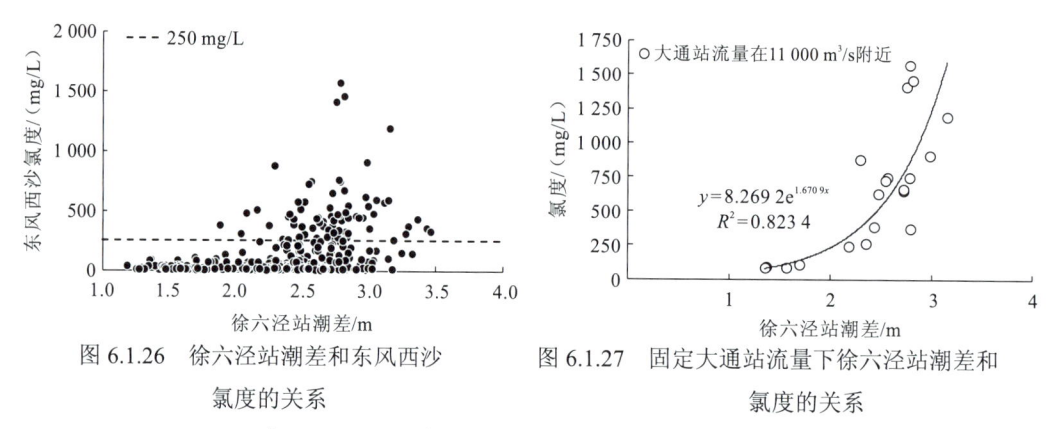

表 6.1.13 不同大通站流量 Q_c 对应的徐六泾站潮差 ΔZ_c

序号	东风西沙氯度/(mg/L)	大通站流量 Q_c/(m³/s)	徐六泾站潮差 ΔZ_c/m
1	250	11 000	2.05
2	250	12 000	2.24
3	250	13 000	2.42
4	250	15 000	2.61

由图 6.1.27 可知,固定流量情况下潮差与氯度之间正相关,而潮差变化具有明显的 15 天周期,因此若在固定流量下发生了连续 10 天的氯度超标,则意味着平均意义上潮差超过临界值 ΔZ_c 的概率为 2/3。由图 6.1.26 可得到对应的 ΔZ_c 为 2.11 m。结合表 6.1.13 和假定一可得到:要避免连续 10 天氯度超标的情况,临界大通站流量应在 11 000～12 000 m³/s,这里,取下限值 11 000 m³/s。

6) 基于盐度预测经验模型的临界大通站流量确定

选取了已有研究中较有代表性的 4 个经验模型,如表 6.1.14 所示,它们都可以通过径流和潮差预测某点氯(盐)度,其中郑晓琴等(2014)和陈立等(2013)提出的关系式结构相似但参数不同。计算采用的参数均为文献中的给定值,其中茅志昌等(2000)未给出经验模型的具体参数值。

表 6.1.14 长江口南支中上段盐度预测的统计模型

文献来源	关系式形式	变量含义
茅志昌等(2000)	$S \sim \exp(\Delta Z^{\alpha'}/Q^{\beta})$	S 为宝钢水库盐度,ΔZ 为青龙港站潮差,Q 为大通站流量,α'、β 为参数
郑晓琴等(2014)	$S = f(\Delta Z, Q) = \lambda e^{\xi \Delta Z} + \lambda e^{\xi \Delta Z}(\eta_1 Q^3 + \eta_2 Q^2 + \eta_3 Q + \eta_4)$	S 为青龙港盐度,ΔZ 为青龙港站潮差,Q 为大通站流量,λ、ξ、η_1、η_2、η_3、η_4 为参数
陈立等(2013)	$S = (4.16 \times 10^{-9} Q^2 - 2.745 \times Q + 4.317) \times 0.024\,04 \times e^{0.009\,085 \Delta Z}$	S 为陈行水库盐度,ΔZ 为青龙港站潮差,Q 为大通站流量
孙昭华等(2017)	$C = A\exp(-b_0 Q) \times \exp\left\{a_0 \Delta Z_0 + 0.7 a_0 \times \cos\left[\dfrac{2\pi}{14.75} \times (t-3)\right]\right\}$	Q 为大通站流量,ΔZ_0 为徐六泾站潮差,t 为阴历日期,C 为东风西沙氯度

(1) 满足压咸需求的临界流量过程。

一，潮差近似估算模式。表 6.1.14 中各关系式均含有潮差，需提出潮差的估算模式才能实施氯度计算。工程实践中，长江口潮位常只考虑月内周期变化，根据实测日均潮差的周期变化特征，可近似用式（6.1.23）描述潮差：

$$\Delta Z_t = \Delta Z_0 + A' \cos\left[\frac{2\pi}{14.75}(t - B')\right] \tag{6.1.23}$$

式中：ΔZ_t 为阴历月第 t 日的日均潮差；ΔZ_0 为潮差周期均值；A' 为潮差振幅；B' 为相位。ΔZ_0、A' 和 B' 可根据实测数据得到。注意到图 6.1.28 中的点群分布具有一定的随机性，尝试在式（6.1.23）中用不同模式计算日均潮差的周期均值和振幅（表 6.1.15），分别是：①上包络线 A，用同日期潮差最大值确定周期均值和振幅；②平均线 B，用同日期潮差平均值确定周期均值和振幅；③中间线 C，用一个潮周期内的最大峰值与最小谷值确定周期均值和振幅；④上偏线 D，周期内潮差均值和振幅取 B 与 C 的平均值。以上 4 种潮差估算模式中，平均线 B 和中间线 C 代表了从点群中部穿过的两种模式，而上包络线 A 和上偏线 D 则代表了较平均情况整体偏大的两种模式。

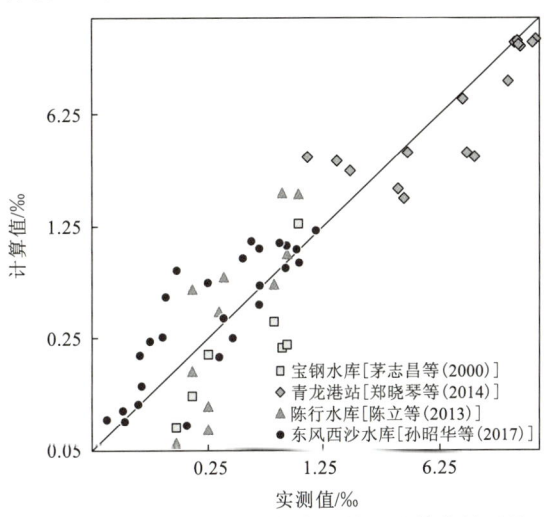

图 6.1.28 各经验模型盐度实测值和计算值的对比

表 6.1.15 式（6.1.23）中不同潮差估算模式的参数值

站点	潮差估算模式	平均潮差 ΔZ_0/m	潮差振幅 A'/m
青龙港站	上包络线 A	3.5	0.8
	平均线 B	2.9	0.8
	中间线 C	2.9	1.4
	上偏线 D	2.9	1.1
徐六泾站	上包络线 A	2.8	0.7
	平均线 B	2.35	0.7
	中间线 C	2.35	1.15
	上偏线 D	2.35	0.925

二，盐度经验预测模式效果检验。将表 6.1.14 中的盐度计算经验模型与表 6.1.15 中的潮差估算模式相结合，可对盐度实施预测，但还需结合实测资料对其效果进行检验，该过程采用了各家文献中所记载的青龙港站、陈行水库等位置的盐度实测资料。其中，茅志昌等（2000）提出的模型未给出参数，采用东风西沙实测氯度资料和青龙港站潮差对其进行了率定。

将表 6.1.15 中各潮差估算模式分别结合表 6.1.14 中各经验关系，再代入大通站流量和阴历日期进行计算，计算结果表明，无论采用哪家模型，潮差估算模式平均线 B 和中间线 C 的效果显著优于上包络线 A 和上偏线 D。表 6.1.16 中给出了利用平均线 B 和中间线 C 计算青龙港站、徐六泾站等位置盐度的效果，可见中间线 C 整体效果最优，计算值与实测值的相关度均在 0.5 以上，其中后三种模型的 R^2 均在 0.7 以上（图 6.1.28），这说明了潮差估算模式的有效性。

表 6.1.16　平均线 B 与中间线 C 潮差估算模式下盐度计算值和实测值的相关系数

序号	模型	潮差估算模式（平均线 B）	计算值和实测值的相关系数（平均线 B）	潮差估算模式（中间线 C）	计算值和实测值的相关系数（中间线 C）
1	茅志昌等（2000）	青龙港站平均线 B	0.45	青龙港站中间线 C	0.51
2	郑晓琴等（2014）	青龙港站平均线 B	0.85	青龙港站中间线 C	0.88
3	陈立等（2013）	青龙港站平均线 B	0.7	青龙港站中间线 C	0.74
4	孙昭华等（2017）	徐六泾站平均线 B	0.8	徐六泾站中间线 C	0.81

由图 6.1.28 也可以看出，后三种模型均可在较大跨度内取得较好的效果，能够用来估算中枯水期盐度变化过程。但考虑到青龙港站附近并非水源地，因而仅以模型 1、3、4 预测水源地盐度。

采用表 6.1.16 中模型 1、3、4 对大通站压咸临界流量进行确定。具体是：给定某一大通站流量值，计算相应的氯度变化周期过程，考察氯度超标天数，如图 6.1.29 所示。通过试算，可以得到超标天数为 10 天的临界大通站流量值。采用表 6.1.17 中设定的几组潮差计算模式，计算结果显示，所得压咸临界流量的总体规律为：上包络线 A＞中间线 C＞上偏线 D＞平均线 B。可见，若将潮差上包络线 A 得到的流量作为大通站压咸临界流量，会存在一定程度上的水资源浪费，潮差中间线 C 能较为完整地反映出实测潮差中的极大、极小值，而且由表 6.1.16 可见，该模式计算结果与实测值吻合度最好。为保证压咸安全，综合潮差平均线 B 和中间线 C，提出了介于两者之间的上偏线 D，代入各经验模型后计算结果为 11 000～12 000 m³/s。综合以上各模型计算结果可见，采用经验统计模型确定的大通站临界流量下限为 11 000 m³/s。

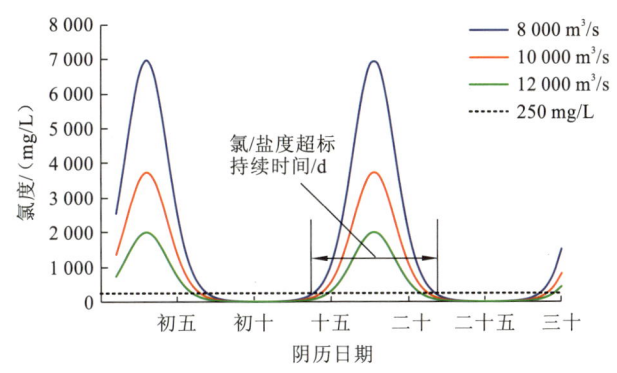

图 6.1.29　不同大通站流量下，东风西沙氯度过程线

表 6.1.17　不同潮差组合下预测模型计算得到的大通站临界流量

模型	计算对象	潮差组合	大通站临界流量/(m³/s)
茅志昌等（2000）	宝钢水库	青龙港站中间线 C	12 000
陈立等（2013）	陈行水库	青龙港站中间线 C	11 000
孙昭华等（2017）	东风西沙水库	徐六泾站中间线 C	11 500

（2）讨论。

对于长江口压咸临界流量的确定，其难点在于咸潮入侵与潮差、大通站流量的概率分布关系极为复杂，很难凭借有限的观测资料加以量化。研究区域定位于南支上段，当大通站流量大于 10 000 m³/s 时，其盐水来源主要受北支倒灌影响，较同时受到北支倒灌与盐水直接上溯影响的南支中下段而言，其影响因素相对更明确，盐度与潮差、径流之间的相位关系也更简单。

所选用的 4 种经验模型，均采用了指数函数描述氯（盐）度和潮差之间的关系，但氯（盐）度和径流的关系存在细小差别，郑晓琴等（2014）和陈立等（2013）认为氯（盐）度与径流为多项式关系，而孙昭华等（2017）和茅志昌等（2000）认为是指数关系。应该注意到，经验模型是以实测数据统计为基础的，同一变化规律可用不同曲线形式拟合，只要参数率定适当，不同形式的模型可具有相近的模拟效果。因此，本节提出的潮差估算模式在各家模型中均显示了类似的适用性，并且用不同模型得到了相近的大通站临界流量值。

三峡水库蓄水后，2003~2015 年大通站流量低于 11 000 m³/s、12 000 m³/s 的天数分别为 319 天、454 天，年均为 24.5 天、34.9 天，以 1~2 月最为集中。三峡水库进入试验性蓄水期以来，2014 年汛前枯水期仍有超过 20 天大通站流量低于 11 500 m³/s，并发生了近年来最严重的盐水入侵。2008 年后低于 12 000 m³/s 的流量级出现的频率已大幅减小，但仍存在枯水年严重盐水入侵的可能性，建议通过三峡水库及上游梯级水库联合调度的方式，优化调度模式，使得大通站最低流量维持在 11 000 m³/s 以上。

发生北支盐水倒灌入侵时，因东风西沙水库、宝钢水库、陈行水库等位置不同，盐水团自上而下输移过程中存在稀释、峰值坦化等现象，因而针对南支上段提出的大通站临界流量是 11 000～12 000 m³/s 附近的一个范围。建议在工程实践中取固定值 11 000 m³/s，这也只是意味着流量大于该值后，发生严重盐水入侵的概率低，并不意味着绝对不会发生。

6.1.3 长江中游典型水源地水质风险分析

1. 长江中游典型水源地突发性污染事故风险分析

1) 江河饮用水源地突发性污染事故风险源类型和辨识

研究针对荆州柳林水厂和武汉白沙洲水厂附近江段及附近支流上的污染源进行，按照上述分类，结合现有污染源分布情况和历史发生过的污染事件的调查，对风险大小和主要风险源做出定性分析。

2) 研究河段突发性污染的案例及分析

（1）相关河段突发性污染案例。

从已有的资料看，长江干流发生突发性水污染事件的风险主要来自通航船舶、江边码头及沿岸企业生产性事故、污水涵闸的不当排放。在长江的一级、二级、三级支流上，水华也比较常见。

通过对湖北 2008～2016 年，一些有代表性的、影响较大的突发性水污染事件进行调查、统计和分析，从事件发生的时间、原因、主要污染物、造成的后果及措施等方面对这些水污染事件进行归纳。从突发性事件来看，水华、污染物泄漏、城市污水（或雨污混合）涵闸不当排放、非法加工危化品都可能导致突发性污染事件。除了水华的发生需要一系列的自然条件耦合之外，其余基本都由人为因素造成。

（2）研究河段移动污染源研究。

移动污染源主要以长江干流上的水路运输量为依据，进行间接分析。长江是我国内河航运的主要通道之一，荆州和武汉的主要断面日通航量也可以从一个侧面反映各自可能遭遇的移动污染源带来的突发性污染的可能性。一般地，交通量越大，发生碰撞、搁浅、翻船、漏油等海损事故的可能性越大，污染风险也随之增加。但是交通量只是决定事故发生概率的因素之一，除此之外，船舶本身的安全性能、航道的通航条件、对安全生产的重视和落实等因素也在很大程度上决定事故发生的概率。目前没有一个研究成果能综合这些复杂的因素总结一个权威的量化分析方法。因此，研究从 2014～2017 年长江干流荆州、武汉河段主要断面日交通量的统计情况（表 6.1.18）做出定性分析。由表 6.1.18 中年际变化和年内情况来看，2014～2017 年长江干流荆州、武汉河段交通量变化不大，没有明显的增减趋势和规律。武汉的日均交通量达到 345，荆州的日均交通量达到 167。武汉河段的移动污染源风险明显高于荆州河段。

表 6.1.18 2014～2017 年长江干流荆州、武汉河段主要断面日交通量统计

年份	月份	荆州长江大桥交通量	武汉长江大桥交通量	年份	月份	荆州长江大桥交通量	武汉长江大桥交通量
2014	1	173	340	2016	1	206	397
	2	126	349		2	127	191
	3	168	353		3	165	341
	4	171	390		4	227	381
	5	164	381		5	186	402
	6	161	360		6	180	402
	7	152	331		7	163	241
	8	137	395		8	180	332
	9	147	412		9	199	385
	10	175	384		10	250	329
	11	200	375		11	221	351
	12	175	376		12	147	353
	均值	162	371		均值	188	342
2015	1	165	375	2017	1	200	311
	2	145	183		2	191	337
	3	135	336		3	244	393
	4	186	415		4	119	372
	5	146	341		5	154	371
	6	165	330		6	143	329
	7	150	264		7	104	319
	8	165	363		8	198	313
	9	196	348		9	145	295
	10	140	353		10	130	312
	11	171	358		11	150	309
	12	211	379		12	69	296
	均值	165	337		均值	154	330

（3）本区域突发性环境事件统计分析。

表 6.1.19 和表 6.1.20 分别是 2012～2016 年，全国和湖北突发性环境事件统计概况。对比发现，全国突发性环境事件次数在 2015 年和 2016 年出现明显下降，而湖北在这两年则出现明显上升。因此，突发性环境事件的预防、预警与应急管理工作，不可松懈。

综上所述，本河段及相关支流突发性的污染事件有自然因素造成的，还有一些是人为因素造成的，尤其是在荆州和武汉长江干流江段发生的两次严重污染事件，主要原因都属于人为因素。从这两次污染事件中污染源的位置看，荆州和武汉两个水源地遭受的

表 6.1.19 2012～2016 年全国突发性环境事件统计概况

年份	突发性环境事件次数	特别重大环境事件	重大环境事件	较大环境事件	一般环境事件
2012	542	0	5	5	532
2013	712	0	3	12	697
2014	471	0	3	16	452
2015	334	0	3	5	326
2016	304	0	3	5	296

资料来源：国家统计局《中国统计年鉴》，http://www.stats.gov.cn/tjsj/ndsj/。

表 6.1.20 2012～2016 年湖北突发性环境事件统计概况

年份	突发性环境事件次数	特别重大环境事件	重大环境事件	较大环境事件	一般环境事件
2012	4	0	0	0	4
2013	7	0	0	2	5
2014	5	0	2	0	3
2015	10	0	0	1	9
2016	37	0	0	1	36

资料来源：国家统计局《中国统计年鉴》，http://www.stats.gov.cn/tjsj/ndsj/。

突发性污染，都距离城市集中供水水源地很近。如果采取应急措施，也基本在当地解决。对于三峡水库和上游的多个梯级水库，由于距离太远，无法通过水库的应急调度解决下游地方性的、局部的水污染问题。另外，武汉河段的交通量平均值是荆州河段的 2 倍多，移动污染源的潜在风险明显高于荆州河段。

2. 长江中游典型水源地非突发性污染事故风险分析

1）国控重点水污染企业超标排放风险分析

为了分析城市水源地的水质风险，必须了解水源地周围企业的污废水排放情况。由于监测设备需要大量资金投入，现阶段只有国控重点水污染企业的污染排放情况被环保部门监测和记录。同时，国控重点水污染企业的废水排放量所占比重较大，因此具有代表性。假设国控重点水污染企业只要没有超标排放，就对水源水质不产生威胁。该假设的依据是：每个重点排污企业都通过了环评，那么达标排放时水环境是相对安全的。因此，污染排放标准允许的排放值，可以看作有无相对风险的分界线。以荆州、武汉两市为例，分析重点污染企业超标排放对水源地周边水质带来的风险影响。

（1）荆州柳林水厂附近重点企业超标排污风险分析。

荆州柳林水厂附近国控重点水污染企业分布如图 6.1.30 所示。图 6.1.30 中序号表示的企业或地点名称分别如下：1 为荆州桑德荆清水务有限公司；2 为湖北达雅生物科技股份有限公司；3 为荆州中水环保有限公司；4 为荆州柳林水厂取水点；5 为湖北沙隆达股份有限公司；6 为湖北三雄科技发展有限公司；7 为荆州中环水业有限公司；8 为荆州市天宇汽车配件有限公司；9 为荆州市荆大灵杰汽车配件有限公司；10 为湖北汇达科技发展有限公司。

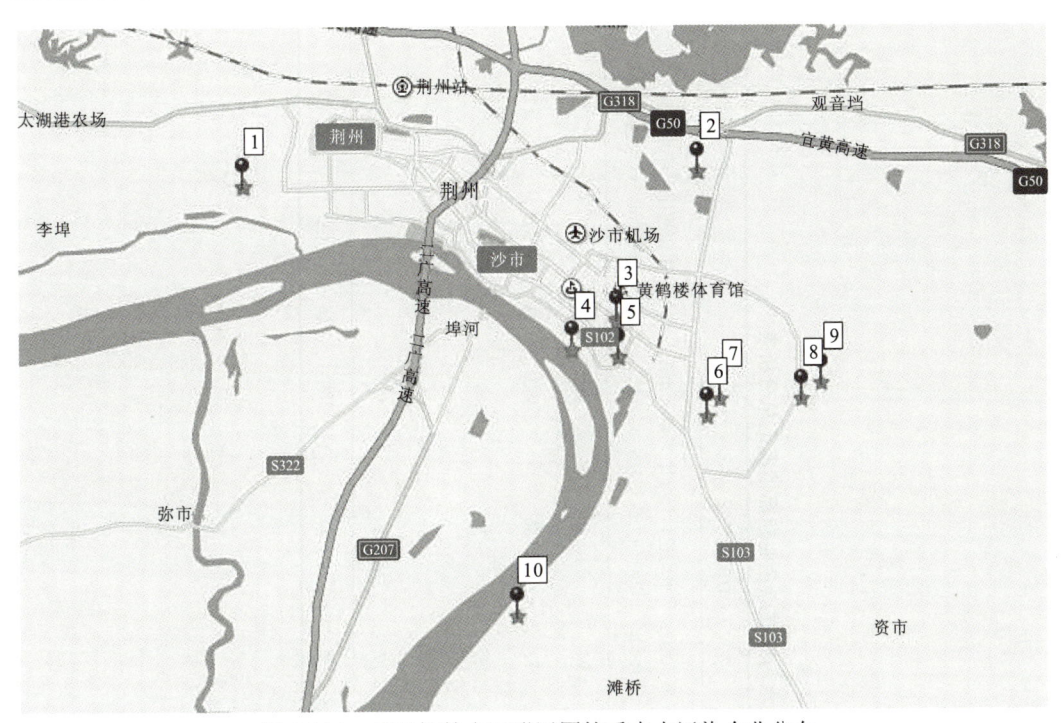

图 6.1.30　荆州柳林水厂附近国控重点水污染企业分布

查询湖北省企业自行监测信息发布平台发现，除了荆州柳林水厂之外，另外的 9 个点代表 9 个国控重点水污染企业。以 2015 年的污染物排放情况为代表，进行分析。由于湖北三雄科技发展有限公司和荆州市天宇汽车配件有限公司外排废水中没有查询到相关污染物的监测数据，所以未列出。其中 5 个企业在 2015 年废水排放中氨氮和 COD 的监测浓度的逐月变化情况汇总后如表 6.1.21 所示。监测数据按每小时一次进行记录，重点关注污染物短时超标现象。

将每个企业的超标情况分超标次数、累积超标时间、平均超标百分比（以时间为权重）和最大超标百分比四项进行统计整理，汇总如表 6.1.21 所示。

如表 6.1.21 所示，重点企业外排废水中经常超标的污染物项目是氨氮、COD 和 TP。在累积超标时间方面，TP 1 645 h，大于氨氮的 1 439 h 和 COD 的 494 h；平均超标百分比方面，TP 为 172%，也大于氨氮的 42%和 COD 的 35%。因此，综合超标时间和超标程度，重点企业外排废水中对水质可能造成污染风险的项目首先是 TP，其次是氨氮，再次是 COD。

在 TP 超标的 1 645 h 中，湖北汇达科技发展有限公司为 1 579 h，将近 96%；氨氮方面，荆州中环水业有限公司的超标时间占总时间的 86%；COD 方面，湖北沙隆达股份有限公司、荆州中环水业有限公司与湖北汇达科技发展有限公司累积占 77.53%。因此，综合来看湖北汇达科技发展有限公司外排废水超标较严重，应该加强监督与治理。

表 6.1.21　2015 年荆州柳林水厂附近水污染重点企业超标情况汇总分析表

序号	企业名称	氨氮超标情况 超标次数	累积超标时间/h	平均超标百分比（以时间为权重）/%	最大超标百分比/%	COD 超标情况 超标次数	累积超标时间/h	平均超标百分比（以时间为权重）/%	最大超标百分比/%	TP 超标情况 超标次数	累积超标时间/h	平均超标百分比（以时间为权重）/%	最大超标百分比/%
1	荆州秦德荆清水务有限公司	3	28	41	48	7	94	21	293	7	66	23	44
2	湖北汇达科技发展有限公司	4	95	107	191	7	77	56	380	11	1 579	178	532
3	湖北沙隆达股份有限公司	5	76	27	35	8	237	36	46	—	—	—	—
4	荆州中环水业有限公司	6	1 240	38	78	7	69	16	52	—	—	—	—
5	荆州中水环保有限公司	—	—	—	—	8	17	29	56	—	—	—	—
合计		18	1 439	42	191	37	494	35	380	18	1 645	172	532

(2) 武汉白沙洲水厂附近重点企业超标排污风险分析。

根据湖北省企业自行监测信息发布平台信息，统计分析了武汉白沙洲水厂附近的国控重点水污染企业在 2015 年外排废水中污染物的浓度变化情况及超标情况。武汉白沙洲水厂附近重点水污染企业的分布情况如图 6.1.31 所示。图 6.1.31 中序号表示的企业或地点如下：1 为武汉绿孚生物工程有限责任公司；2 为武汉金凤凰纸业有限公司；3 为武汉晨鸣汉阳纸业股份有限公司（二厂）；4 为名幸电子（武汉）有限公司；5 为武汉新城污水处理有限公司；6 为武汉市城市排水发展有限公司南太子湖污水处理厂；7 为武汉白沙洲水厂取水位置。将 2015 年武汉白沙洲水厂附近重点水污染企业的超标情况分超标次数、累积超标时间、平均超标百分比（以时间为权重）和最大超标百分比四项进行统计整理，汇总如表 6.1.22 所示。

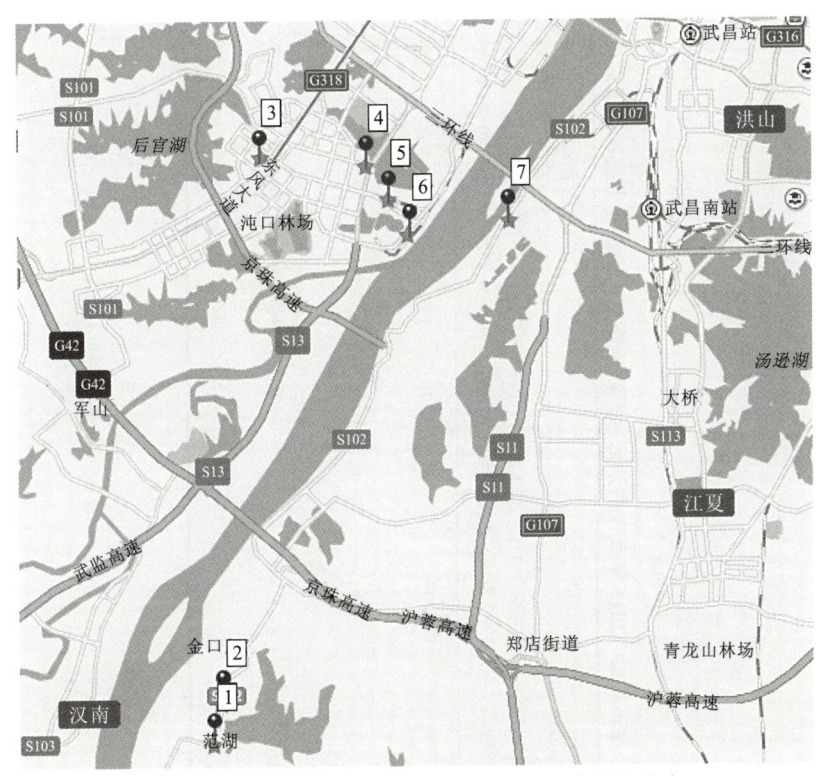

图 6.1.31 武汉白沙洲水厂附近重点水污染企业分布

从表 6.1.22 可以看出，重点企业外排废水中经常超标的污染物项目是 COD 和 TP。从汇总可以看出，COD 累积超标时间高达 854 h，大于 TP 的 548 h。因此，综合超标时间和超标程度，重点企业外排废水中对水质可能造成污染风险的项目首先是 COD，其次是 TP。

在 COD 超标的 854 h 中，名幸电子（武汉）有限公司超标达 488 h，超过一半，之后是武汉新城污水处理有限公司的 260 h；TP 方面，武汉新城污水处理有限公司占 100%。因此，综合来看，武汉新城污水处理有限公司外排废水超标较严重，应加强观测治理。

表6.1.22　2015年武汉白沙洲水厂附近重点水污染企业超标情况汇总分析表

序号	企业名称	氨氮超标情况			COD超标情况			TP超标情况		
		超标次数	累积超标时间/h	平均超标百分比（以时间为权重）/%	最大超标百分比/%	超标次数	累积超标时间/h	平均超标百分比（以时间为权重）/%	最大超标百分比/%	超标次数	累积超标时间/h	平均超标百分比（以时间为权重）/%	最大超标百分比/%
1	武汉金凤凰纸业有限公司	1	1	39	39	10	102	48	98	—	—	—	—
2	武汉晨鸣汉阳纸业股份有限公司（二厂）	1	3	30	30	2	4	35	59	—	—	—	—
3	名幸电子（武汉）有限公司	—	—	—	—	9	488	64	79	—	—	—	—
4	武汉新城污水处理有限公司	—	—	—	—	12	260	76	127	12	548	19	23

2）非突发性水质污染风险建模与分析

长期潜在（非突发性）风险的评估需要较长时间的排污数据和水质监测数据，但是现有的可获得的水质数据常常无法满足要求。污染物排放估算及与之相关的水质风险评估所需的基础资料十分匮乏，主要表现在两个方面：①沿江排污口的污染物排放量资料不全；②重点排污口的水质与水量数据不匹配。

本节针对流量汇入条件先以简单的荆州长江干流为对象，进行非突发性水质污染风险建模与分析研究。由于数据缺乏和不完整，对某些未知情况做出一定的合理假设：①点源污染排放集中在中心城区所在的江段，其排放强度在一年内不随时间而变化，但是沿江段可能有空间上的变化；②本模型中被研究河段的水流看作稳定流；③污染物的衰减规律服从一级反应动力学规律；④将枯水期河流的各项水力参数作为模型的输入值；⑤暂不考虑面源污染的影响；⑥由于获取的研究江段断面资料不全，对研究江段的一些水力参数做一定的简化处理。对于五个控制断面，将研究江段分为四段处理，每一段的水力参数取两边断面的平均值，如流速、河宽、水深、河流横向扩散系数等参数均取平均值。

（1）建模原理与模型的建立。

对河流竖向混合区、横向混合区及纵向混合区的污染物浓度进行研究，由于污染物浓度在空间维度上分布的不均匀性，对不同混合区的污染物浓度采用不同维度的水质模型。而通常由排污口断面到污染物浓度竖向和横向两者均匀混合所需的距离，可以按式（6.1.24）进行计算：

$$L_b \geqslant \frac{1.18B^2 u}{4h\sqrt{ghI}} \quad (6.1.24)$$

式中：L_b 为竖向与横向均匀混合所需的河水流动距离（m）；B 为河流宽度（m）；u 为河流断面的平均流速（m/s）；h 为河流平均水深（m）；g 为重力加速度（m/s²）；I 为河流水力坡降。

当排污口以下的距离大于上述 L_b 时，采用一维水质模型可以很好地近似，而对于横向混合的纵向距离在 L_b 内的河流水质，应采用二维水质模型进行模拟。研究对象为荆州中心城区江段，江段长度约为 26.4 km，根据有关基础资料，按照式（6.1.24）粗略估算 L_b，结果远大于研究江段的长度。而且作者又在研究江段内做了分割，使得模拟浓度断面与最近排污口的距离仅有 1 km 多。因此，对于研究江段的水质模拟宜采用河流二维水质模型进行。

在岸边排污情形下，当排污口位于岸边 $x=0$, $y=0$ 处（x 为河流纵向，y 为河流横向），河宽为 B 时，考虑河岸一次反射作用的二维稳态河流岸边排污的水质基本方程的解析解为（对于易降解污染物）

$$c(x,y) = \frac{W}{h\sqrt{\pi D_y x u_x}} \left\{ \exp\left(-\frac{u_x y^2}{4D_y x}\right) + \exp\left[-\frac{u_x(2B-y)^2}{4D_y x}\right] \right\} \exp\left(-\frac{kx}{86400 u_x}\right) \quad (6.1.25)$$

式中：$c(x,y)$ 为排污口下游某点的污染物质量浓度（mg/L）；W 为排污口排放强度（g/s）；

h 为河段水深（m）；D_y 为河流横向扩散系数（m²/s）；u_x 为河流纵向流速（m/s）；B 为河段宽度（m）；k 为污染物衰减系数（d⁻¹）。

式（6.1.25）中河段宽度 B、河流纵向流速 u_x 和河段水深 h 根据实测资料得到；排污口排放强度 W 与河流横向扩散系数 D_y 的实际变化情况很复杂，适当简化处理，作为模型的已知参数。而污染物衰减系数 k 是唯一的未知参数，是需要率定的参数。

污染物衰减系数的拟定，不仅影响因素繁多，而且机理复杂。加之实际污染物衰减系数受多种因素影响，其数值是变化的。但是在稳定流、排污强度不随时间变化的假定的前提下，可以认为污染物衰减系数在研究区段内是恒定的。污染物衰减系数 k 不仅表示了污染物的衰减过程，而且包含了其他参数的变化对结果的影响。因此，称污染物衰减系数 k 为污染物综合衰减系数。以下以 A 至 B 段为例，说明污染物的混合衰减过程。A 至 B 段的简化示意图如图 6.1.32 所示。

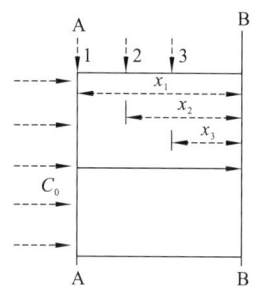

图 6.1.32 A 至 B 段简化示意图

图 6.1.32 中的 C_0 指上游来水中的污染物浓度，可以认为是河流污染物本底浓度；x_1、x_2、x_3 指排污口 1、2、3 与控制断面 B 的距离。若只有一个排污口，那么下游某点处的污染物浓度直接利用式（6.1.25）和河流水力条件求解得到。当有多个排污口存在时，由于 A 至 B 段的水力条件一致，而且河流处于稳定流状态，那么不同排污口形成的污染物浓度场可以直接叠加。因此，可以利用浓度叠加方法计算断面 B 处的污染物浓度。很显然，对于 A 至 B 段，断面 B 处的污染物浓度可以由四部分叠加得到：排污口 1、2、3 污染物浓度经扩散衰减后的浓度和河流本底浓度 C_0 衰减后的浓度，如式（6.1.26）所示。

$$c_B = c(x_1,0) + c(x_2,0) + c(x_3,0) + C_0 \exp\left(-\frac{kx_1}{86\,400 u_x}\right) \quad (6.1.26)$$

由于关注的是岸边污染物浓度，$y=0$。

荆州中心城区江段的简化示意图如图 6.1.33 所示，A、B、C、D、E 为五个控制断面，1、2、3、4、5 等数字为排污口所在断面的位置编号。

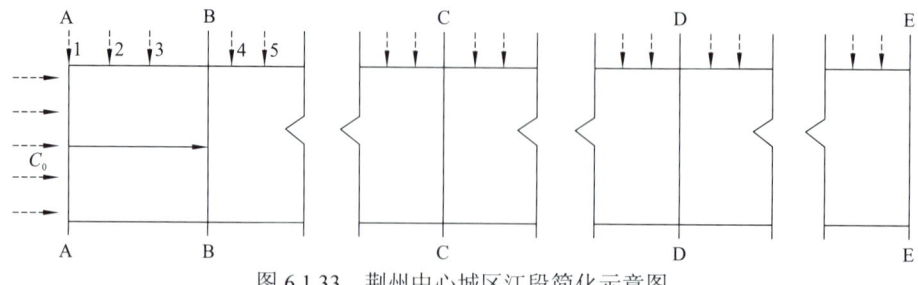

图 6.1.33 荆州中心城区江段简化示意图

排污口从江段起始断面开始设置，每隔 1 km 设置一个，但由于《饮用水水源保护区划分技术规范》（HJ 338—2018）中规定，一般河流水源地，一级保护区水域长度为取水口上游不小于 1 000 m、下游不小于 100 m 范围内的河道水域，而断面 B、C 与 D 是水厂水源地所在位置，所以整个研究江段共布置排污口 23 个，每个江段的排污口的排放强度依据每个江段点源产生量平均求得。

B 至 C 段、C 至 D 段、D 至 E 段的污染物混合衰减过程与 A 至 B 段原理一致，可以求出 c_C、c_D 和 c_E 的表达式，如式（6.1.27）～式（6.1.29）所示。

$$c_C = \sum_{i=1}^{m'} c(x_i,0) + c_B \exp\left(-\frac{kx_0}{86\,400u_x}\right) \tag{6.1.27}$$

$$c_D = \sum_{i=1}^{n'} c(x_i,0) + c_C \exp\left(-\frac{kx_0}{86\,400u_x}\right) \tag{6.1.28}$$

$$c_E = \sum_{i=1}^{p'} c(x_i,0) + c_D \exp\left(-\frac{kx_0}{86\,400u_x}\right) \tag{6.1.29}$$

式中：x_0 为排污口与计算点位的距离；m'、n'、p' 为 B 至 C 段、C 至 D 段、D 至 E 段中排污口的数量。在 c_B、c_C、c_D 和 c_E 的表达式中只有污染物衰减系数 k 未知，如式（6.1.30）所示。

$$\begin{cases} c_B = f_1(k) \\ c_C = f_2(k) \\ c_D = f_3(k) \\ c_E = f_4(k) \end{cases} \tag{6.1.30}$$

对于式（6.1.30），可以求出一个 k，使得计算出的控制断面污染物浓度 c_B、c_C、c_D 和 c_E 与实测值的误差平方和最小。

模型建立之后，先确定模型输入参数，与实测值校准，率定所求参数——污染物衰减系数 k。再根据不同年份点源污染物的排放量，求出不同的排污口排放强度，通过排放强度的改变可以得到不同年份点源排放量的污染物沿江浓度分布情况。而根据不同年份点源排放量的污染物沿江浓度分布情况及制定的风险分析标准，可以计算出风险替代指标的大小，从而得到不同点源排放量对江段水质造成的风险大小。

（2）模型参数。

一，控制断面的 COD 质量浓度。为了求出水质模型参数，需要结合水质监测数据和点源污染物排放量进行计算。对于实际水质监测数据，由专业监测机构对长江荆州中心城区五个控制断面进行了水质监测（COD 质量浓度），荆州中心城区江段总长度约为 26.4 km，这五个控制断面包括进出荆州中心城区的起止断面和城区三个水厂取水口附近的断面，2015 年 11 月 18~20 日每天对江水水质进行一次监测。五个控制断面的水质监测结果见表 6.1.23。

表 6.1.23 荆州中心城区江段五个控制断面的位置及实测 COD 质量浓度值 （单位：mg/L）

项目	断面性质													
	起始断面			中间断面								终止断面		
断面具体位置	虎渡河入汇口下游100 m（A）			郢都水厂取水口上游 50 m（B）			南湖水厂取水口上游 50 m（C）			柳林水厂取水口上游 50 m（D）			观音寺下游2 km（E）		
断面相对位置	距起始断面 0			距起始断面 3.5 km			距起始断面 9.2 km			距起始断面 15.5 km			距起始断面 26.4 km		
	左	中	右	左	中	右	左	中	右	左	中	右	左	中	右
11 月 18 日	2.1	1.9	2.0	1.6	1.7	1.7	1.5	1.6	1.8	2.4	2.2	2.1	2.1	2.1	2.4
11 月 19 日	2.0	1.8	2.1	1.6	1.7	1.8	1.7	1.6	1.8	2.3	2.1	2.0	2.0	2.3	2.2
11 月 20 日	2.0	1.9	2.2	1.6	1.7	1.8	1.5	1.6	1.7	2.3	2.1	2.1	2.0	2.2	2.4
平均质量浓度	2.0			1.7			1.7			2.2			2.2		

二，河流水深、流速、河宽和横向扩散系数的大小。根据实测控制断面的流速、深度等水力参数可以估计四个研究江段的各个水力参数，如表 6.1.24 所示。

表 6.1.24 研究江段各段水力参数取值情况

水力参数	江段			
	A 至 B 段	B 至 C 段	C 至 D 段	D 至 E 段
流速 u_x/（m/s）	0.97	1.01	0.96	0.96
水深 h/m	7.8	6.25	7.1	7.6
河宽 B/m	1099	1300	1175	1075
横向扩散系数 D_y/（m²/s）	0.39	0.28	0.34	0.37

横向扩散系数的计算公式如式（6.1.31）所示。

$$D_y = \alpha_y h \sqrt{ghI} \quad (6.1.31)$$

式中：α_y 为横向扩散系数的系数；h 为水深（m）；g 为重力加速度（m/s²）；I 为水力坡降。

横向扩散是由流速在横向上分布得不均匀引起的，由于河宽一般远大于水深，横向扩散一般不像垂向扩散那样很快完成。横向扩散系数的影响因素较为复杂，一般通过试验和观测资料来确定该系数的取值范围。

对于顺直的河流，横向扩散系数平均值的估算式为

$$D_y = 0.23 h u_*, \quad u_* = \sqrt{ghI} \quad (6.1.32)$$

对于弯曲和不规则的河流的研究还很不充分。一般认为，天然河流的不规则性使横向扩散系数增大，假定仍以垂向扩散系数表达式的形式来表示横向扩散系数，根据试验结果，天然河流的 α_y 一般都大于 0.4，如河流较平缓，岸边的不规则程度中等，α_y 的取值介于 0.4~0.8，结合多方面文献，α_y 取值为 0.8。水力坡降取值为 0.5×10^{-4}。

三，排污口排污强度的确定。

根据五个控制断面的资料、实测污染物的浓度及每个研究江段的水力参数情况，只

要确定每个江段的点源污染产生量，再结合式（6.1.28）就可以求出整个江段的污染物衰减系数。由于 C 至 D 段的终止断面 D 的污染物浓度比起始断面 C 的污染物浓度高出近 30%，而其他江段没有这种情况，说明 C 至 D 段点源排放平均强度高于其他江段。为了求出每个江段的点源污染产生量，假设江段的点源污染排放强度随江段距离的变化情况如图 6.1.34 所示。

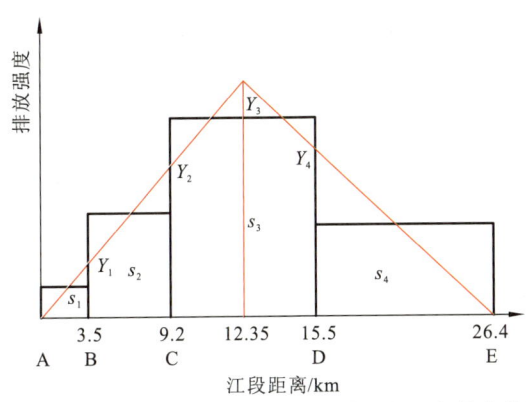

图 6.1.34　江段的点源污染排放强度随江段距离的变化情况

图 6.1.34 中横轴表示江段距离，以控制断面 A 为起点；纵轴表示虚拟点源污染排放强度，实际模型中点源污染排放强度离散化，而且假定 A 至 B 段、B 至 C 段、C 至 D 段和 D 至 E 段内的点源污染排放强度均匀一致，如图中各个矩形围成的范围所示。但为了能求出各个江段的排污总量占整个江段排污总量的比例，在求解中假设排放强度连续变化，将图中长方形的面积转化为三角形的面积。而且由于 C 至 D 段的终止断面 D 的污染物浓度比起始断面 C 的污染物浓度高出近 30%，认为排放强度在 12.35 km 处（C 至 D 段中点）达到最大。Y 值表示排放强度大小。s 值表示每个江段的排污总量。显然，每个江段的排污总量与整个江段排污总量之比等于它们在图中围成的面积之比，即

$$\frac{s_1}{s_{总}} = \frac{0.5 \times 3.5 \times Y_1}{0.5 \times 26.4 \times Y_3} \tag{6.1.33}$$

$$\frac{s_1 + s_2}{s_{总}} = \frac{0.5 \times 9.2 \times Y_1}{0.5 \times 26.4 \times Y_3} \tag{6.1.34}$$

$$\frac{s_4}{s_{总}} = \frac{0.5 \times (26.4 - 15.5) \times Y_4}{0.5 \times 26.4 \times Y_3} \tag{6.1.35}$$

而根据相似原理，有

$$\frac{Y_1}{Y_3} = \frac{3.5}{12.35}, \quad \frac{Y_4}{Y_3} = \frac{26.4 - 15.5}{26.4 - 12.35} \tag{6.1.36}$$

联立式（6.1.33）～式（6.1.36）即可求得

$$s_{A至B段} = 0.037\,57 s_{总}, \quad s_{B至C段} = 0.222\,03 s_{总} \tag{6.1.37}$$

$$s_{C至D段} = 0.420\,09 s_{总}, \quad s_{D至E段} = 0.320\,31 s_{总} \tag{6.1.38}$$

求出每个江段的点源排污总量后，除以每个江段的排污口个数即可得到每个排污口

的排污强度。

（3）计算过程和结果。

利用基础数据和所建立的模型，可以率定污染物衰减系数 k，使得计算出的控制断面污染物浓度与实测值的误差平方和最小，计算结果为 $k=2.62\text{d}^{-1}$。误差平方和与差值百分比如表 6.1.25 所示。然后可以求出不同排污量下及不排污时控制断面的浓度，结果如表 6.1.26 所示。

表 6.1.25　2015 年五个断面 COD 质量浓度实测值与计算值的差异对比

断面名称	实测值/(mg/L)	计算值/(mg/L)	差值百分比/%	误差平方和
A	2	2	0	0
B	1.7	1.85	8.82	0.022 8
C	1.7	2.02	18.82	0.099 9
D	2.2	2.31	5	0.011 2
E	2.2	1.98	-10	0.049 5
—	—	—	—	0.183 4

表 6.1.26　2007～2015 年有排污与假设无排污时五个控制断面的 COD 质量浓度模拟值

排污情况		点源 COD 产生量/(万 t)	断面 COD 质量浓度/(mg/L)				
			A	B	C	D	E
有排污（年份）	2007	1.98	2	1.85	1.97	2.22	1.89
	2008	1.71	2	1.84	1.91	2.08	1.75
	2009	1.65	2	1.84	1.90	2.05	1.72
	2010	1.66	2	1.84	1.90	2.06	1.72
	2011	2.25	2	1.85	2.04	2.35	2.02
	2012	2.16	2	1.85	2.02	2.31	1.98
	2013	2.18	2	1.85	2.02	2.32	1.99
	2014	2.11	2	1.85	2.00	2.28	1.95
	2015	2.16	2	1.85	2.02	2.31	1.98
无排污		0	2	1.79	1.51	1.24	0.88

荆州中心城区江段属于重要城市江段，按照水功能分区要求，其水质应不低于地表水 III 类水质要求，即高锰酸盐指数应小于等于 6 mg/L。河流水质风险可以解释为河流水质超过某一标准水质的概率大小，对于某一具体指标，则是指该指标超过某一标准值的概率大小，通常是对大量历史水质资料进行统计分析得到的。但本节不是从此角度阐述，而是从"浓度-剩余环境容量百分比-风险"的角度来分析水质风险。

通过计算不排污时各个断面处的 COD 质量浓度，并与有排污时各个断面处的 COD 质量浓度进行对比，可以区别出河段上游来水和岸边排污对断面处 COD 质量浓度的"贡献"比重。对于不同断面处 COD 质量浓度的控制，能区别出主要影响因素和次要影响因素，对不同影响因素采取不同的控制措施。

从实测浓度来看，整个荆州中心城区江段的 COD 质量浓度在 2 mg/L 左右，说明江段剩余环境容量百分比在 67%左右（以 6 mg/L 环境容量为 100%）。以 2015 年的具体数据作图，如图 6.1.35 所示。

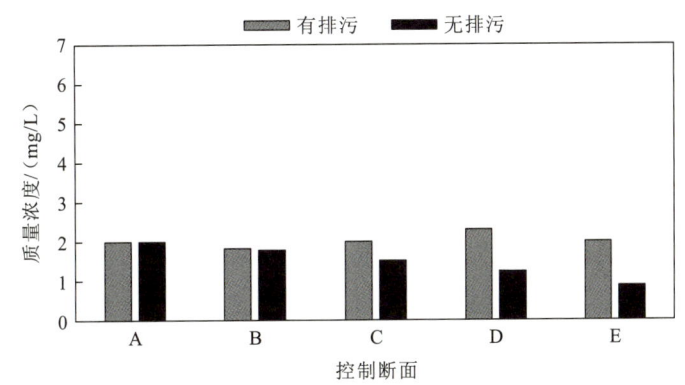

图 6.1.35　2015 年荆州中心城区江段五个断面在不同情形下的 COD 质量浓度

从图 6.1.35 可以看出，2015 年荆州中心城区江段五个断面在有排污时，COD 质量浓度在 2 mg/L 左右，最小为 1.85 mg/L，最大为 2.31 mg/L，因此，剩余环境容量百分比最大为 69%，最小为 61.5%，均值为 66%，说明当前点源污染对江段的水质风险较小。而在无排污时，五个断面处的 COD 质量浓度应为 2 mg/L、1.79 mg/L、1.51 mg/L、1.24 mg/L 和 0.88 mg/L，相比于有排污时，可以计算出，上游来水对五个断面 COD 质量浓度的"贡献"比重分别为 100%、96.8%、74.8%、53.7%和 44%，可以看出，对于整个江段，上游来水对超过 60%江段的 COD 质量浓度有较大影响，而自身排污对其余江段的 COD 质量浓度有较大影响。

与此相似，因为近十年的点源 COD 排放量相差不大，所以江段的 COD 质量浓度分布也相差不大，点源污染对江段的水质风险基本相似。

（4）讨论。

模拟计算结果表明：在荆州中心城区江段，按照目前的点源污染排放量，如果只需满足 III 类水体的水质要求，该江段总体上看还有较大的环境容量。但是，值得注意的是，本节对排污量在年内和空间上的变异性进行了适当的平均与简化，没有考虑短时间或个别点超标排污带来的短期、局部风险；本节研究的另一个前提是面源比重较小，忽略了面源污染增加带来的风险。因此，提出的评估方法是针对点源污染年际变化带来的水质风险，衡量随点源污染量增加产生的环境容量长期减少的风险。

6.1.4 三峡水库下游江湖水环境安全综合评判体系

1. 三峡水库下游江湖水环境中长期安全综合评判指标

对于三峡水库下游江湖水环境中长期安全综合评判指标及其阈值，按三峡水库运行后其不能保证率，排序如下。

1）城陵矶站环境水位指标

三峡水库蓄水末期，即 10 月 25～31 日，莲花塘站水位约为 21.4 m（黄海高程）。

2）监利河段四大家鱼产卵流量过程指标

通过研究监利河段适宜四大家鱼产卵的水温、流量过程条件提出：四大家鱼产卵的关键期在每年的 5～7 月，这三个月应在监利河段水温达到 18 ℃后开始生态调度，且至少给出三次涨水历时不短于 5 天、涨水幅度不小于 10 000 m³/s 的人造洪峰过程。考虑到既适宜四大家鱼产卵条件又与长江中游干流来水过程相符合的时间集中在每年的 5 月、6 月，因此后续的研究在满足四大家鱼 5～7 月关键期逐月生态流量的基础上，在 5 月、6 月分别设计一次满足要求的流量上涨过程，即 5 月、6 月为满足监利河段四大家鱼产卵需求，三峡水库应每月设计一次持续 5～8 天的人造洪峰过程，起涨出库流量为 8 000～10 000 m³/s，日均涨幅为 2 000～2 500 m³/s，出库流量总涨幅达 10 000～12 500 m³/s。

3）长江河口压咸流量下限指标

12 月～次年 2 月大通站流量达到 11 000 m³/s 为满足长江口压咸的下限流量。

4）宜昌至汉口典型河段全年生态流量下限指标

典型河段选择为监利河段、螺山河段和汉口河段。其中：监利河段 1～12 月逐月月均生态流量依次为 5 400 m³/s、5 190 m³/s、5 480 m³/s、6 280 m³/s、7 650 m³/s、10 850 m³/s、13 030 m³/s、12 290 m³/s、10 100 m³/s、8 480 m³/s、6 420 m³/s、5 630 m³/s；螺山河段全年生态流量下限值为 7 163 m³/s；汉口河段全年生态流量下限值为 7 587 m³/s。

2. 长江中游典型水源地水质风险分析及安全评判指标

通过上述对长江中游典型水源地突发性和非突发性事件及其主要污染物的分析，选取排放量最大的沿岸企业生产性事故、污水涵闸排放不当的典型污染因子 COD 作为可降解污染物代表因子，COD 总排放量为污水处理厂日处理能力（生活污水+工业污水）180 t；选取船舶溢油事故中的油粒子为不可降解污染物代表因子，外溢物取施工船舶的燃料油（0#柴油）为代表物质，外溢量（源强）为油箱容积 60 t，瞬间溢完。

6.2 以改善下游水环境为目标的三峡水库中长期出库流量需求

通过改变三峡水库出库流量过程达到上述三峡水库下游江湖水环境安全综合评判指标阈值。运用第 4 章建立的长江宜昌至大通段一维河网水动力-水质数学模型计算三峡水库出库流量与下游生态流量、环境水位及大通站流量的响应关系；运用第 4 章建立的三峡水库下游典型河段平面二维水动力-水质数学模型及平面二维溢油模型计算三峡水库下游典型河段突发污染事故时，三峡水库出库流量与污染物削减的响应关系。

6.2.1 长江中游干流及主要支流平、枯水遭遇组合

根据长江中下游水系特点，对长江中下游干支流径流特性进行分析，选取干支流遭遇代表年或支流同枯组合，在此基础上进行三峡水库出库流量过程需求方案设计。

1. 数据来源

三峡水库下游宜昌至大通段主要关注干流宜昌站、清江入汇高坝洲站、洞庭湖入汇城陵矶站、汉江入汇仙桃站和鄱阳湖吞吐湖口站的径流特征。将已有实测资料干流宜昌站 1958~2013 年（未见 1963 年水文年鉴记载）、清江高坝洲站 1957~1987 年（未见 1963 年水文年鉴记载）和 2000~2013 年、城陵矶站 1955~1987 年（未见 1956 年、1968 年、1969 年和 1978 年水文年鉴记载）和 1991~2013 年、汉江仙桃站 1955~2013 年（未见 1956 年、1968 年、1969 年和 1970 年水文年鉴记载）、湖口站 1950~2016 年逐月径流资料作为分析依据。上述水文数据包含的水文系列年跨越三峡工程修建前、施工期和建成后运行阶段，三峡水库作为一座不完全年调节水库，自蓄水发电以来对长江干流宜昌站的径流量进行了年内重分配，因此统计分析前理应对宜昌站流量过程进行还原。本次分析的目的在于为三峡水库平枯水实际调度运行方案的制订提供依据，因此未考虑宜昌站径流量的还原过程，只针对水文站实际流量过程。

2. 分析方法

目前研究径流丰枯遭遇的常用方法有统计法和 Copula 函数法。统计法是基于频率分析方法，将现有水文资料组成样本系列，一般根据皮尔逊 III 型曲线推求相应于各种频率（或重现期）的水文设计值。Copula 函数法是基于变量之间非线性、非对称的相关关系而建立的，具有很大的灵活性和适应性。结合本次的研究目标和实际资料情况，选取传统的统计法进行宜昌至大通段干支流特性和平枯水遭遇特点的分析。

水文学中定义的枯水年为，年降水量或年河川径流量明显小于其正常值（多年平均值）的年份，也称"少水年"。基于上述定义，通常采用五级丰枯划分法对径流量进行平

枯水划分，以 p 为保证率，即 $p\leqslant 12.5\%$ 为特丰水，$12.5\%<p\leqslant 37.5\%$ 为偏丰水，$37.5\%<p\leqslant 62.5\%$ 为平水，$62.5\%<p\leqslant 87.5\%$ 为偏枯水，$p>87.5\%$ 为特枯水。此外，在水资源规划中，常以 $p=75\%$ 和 $p=95\%$ 年降水量的典型年代表枯水年和特枯水年。本节参考上述对于典型平枯水的定义，兼顾已经发生的实际来水过程，选取典型特枯水年、平水年和枯水年组合。

3. 干支流径流特性分析

根据长江中下游径流特性可将全年划分为丰水期（5～9月）、平水期（3月、4月、10月、11月）和枯水期（12月～次年2月）。三峡水库下游宜昌至大通段干支流径流量年内分配如表6.2.1所示，可见长江干流来水在年内分配得很不均匀，年内径流量主要集中在丰水期，占年径流量的67.7%，其中主汛期7～9月的径流量占年径流量的49.3%；枯水期径流量较少，占年径流量的9.0%。与干流相同，清江、洞庭湖、汉江和鄱阳湖四条主要支流来水在年内的分配同样很不均匀，但通过表6.2.1可以发现，清江和洞庭湖两条支流与长江干流的年内水量分配较一致，即同样5～9月表现为丰水期，12月～次年2月表现为枯水期，3月、4月、10月、11月表现为平水期；而汉江和鄱阳湖两条支流则表现出些许不同，汉江的丰水期有所滞后，集中于7～10月，鄱阳湖来水的汛期有所提前，5月就已经进入湖汛。

表 6.2.1　干支流径流量年内分配比例表　　　　（单位：%）

干支流	月份											
	1	2	3	4	5	6	7	8	9	10	11	12
干流	2.8	2.6	2.9	4.2	7.2	11.2	18.2	16.2	14.9	10.2	6	3.6
清江	1.9	2	4.4	9.7	13.5	15.4	18.7	9.3	10	7.7	5	2.4
洞庭湖	2.5	2.9	5.1	7.9	12.2	13.1	16.4	13.2	10.4	8.1	5.1	3.1
汉江	5	4.4	5.3	5.9	7.9	7.6	14.3	13.8	13.2	10.7	6.6	5.3
鄱阳湖	3.4	4.2	8.2	11.8	14.5	15.8	10.7	8.8	6.7	6.9	5.4	3.6

径流量变化的总体特征常用均值和变差系数 Cv 来表示，研究区域干支流径流量统计特征值如表6.2.2所示。比较相同统计时期各支流径流量的均值发现，洞庭湖径流量最大，鄱阳湖次之，汉江和清江较小，且四者存在较大差异。比较干支流之间 Cv 的大小可以看出，干流年均径流量的变化程度均小于各支流，说明长江干流来水量大，年径流量的变化较小，支流来水量小，年径流量的变化较大；同一支流中，全年径流量的 Cv 普遍小于各个时期的，说明以全年为统计时段来水量大，径流量变化较小，分时期统计则来水量小，径流量变化较大。

表 6.2.2 干支流径流量统计特征值

时期	干流 均值/(亿 m³)	Cv	清江 均值/(亿 m³)	Cv	洞庭湖 均值/(亿 m³)	Cv	汉江 均值/(亿 m³)	Cv	鄱阳湖 均值/(亿 m³)	Cv
全年	4211.69	0.12	111.01	0.37	2877.51	0.23	371.87	0.35	1517.68	0.28
丰水期	2863.24	0.14	72.06	0.45	1956.94	0.27	209.23	0.42	855.63	0.33
平水期	968.18	0.17	29.74	0.42	657.46	0.31	95.71	0.49	490.85	0.29
枯水期	363.48	0.10	7.04	0.49	221.93	0.31	58.48	0.35	171.20	0.46

4. 调度代表年选取

研究三峡水库中短期优化调度方案，对于调度代表年的选择分为两个时间尺度：①以年为时间尺度，选取长江中下游典型特枯水年和平水年；②以三峡水库消落期和蓄水期为时间尺度，选取长江中下游典型枯水代表年组合。研究区域中重点关注的四项生态环境指标中除长江口枯水期压咸需求外，均包含在宜昌至武汉段，因此在下面选取典型特枯水和平水代表年，即实际自然年来水过程时，重点关注宜昌至武汉段干流及清江、洞庭湖和汉江三条支流的来水情况；选取典型枯水代表年组合，即非实际自然年来水过程时，根据四条支流的来水情况得到组合年份，则综合考虑清江、洞庭湖、汉江和鄱阳湖四条支流的来水情况。

1）典型特枯水年和平水年选取

运用三峡水库下游清江、洞庭湖和汉江三条支流的实测逐月流量过程计算得到三条支流各自的年径流量并分别对其进行排序。按照五级丰枯划分法的思路对三条支流的年径流量进行平枯水划分，此处将特丰水和偏丰水划分为丰水，特枯水和偏枯水划分为枯水。在此基础上分析得到，以全年为时间尺度，三条支流同枯遭遇概率为10%分别发生在 1966 年、2001 年、2006 年和 2013 年，其中 2006 年为三条支流年径流总量最小年份，总径流量为 2292.23 亿 m³。将干流实测逐月来水过程以支流的统计方法进行分析，发现 2006 年同样是干支流年径流总量最小年份。实测资料中三条支流共有统计年份 40 年的径流资料，2006 年为真实发生过的最枯水年份，且长江干流来水仅为多年平均径流量的 64%左右，若方案设计能满足在 2006 年三条支流来水过程下各项生态环境指标的可靠性，则可认为设计方案具有更高的可靠度。因此，选取 2006 年干支流来水过程为三峡水库典型特枯水年方案设计的本底。

同样运用三峡水库下游清江、洞庭湖和汉江三条支流的实测逐月流量过程计算得到三条支流各自的年径流量并分别对其进行排序。按照五级丰枯划分法的思路分析得到，以全年为时间尺度时，并未出现三条支流同为平水的组合。由表 6.2.2 可知，三条支流中清江的来水量远远小于另外两条支流，因此在典型平水年选取的时候重点考虑洞庭湖和汉江两条支流为平水年的年份。统计结果发现，洞庭湖和汉江仅有 2012 年同为平水年，且将 2012 年长江干流宜昌站流量纳入考虑发现，2012 年宜昌站年径流量同属平水年。

因此，选取2012年干支流来水过程为三峡水库典型平水年方案设计的本底。

因三峡水库调度集中于调节水库消落期和蓄水期天然来水过程，故计算过程典型特枯水年和平水年按照消落期（1月1日～6月10日）与蓄水期加压咸期（9月10日～12月31日）进行计算。

2）四条支流同为 $p=75\%$ 的枯水代表年组合

同上，根据实测资料对三峡水库下游清江、洞庭湖、汉江和鄱阳湖四条支流的来水过程进行统计分析，但不同的是，本次代表年选取并非实际自然来水年，而是考虑四条支流同为 $p=75\%$ 枯水时的代表年组合，用于设计三峡水库典型枯水年调度方案。此外，因三峡水库调度集中于调节水库消落期和蓄水期天然来水过程，此处数据分析和年份选取不以年为时间尺度，重点关注水库消落期和蓄水期的来水过程。水库现有调度规程规定水库消落期为每年的1月1日～6月10日，蓄水期为每年的9月10日～10月30日，但每年的12月又面临长江口盐水入侵的风险，因此针对蓄水期的三峡水库出库流量过程本节由10月31日延伸至12月31日。

通过对1955年以来有实测资料记载的四条支流的来流过程进行统计、分析，找到四条支流各自在水库消落期和蓄水期枯水概率为75%的年份，并将四条支流当年各时期的实际来流情况作为设计三峡水库出库流量过程的依据。经分析知，三峡水库消落期水库下游四条主要支流清江、洞庭湖、汉江和鄱阳湖枯水概率为75%的年份分别为1986年、1991年、2002年和2007年，水量总计约1470.2亿 m^3。三峡水库蓄水期水库下游四条主要支流清江、洞庭湖、汉江和鄱阳湖枯水概率为75%的年份分别为2015年、2005年、1995年、2009年，水量总计约780.1亿 m^3。

为验证所选取的四条支流典型枯水代表年是否可能真实发生，又统计分析了逐年三峡水库消落期、蓄水期时段四条支流的水量总量，发现水库消落期四条支流的最枯水年份为2011年，水量总计约1050.4亿 m^3；水库蓄水期四条支流的最枯水年份为2009年，水量总计约590.1亿 m^3。综上，三峡水库消落期和蓄水期，水库下游四条支流偏枯水概率同为75%时的水量总计均大于同时段典型特枯水年份的水量，因此选择四条支流同枯水75%水平进行方案设计和预测是具有实际意义的。

综上，选取上述三峡水库消落期和蓄水期代表年四条支流的来水过程为三峡水库典型枯水年方案设计的本底。消落期，每年的1月1日～6月10日，四条主要支流清江、洞庭湖、汉江和鄱阳湖枯水概率为75%的年份分别为1986年、1991年、2002年和2007年；蓄水期+压咸期，每年的9月10日～12月31日，四条主要支流清江、洞庭湖、汉江和鄱阳湖枯水概率为75%的年份分别为2015年、2005年、1995年、2009年。

6.2.2 枯水年水库群联合调度方案优选与可行性分析

根据实测资料，特枯年2006年10～11月中仅有几天能够满足城陵矶站环境水位及螺山站水位和流量的需求；因四大家鱼产卵需求，监利站5～6月需要每月有一次涨水过程，涨水时间不少于 5 天，涨幅不小于 10 000 m³/s，实际仅 5 月有符合要求的涨水过程；因压咸需要，大通站流量 12 月～次年 2 月需大于 11 000 m³/s，实际 1 月 1～18 日、2 月 8～14 日、12 月 26～31 日不达标；监利站流量 6～8 月不满足生态流量要求；螺山站全年 1 月 1～8 日、1 月 10～14 日、1 月 16～19 日、2 月 2～18 日和 12 月 26～31 日共 40 天流量不满足生态流量需要；汉口站全年 12 月 26 日、29～31 日共 4 天流量不满足生态流量要求。

1. 支流同枯水组合条件下三峡水库出库流量过程需求

为满足下游生态环境指标，三峡水库出库流量过程需根据水库下游四条支流的来水情况结合三峡水库下游江湖水环境中长期安全综合评判指标阈值需求反推求出，是研究中的未知目标值；支流来水过程假定为水库消落期和蓄水期四条支流同枯水 p=75%水平的非现实偏枯水情况，其中三口分流以前述三口分流量与干流水位的相关关系计算得到；下边界大通站水位过程由大通站水位-流量关系试算给定。经过多次试算、优化，得到满足水库下游生态环境指标的出库流量过程下限值。

三峡水库汛末蓄水导致下游洞庭湖湖区面积减小、湿地面积萎缩，上述研究提出莲花塘站水位 10～11 月维持在 21.4 m 左右。以特枯水年 2006 年为例，为保证 10 月末一周时间莲花塘站水位达到 21.4 m，三峡水库 10 月下旬的出库流量需提升至 273 m³/s 左右。若要在 10～11 月长时期保持三峡水库偏高出库流量运行，会带来水库蓄水量不足等问题，导致水库固有效益受损。因此，枯水年蓄水期设计三套出库流量方案，分别为：方案一遵循三峡水库现状调度规程，即 10 月 1～20 日出库流量为 8 000 m³/s，10 月 21～31 日出库流量为 10 000 m³/s；方案二提升 10 月 25～31 日莲花塘站水位达 21.4 m；方案三提升 10～11 月莲花塘站水位达 21.4 m。

运用第 4 章建立的长江宜昌至大通段一维河网水动力-水质数学模型计算三峡水库出库流量与下游生态流量、环境水位及大通站流量的响应关系。经反复试算，三峡水库出库流量方案设计见表 6.2.3。

表 6.2.3 四支流同为 75%枯水年时三峡水库按旬设计的出库流量过程

时间		消落期出库流量 /(m³/s)	时间		蓄水期出库流量 /(m³/s)		
					方案一	方案二	方案三
1 月	上旬	5 654	9 月	上旬	11 305	11 305	11 305
	中旬	5 553		中旬	10 158	10 158	10 158
	下旬	4 772		下旬	8 910	8 910	8 910
2 月	上旬	6 750	10 月	上旬	8 000	8 099	11 900
	中旬	6 841		中旬	8 000	8 099	8 300
	下旬	4 000		下旬	10 000	10 144	11 045

续表

时间		消落期出库流量 /(m³/s)	时间		蓄水期出库流量 /(m³/s)		
					方案一	方案二	方案三
3月	上旬	5 451	11月	上旬	7 533	7 533	9 470
	中旬	6 068		中旬	5 922	5 922	6 000
	下旬	4 709		下旬	5 488	5 488	10 100
4月	上旬	5 757	12月	上旬	5 040	5 040	5 040
	中旬	7 070		中旬	6 318	6 318	6 318
	下旬	6 336		下旬	6 885	6 885	6 885
5月	上旬	8 750					
	中旬	11 200					
	下旬	8 000					
6月	上旬	13 650					

三种方案下三峡水库下游江湖水环境安全综合评判指标阈值达标率统计如表 6.2.4 和表 6.2.5 所示。上述三种方案的计算结果如图 6.2.1 所示，三种方案枯水期 12 月～次年 2 月莲花塘站的水位均满足 18.7 m 的要求，因此仅绘制 10～11 月两个月的莲花塘站水位结果对比图；根据多年实测资料，螺山站、汉口站全年仅有枯水期存在流量不足的可能性，因此仅绘制了枯水期的计算结果。

表 6.2.4 蓄水期三种方案下莲花塘站水位达标情况

考核指标	莲花塘站		
	方案一	方案二	方案三
需求达标天数	61	61	61
实际达标天数	29	34	61
达标率/%	47.54	55.74	100.00
平均水位/m	21.32	21.29	21.76
最低水位/m	19.53	19.50	21.49

表 6.2.5 水库消落期和蓄水期水库下游生态环境指标达标情况（除莲花塘站外）

考核指标	监利站		螺山站		汉口站	
	消落期	蓄水期	消落期	蓄水期	消落期	蓄水期
需求达标天（次）数	2	—	59	31	—	—
实际达标天（次）数	2	—	59	31	—	—
达标率/%	100	—	100	100	—	—

(a) 蓄水期末莲花塘站水位

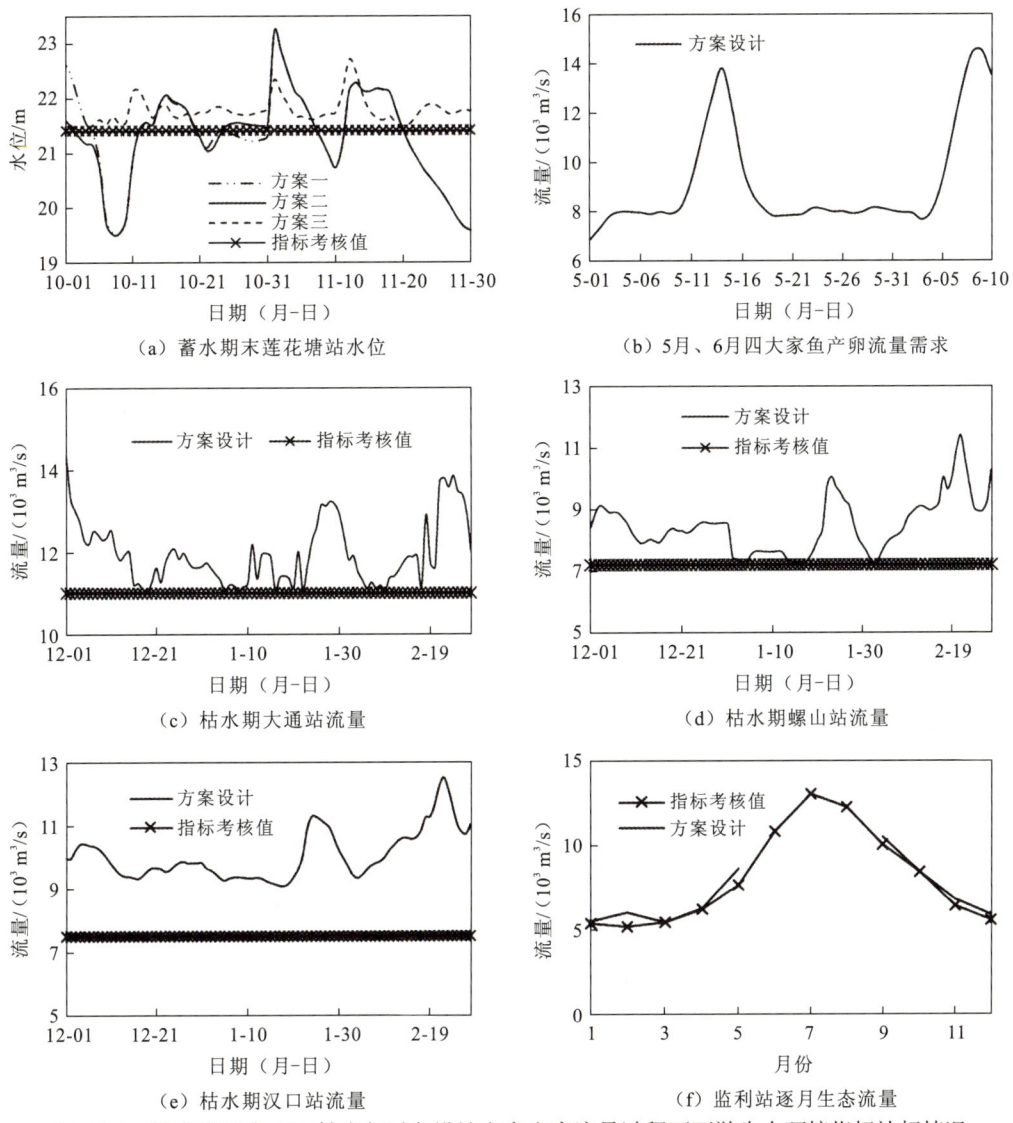

(b) 5月、6月四大家鱼产卵流量需求

(c) 枯水期大通站流量

(d) 枯水期螺山站流量

(e) 枯水期汉口站流量

(f) 监利站逐月生态流量

图 6.2.1 四支流同为 75%枯水年时各设计方案出库流量过程下下游生态环境指标达标情况

综上，若长江中下游清江、洞庭湖、汉江和鄱阳湖四条主要支流在三峡水库消落期和蓄水期分别为偏枯水 75%水平，则可参考上述设计方案提出逐旬三峡水库出库流量过程。其中，针对莲花塘站环境水位提出了三套方案供实际调度参考。

2. 典型特枯水年三峡水库出库流量过程需求

1）现状调度规程下评价指标达标率分析

（1）入库、出库流量过程及坝前水位。

2006 年三峡水库处于试验性蓄水阶段，坝前水位未达到 175 m，需按现状调度规程模拟 175 m 方案坝前水位及出库流量过程。据实测资料，三峡水库自 2010 年末第一次蓄水达到175 m后，2012~2017年每年1月1日坝前水位均值为173.4 m，即假设2006年1月1日三峡水库坝前水位为173.4 m。为尽量与2006年三峡水库出库过程贴近且不与现状调度规程出现较大冲突，实际出库流量过程的模拟原则为：2006年1月、2月按三峡水库实际出库流量过程下泄，水库坝前水位偏高运行；3月1日~6月10日为水库消落期，出库流量以坝前水位过程要求控制，5月25日坝前水位达到155 m，6月10日坝前水位达到145 m并一直持续到8月31日；9月1日~10月31日为水库蓄水期，9月10日蓄水至150 m，9月11~20日按照调度规程下泄10 000 m³/s，9月21日~12月31日按照2006年实际出库流量过程模拟。套绘2006年实际过程、调度规程、2006年现状调度模拟三种坝前水位过程，如图6.2.2所示。

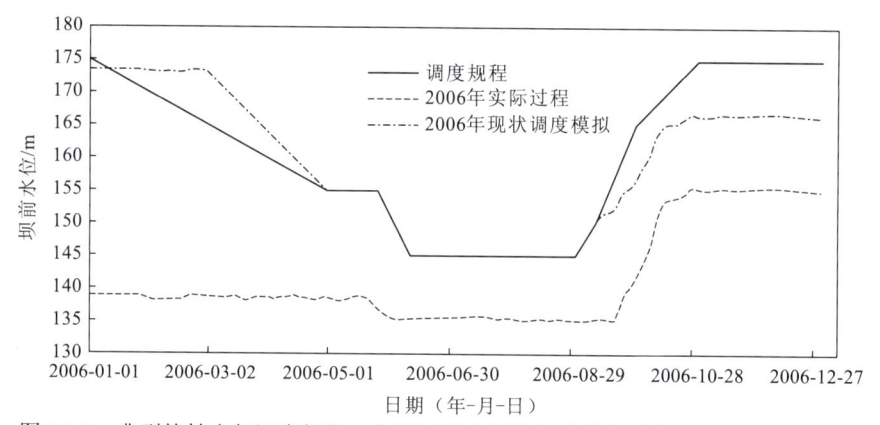

图6.2.2 典型特枯水年调度规程、实际过程和现状调度模拟过程下的坝前水位套绘

将2006年三峡水库实际入库流量、出库流量和根据上述调度原则调度后的出库流量（以下简称"2006年现状调度模拟出库流量"）按旬统计，如表6.2.6所示。2006年入库径流量与出库径流量分别为2985.198亿 m³和2898.651亿 m³。

表6.2.6 2006年三峡水库实际入库、实际出库与现状调度模拟出库流量过程表

时间		实际入库流量/(m³/s)	实际出库流量/(m³/s)	现状调度模拟出库流量/(m³/s)	时间		实际入库流量/(m³/s)	实际出库流量/(m³/s)	现状调度模拟出库流量/(m³/s)
1月	上旬	5 010	4 953	4 953	4月	上旬	5 704	5 771	8 385
	中旬	5 009	5 036	5 036		中旬	7 095	7 225	9 562
	下旬	4 949	5 235	5 235		下旬	6 441	6 319	8 783
2月	上旬	4 401	4 389	4 389	5月	上旬	7 384	7 604	7 384
	中旬	5 224	4 904	4 904		中旬	14 410	14 274	14 410
	下旬	6 306	6 300	6 300		下旬	9 432	10 839	11 955
3月	上旬	6 416	6 623	9 851	6月	上旬	12 022	12 081	15 786
	中旬	7 300	7 477	10 487		中旬	14 050	14 040	14 050
	下旬	5 917	5 637	8 835		下旬	14 080	14 180	14 080

续表

时间		实际入库流量/(m³/s)	实际出库流量/(m³/s)	现状调度模拟出库流量/(m³/s)	时间		实际入库流量/(m³/s)	实际出库流量/(m³/s)	现状调度模拟出库流量/(m³/s)
7月	上旬	21 700	21 500	21 700	10月	上旬	13 040	7 788	7 788
	中旬	20 290	20 410	20 290		中旬	13 340	11 390	11 390
	下旬	15 355	15 464	15 355		下旬	12 273	11 082	11 082
8月	上旬	10 825	10 709	10 825	11月	上旬	8 157	8 133	8 133
	中旬	8 301	8 392	8 301		中旬	6 584	6 522	6 522
	下旬	9 654	9 719	9 654		下旬	6 534	6 379	6 379
9月	上旬	13 850	13 710	10 910	12月	上旬	6 155	6 162	6 162
	中旬	11 490	11 360	10 000		中旬	5 163	5 424	5 424
	下旬	12 230	8 752	8 752		下旬	4 475	4 702	4 702

（2）水库下游生态环境目标。

运用建立的一维河网水动力-水质数学模型，计算 2006 年现状调度模拟出库流量情况下三峡水库下游江湖水环境安全综合评判指标阈值达标情况。分析结果发现，2006 年莲花塘站水位 10～11 月常不足 21.4 m，但由于 2006 年为长江流域干支流典型特枯水年，三峡水库无法长期增加水库出库流量以改善洞庭湖生态环境。因此，在典型特枯水年，关注三峡水库蓄水期末即 10 月 25～31 日莲花塘站水位是否达 21.4 m。

2006 年现状调度规程模拟的三峡水库下游江湖水环境安全综合评判指标阈值达标率统计如表 6.2.7 所示。10 月 25～31 日莲花塘站水位 3 天没有达到 21.4 m，平均值为 21.56 m；监利站 5 月、6 月中仅有 5 月可以满足四大家鱼涨水过程需求；枯水期大通站流量有 31 天不能满足河口压咸需求，不满足时段分别为 1 月 1～18 日、2 月 8～14 日及 12 月 26～31 日，每个时段的流量不足量分别为 800 m³/s、400 m³/s 和 600 m³/s。枯水期螺山站和汉口站的生态流量不达标天数分别为 40 天和 4 天，与大通站流量不达标日期基本相同，不足量为 100～700 m³/s；监利站 8 月生态流量不达标，不足量约为 3 200 m³/s。

表 6.2.7　2006 年现状调度规程下三峡水库下游生态环境指标达标情况表

考核指标	莲花塘站		监利站		螺山站		汉口站	
	消落期	蓄水期	消落期	蓄水期	消落期	蓄水期	消落期	蓄水期
需求达标天数	—	7	1	—	59	31	—	—
实际达标天数	—	4	1	—	34	25	—	—
达标率/%	—	57.14	100	—	57.63	80.65	—	—

2）优化调度方案设计与评价

（1）优化调度方案设计。

基于上述结果分析，特枯水年 2006 年现状调度模拟过程下三峡水库下游生态环境指标达标率多处不足 100%，其中以蓄水期末莲花塘站水位指标达标率最低。

优化调度方案的设计思路为：通过多次数学模型计算，若期望 10 月下旬三峡水库蓄水结束时莲花塘站水位达到 21.4 m，则增加该时段出库流量；5 月、6 月需为四大家鱼营造合适的产卵环境，需要每月一次涨水过程，5 月已满足，6 月虽不在计算时间内，但 6 月上旬条件合适，可设计一次涨水过程；增加 8 月出库流量，改善监利站 8 月生态流量不足的情况；1 月上旬和 12 月下旬需要适当增加三峡水库出库流量，实现长江口压咸目标；此外，螺山站和汉口站枯水期不满足生态流量的时段也需要增加出库流量。在满足以上三峡水库出库流量需求的条件下，其余时段三峡水库出库流量则根据三峡水库调度规程中有关坝前水位过程和特定时期水库出库流量的要求确定。因此，以 2006 年现状调度模拟出库流量为试算值，按照下游应满足的生态环境指标，运用建立的宜昌至大通段一维河网水动力-水质数学模型反算得到优化调度方案逐旬出库流量过程，如表 6.2.8 所示。

表 6.2.8　典型特枯水年三峡水库出库流量优化调度方案

时间		消落期出库流量/（m³/s）			时间		蓄水期出库流量/（m³/s）		
		2006 年现状调度模拟	优化调度方案	增加值			2006 年现状调度模拟	优化调度方案	增加值
1 月	上旬	4 953	6 453	1 500	9 月	上旬	10 910	11 412	502
	中旬	5 036	5 536	500		中旬	10 000	11 126	1 126
	下旬	5 235	6 000	765		下旬	8 752	10 591	1 839
2 月	上旬	4 389	5 089	700	10 月	上旬	6 488	7 788	1 300
	中旬	4 904	5 604	700		中旬	10 990	11 390	400
	下旬	6 300	6 300	0		下旬	11 082	11 355	273
3 月	上旬	9 851	7 927	-1 924	11 月	上旬	8 133	7 533	-600
	中旬	10 487	8 720	-1 767		中旬	6 522	5 922	-600
	下旬	8 835	7 239	-1 596		下旬	6 379	5 779	-600
4 月	上旬	8 385	7 357	-1 028	12 月	上旬	6 162	6 162	0
	中旬	9 562	8 670	-892		中旬	5 424	5 424	0
	下旬	8 783	7 936	-847		下旬	4 702	5 702	1 000
5 月	上旬	7 384	8 641	1 257					
	中旬	14 410	15 824	1 414					
	下旬	11 955	12 729	774					
6 月	上旬	15 786	14 705	-1 081					

(2) 优化调度方案评价。

将 2006 年现状调度模拟、优化调度方案两种调度的出库流量过程和计算得到的水库下游生态环境各指标达标情况进行套绘,如图 6.2.3、图 6.2.4 所示。2006 年三峡水库出库流量优化调度方案下水库下游生态环境指标达标情况如表 6.2.9 所示。枯水期 12 月~次年 2 月莲花塘站水位均满足 18.7 m 的要求,因此仅绘制蓄水期末 10 月 25~31 日一周的莲花塘站水位结果图。由结果可知,在优化调度方案下,水库下游生态环境各项指标的达标率为 100%。

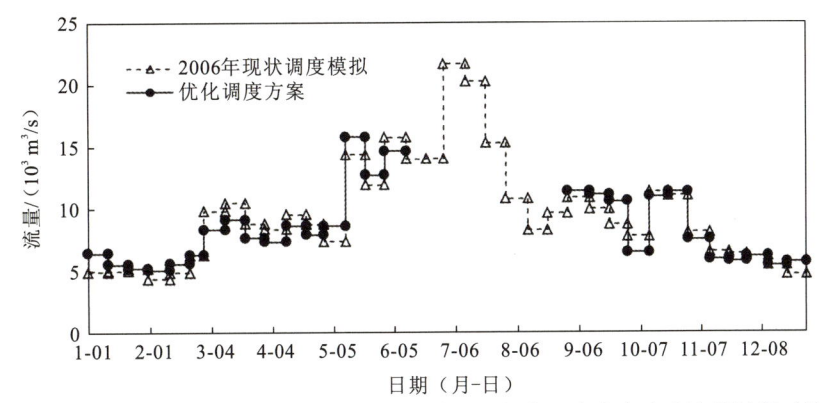

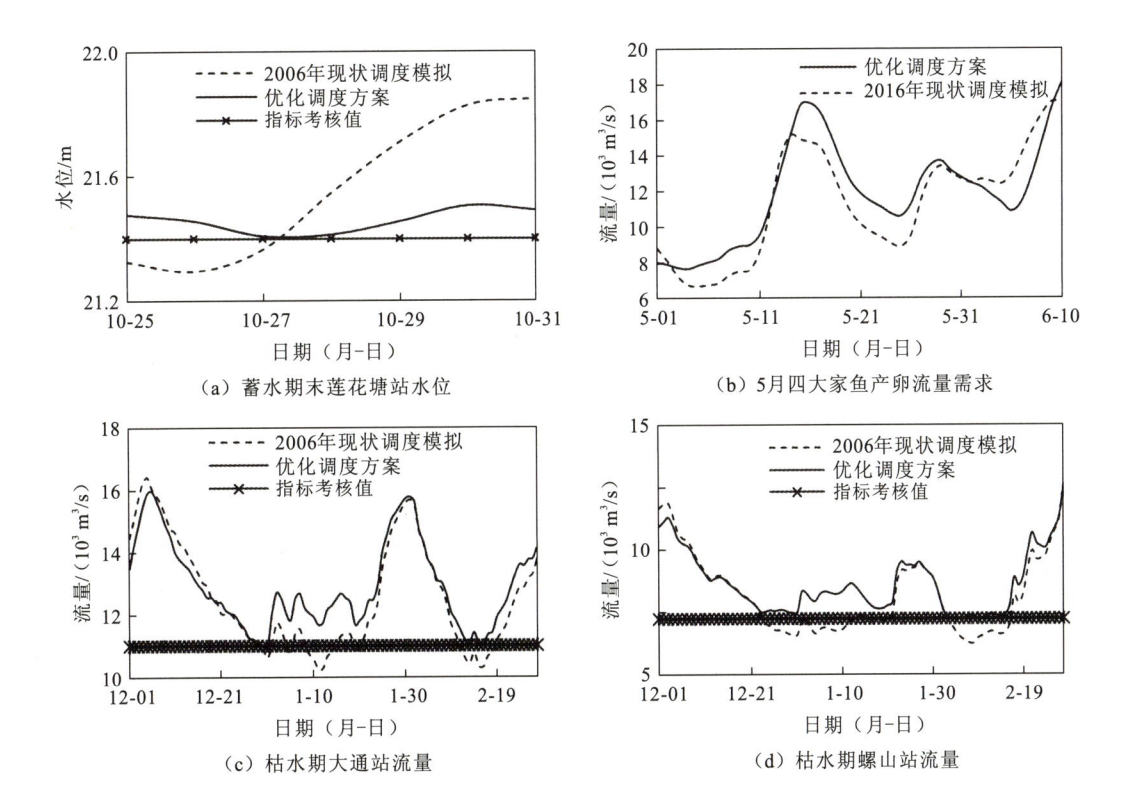

图 6.2.3 典型特枯水年 2006 年现状调度模拟与优化调度方案出库流量过程对比

(a) 蓄水期末莲花塘站水位

(b) 5 月四大家鱼产卵流量需求

(c) 枯水期大通站流量

(d) 枯水期螺山站流量

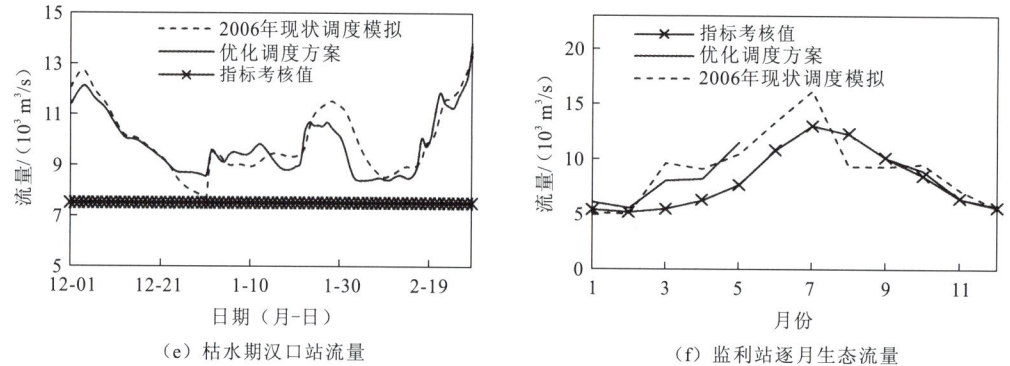

(e) 枯水期汉口站流量　　　　　　　(f) 监利站逐月生态流量

图 6.2.4　典型特枯水年 2006 年现状调度模拟与优化调度方案出库流量过程下
下游生态环境指标达标情况

表 6.2.9　典型特枯水年优化调度方案下三峡水库下游生态环境指标达标情况表

考核指标	莲花塘站		监利站		螺山站		汉口站	
	消落期	蓄水期	消落期	蓄水期	消落期	蓄水期	消落期	蓄水期
需求达标天数	—	7	1	—	59	31	—	—
实际达标天数	—	7	1	—	59	31	—	—
达标率/%	—	100	100	—	100	100	—	—

综上，长江流域干支流为特枯水年时，12 月～次年 2 月三峡水库出库流量应增大至 5 536～6 452 m³/s；为满足监利站生态流量需要，三峡水库在 9 月的平均出库流量应在 11 043 m³/s；蓄水期末即 10 月 25～31 日三峡水库出库流量应增加至 11 355 m³/s；5 月、6 月为满足监利河段四大家鱼产卵需求，三峡水库应每月设计一次持续 5～8 天的人造洪峰过程，起涨出库流量为 8 000～10 000 m³/s，日均涨幅为 2 000～2 500 m³/s，出库流量总涨幅达 10 000～12 500 m³/s，其中 5 月已满足，6 月虽不在计算时间内，但由于 6 月上旬条件合适，也设计一次满足条件的人造洪峰，5 月 1～15 日三峡水库平均出库流量需增加至 11 598 m³/s，6 月上旬仅需在月初略减小下泄，上旬末期略增加下泄流量便可满足涨水要求。满足上述条件时，螺山站和汉口站可满足全年生态流量要求。

3. 枯水年综合三峡水库出库流量过程需求

综合四条支流同枯及典型特枯年设计方案成果，每旬取同时期两方案三峡水库出库流量过程最大值作为枯水年三峡水库出库流量优化调度方案，并将此出库流量需求作为联合调度方案的目标值之一。

基于实测资料和数学模型计算成果可知，对于典型特枯水年，10～11 月中仅有几天能够满足城陵矶站环境水位及螺山站水位和流量的需求，若暂不考虑三峡水库出库流量增加带来的荆江河段三口分流量的增加，则特枯水年对宜昌站流量增加量的需求在 0～6 000 m³/s，且出库流量的增加几乎需要贯穿 10～11 月两个月。考虑到枯水年水量偏少，四条支流同枯出库流量选用方案二，即蓄水期末10月25～31日莲花塘站水位达21.4 m。枯水年三峡水库出库流量如表6.2.10所示，流量过程线如图6.2.5所示。

表6.2.10 三峡水库枯水年综合优化调度方案出库流量

时间		消落期出库流量/(m³/s)			时间		蓄水期出库流量/(m³/s)		
		四条支流同枯设计方案	典型特枯年设计方案	最大值			四条支流同枯设计方案	典型特枯年设计方案	最大值
1月	上旬	5 654	6 453	6 453	9月	上旬	11 305	11 412	11 412
	中旬	6 000	5 536	6 000		中旬	10 158	11 126	11 126
	下旬	4 772	6 000	6 000		下旬	8 910	10 591	10 591
2月	上旬	6 750	5 089	6 750	10月	上旬	8 099	6 488	8 099
	中旬	6 841	5 604	6 841		中旬	8 099	10 990	10 990
	下旬	4 000	6 300	6 300		下旬	10 144	11 355	11 355
3月	上旬	5 451	7 927	7 927	11月	上旬	7 533	7 533	7 533
	中旬	6 068	8 720	8 720		中旬	5 922	5 922	5 922
	下旬	4 709	7 239	7 239		下旬	5 488	5 779	5 779
4月	上旬	5 757	7 357	7 357	12月	上旬	5 040	6 162	6 162
	中旬	7 070	8 670	8 670		中旬	6 318	5 424	6 318
	下旬	6 336	7 936	7 936		下旬	6 885	5 702	6 885
5月	上旬	8 750	8 641	8 750					
	中旬	11 200	15 824	15 824					
	下旬	8 000	12 729	12 729					
6月	上旬	13 650	14 705	14 705					

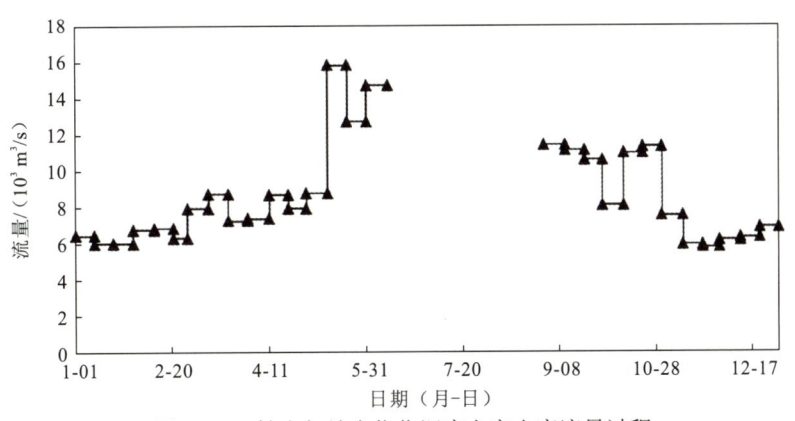

图6.2.5 枯水年综合优化调度方案出库流量过程

2006年现状调度模拟、调度规程及优化调度方案坝前水位过程如图6.2.6所示。坝前起始水位为175 m，入库流量按2006年实际入库流量计算，前三个月由于大通站压咸需要，水位降低较现状调度模拟快，9月初开始蓄水，年末坝前水位为160.6 m，全年优化调度方案出库水量较入库水量多127.7亿m³。考虑到溪洛渡水库防洪调节库容为46.5亿m³，向家坝水库防洪调节库容为9.03亿m³，三峡水库防洪调节库容为221.5亿m³，因此，遇枯水年特别是特枯水年，可实施溪洛渡水库、向家坝水库、三峡水库联合调度，以满足长江中下游生态环境需求。

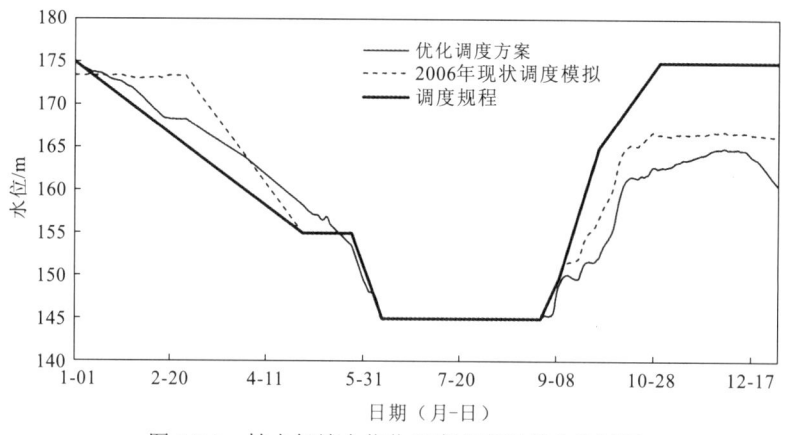

图6.2.6 枯水年综合优化调度方案坝前水位过程

6.2.3 平水年水库群联合调度方案优选与可行性分析

1. 2012年三峡水库实际出库过程评价指标达标率分析

2012年全年三峡水库下游生态环境指标达标率情况见表6.2.11。2012年三峡水库年入库与年出库径流量分别为4480.35亿m³和4491.11亿m³，对三峡水库入库与出库流量的逐日资料以旬为统计时段整理得到表6.2.12。

表6.2.11 2012年三峡水库下游生态环境指标达标率情况表

考核指标	莲花塘站 消落期	莲花塘站 蓄水期	监利站 消落期	监利站 蓄水期	螺山站 消落期	螺山站 蓄水期	汉口站 消落期	汉口站 蓄水期
需求达标天数	—	61	1	—	60	31	—	—
实际达标天数	—	61	0	—	57	31	—	—
达标率/%	—	100	0	—	95	100	—	—

表6.2.12 三峡水库入库与出库流量过程表　　（单位：m³/s）

时间		入库流量	出库流量	时间		入库流量	出库流量
1月	上旬	5 541	6 113	2月	上旬	4 586	5 971
	中旬	4 736	6 066		中旬	4 173	6 171
	下旬	5 228	6 010		下旬	4 242	6 027

续表

时间		入库流量	出库流量	时间		入库流量	出库流量
3月	上旬	4 715	5 999	8月	上旬	28 660	31 180
	中旬	4 712	6 001		中旬	20 380	28 080
	下旬	5 190	6 005		下旬	20 191	18 936
4月	上旬	5 422	5 862	9月	上旬	30 620	23 690
	中旬	6 130	5 929		中旬	27 460	21 170
	下旬	6 740	7 350		下旬	19 320	16 580
5月	上旬	9 202	11 796	10月	上旬	21 740	16 790
	中旬	13 556	16 820		中旬	15 710	16 300
	下旬	15818	17 382		下旬	12 000	10 556
6月	上旬	16 310	20 760	11月	上旬	9 633	10 094
	中旬	13 560	14 150		中旬	7 345	7 873
	下旬	15 700	15 270		下旬	5 795	5 697
7月	上旬	43 180	36 670	12月	上旬	5 646	5 664
	中旬	37 990	35 490		中旬	5 991	5 637
	下旬	44 945	42 827		下旬	5 889	6 652

2. 优化调度方案设计与评价

1) 优化调度方案设计

基于上述结果，典型平水年三峡水库出库流量优化设计以 2012 年实际出库过程为基础，在 1 月上旬略增加三峡水库出库流量，在 5 月中上旬设计一次适宜鱼类产卵的三峡水库出库涨水过程，10 月、11 月适量增加三峡水库出库流量，得到三峡水库优化调度方案出库流量过程，如表 6.2.13 所示。

表 6.2.13 典型平水年三峡水库优化调度方案出库流量

时间		消落期出库流量/(m³/s)			时间		蓄水期出库流量/(m³/s)		
		实际过程	优化调度方案	增加值			实际过程	优化调度方案	增加值
1月	上旬	6 113	6 713	600	9月	上旬	23 690	26 320	2 630
	中旬	6 066	6 066	0		中旬	21 170	19 170	-2 000
	下旬	6 010	6 010	0		下旬	16 580	13 580	-3 000
2月	上旬	5 971	5 971	0	10月	上旬	16 790	15 290	-1 500
	中旬	6 171	6 171	0		中旬	16 300	14 911	-1 389
	下旬	6 027	6 027	0		下旬	10 556	12 273	1 717

续表

时间		消落期出库流量/(m³/s)			时间		蓄水期出库流量/(m³/s)		
		实际过程	优化调度方案	增加值			实际过程	优化调度方案	增加值
3月	上旬	5 999	5 999	0	11月	上旬	10 094	11 383	1 289
	中旬	6 001	6 001	0		中旬	7 873	7 945	72
	下旬	6 005	6 005	0		下旬	5 697	6 345	648
4月	上旬	5 862	6 062	200	12月	上旬	5 664	5 309	−355
	中旬	5 929	6 129	200		中旬	5 637	5 654	17
	下旬	7 350	7 350	0		下旬	6 652	5 552	−1 100
5月	上旬	11 796	12 400	604					
	中旬	16 820	16 820	0					
	下旬	17 382	17 382	0					
6月	上旬	20 760	20 760	0					

2）优化调度方案评价

2012 年三峡水库出库流量优化调度方案下水库下游生态环境指标的达标情况如表 6.2.14 所示。2012 年实际过程和优化调度方案两种出库流量过程、水库下游生态环境各指标及达标情况如图 6.2.7、图 6.2.8 所示。枯水期 12 月～次年 2 月莲花塘站水位均满足 18.7 m 的要求，因此仅绘制 10～11 月莲花塘站水位过程图。

表 6.2.14 典型枯水年优化调度方案下三峡水库下游生态环境指标达标情况表

考核指标	莲花塘站		监利站		螺山站		汉口站	
	消落期	蓄水期	消落期	蓄水期	消落期	蓄水期	消落期	蓄水期
需求达标天数	—	61	1	—	60	31	—	—
实际达标天数	—	61	1	—	60	31	—	—
达标率/%	—	100	100	—	100	100	—	—

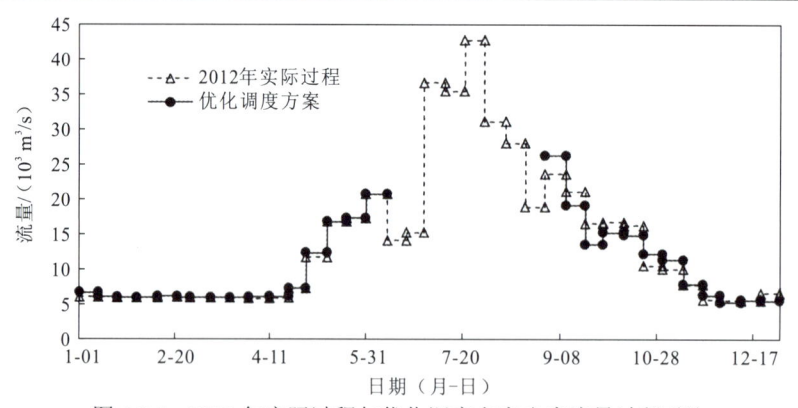

图 6.2.7 2012 年实际过程与优化调度方案出库流量过程对比

第6章 基于三峡水库下游生态环境改善的联合调度技术

(a) 蓄水期末莲花塘站水位

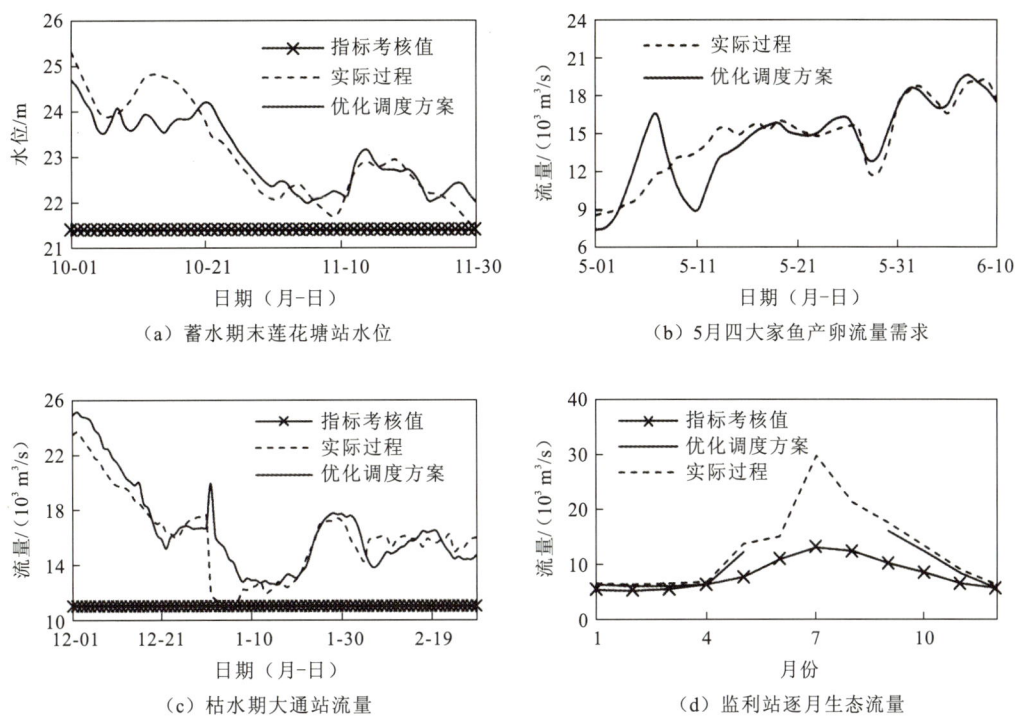

(b) 5月四大家鱼产卵流量需求

(c) 枯水期大通站流量

(d) 监利站逐月生态流量

图 6.2.8　2012年实际过程与优化调度方案出库流量过程下下游生态环境指标达标情况对比

综合上述结果可知,当长江流域干支流来水为平水年时,实际过程下各项生态指标大多可以满足。需优化的方案为:1月上旬增大出库流量至 6713 m³/s;4月上中旬增大出库流量至 6062~6129 m³/s;9月上旬增加出库流量至 26320 m³/s;10月下旬增大出库流量至 12273 m³/s;11月增大出库流量至 8558 m³/s;5月上旬设计一次涨水过程,三峡水库下泄从 5月1日 8000 m³/s 起涨,到 5月6日下泄流量增加至 20500 m³/s,相应的监利站流量 5月1日为 7371 m³/s,5月7日涨至 16576 m³/s,满足涨水要求。

典型平水年三峡水库优化调度方案、调度规程及2012年实际坝前水位曲线如图6.2.9所示,消落期优化调度方案坝前水位与实际坝前水位过程相差不大,蓄水期水位增加速

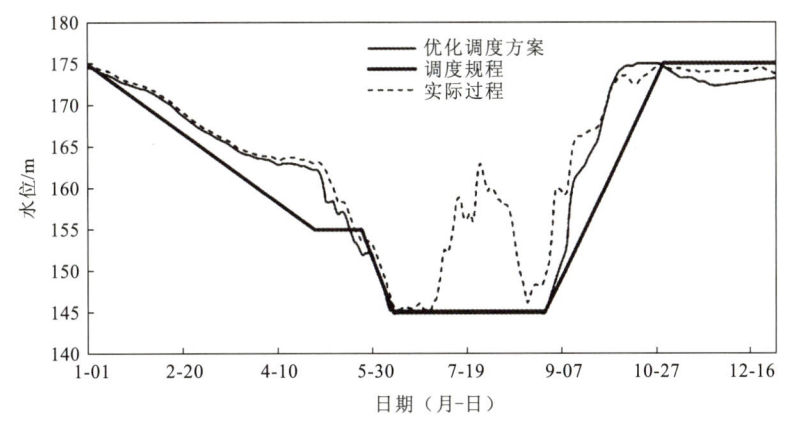

图 6.2.9　平水年优化调度方案坝前水位过程

率较调度规程快，10 月末涨至 175 m，随后为满足枯水期水库下游生态环境需求加大下泄，库水位在年末降至 174 m，无须上游水库补水。

6.2.4 水库群联合中长期预防调度准则

1. 现状调度规程

现状调度规程如下：

（1）在 9 月蓄水期间，一般情况下控制水库出库流量不小于 8 000 m³/s。当水库来水流量大于 8 000 m³/s 但小于 10 000 m³/s 时，按来水流量下泄，水库暂停蓄水；当来水流量小于 8 000 m³/s 时，若水库已蓄水，可根据来水情况适当补水至 8 000 m³/s 下泄。

（2）10 月蓄水期间，一般情况下水库出库流量按不小于 8 000 m³/s 控制，当水库来水流量小于以上流量时，可按来水流量下泄。11 月和 12 月，水库最小出库流量按葛洲坝水库下游庙嘴水位不低于 39.0 m 和三峡水电站不小于保证出力对应的流量控制。

（3）一般来水年份（蓄满年份），1～2 月水库出库流量按 6 000 m³/s 左右控制，其他月份的最小出库流量应满足葛洲坝水库下游庙嘴水位不低于 39.0 m 的要求。如遇枯水年份，实施水资源应急调度时，可不受以上流量限制，库水位也可降至 155 m 以下进行补偿调度。

（4）当长江中下游发生较重干旱，或者出现供水困难时，国家防汛抗旱总指挥部或长江防汛抗旱总指挥部可根据当时水库的蓄水情况实施补水调度，缓解旱情。

（5）在四大家鱼集中产卵期内，可有针对性地实施有利于鱼类繁殖的蓄泄调度，即 5 月上旬～6 月底，在防洪形势和水雨情条件许可的情况下，通过调蓄，为四大家鱼的繁殖创造适宜的水流条件，实施生态调度。

（6）在综合利用效益发挥的前提下，结合水库消落过程，当上游来水有利于水库走沙时，可适时安排库尾减淤调度试验。

（7）长江防汛抗旱总指挥部发布实时水情、咸情、工情、供水情况、预测预报和预警等信息，密切监视咸潮灾害发展趋势，在控制沿江引调水工程流量的基础上，进一步做好三峡水库等主要水库的水量应急调度，必要时联合调度长江流域的水库群，增加出库流量，保障大通站流量不小于 10 000 m³/s。

2. 枯水年（包括特枯水年）调度规程设想

根据上述研究成果，若遇枯水年或特枯水年，为满足三峡水库下游生态环境指标阈值，现状调度规程可调整如下：

（1）9 月蓄水期间，控制水库出库流量不小于 11 100 m³/s；

（2）10 月蓄水期间，控制水库出库流量不小于 10 200 m³/s；

（3）11 月蓄水期间，控制水库出库流量不小于 6 500 m³/s；

（4）12 月～次年 2 月水库出库流量分别按不小于 6 500 m³/s、6 100 m³/s、6 700 m³/s

控制，保障大通站流量不小于 11 000 m³/s；

（5）5 月、6 月为满足监利河段四大家鱼产卵需求，三峡水库应每月设计一次持续 5～8 天的人造洪峰过程，起涨出库流量为 8 000～10 000 m³/s，日均涨幅为 2 000～2 500 m³/s，出库流量总涨幅达 10 000～12 500 m³/s。

3. 平水年调度规程设想

若遇平水年，为满足三峡水库下游生态环境指标阈值，现状调度规程可调整如下：
（1）11 月蓄水期间，控制水库出库流量不小于 8 600 m³/s；
（2）12 月～次年 2 月水库出库流量分别按不小于 6 000 m³/s、6 300 m³/s、6 100 m³/s 控制，保障大通站流量不小于 11 000 m³/s；
（3）5 月、6 月为满足监利河段四大家鱼产卵需求，三峡水库应每月设计一次持续 5～8 天的人造洪峰过程，起涨出库流量为 8 000 m³/s，日均涨幅为 2 000 m³/s，出库流量总涨幅达 10 000 m³/s。

6.3　短期应急调度三峡水库出库流量需求

为了研究水库群联合调度对长江中游调用水区域水质安全的影响，保证荆州和武汉的重要取水口的水质达到要求，选取荆州和武汉两个重要的水源地——荆州柳林水厂水源地和武汉白沙洲水厂水源地，进行重点研究。根据上述对长江中游典型水源地突发性和非突发性事件及其主要污染物的分析，在应急调度方案研究中，选取排放量最大的沿岸企业生产性事故、污水涵闸排放不当的典型污染因子 COD 作为可降解污染物代表因子；选取船舶溢油事故中的油粒子为不可降解污染物代表因子。

6.3.1　可降解污染物应急调度方案研究

以 COD 为代表进行应急调度计算。

1. 应急调度方案在长江中游河段的流量响应关系研究

以特枯水年 2006 年为背景，研究宜昌、沙市及汉口等典型河段及重要水源地在三峡水库不同运行期开展应急调度后对应的流量响应，做出定性分析，为应急调度方案的确定提供参考。计算将 2006 年实际来流及三峡水库现有运行调度原则作为本底计算条件，将全年分为枯水供水期（1～3 月）、汛前消落期（4～5 月）、汛期（6～9 月）、汛末蓄水期（10～12 月）。假设四个时期的调度时间为枯水供水期 1 月 15 日 10:00～13:00、汛前消落期 5 月 1 日 0:00～3:00、汛期 6 月 21 日 8:00～11:00、汛末蓄水期 12 月 1 日 8:00～11:00。将出库流量 26 500 m³/s 持续 3 h 的工况作为方案案例，对下游宜昌、沙市及汉口三个重要断面的流量响应时间进行分析。

各时期流量过程如图 6.3.1～图 6.3.4 所示，以出现的流量峰值为特征点，统计从宜昌流量改变到到达该断面的时间及由调度引起的流量增幅，结果见表 6.3.1。

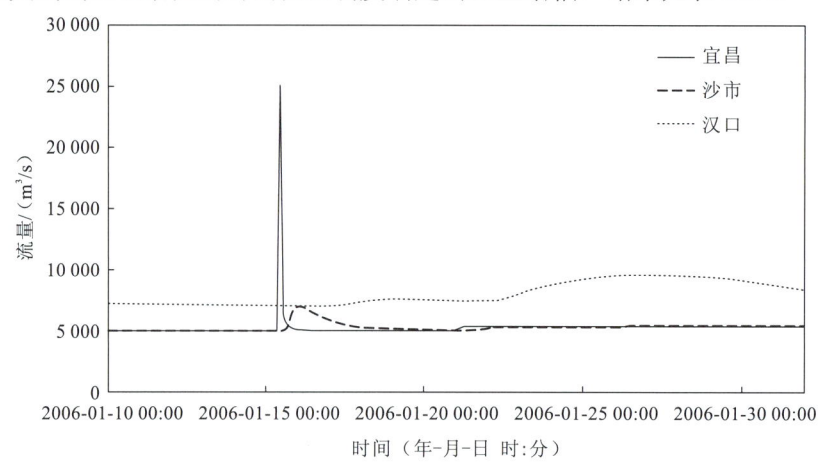

图 6.3.1 枯水供水期应急调度流量过程示意图

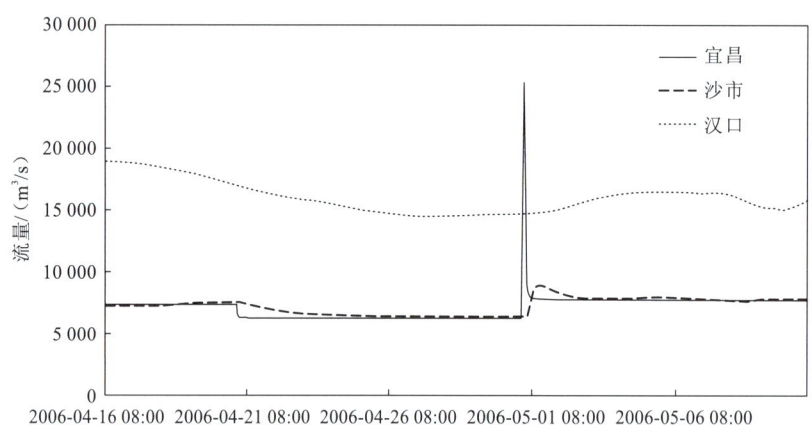

图 6.3.2 汛前消落期应急调度流量过程示意图

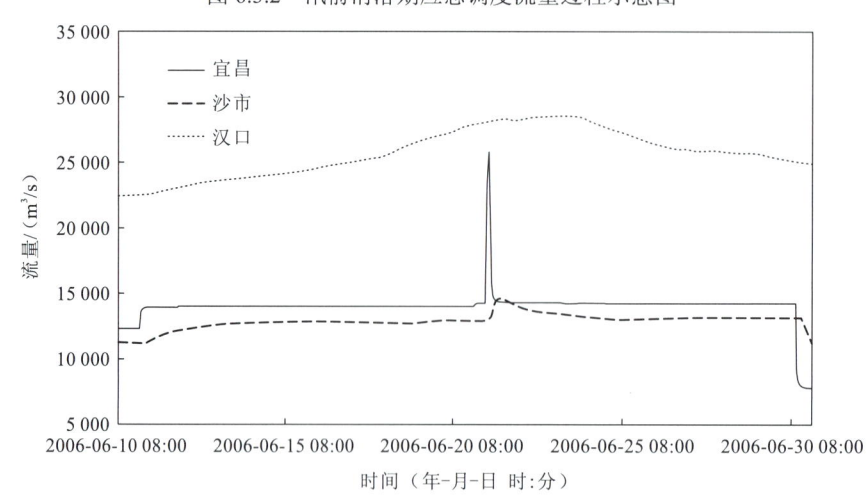

图 6.3.3 汛期应急调度流量过程示意图

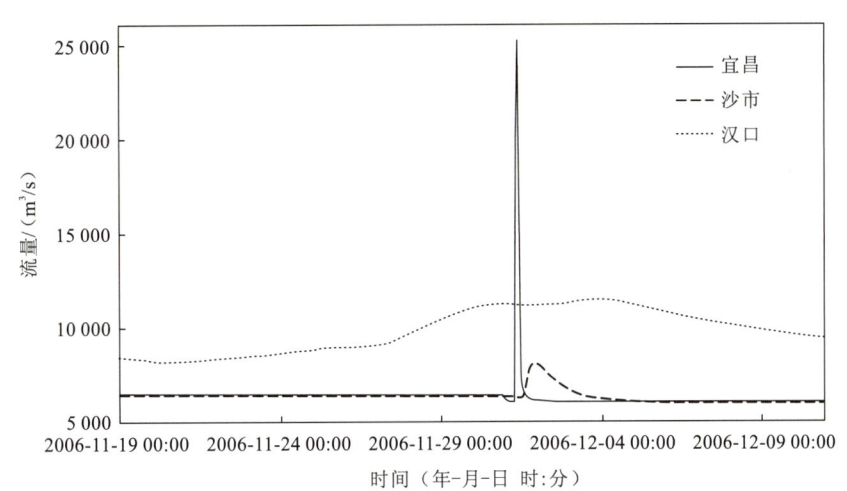

图 6.3.4 汛末蓄水期应急调度流量过程示意图

表 6.3.1 各断面流量响应（峰值）时间统计表

时期	宜昌 时间/h	宜昌 波峰增幅/%	沙市 时间/h	沙市 波峰增幅/%	汉口 时间/h	汉口 波峰增幅/%
枯水供水期	2	406.41	15	41.71	93	8.62
汛前消落期	2	307.94	14	40.98	119	12.37
汛期	2	84.83	9	13.36	48	0.54
汛末蓄水期	2	298.74	14	28.77	64	2.05

从流量响应时间上来说，枯水供水期到达沙市的时间约为 15 h，到达汉口的时间约为 93 h（大约 4 天）；汛前消落期到达沙市的时间约为 14 h，到达汉口的时间约为 119 h（大约 5 天）；汛期到达沙市的时间约为 9 h，到达汉口的时间约为 48 h（大约 2 天）；汛末蓄水期到达沙市的时间约为 14 h，到达汉口的时间约为 64 h（大约 3 天）。整体可得，汛期波峰到达最快，汛前消落期波峰到达最慢，波峰到达时间主要受到宜昌来流及支流入汇的影响，宜昌来流及支流入汇的流量越大，波峰向下游传播的时间越短。

综上所述，对比相同时期不同距离的计算结果可知，增加三峡水库出库流量，到达武汉河段的时间更长（在 2~5 天）且流量增幅更小，应急调度对减缓武汉河段附近发生的突发性水污染事件效果甚微。对比不同时期的计算结果可知，汛前消落期即 4~5 月进行应急调度波峰增幅最为明显，而波峰向下游传播的时间最长；汛期即 6~9 月进行应急调度波峰增幅最小，而波峰向下游传播的时间最短；枯水供水期结果与汛前消落期结果相近，波峰增幅略小于汛前消落期，传播时间略短于汛前消落期；汛末蓄水期结果与汛期结果相近，波峰增幅略大于汛期，传播时间略长于汛期。

2. 宜昌河段枯水期应急调度水量需求

1）研究内容

假设宜昌至枝城段于 2016 年 2 月 11 日 6:00（宜昌站流量为 5980 m^3/s）发生突发性

水污染事件，三峡水库 1 h 后进行应急调度，综合考虑污染物的可能影响范围及水文、水环境特性，利用第 4 章建立的平面二维水动力-水质数学模型，预测事故发生对宜昌河段水质的影响范围和程度，计算并研究不同调度方案对不同事故排放种类的影响规律。

2）模型计算工况

（1）水库调度方案。

突发性水污染事故发生后，分别考虑如下 5 种应急调度方案：①事故发生后紧急调度 1 h，泄水 1 h 后宜昌站流量为 15 900 m³/s（水流流量 1 h 内从 5 980 m³/s 增大至 15 900 m³/s，并持续 1 h）；②事故发生后紧急调度 2 h，泄水 1 h 后宜昌站流量为 15 900 m³/s（水流流量 1 h 内从 5 980 m³/s 增大至 15 900 m³/s，并持续 2 h，以此类推）；③事故发生后紧急调度 3 h，泄水 1 h 后宜昌站流量为 15 900 m³/s；④事故发生后紧急调度 1 h，泄水 1 h 后宜昌站流量为 22 750 m³/s（三峡水电站满负荷发电时的出库流量）；⑤事故发生后紧急调度 1 h，泄水 1 h 后宜昌站流量为 26 500 m³/s。

（2）污染物排放类型。

根据上述风险源识别结论可知，考虑到宜昌市区邻近长江分布有各类化工厂和制药厂，企业排污口事故性排放风险最大，同时由于航运发达，也存在交通事故导致水污染事故的可能性。针对潜在风险源，设置江心瞬排、岸边瞬排两种事故排放类型，事故地点设置在宜昌市区。根据上述 5 种应急调度方案和 2 种事故排放类型，设计模拟工况见表 6.3.2。

表 6.3.2　模拟工况情况表

工况编号	排放类型	排放时间/min	COD 总负荷量/t	调度流量/（m³/s）	调度时间
1				5 980	无应急调度
2				15 900	事故发生后持续 1 h
3	江心瞬排	30	180	15 900	事故发生后持续 2 h
4				15 900	事故发生后持续 3 h
5				22 750	事故发生后持续 1 h
6				26 500	事故发生后持续 1 h
7				5 980	无应急调度
8				15 900	事故发生后持续 1 h
9	岸边瞬排	3	18	15 900	事故发生后持续 2 h
10				15 900	事故发生后持续 3 h
11				22 750	事故发生后持续 1 h
12				26 500	事故发生后持续 1 h

3）计算结果

（1）各方案对流速的影响。

根据数学模型计算出不同工况的水流流速场，提取宜昌市区不同工况的流速随时间的变化,断面位置示意图见图 6.3.5,流速过程见图 6.3.6,流速对比结果见表 6.3.3。

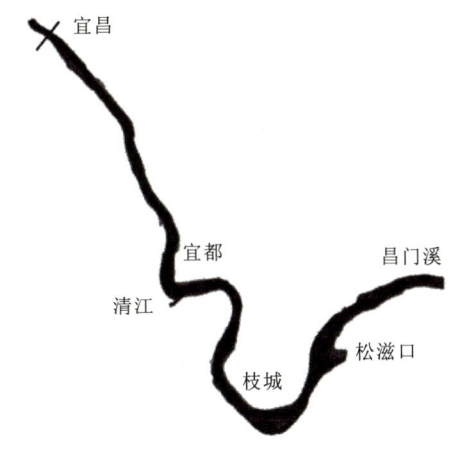

图 6.3.5 断面位置示意图

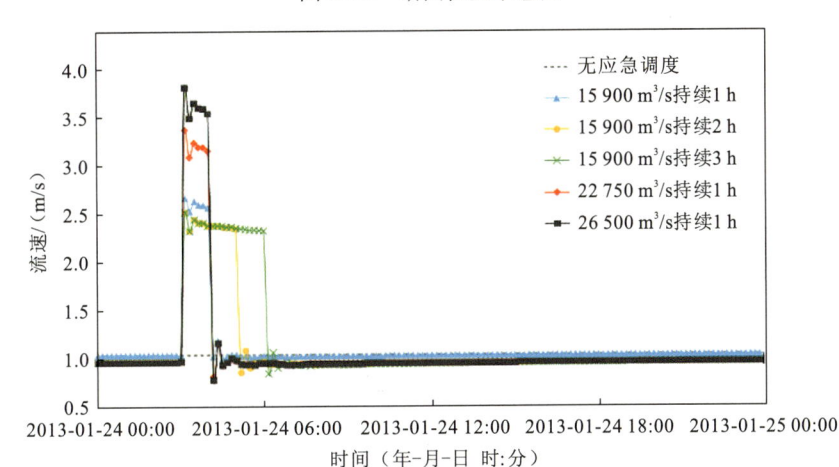

图 6.3.6 宜昌断面不同工况的流速过程线

表 6.3.3 不同调度方案宜昌河段流速增幅统计表

流速变化	计算点位	方案①	方案②	方案③	方案④	方案⑤
现状流速/(m/s)		1.04	1.04	1.04	1.04	1.04
调度流速/(m/s)	宜昌	2.69	2.55	2.55	3.42	3.86
增加幅度/倍		1.59	1.45	1.45	2.29	2.71

由结果可见,由于距离较近,三峡水库应急调度对宜昌河段的流速影响较为明显。三峡水库出库流量越大,宜昌河段流速的增加越大,增加幅度最大有 2.71 倍,由 1.04 m/s 变为 3.86 m/s;最小增幅为 1.45 倍,由 1.04 m/s 增加为 2.55 m/s。

(2)对污染团的影响。

由于宜昌市区与库区距离近,水库应急调度效果最为明显。以江心瞬排工况为例,时间同持续 1 h 的情况下,不同流量的结果如图 6.3.7 所示。

相同流量即 15 900 m³/s 下,不同延长时间的结果如图 6.3.8 所示。

(a) 工况1　　　　　　　　　　　　　　(b) 工况2

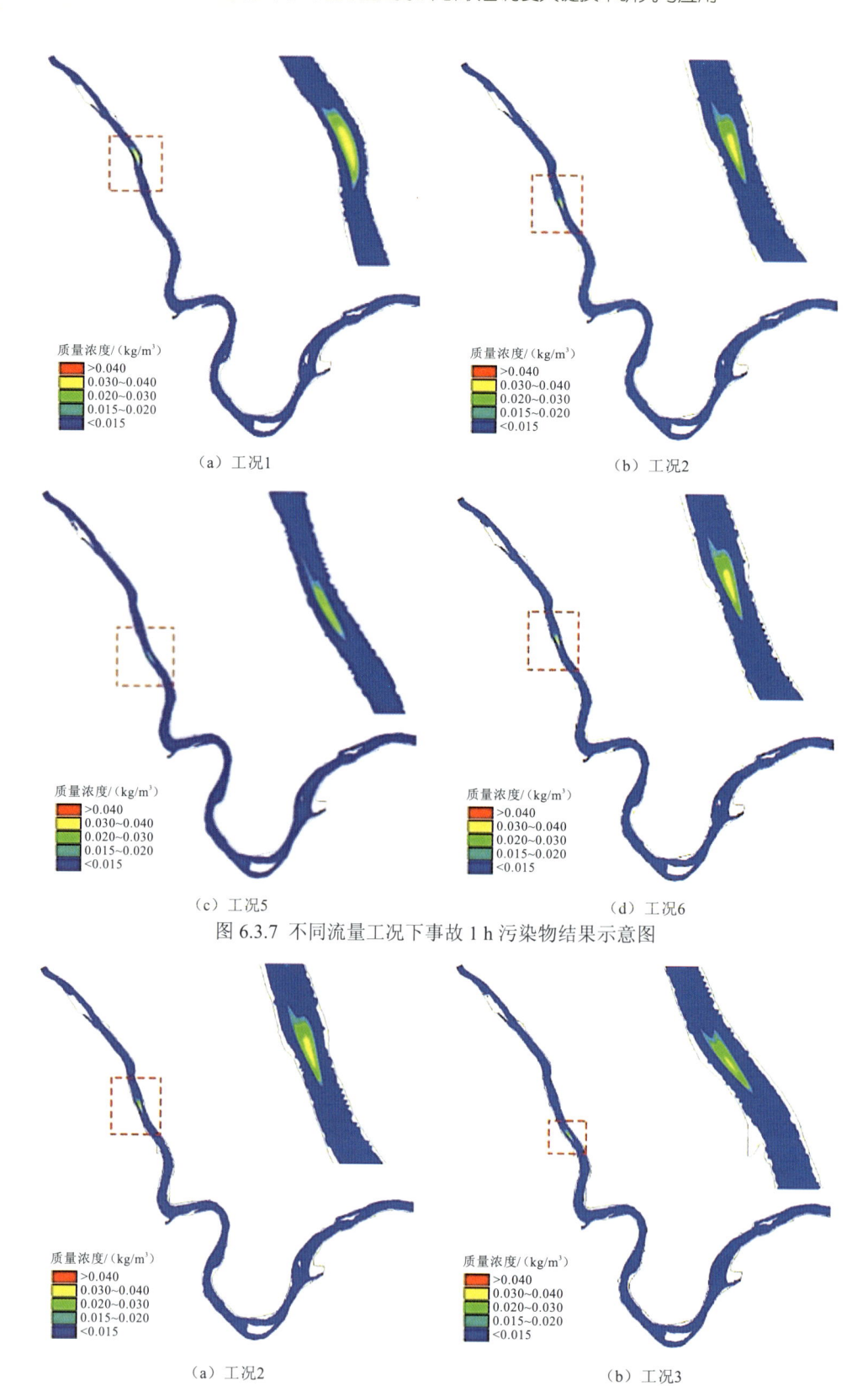

(c) 工况5　　　　　　　　　　　　　　(d) 工况6

图 6.3.7　不同流量工况下事故 1 h 污染物结果示意图

(a) 工况2　　　　　　　　　　　　　　(b) 工况3

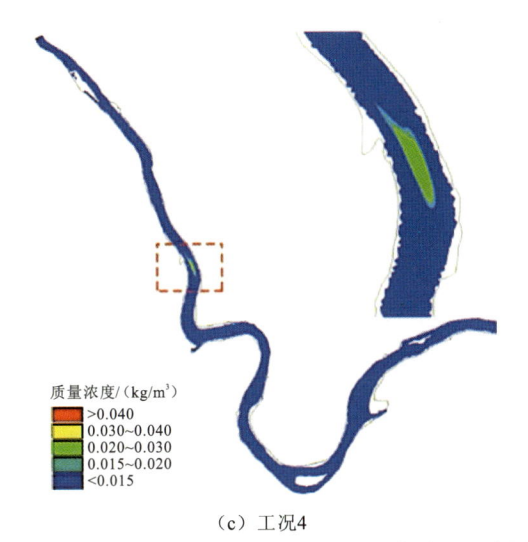

第6章 基于三峡水库下游生态环境改善的联合调度技术

(c) 工况4

图 6.3.8 相同流量工况下事故 5 h 污染物结果示意图

根据模型计算结果,得出不同情况下污染团影响时间与范围的结果,其结果见表 6.3.4。

表 6.3.4 不同模拟工况下污染团影响时间和范围统计表

工况编号	工况	排放类型	影响时间 大于 15 mg/L	影响时间 大于 20 mg/L	污染团推移距离 大于 15 mg/L	污染团推移距离 大于 20 mg/L
1	无应急调度		11 h 6 min	8 h	约 31 km	约 21 km
2	15 900 m³/s 持续 1 h		9 h 44 min	5 h 51 min	约 32 km	约 23 km
3	15 900 m³/s 持续 2 h	江心瞬排	10 h 16 min	5 h 27 min	约 38 km	约 25 km
4	15 900 m³/s 持续 3 h		9 h	4 h 55 min	约 36 km	约 27 km
5	22 750 m³/s 持续 1 h		9 h 45 min	5 h 23 min	约 34 km	约 24 km
6	26 500 m³/s 持续 1 h		9 h 2 min	4 h 52 min	约 34 km	约 25 km
7	无应急调度		15 h 6 min	10 h 26 min	约 38 km	约 29 km
8	15 900 m³/s 持续 1 h		11 h 48 min	7 h 49 min	约 35 km	约 27 km
9	15 900 m³/s 持续 2 h	岸边瞬排	9 h 20 min	5 h 44 min	约 35 km	约 28 km
10	15 900 m³/s 持续 3 h		9 h	5 h 23 min	约 35 km	约 29 km
11	22 750 m³/s 持续 1 h		9 h 13 min	5 h 33 min	约 34 km	约 25 km
12	26 500 m³/s 持续 1 h		8 h 50 min	4 h 1 min	约 34 km	约 23 km

两种排放方式中,调度方案有 15 900 m³/s、22 750 m³/s、26 500 m³/s 三个流量级,其中 15 900 m³/s 流量级中持续时间有 1 h、2 h 及 3 h,22 750 m³/s、26 500 m³/s 流量级持续时间均为 1 h,因此从改变流量大小和改变调度持续时间两个角度,分别对两种排放方式中污染团的迁移影响效果进行对比分析,可知:

对于江心瞬排，对比工况 1、2、5、6 可知，通过增加三峡库区出库流量，可减少污染团滞留时间，且流量越大，推移距离越长。对比工况 2、3、4 可知，通过延长水库出流时间，整体上可缩短污染团影响时间，推移距离也相应增加。这说明对于江心瞬排，增加出库流量，能使污染团影响时间变短，效果更好。

对于岸边瞬排，增加出库流量及延长调度时间，均可减少污染物的影响时间。相同的持续时间下，出库流量越大，受污染团影响的时间越短，且推移距离越短；相同的出库流量下，持续时间越长，受污染团影响的时间也越短，但对污染团推移距离的影响却较小。这说明对于岸边瞬排，增加出库流量，也能使污染团影响时间变短，效果更好。与江心瞬排相比，江心污染物呈团状向下推移，岸边污染物沿河岸形成污染带向下推移，且扩散程度更大；两种方式下，出库流量持续时间越长，受污染团影响的范围越大，特别是岸边瞬排方式下受污染团影响范围的扩大更为明显。

接下来针对污染团运动对重点区域的影响进行研究分析。宜昌河段无重要水源地，但因城区人口密度大，此河段水体污染同样会对两岸居民健康产生不良影响，而且会产生严重的社会影响，因此将城区人口最为密集的区域（约 2 km，距离上游事故点约 1.3 km）作为重点研究区域。按照湖北水功能区划，此段需满足 III 类水标准（小于 20 mg/L）。在污染团运动规律的影响研究中，江心瞬排与岸边瞬排规律相似，而岸边常排利用应急调度在岸边瞬排情况中难以发挥作用，故选取更具有代表性的岸边瞬排情况为研究对象，重点区域中的污染团运动示意图见图 6.3.9～图 6.3.12。

工况 7 即无应急调度工况中，污染团在重点区域内的运动示意图如图 6.3.9 所示。根据计算结果可知，污染团的 IV 类水（>20 mg/L）进入重点区域发生在事故发生后约 21 min，V 类水（>30 mg/L）进入重点区域发生在事故发生后约 23 min，劣 V 类水（>40 mg/L）进入重点区域发生在事故发生后约 24 min；污染团的劣 V 类水离开重点区域发生在事故发生后约 2 h 9 min，V 类水离开重点区域发生在事故发生后约 2 h 21 min，IV 类水离开重点区域发生在事故发生后约 2 h 37 min。由此可知，在重点区域里 IV 类水存在时间持续约 2 h 16 min，V 类水存在时间持续约 1 h 58 min，劣 V 类水存在时间持续约 1 h 45 min。

工况 8 即 15 900 m³/s 持续 1 h 的情况中，污染团在重点区域内的运动示意图如图 6.3.10 所示。根据计算结果可知，污染团的 IV 类水（>20 mg/L）进入重点区域发生在事故发生后约 21 min，V 类水（>30 mg/L）进入重点区域发生在事故发生后约 23 min，劣 V 类水（>40 mg/L）进入重点区域发生在事故发生后约 24 min；污染团的劣 V 类水离开重点区域发生在事故发生后约 1 h 30 min，V 类水离开重点区域发生在事故发生后约 1 h 32 min，IV 类水离开重点区域发生在事故发生后约 1 h 34 min。由此可知，在重点区域里 IV 类水存在时间持续约 1 h 13 min，V 类水存在时间持续约 1 h 9 min，劣 V 类水存在时间持续约 1 h 6 min。

第6章 基于三峡水库下游生态环境改善的联合调度技术

(a) IV类水进入范围
(事故发生后约21 min)

(b) V类水进入范围
(事故发生后约23 min)

(c) 劣V类水进入范围
(事故发生后约24 min)

(d) 劣V类水离开范围
(事故发生后约2 h 9 min)

(e) V类水离开范围
(事故发生后约2 h 21 min)

(f) IV类水离开范围
(事故发生后约2 h 37 min)

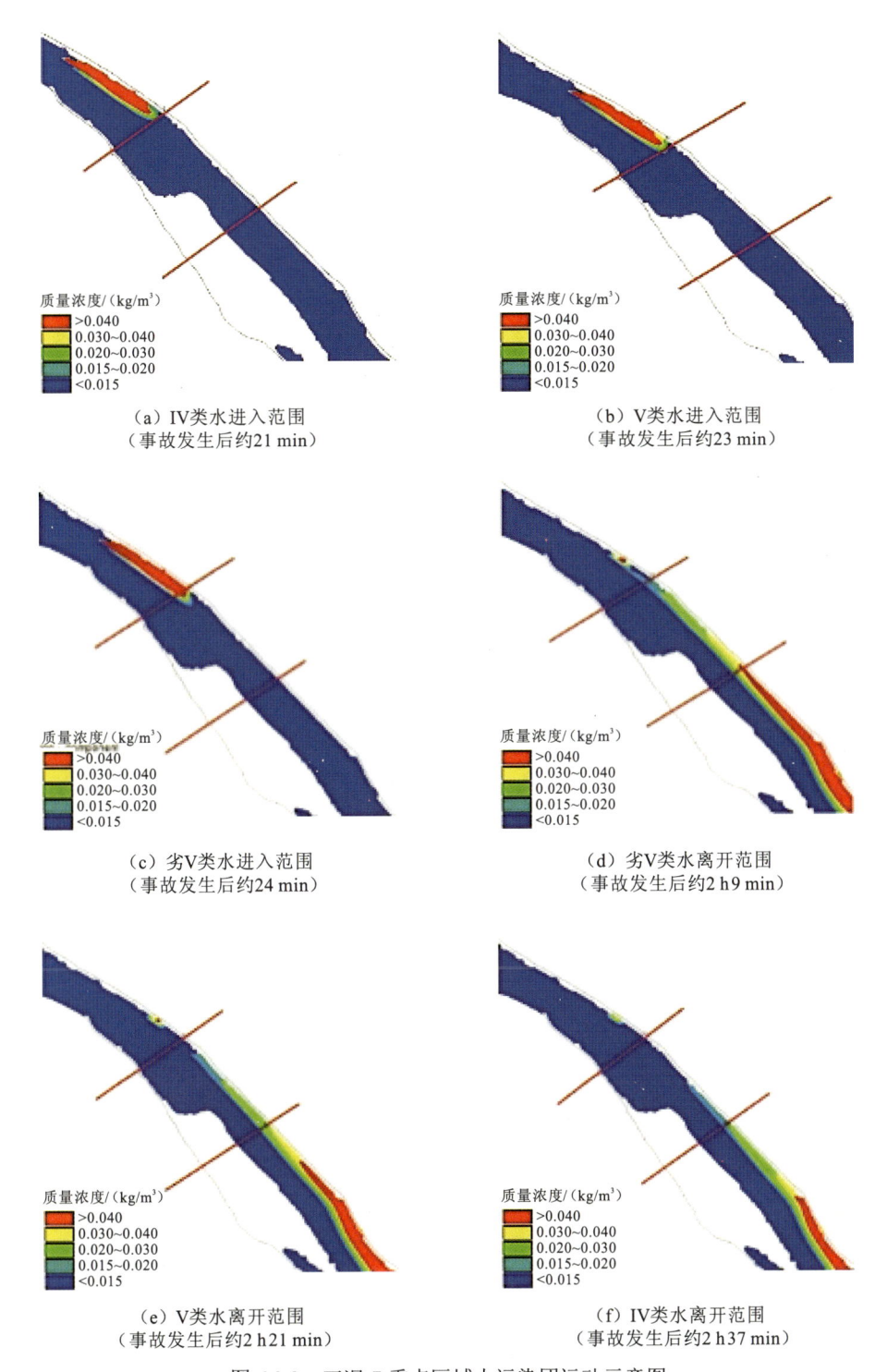

图 6.3.9 工况 7 重点区域内污染团运动示意图

(a) Ⅳ类水进入范围
（事故发生后约21 min）

(b) Ⅴ类水进入范围
（事故发生后约23 min）

(c) 劣Ⅴ类水进入范围
（事故发生后约24 min）

(d) 劣Ⅴ类水离开范围
（事故发生后约1 h 30 min）

(e) Ⅴ类水离开范围
（事故发生后约1 h 32 min）

(f) Ⅳ类水离开范围
（事故发生后约1 h 34 min）

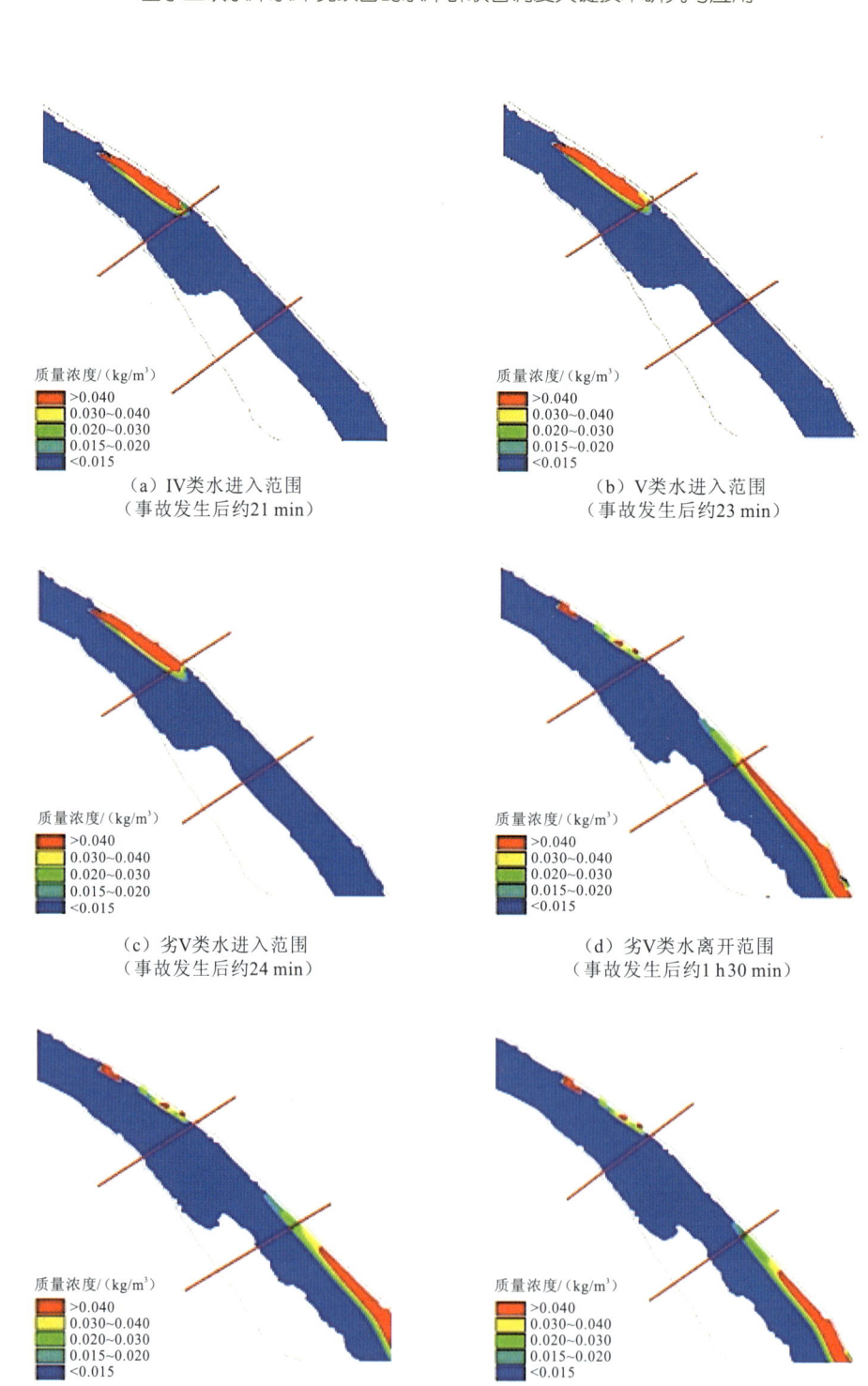

图 6.3.10　工况 8 重点区域内污染团运动示意图

第6章 基于三峡水库下游生态环境改善的联合调度技术

(a) Ⅳ类水进入范围
（事故发生后约21 min）

(b) Ⅴ类水进入范围
（事故发生后约23 min）

(c) 劣Ⅴ类水进入范围
（事故发生后约24 min）

(d) 劣Ⅴ类水离开范围
（事故发生后约1 h 23 min）

(e) Ⅴ类水离开范围
（事故发生后约1 h 24 min）

(f) Ⅳ类水离开范围
（事故发生后约1 h 26 min）

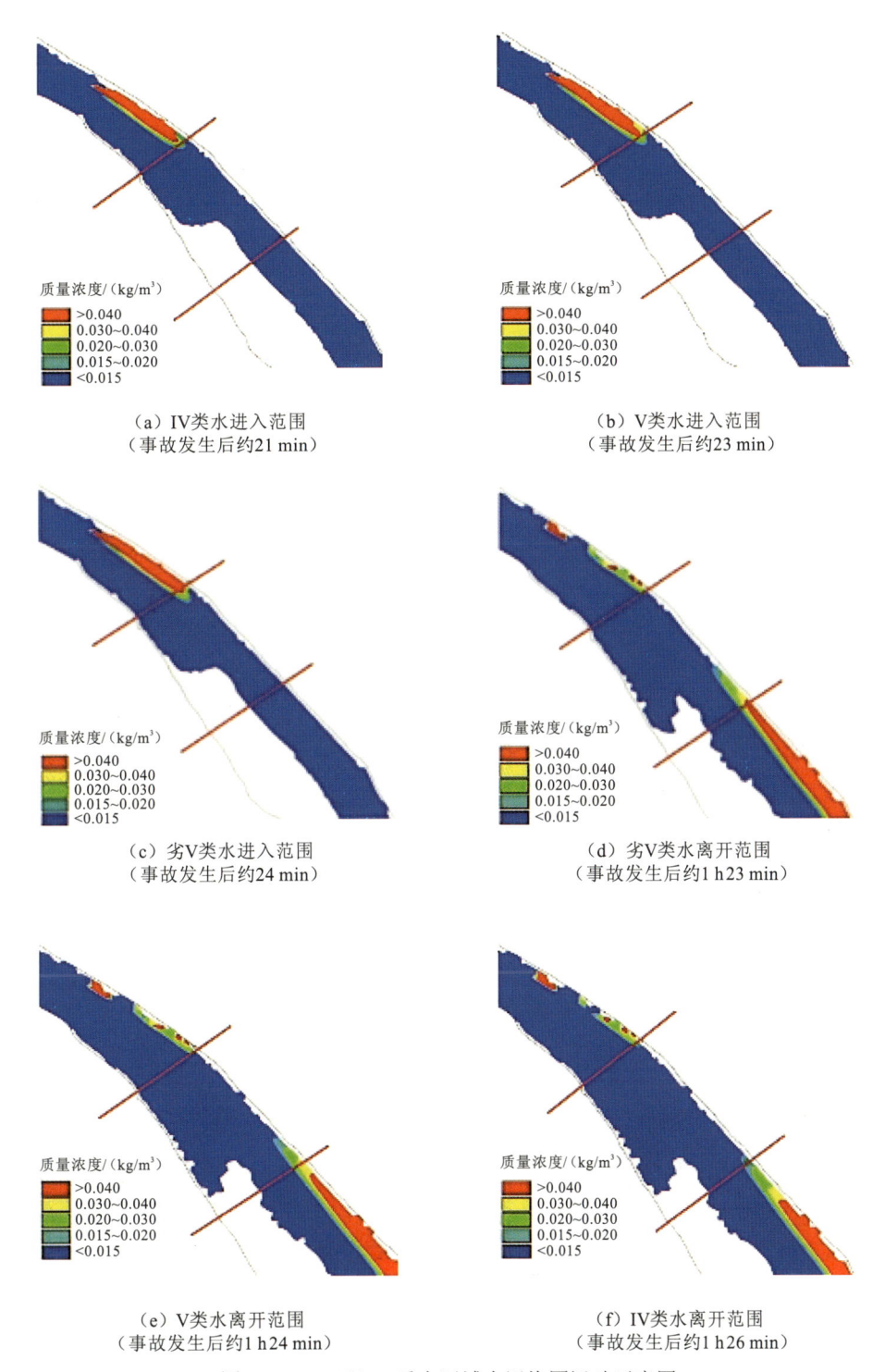

图 6.3.11 工况 11 重点区域内污染团运动示意图

(a) Ⅳ类水进入范围
（事故发生后约21 min）

(b) Ⅴ类水进入范围
（事故发生后约23 min）

(c) 劣Ⅴ类水进入范围
（事故发生后约24 min）

(d) 劣Ⅴ类水离开范围
（事故发生后约1 h 23 min）

(e) Ⅴ类水离开范围
（事故发生后约1 h 23 min）

(f) Ⅳ类水离开范围
（事故发生后约1 h 24 min）

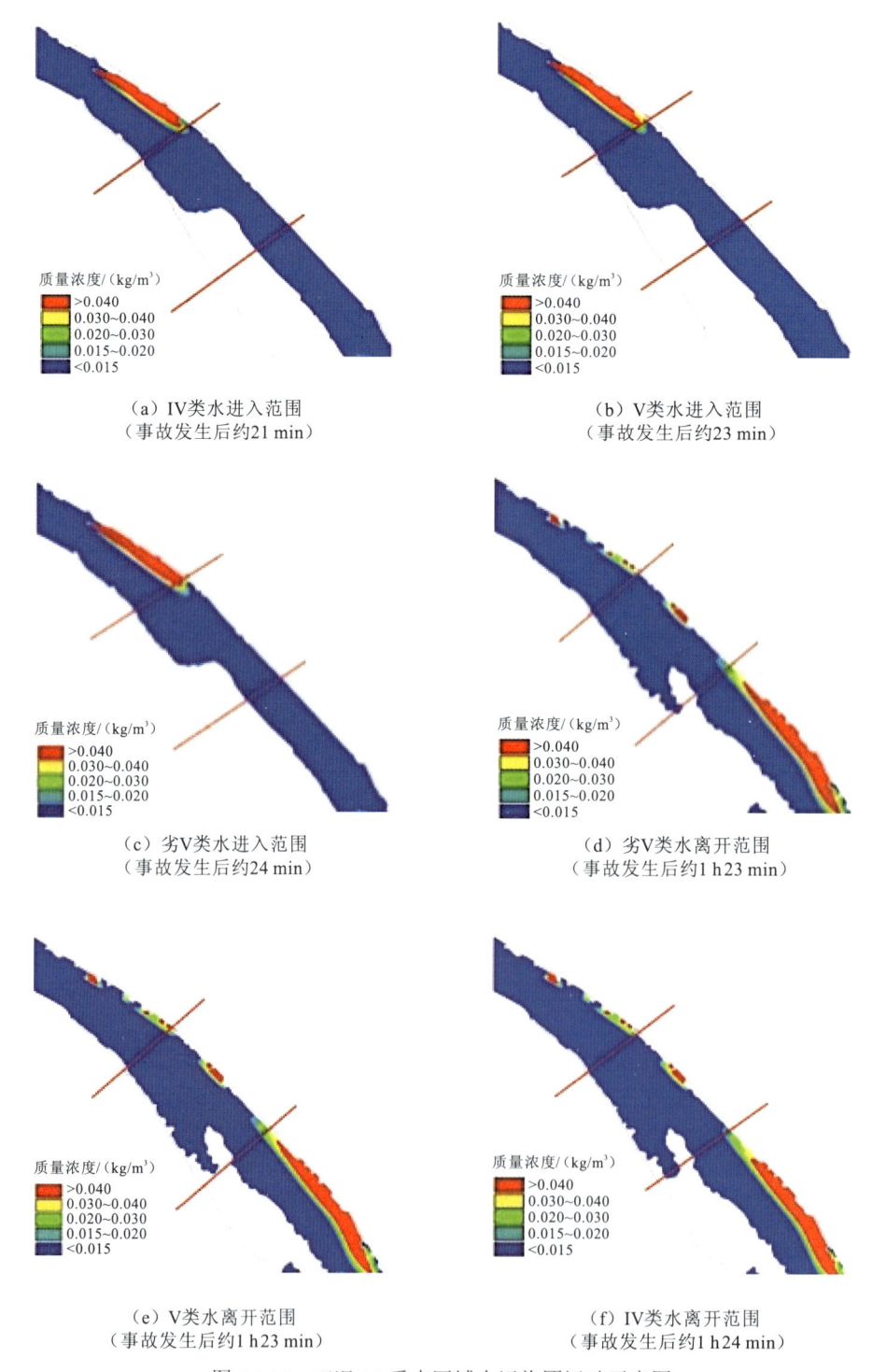

图 6.3.12 工况 12 重点区域内污染团运动示意图

工况 11 即 22 750 m³/s 持续 1 h 的情况中，污染团在重点区域内的运动示意图如图 6.3.11 所示。根据计算结果可知，污染团的 IV 类水（>20 mg/L）进入重点区域发生在事故发生后约 21 min，V 类水（>30 mg/L）进入重点区域发生在事故发生后约 23 min，劣 V 类水（>40 mg/L）进入重点区域发生在事故发生后约 24 min；污染团的劣 V 类水离开重点区域发生在事故发生后约 1 h 23 min，V 类水离开重点区域发生在事故发生后约 1 h 24 min，IV 类水离开重点区域发生在事故发生后约 1 h 26 min。由此可知，在重点区域里 IV 类水存在时间持续约 1 h 5 min，V 类水存在时间持续约 1 h 1 min，劣 V 类水存在时间持续约 59 min。

工况 12 即 26 500 m³/s 持续 1 h 的情况中，污染团在重点区域内的运动示意图如图 6.3.12 所示。根据计算结果可知，污染团的 IV 类水（>20 mg/L）进入重点区域发生在事故发生后约 21 min，V 类水（>30 mg/L）进入重点区域发生在事故发生后约 23 min，劣 V 类水（>40 mg/L）进入重点区域发生在事故发生后约 24 min；污染团的劣 V 及 V 类水离开重点区域发生在事故发生后约 1 h 23 min，IV 类水离开重点区域发生在事故发生后约 1 h 24 min。由此可知，在重点区域里 IV 类水存在时间持续约 1 h 3 min，V 类水存在时间持续约 1 h，劣 V 类水存在时间持续约 59 min。与此同时，污染团随水流加速向下游推移过程中，在此区域左岸残留了部分污染物，最终在事故发生后约 2 h 10 min 聚集于岸边的污染团降解，使该区域水质完全恢复至 III 类水标准。

根据计算结果可以得出重点区域水质变化表，见表 6.3.5。由上述结果可知，对于 IV 类水持续时间，相比于无应急调度，工况 8（工况 9、10 均与工况 8 相同）时间减少了 46.3%，工况 11 时间减少了 52.2%，工况 12 时间减少了 53.7%；对于 V 类水持续时间，相比于无应急调度，工况 8 时间减少了 41.5%，工况 11 时间减少了 48.3%，工况 12 时间减少了 49.2%；对于劣 V 类水持续时间，相比于无应急调度，工况 8 时间减少了 37.1%，工况 11 与工况 12 时间均减少了 43.8%。可以看出，在宜昌河段发生突发性水污染事件后采取应急调度手段，可以缩短重点区域恢复至 III 类水的时间，其中增大出库流量对于缩短时间有明显的作用，而增加调度时间的效果不明显，因此工况 12 即 26 500 m³/s 维持 1 h 的调度方案缩短时间效果最佳，减少了 53.7%。

表 6.3.5 宜昌河段重点区域水质变化表

工况编号	工况	IV 类水持续时间	V 类水持续时间	劣 V 类水持续时间
7	无应急调度	2 h 16 min	1 h 58 min	1 h 45 min
8	15 900 m³/s 维持 1 h	1 h 13 min	1 h 9 min	1 h 6 min
9	15 900 m³/s 维持 2 h	1 h 13 min	1 h 9 min	1 h 6 min
10	15 900 m³/s 维持 3 h	1 h 13 min	1 h 9 min	1 h 6 min
11	22 750 m³/s 维持 1 h	1 h 5 min	1 h 1 min	59 min
12	26 500 m³/s 维持 1 h	1 h 3 min	1 h	59 min

选取重点区域下边界左岸一点为关心点，监测其质量浓度变化，位置如图 6.3.13 所示，对在不同工况下该点的 COD 质量浓度变化进行分析。

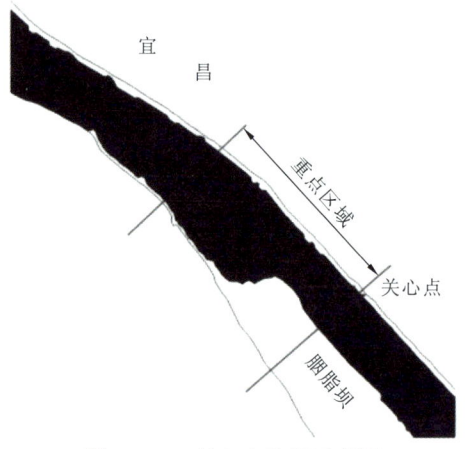

图 6.3.13 关心点位置示意图

工况 7，即无应急调度情况下，关心点 COD 质量浓度变化过程如图 6.3.14 所示，由图 6.3.14 可知，事故发生后 COD 质量浓度峰值为 148 mg/L，出现在事故发生后 1 h 15 min；质量浓度恢复至 20 mg/L 以下距事故发生约 2 h 30 min；质量浓度恢复至背景质量浓度距事故发生约 3 h 45 min。

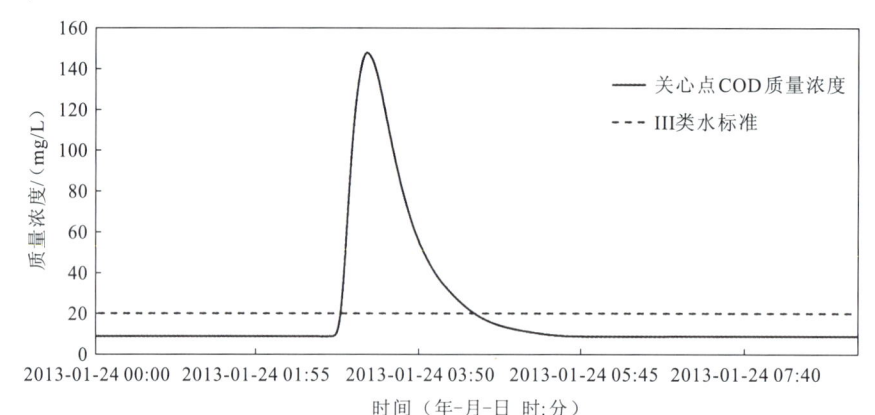

图 6.3.14 工况 7 关心点 COD 质量浓度变化过程

工况 8，即 15 900 m³/s 持续 1 h 情况下，关心点的 COD 质量浓度变化过程图如图 6.3.15 所示，由图 6.3.15 可知，事故发生后 COD 质量浓度峰值为 148 mg/L，出现在事故发生后 1 h 12 min；质量浓度恢复至 20 mg/L 以下距事故发生约 1 h 34 min；质量浓度恢复至背景质量浓度距事故发生约 2 h 34 min。工况 9、10 的结果相同。

工况 11，即 22 750 m³/s 持续 1 h 情况下，关心点的 COD 质量浓度变化过程图如图 6.3.16 所示，由图 6.3.16 可知，事故发生后 COD 质量浓度峰值为 148 mg/L，出现在事故发生后 1 h 11 min；质量浓度恢复至 20 mg/L 以下距事故发生约 1 h 26 min；质量浓度恢复至背景质量浓度距事故发生约 2 h 30 min。

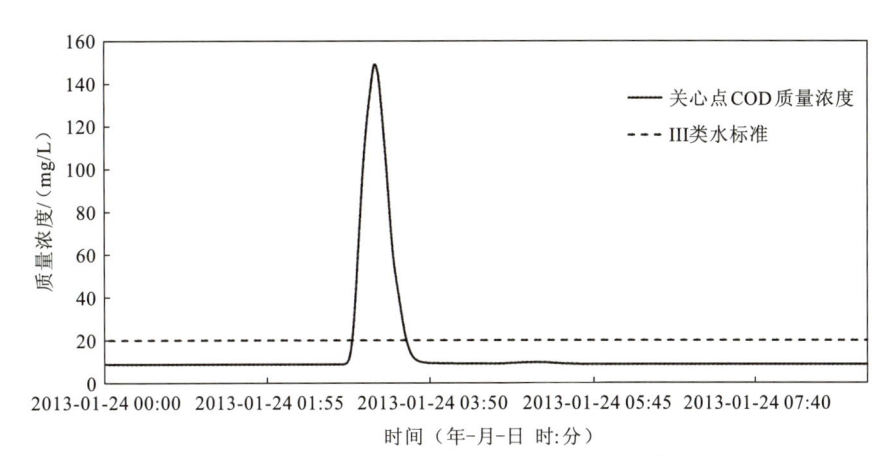

图 6.3.15　工况 8 关心点 COD 质量浓度变化过程

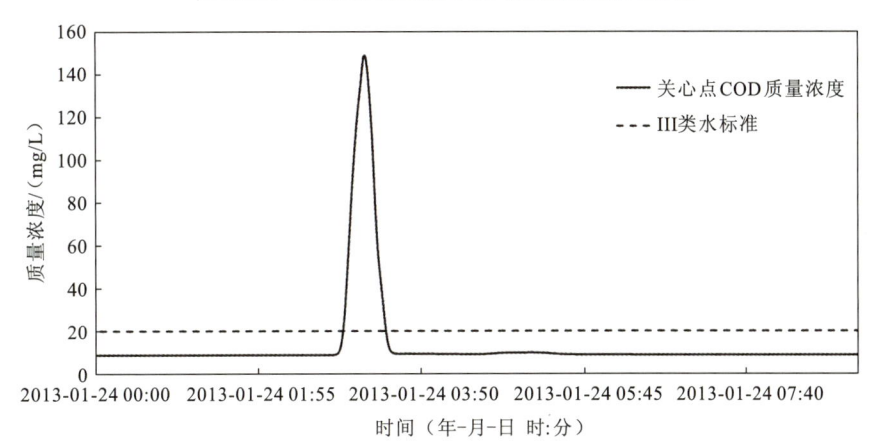

图 6.3.16　工况 11 关心点 COD 质量浓度变化过程

工况 12，即 26 500 m³/s 持续 1 h 情况下，关心点的 COD 质量浓度变化过程图如图 6.3.17 所示，由图 6.3.17 可知，事故发生后 COD 质量浓度峰值为 148 mg/L，出现在事故发生后 1 h 11 min；质量浓度恢复至 20 mg/L 以下距事故发生约 1 h 24 min；质量浓度恢复至背景质量浓度距事故发生约 2 h 30 min。

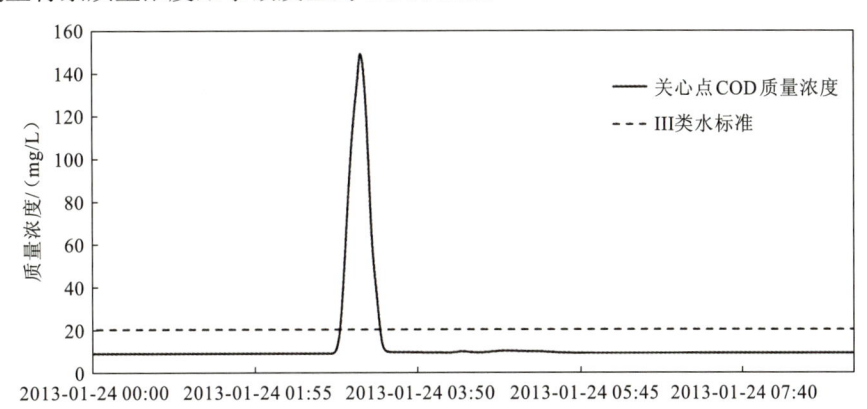

图 6.3.17　工况 12 关心点 COD 质量浓度变化过程

将 4 种工况的关心点 COD 质量浓度变化情况进行对比，结果见图 6.3.18。根据上述计算可知，污染事故发生后，4 个工况中 COD 质量浓度的峰值均为 148 mg/L，采取应急调度对于减小峰值的作用不明显，但增大调度流量会较小程度地提前峰值出现时间，相较于工况 7，工况 8 提前 3 min，工况 11、12 提前 4 min。对于缩短恢复至 20 mg/L 的时间作用较明显，相较于工况 7，工况 8 提前 56 min，工况 11 提前 1 h 4 min，工况 12 提前 1 h 6 min。对于恢复至背景质量浓度的时间，相较于工况 7，采取应急调度会缩短约 1 h 10 min，但增大调度流量对缩短时间影响甚微。

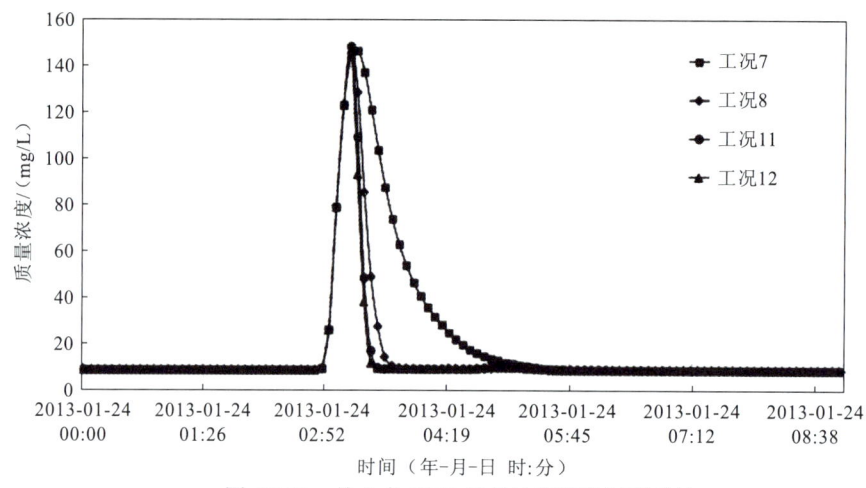

图 6.3.18 关心点 COD 质量浓度变化过程对比

4）结果分析

分析宜昌河段应急调度及减污效果，可知：调度方案有 15 900 m³/s、22 750 m³/s、26 500 m³/s 三个流量级，其中 15 900 m³/s 流量级中持续时间有 1 h、2 h 及 3 h，22 750 m³/s、26 500 m³/s 流量级持续时间均为 1 h。

通过对两种排放方式下各个方案的计算结果进行对比，可定性得出调度方案对污染团运动的影响规律，即对于江心瞬排及岸边瞬排，增加出库流量，污染团影响时间将缩短，效果更好。其中，与江心瞬排相比，岸边污染物更易沿河岸形成污染带并向下推移，且扩散程度更大，地形对岸边污染物扩散与推移的影响比重加大，滞留污染物的降解主要与流量及自我的衰减作用有关。

通过对选取的重点区域的污染团的影响分析可知，增大出库流量对于缩短重点区域恢复至 III 类水的时间有明显作用，而增加持续时间效果有限。因此，从尽快恢复水质的效果来说，工况 12 即 26 500 m³/s 维持 1 h 的调度方案缩短时间效果最佳，相比于无应急调度，减少了 53.7%，工况 8 即 15 900 m³/s 维持 1 h 方案（与维持 2 h、3 h 结果相同）时间减少了 46.3%，工况 11 即 22 750 m³/s 维持 1 h 方案时间减少了 52.2%。

对于关心点的 COD 质量浓度变化，采取应急调度措施对 COD 质量浓度峰值的影响较小，但会提前峰值出现的时间，22 750 m³/s 与 26 500 m³/s 维持 1 h 的方案会提前 4 min，

15 900 m³/s 维持 1 h 的方案会提前 3 min；对于 COD 质量浓度恢复至 III 类水标准的时间，相较于无应急调度，26 500 m³/s 维持 1 h 的方案效果最明显，缩短了 1 h 6 min，而 15 900 m³/s 及 22750 m³/s 维持 1 h 的方案分别缩短 56 min 与 1 h 4 min；对于恢复至背景质量浓度的时间，相较于无应急调度，各方案缩短时间区别较小，均约为 1 h 10 min。

3. 荆州河段枯水期应急调度水量需求

1）研究内容

假设荆州河段于 2016 年 2 月 13 日 19:00（荆州站流量为 6 260 m³/s）发生突发性水污染事件，三峡水库 0.5 h 后进行应急调度。以 COD 为计算指标，根据建立的模型，按不同水库应急调度方式，模拟污染物的迁移、扩散特性，研究应急调度的有效性，分析可行、有效的应急调度方案，得出在不同方案下，荆州河段水源地（荆州柳林水厂）受影响的程度。

2）模型计算工况

（1）水库调度方案。

突发性水污染事故发生后，根据宜昌河段结果分析中不同方案对污染团运动规律的影响选取最有效的调度方案，即出库流量大，并且选取尽可能减小污染团推移距离的调度时间。考虑到荆州与上游水库距离较远，因此结合实际情况分别考虑两种应急调度方案：①事故发生后紧急调度 3 h，0.5 h 后宜昌站流量增大至 15 900 m³/s；②事故发生后紧急调度 3 h，泄水 0.5 h 后宜昌站流量增大至 26 500 m³/s。

（2）污染物排放类型。

根据 6.1.3 小节分析可知，荆州重点企业外排废水中经常超标的污染物是氨氮、COD 和 TP。就超标次数来看，COD 超标次数较多，从累积时间上来看，以 TP 为最多，从超标程度上来看，TP 最为严重。因此，综合超标时间和超标程度将 COD 作为污染物指标。结合实际情况考虑，企业排污口事故性排放风险较大，将事故点设于三八滩上游约 5 km 处的左岸，距离荆州柳林水厂约 12 km，为岸边瞬排类型，COD 总负荷量为 180 t，排放 2 h。计算工况见表 6.3.6。

表 6.3.6 计算工况表

工况编号	方案编号	排放类型	COD 总负荷量/t	排放时间/h	调度流量/（m³/s）	持续时间/h
1	—	岸边瞬排	180	2	无应急调度	—
2	①	岸边瞬排	180	2	15 900	3
3	②	岸边瞬排	180	2	26 500	3

3）计算结果

（1）各方案对流量的影响。

工况 2（方案①15 900 m³/s）的计算结果中宜昌至太平口段的流量变化过程见图 6.3.19。

由图 6.3.19 可知，宜昌站流量增大后，波峰滞后时间约为 8 h。

图 6.3.19　方案①流量过程

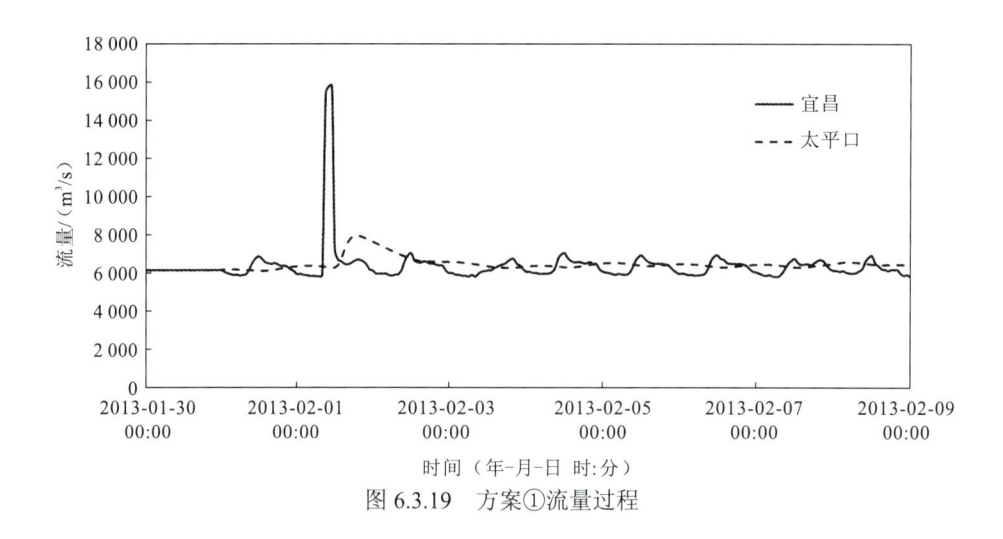

工况 3（方案②26 500 m³/s）的计算结果中宜昌至太平口段的流量变化过程见图 6.3.20。由图 6.3.20 可知，宜昌站流量增大后，波峰滞后时间约为 7 h。

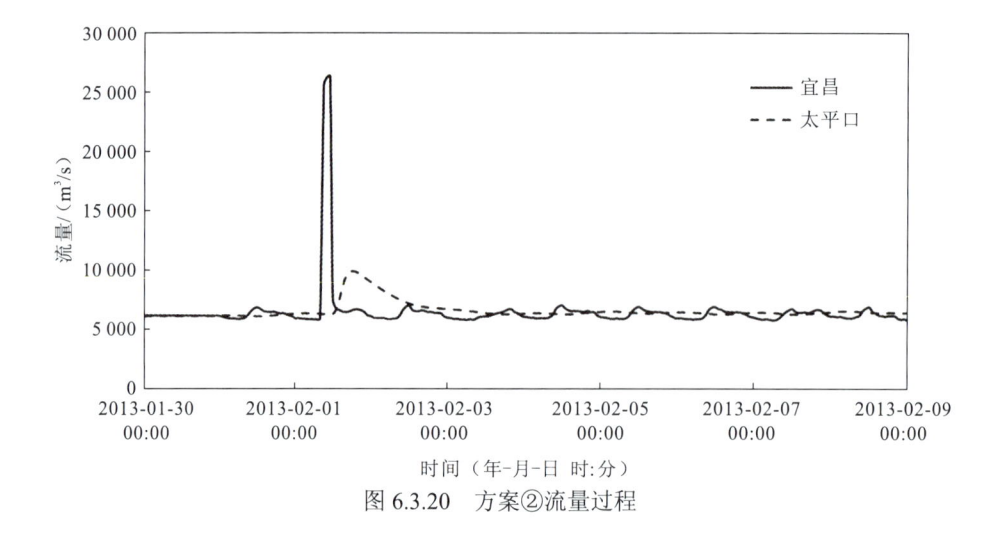

图 6.3.20　方案②流量过程

（2）对污染团的影响。

发生突发性污染事件后，工况 1（无应急调度）、工况 2（方案①15 900 m³/s 持续 3 h）及工况 3（方案②26 500 m³/s 持续 3 h）下的污染团迁移过程见图 6.3.21～图 6.3.23。对于过程图整体而言，采取应急调度方式会加快污染团的迁移速度，使污染团尽快离开荆州柳林水厂附近。

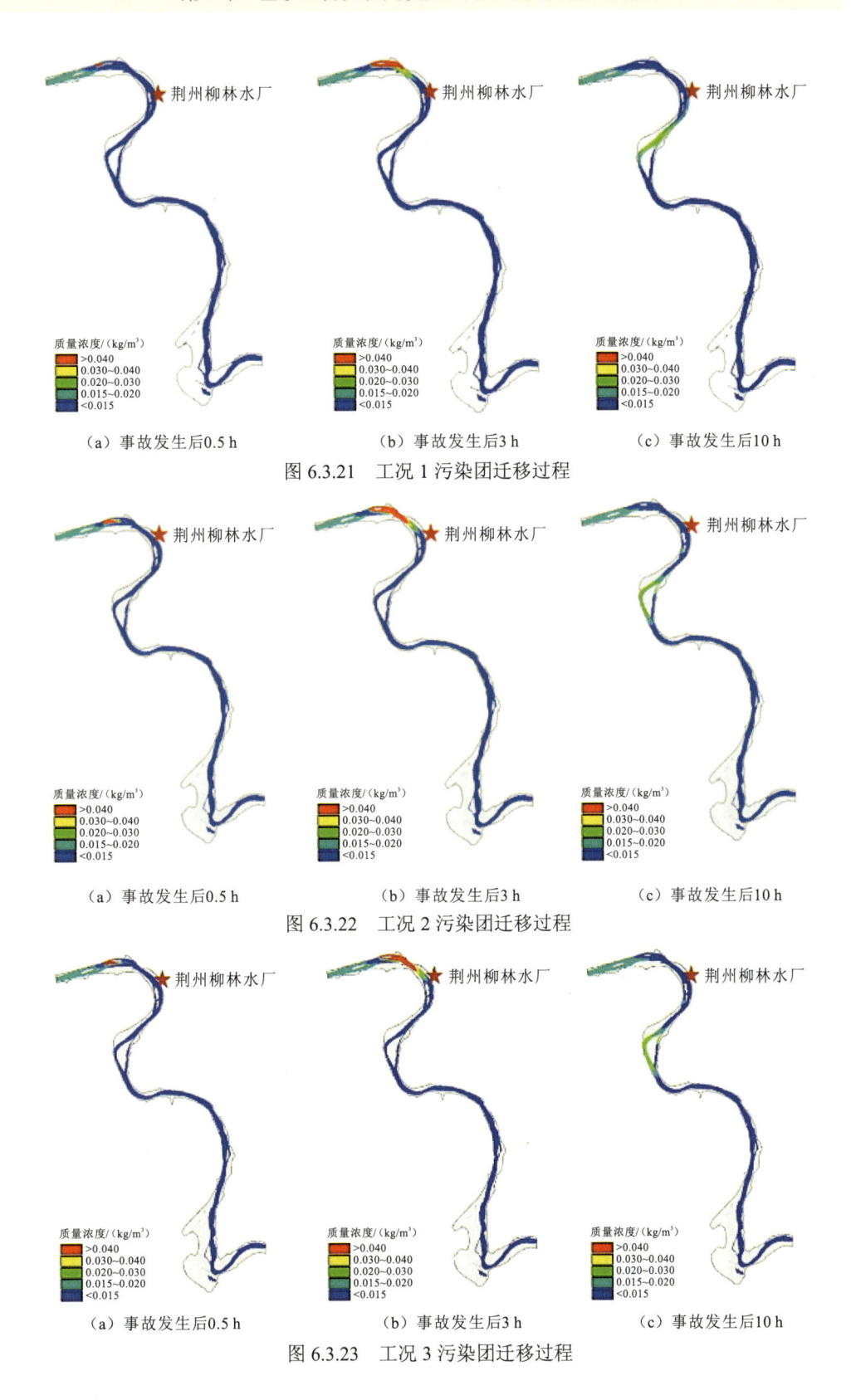

第 6 章　基于三峡水库下游生态环境改善的联合调度技术

(a) 事故发生后0.5 h　　(b) 事故发生后3 h　　(c) 事故发生后10 h

图 6.3.21　工况 1 污染团迁移过程

(a) 事故发生后0.5 h　　(b) 事故发生后3 h　　(c) 事故发生后10 h

图 6.3.22　工况 2 污染团迁移过程

(a) 事故发生后0.5 h　　(b) 事故发生后3 h　　(c) 事故发生后10 h

图 6.3.23　工况 3 污染团迁移过程

下面针对污染团的运动对重点区域的影响进行研究分析。

根据地表水源卫生防护规定，河流取水点上游 1 000 m 至下游 100 m 的水域，为重点保护区域，因此取荆州柳林水厂取水口上游 1 000 m 至下游 100 m 范围进行分析。

工况 1（无应急调度）的情况下，污染团在重点区域内的运动示意图如图 6.3.24 所示。根据计算结果可知，污染团的 IV 类水（>20 mg/L）进入重点区域发生在事故发生后约 3 h，V 类水（>30 mg/L）进入重点区域发生在事故发生后约 3.5 h，劣 V 类水（>40 mg/L）进入重点区域发生在事故发生后约 4 h；污染团的劣 V 类水离开重点区域发生在事故发生后约 6.5 h，V 类水离开重点区域发生在事故发生后约 7 h，IV 类水离开重点区域发生在事故发生后约 9 h。由此可知，在重点区域里 IV 类水存在时间持续约 6 h，V 类水存在时间持续约 3.5 h，劣 V 类水存在时间持续约 2.5 h。

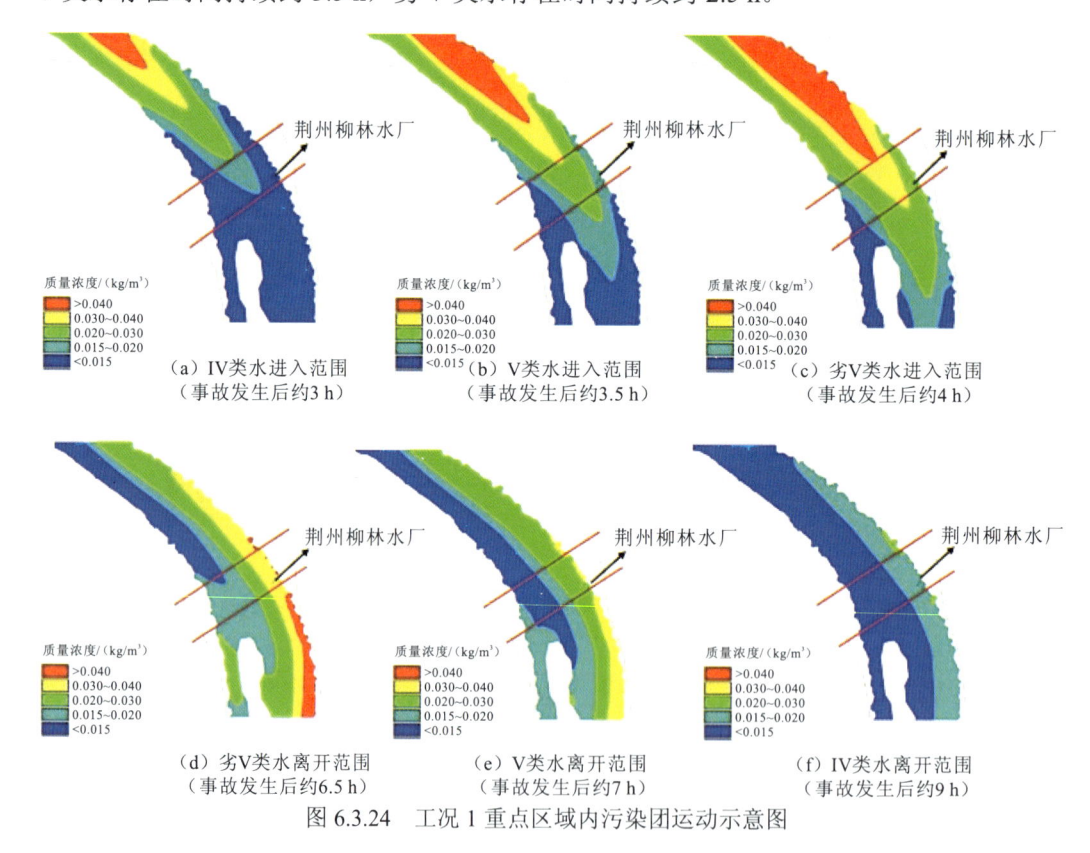

（a）IV类水进入范围（事故发生后约3 h）　（b）V类水进入范围（事故发生后约3.5 h）　（c）劣V类水进入范围（事故发生后约4 h）

（d）劣V类水离开范围（事故发生后约6.5 h）　（e）V类水离开范围（事故发生后约7 h）　（f）IV类水离开范围（事故发生后约9 h）

图 6.3.24　工况 1 重点区域内污染团运动示意图

在工况 2（方案①15 900 m³/s）的情况下，污染团在重点区域内的运动示意图如图 6.3.25 所示。根据计算结果可知，污染团的 IV 类水（>20 mg/L）进入重点区域发生在事故发生后约 3 h，V 类水（>30 mg/L）进入重点区域发生在事故发生后约 3.5 h，劣 V 类水（>40 mg/L）进入重点区域发生在事故发生后约 4 h；污染团的劣 V 类水离开重点区域发生在事故发生后约 6 h，V 类水离开重点区域发生在事故发生后约 6.5 h，IV 类水离开重点区域发生在事故发生后约 7 h。由此可知，在重点区域里 IV 类水存在时间持续约 4 h，V 类水存在时间持续约 3 h，劣 V 类水存在时间持续约 2 h。

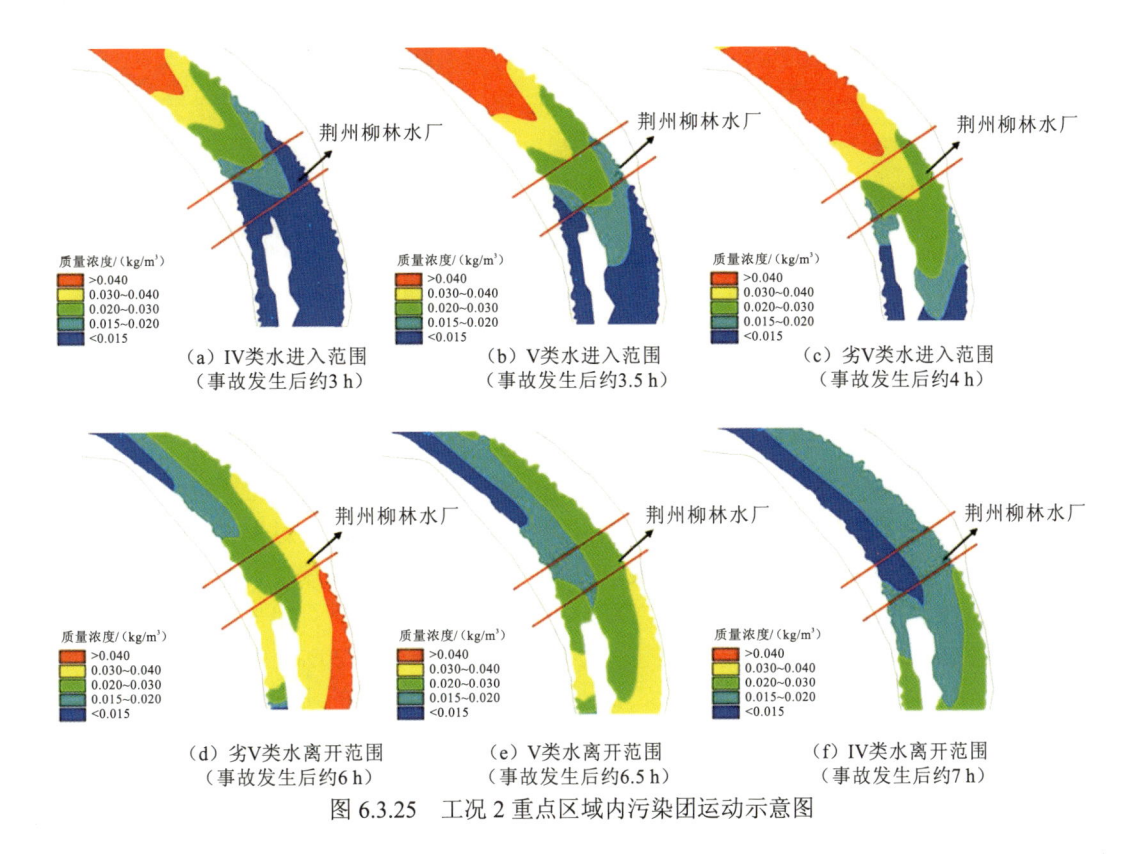

第 6 章 基于三峡水库下游生态环境改善的联合调度技术

(a) Ⅳ类水进入范围
（事故发生后约3 h）

(b) Ⅴ类水进入范围
（事故发生后约3.5 h）

(c) 劣Ⅴ类水进入范围
（事故发生后约4 h）

(d) 劣Ⅴ类水离开范围
（事故发生后约6 h）

(e) Ⅴ类水离开范围
（事故发生后约6.5 h）

(f) Ⅳ类水离开范围
（事故发生后约7 h）

图 6.3.25　工况 2 重点区域内污染团运动示意图

在工况 3（方案②26 500 m³/s）的情况下，污染团在重点区域内的运动示意图如图 6.3.26 所示。根据计算结果可知，污染团的 Ⅳ 类水（>20 mg/L）进入重点区域发生在事故发生后约 3 h，Ⅴ 类水（>30 mg/L）进入重点区域发生在事故发生后约 3.5 h，劣 Ⅴ 类水（>40 mg/L）进入重点区域发生在事故发生后约 4 h；污染团的劣 Ⅴ 类水离开重点区域发生在事故发生后约 6 h，Ⅴ 类水离开重点区域发生在事故发生后约 6.5 h，Ⅳ 类水离开重点区域发生在事故发生后约 7 h。由此可知，在重点区域里 Ⅳ 类水存在时间持续约 4 h，Ⅴ 类水存在时间持续约 3 h，劣 Ⅴ 类水存在时间持续约 2 h。

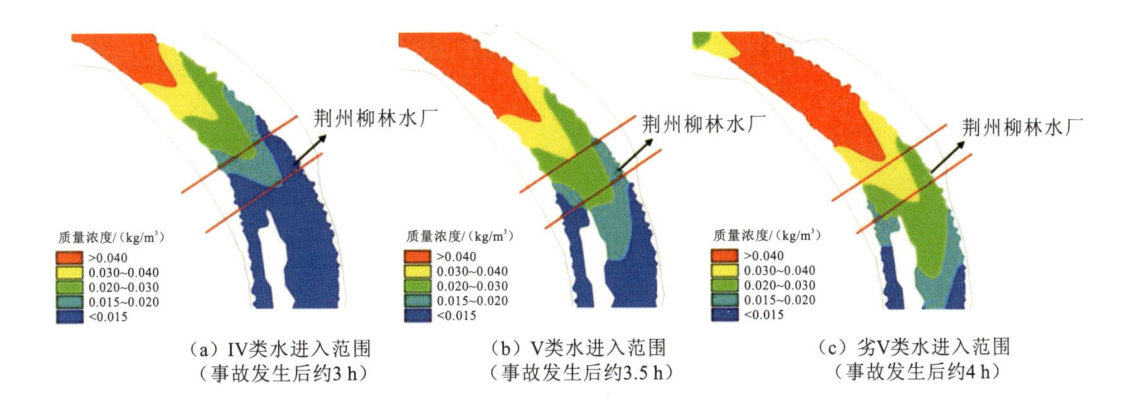

(a) Ⅳ类水进入范围
（事故发生后约3 h）

(b) Ⅴ类水进入范围
（事故发生后约3.5 h）

(c) 劣Ⅴ类水进入范围
（事故发生后约4 h）

·256· 基于三峡水库水环境改善的水库群联合调度关键技术研究与应用

（d）劣V类水离开范围
（事故发生后约6 h）

（e）V类水离开范围
（事故发生后约6.5 h）

（f）IV类水离开范围
（事故发生后约7 h）

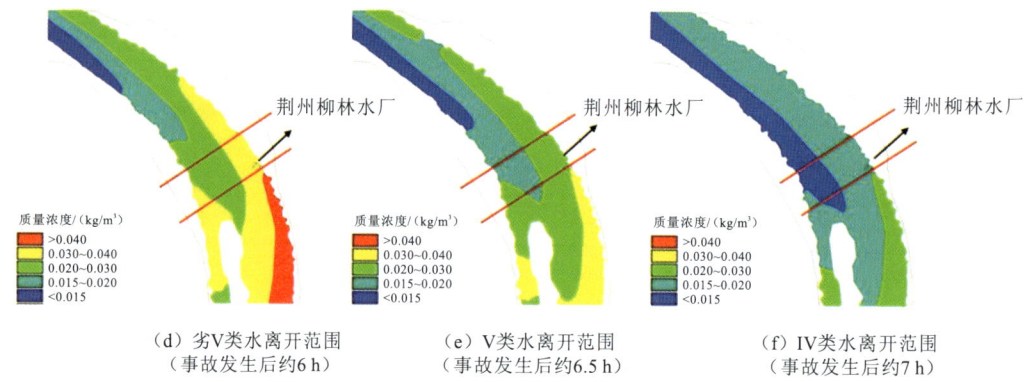

图6.3.26 工况3重点区域内污染团迁移示意图

根据计算结果可以得出重点区域水质变化表，见表6.3.7。由表6.3.7可知，发生突发性水污染事件后采取应急调度手段，可以减少水质恶劣的时间。对于 IV 类水持续时间，作用最为明显，相比于无应急调度，方案①、方案②时间均减少了 33.3%；对于 V 类水持续时间，相比于无应急调度，方案①、方案②时间均减少了 14%；对于劣 V 类水持续时间，相比于无应急调度，方案①、方案②时间均减少了 20%。两种应急调度方案对重点区域整体水质的影响区别不大，其主要区别体现在具体的质量浓度变化中。

表6.3.7 荆州河段重点区域水质变化表

工况编号	工况	IV 类水持续时间/h	V 类水持续时间/h	劣 V 类水持续时间/h
1	无应急调度	6	3.5	2.5
2	方案①	4	3	2
3	方案②	4	3	2

对不同工况下荆州柳林水厂取水口的 COD 质量浓度变化进行如下分析。

工况1，即无应急调度情况下，荆州柳林水厂取水口的 COD 质量浓度变化过程图如图6.3.27所示，由图6.3.27可知，事故发生后 COD 质量浓度峰值为 53 mg/L，出现在事故发生后 6 h；质量浓度恢复至 20 mg/L 以下距事故发生约 9 h；质量浓度恢复至背景质量浓度距事故发生约 11.3 h。

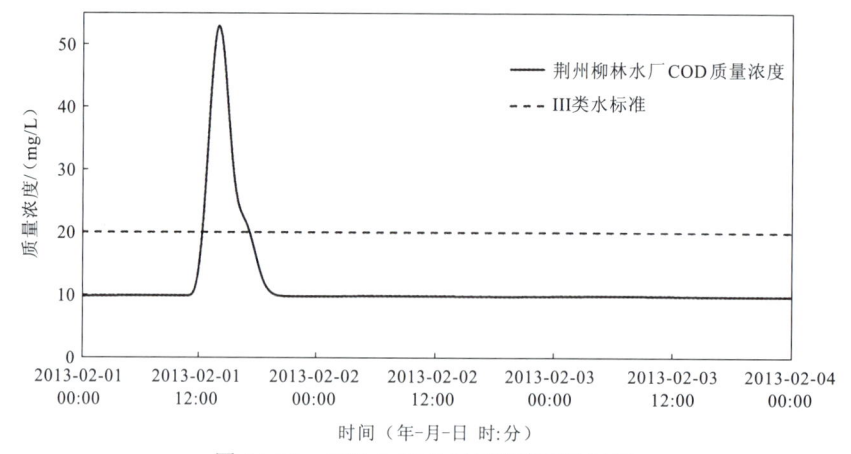

图6.3.27 工况1 COD 质量浓度变化过程

按工况 2，即方案①实施调度，荆州柳林水厂 COD 质量浓度变化过程如图 6.3.28 所示，由图 6.3.28 可知，事故发生后 COD 质量浓度峰值为 48 mg/L，出现在事故发生后 5 h（即流量改变后 4.5 h）；质量浓度恢复至 20 mg/L 以下距事故发生约 7 h（即流量改变后 6.5 h）；质量浓度恢复至背景质量浓度距事故发生约 11.3 h（即流量改变后 10.8 h）。

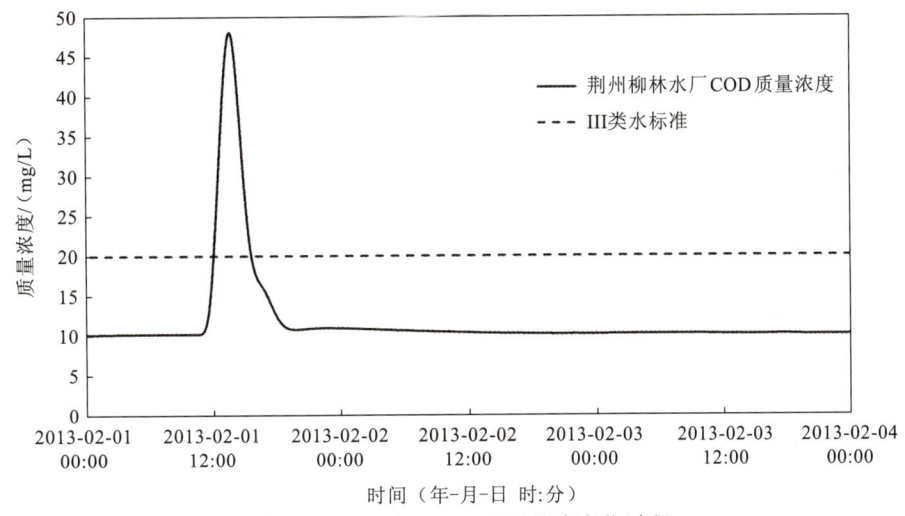

图 6.3.28 工况 2 COD 质量浓度变化过程

按工况 3，即方案②实施调度，荆州柳林水厂 COD 质量浓度变化过程如图 6.3.29 所示，由图 6.3.29 可知，COD 质量浓度峰值为 48 mg/L，出现在事故发生后 5 h（即流量改变后 4.5 h）；质量浓度恢复至 20 mg/L 以下距事故发生约 7 h（即流量改变后 6.5 h）；质量浓度恢复至背景质量浓度距事故发生约 10.5 h（即流量改变后 10.0 h）。

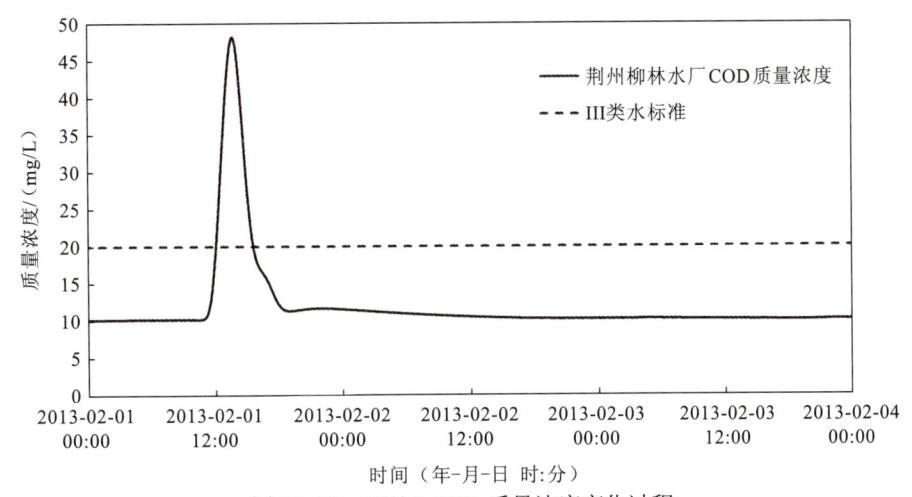

图 6.3.29 工况 3 COD 质量浓度变化过程

将三种工况的荆州柳林水厂 COD 质量浓度变化情况进行对比，结果见图 6.3.30。根据计算可知，污染事故发生后，若不采取应急调度措施，COD 质量浓度峰值为 53 mg/L，出现在事故发生后约 6 h，荆州柳林水厂 COD 质量浓度恢复至 20 mg/L（Ⅲ类水标准）以下的时间为 9 h，恢复至背景质量浓度的时间约为 11.3 h。方案①、②后 COD 质量浓度峰值均为 48 mg/L，相较于未采取措施，质量浓度峰值略有减小，出现在事故发生后 5 h（即流量改变后 4.5 h），相较于未采取措施提前 1 h；方案①、②中荆州柳林水厂 COD 质量浓度恢复至 20 mg/L（Ⅲ类水标准）以下的时间均为约 7 h（即流量改变后 6.5 h），比未采取措施快约 2 h；对于恢复至背景质量浓度的时间，方案①与未采取措施区别较小，方案②比未采取措施快约 1 h（方案①11.3 h，方案②10.5 h）。

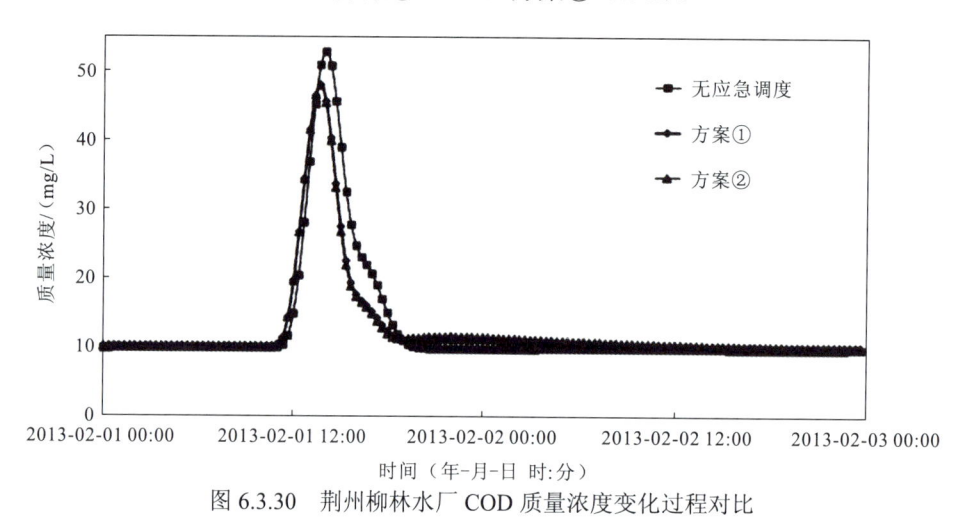

图 6.3.30　荆州柳林水厂 COD 质量浓度变化过程对比

4）结果分析

通过对荆州柳林水厂取水口的计算分析可知，实施应急调度对削减 COD 质量浓度峰值效果有限，方案①（工况 2）、②（工况 3）COD 质量浓度峰值均减小了 9%，且峰值出现的时间提前约 1 h。对于 COD 质量浓度恢复至Ⅲ类水标准的时间，相较于未采取措施，方案①、②均减短 2 h；对于恢复至背景质量浓度的时间，相较于未采取措施，方案①无变化，方案②缩短约 1 h，效果较不明显。

实施应急调度的影响到达事故点的时间较长，对缓解污染的效果有限，其影响程度取决于流量变化到达重点保护区域的时间。建议根据事故发生的地点及性质等实际情况采取最有效的水库调度方式以减小事故影响。

4. 长江中游突发事件应急调度效果研究

1）宜昌河段

（1）应急调度对三峡水库蓄水量及水位的影响。

将所需额外水量对三峡水库库容和水位的影响作为应急调度可行性评估因子。设枯水期坝前水位为 155 m，对应的库容约为 228 亿 m³。各应急调度工况对三峡水库库容的影响见表 6.3.8。

表 6.3.8 应急调度工况对三峡水库库容的影响

工况编号	出库流量/(m³/s)	调度时间	损失水量/(亿 m³)	占现有库容的比例/%	坝前水位/m 调度前	坝前水位/m 调度后
8	15 900	事故发生后持续 1 h	0.572 4	0.25		154.92
9	15 900	事故发生后持续 2 h	1.144 8	0.50		154.82
10	15 900	事故发生后持续 3 h	1.717 2	0.75	155	154.71
11	22 750	事故发生后持续 1 h	0.819	0.36		154.89
12	26 500	事故发生后持续 1 h	0.954	0.42		154.87

根据表 6.3.8 中数据可得，出库流量为 15 900 m³/s 且持续 3 h 的工况所用水量最多，损失水量为 1.717 2 亿 m³，占库容的比例为 0.75%，坝前水位下降幅度最大，为 0.29 m，符合水库 1 h 内水位下降不超过 1 m 的规定。

其中，超过三峡机组最大负荷运行流量（22 750 m³/s）的方案为 26 500 m³/s 持续 1 h 方案，若在满负荷运行情况下应急调度方案采取 26 500 m³/s 持续 1 h，则弃水为 1 350 万 m³，相对应的兴利库容为 165 亿 m³，所占比例很小，水位下降 0.13 m，在短时间内对发电效益影响不大。

综上所述，由于应急调度时间较短，各方案所需水量占库容的比例最大为 0.75%，最小仅为 0.25%，在水位变幅要求之内。超过三峡机组最大负荷运行流量的方案中弃水所占比例较小，在较短时间内对发电效益影响不大。

（2）应急调度对宜昌河段重点区域水质的改善效果分析。

将各方案对改善宜昌河段重点区域水质的情况进行对比分析。选取具有代表性的岸边瞬排为研究对象，主要从重点区域（距事故点 1.3 km，长约 2 km）水质超标持续时间、关心点（区域下边界左岸）出现的最大质量浓度及水质超标持续时间等几个方面进行分析，结果见表 6.3.9。

表 6.3.9 宜昌河段重点区域水质改善效果表

工况编号	工况	重点区域水质超标持续时间	关心点最大质量浓度/(mg/L)	关心点水质超标持续时间
7	无应急调度	2 h 16 min	148	1 h 35 min
8	15 900 m³/s 维持 1 h	1 h 13 min	148	38 min
9	15 900 m³/s 维持 2 h	1 h 13 min	148	38 min
10	15 900 m³/s 维持 3 h	1 h 13 min	148	38 min
11	22 750 m³/s 维持 1 h	1 h 5 min	148	30 min
12	26 500 m³/s 维持 1 h	1 h 3 min	148	28 min

根据结果可知，对于重点区域水质超标持续时间，相比于工况 7 无应急调度，工况 8（工况 9、10 相同）时间减少了 46.3%，工况 11 时间减少了 52.2%，工况 12 时间减少

了 53.7%；重点区域内关心点最大质量浓度 6 个工况均相同；对于关心点水质超标持续时间，相较于工况 7 无应急调度，工况 8（工况 9、10 相同）减少了 60%，工况 11 减少了 68.4%，工况 12 减少了 70.5%。

可以看出，在宜昌河段发生突发性水污染事件后采取应急调度手段，能够有效地减缓突发性水污染，其中增加水库出库流量对于加快恢复至 III 类水有一定的作用，而在应急调度方案已发挥作用的前提下增加调度持续时间效果不明显。考虑到增加水库出库流量会导致额外的水量损失，因此设定一个指标 ε 同时考虑对水污染事件的减缓效果及水量损失，其中 ε=污染物通量/损失水量，表示损失单位体积库容，污染物通过断面的质量大小，ε 越大，表明该方案对水质改善的效率越高。选取市区重点区域下边界即关心点所在断面进行计算，得出结果见表 6.3.10。

表 6.3.10　宜昌河段各方案对重点断面污染物影响效率的计算表

工况编号	工况	污染物通量/（万 kg）	水库库容损失/（万 m³）	ε/（kg/m³）
7	5 300 m³/s（无应急调度）	173.26	—	—
8	15 900 m³/s 维持 1 h	126.48	5 724	0.022
9	15 900 m³/s 维持 2 h	236.42	11 448	0.021
10	15 900 m³/s 维持 3 h	270.30	17 172	0.016
11	22 750 m³/s 维持 1 h	221.67	8 190	0.027
12	26 500 m³/s 维持 1 h	234.22	9 540	0.025

根据计算结果可知，参数 ε 的结果由大到小的排列顺序为工况 11、12、8、9 及 10。对于 ε 指标来说，其越大越表明该方案在尽量少损失水量的情况下能得到更好的污染物改善效果，所以从计算来看，工况 11 即 22 750 m³/s 维持 1 h 的方案在考虑水库库容损失下效率最高，而工况 10 中虽然通过该断面的污染物通量最大，但由于损失水量相较于其他工况更大，故效率最低。

2）荆州河段

（1）应急调度对三峡水库蓄水量及水位的影响。

与宜昌河段方法相同，得出荆州河段采用的应急调度方案对水量及水位的影响，结果见表 6.3.11。

表 6.3.11　应急调度工况对三峡水库水量的影响

出库流量/（m³/s）	调度时间	损失水量/（亿 m³）	占现有库容的比例/%	坝前水位/m 调度前	坝前水位/m 调度后
15 900	事故发生后持续 3 h	1.717 2	0.75	155	154.71
26 500	事故发生后持续 3 h	2.862	1.26	155	154.58

根据表 6.3.11 中数据可得，出库流量为 26 500 m³/s 且持续 3 h 的工况下损失水量最多，为 2.862 亿 m³，占库容的比例为 1.26%，其次为出库流量为 15 900 m³/s 且持续 3 h 的工况，损失水量为 1.717 2 亿 m³，占库容的比例为 0.75%。其中，在出库流量为 26 500 m³/s 且持续 3 h 及出库流量为 15 900 m³/s 且持续 3 h 的工况中，坝前水位下降幅度为 0.42 m 和 0.29 m，满足 1 h 内水位下降不超过 1 m 的要求。其中，超过三峡机组最大负荷运行流量（22 750 m³/s）的方案为 26 500 m³/s 持续 3 h，若在满负荷运行情况下应急调度方案采取 26 500 m³/s 持续 3 h，则弃水为 4 050 万 m³，相对应的兴利库容为 165 亿 m³，所占比例很小，水变幅约为 0.42 m，在短时间内对发电效益的影响不大。

综上所述，由于应急调度时间较短，各方案所需水量占库容的比例最大为 1.26%，在水位变幅要求之内。超过三峡机组最大负荷运行流量的方案中弃水所占比例较小，在较短时间内对发电效益影响不大。

（2）应急调度对荆州柳林水厂附近水质的改善效果分析。

将各方案对改善荆州柳林水厂重点区域水质的情况进行对比分析，研究各方案的改善效果。主要从重点区域（荆州柳林水厂取水口上游 1 000 m，下游 100 m）水质超标持续时间、关心点（荆州柳林水厂取水口）出现的最大质量浓度及水质超标持续时间几个方面进行分析，结果见表 6.3.12。

表 6.3.12 荆州柳林水厂重点区域水质改善效果表

工况编号	工况	重点区域水质超标持续时间/h	关心点最大质量浓度/(mg/L)	关心点水质超标持续时间
1	无应急调度	6	53	4 h 52 min
2	15 900 m³/s 维持 3 h	3.5	48	3 h 36 min
3	26 500 m³/s 维持 3 h	2.5	48	3 h 34 min

根据结果可知，对于重点区域水质超标持续时间，相比于工况 1 无应急调度，工况 2、3 水质超标持续时间分别减少了 41.7% 和 58.3%；对于重点区域内关心点最大质量浓度，无应急调度时为 53 mg/L，工况 2、3 均为 48 mg/L，减小了 9.4%；对于关心点水质超标持续时间，相较于工况 1 无应急调度，工况 2 减少了 26.0%，工况 3 减少了 26.7%。

可以看出，在荆州河段发生突发性水污染事件后采取应急调度手段，对减缓突发性水污染有一定的效果，但与宜昌河段不同的是，由于距离三峡水库较远，增加水库出库流量对于加快恢复至 III 类水及对关心点（荆州柳林水厂取水口）COD 质量浓度峰值的削减作用已不明显，两种方案对水质改善的作用相差甚小。同宜昌河段中考虑水库水量损失，对参数 ε 进行计算（ε=污染物通量/水量损失），计算结果见表 6.3.13。

表 6.3.13 荆州河段各方案对重点断面污染物影响效率的计算表

工况编号	工况	污染物通量/(万 kg)	水库库容损失/(万 m³)	ε/(kg/m³)
1	无应急调度	467.96	—	—
2	15 900 m³/s 维持 3 h	552.28	17 172	0.032
3	26 500 m³/s 维持 3 h	600.17	28 620	0.021

根据结果可知，就参数ε来看，工况 2 即 15 900 m³/s 维持 3 h 方案效率更高，即在尽量少损失水量的情况下可以得到更好的水质改善效果，而由表 6.3.12 的结果可知，工况 2、3 对于减少水质超标持续时间等的作用相差小，但由于工况 3 损失水量较大，效率最低。

3）结果分析

通过对宜昌河段与荆州河段各方案可行性及效果的分析可知：

（1）对于宜昌河段及荆州河段发生突发性水污染事件所采用的应急调度方案，对其所需水量及水位变化的影响进行计算分析。各方案所需额外水量占库容的比例较小且水位变幅小，满足规程，较短时间内对发电效益的影响甚小。

（2）从宜昌河段各应急调度方案的水质改善效果的分析中可以得出，应急调度能够有效地减缓突发性水污染，其中对加快水质恢复至 III 类水的效果明显，最大可加快 53.7%，增大出库流量作用明显，而增大流量会增加水量损失，因此结合水库水量损失与改善效果的情况下，工况 11 即 22 750 m³/s 维持 1 h 为效率最高的方案。

（3）从荆州河段各应急调度方案的水质改善效果的分析中可以得出，应急调度对减缓突发性水污染有一定的效果，其中对加快水质恢复至 III 类水的作用较明显，增大出库流量较宜昌河段的减缓效果减弱。结合水库水量损失与改善效果的情况下，工况 2 即 15 900 m³/s 维持 3 h 方案效率更高，直观来看，两种方案的改善效果差别不大，而工况 2 损失的库容更少，因此效率更高。

（4）综合宜昌河段与荆州河段的分析结果来看，采用应急调度方案均能够在一定程度上改善水质。增加三峡水库出库流量，宜昌河段的减缓效果较荆州河段明显，增补的水量到达事故点的时间较短并且水量损失较小，因此距离三峡水库越近的江段，调度减缓效果越明显。综合各方面情况，应酌情选择调度方案。

6.3.2 不可降解污染物应急调度

1. 计算条件

不可降解污染物选取油污进行应急调度计算。

设定事故发生地点为荆州河段，由可降解污染物应急调度计算结果可知，最佳调度方案为三峡水库下泄流量 15 900 m³/s 持续 3 h，因此基于此结果，计算该最佳方案调度条件下溢油的扩散情况，与无调度情况（三峡水库下泄流量为 6 260 m³/s）做比较。外溢物取施工船舶的燃料油（0#柴油）为代表物质，外溢量（源强）为 60 t，瞬间溢完；分析荆州河段多年气象条件，不利风向为 NW；取年平均风速为 2.8 m/s。根据溢油种类及计算河段水文气象条件，确定的模型输入参数见表 6.3.14，计算气象条件及水动力条件见表 6.3.15。

表 6.3.14　溢油模型参数选取

参数名称	取值	说明
源强/t	60	1 个溢油点，瞬间溢完
乳化系数/s	2.1×10^{-6}	
密度/(kg/m³)	850	
水的运动黏性系数/(m²/s)	1.31×10^{-6}	
油的运动黏度/cSt	5.0	
风漂移系数	0.035	对流过程
油的最大含水率	0.85	乳化过程
吸收系数	5×10^{-7}	乳化过程
释出系数	1.2×10^{-5}	乳化过程
传质系数	2.36×10^{-6}	溶解过程
蒸发系数	0.029	蒸发过程
油辐射率	0.82	热量迁移过程
水辐射率	0.95	热量迁移过程
大气辐射率	0.82	热量迁移过程
漫射系数	0.1	热量迁移过程
水平（横向和纵向）扩散系数	0.7	

注：以上模型参数取值采用相关文献推荐值；1 St = 10^{-4} m³/s。

表 6.3.15　计算水文气象条件

河段	范围	气象条件 不利风向	风速/(m/s)	应急调度 流量/(m³/s)	计算河段出口水位/m	无调度 流量/(m³/s)	计算河段出口水位/m
1	太平口至冯家台段	NW	2.8	15 900	34.90	6 260	30.06

2. 计算结果

选择事故地点为太平口水道三八滩左缘低滩切滩工程长江大桥下，距左岸岸边约 0.6 km。此处为事故易发水道，施工活动密集，施工区域处于左汊航线上，附近区域有荆州长江大桥及锚地，停留及航行船舶较多，航道较窄，容易与其他船舶碰撞，且附近水域取水口分布较多，如左岸有郢都水厂、南湖水厂和柳林水厂，右岸有江南自来水厂。计算结果见图 6.3.31～图 6.3.38。油膜到达取水口及其影响时间见表 6.3.16。由结果可见，应急调度方案——三峡水库下泄流量 15 900 m³/s 且持续 3 h，风向为 NW 情况下，油膜自溢油点向下漂移。由于事故发生点距离南湖水厂很近，事故发生后马上对南湖水厂取水口造成影响；50 min 后，油膜远离南湖水厂继续向下漂移，油膜最大厚度约为 3.79 mm；

1 h 40 min 后，对江南自来水厂造成影响；2 h 10 min 后，远离江南自来水厂，且与右岸距离较远，对江南自来水厂的影响较小，油膜最大厚度约为 1.89 mm；2 h 50 min 后，油膜到达柳林水厂取水口，5 h 后油膜远离柳林水厂，油膜最大厚度约为 0.8 mm。

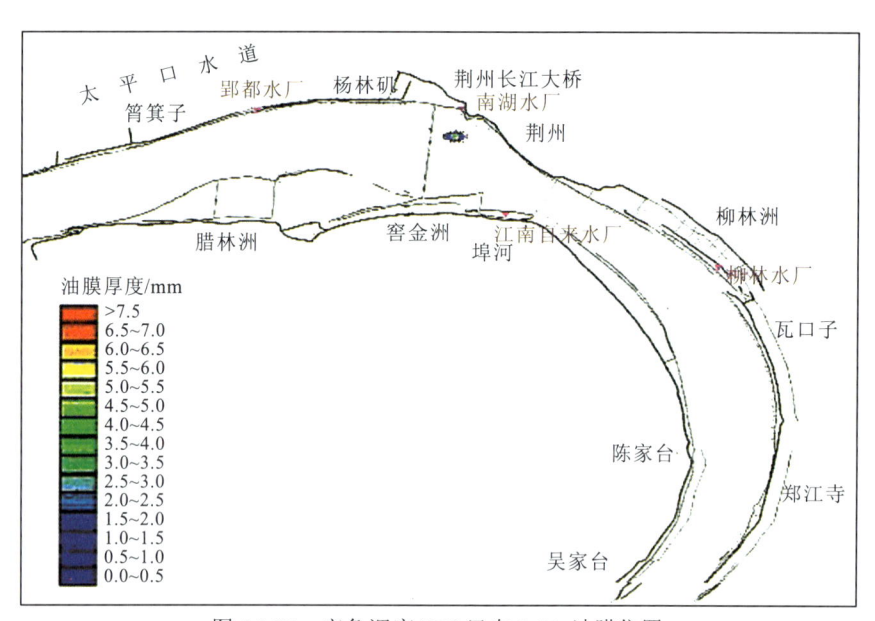

图 6.3.31　应急调度 NW 风向 0.5 h 油膜位置

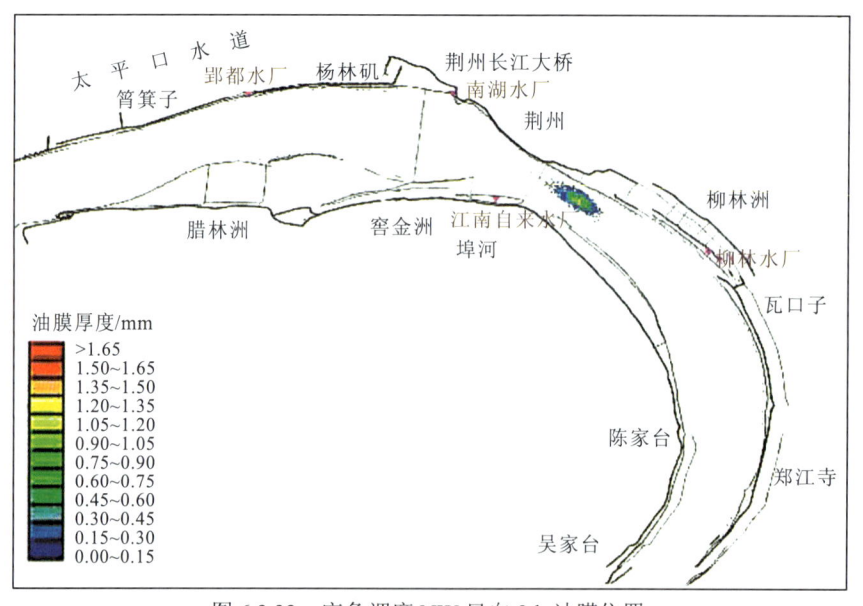

图 6.3.32　应急调度 NW 风向 2 h 油膜位置

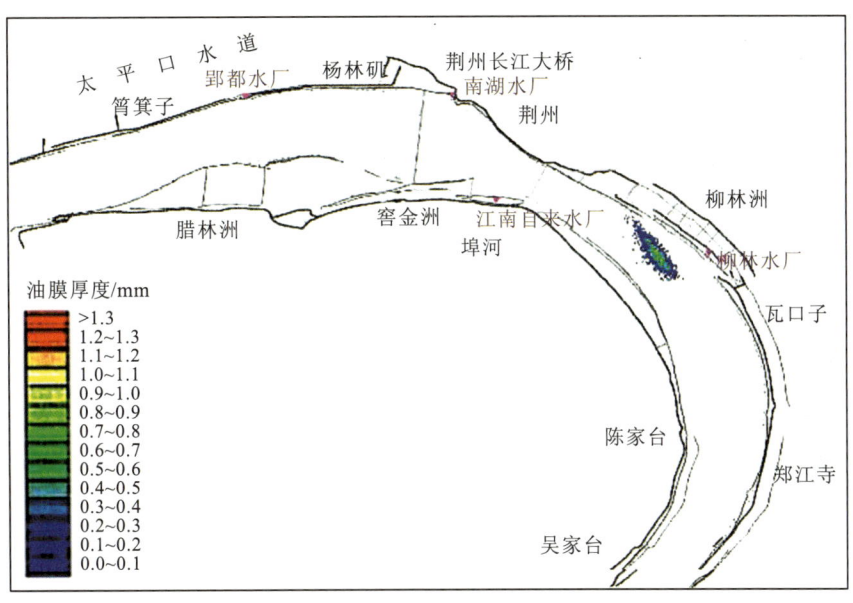

图 6.3.33　应急调度 NW 风向 3 h 油膜位置

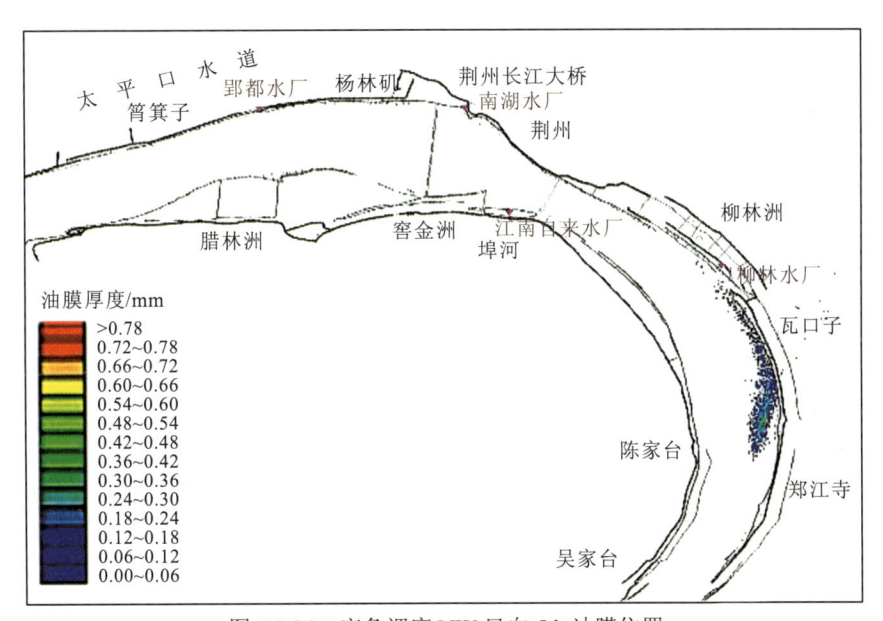

图 6.3.34　应急调度 NW 风向 5 h 油膜位置

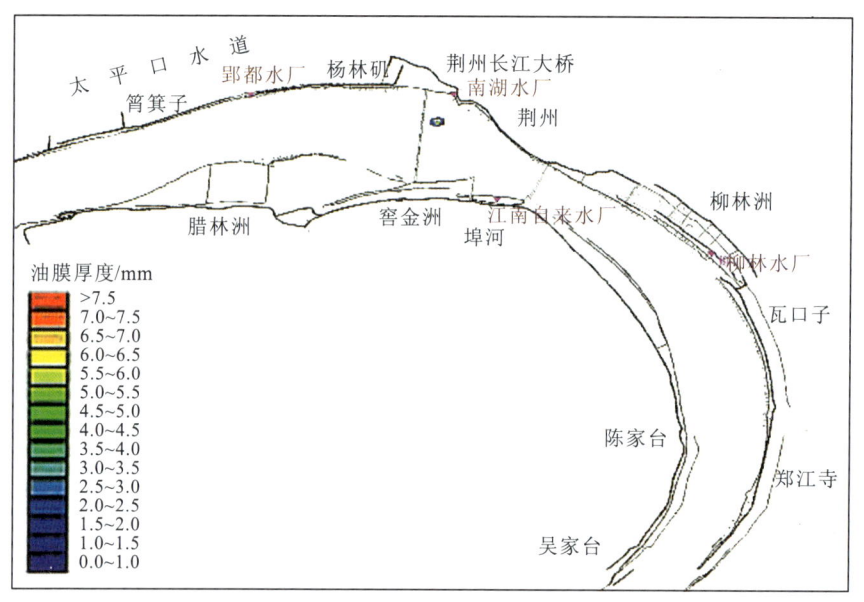

图 6.3.35　无调度 NW 风向 0.5 h 油膜位置

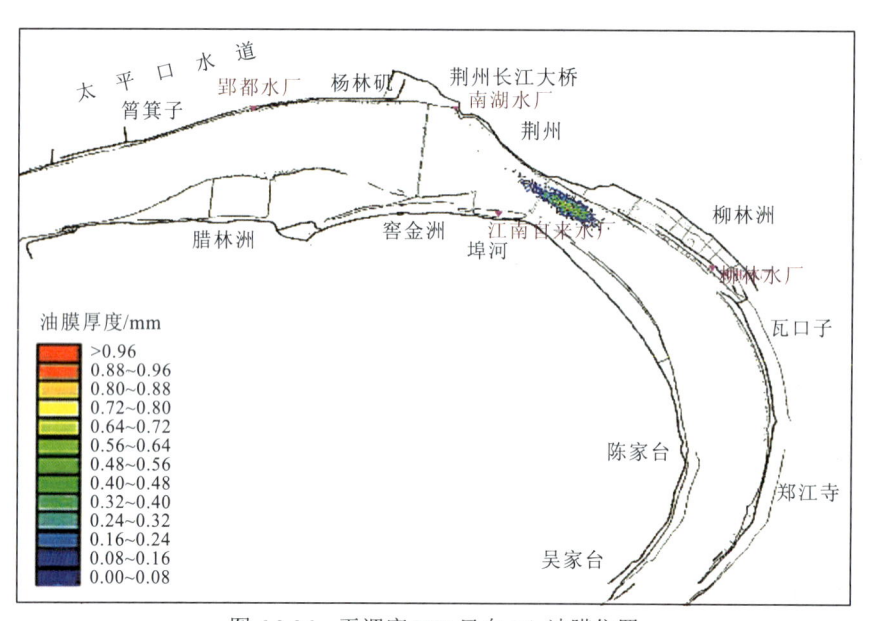

图 6.3.36　无调度 NW 风向 3 h 油膜位置

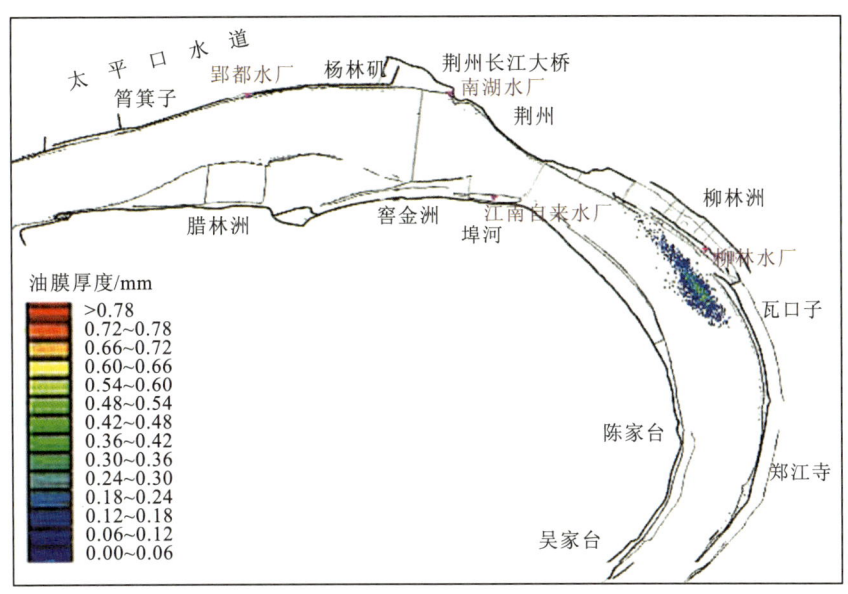

图 6.3.37　无调度 NW 风向 6 h 油膜位置

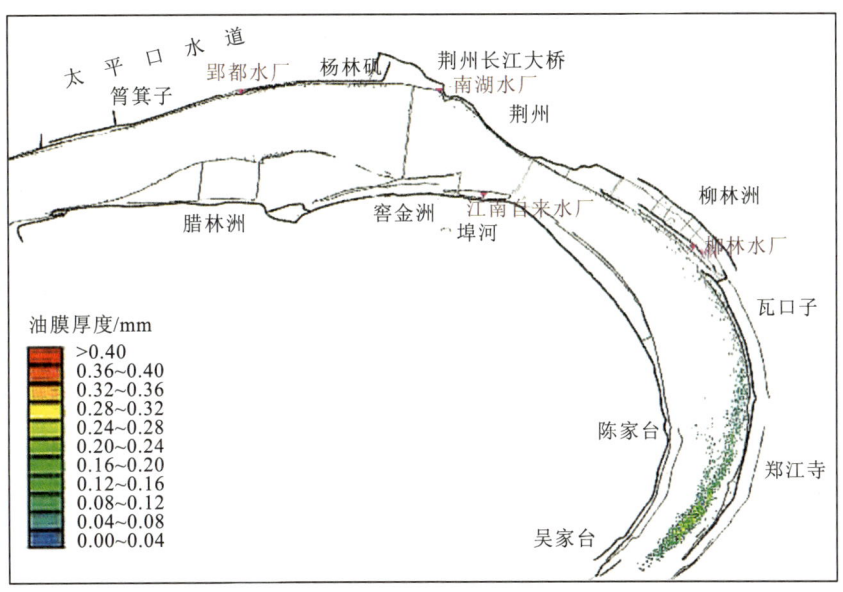

图 6.3.38　无调度 NW 风向 10 h 油膜位

表 6.3.16　油膜到达取水口及其影响时间表

地点	风向	应急调度		无调度	
		油膜到达时间	油膜影响时间	油膜到达时间	油膜影响时间
鄢都水厂	不利风向 NW	—	—	—	—
南湖水厂	不利风向 NW	10 min	40 min	30 min	50 min
江南自来水厂	不利风向 NW	1 h 40 min	30 min	2 h 40 min	1 h 20 min
柳林水厂	不利风向 NW	2 h 50 min	2 h 10 min	4 h 40 min	持续影响

无应急调度方案——三峡水库下泄流量 15 900 m³/s，风向为 NW 情况下，油膜自溢油点随水流向下漂移。30 min 后油膜下游边缘到达南湖水厂取水口处，1 h 20 min 后远离南湖水厂，油膜最大厚度约为 7.65 mm；2 h 40 min 后油膜到达江南自来水厂取水口，4 h 后远离江南自来水厂，且与右岸距离较远，对江南自来水厂的影响较小，油膜最大厚度为 1.09 mm；4 h 40 min 后油膜到达柳林水厂取水口，此取水口受到持续性的影响，油膜最大厚度为 0.58 mm。该工况下郢都水厂不会受到油膜污染的影响，其他三个取水口将从油膜扩散到该处开始受到持续性影响。

参 考 文 献

陈进, 黄薇, 2008. 长江的生态流量问题[J]. 科技导报, 26(17): 31-35.

陈立, 朱建荣, 王彪, 2013. 长江河口陈行水库盐水入侵统计模型研究[J]. 给水排水, 49(7): 162-165.

董哲仁, 孙东亚, 赵进勇, 2007. 水库多目标生态调度[J]. 水利水电技术, 38(1): 28-32.

杜保存, 2013. 基于 RVA 法的河流生态需水量研究[J]. 水利水电技术, 44(1): 27-30.

段辛斌, 陈大庆, 刘绍平, 等, 2002. 长江渔业资源动态监测网数据的管理[J]. 水生生物学报(6): 712-715.

顾玉亮, 吴守培, 乐勤, 2003. 北支盐水入侵对长江口水源地影响研究[J]. 人民长江, 34(4): 1-3,16-48.

郭劲松, 陈杰, 李哲, 等, 2008. 156 m 蓄水后三峡水库小江回水区春季浮游植物调查及多样性评价[J]. 环境科学, 29(10): 2710-2715.

李昌文, 康玲, 张松, 等, 2015. 一种计算多属性生态流量的改进 FDC 法[J]. 长江科学院院报, 32(11): 1-6, 13.

李二平, 2012. 跨界突发性水污染事故预警系统研究与应用[D]. 哈尔滨: 哈尔滨工业大学.

梁鹏腾, 2017. 三峡水库生态调度及多目标风险分析研究[D]. 北京: 华北电力大学.

刘国东, 宋国平, 丁晶, 1999. 高速公路交通污染事故对河流水质影响的风险评价方法探讨[J]. 环境科学学报, 19(5): 572-575.

刘苏峡, 夏军, 莫兴国, 等, 2007. 基于生物习性和流量变化的南水北调西线调水河道的生态需水估算[J]. 南水北调与水利科技(5): 12-17, 21.

路川藤, 罗小峰, 陈志昌, 2010. 长江口不同径流量对潮波传播的影响[J]. 人民长江, 41(12): 45-48.

马赟杰, 黄薇, 霍军军, 2011. 我国环境流量适应性管理框架构建初探[J]. 长江科学院院报, 28(12): 88-92.

茅志昌, 沈焕庭, 徐彭令, 2000. 长江河口咸潮入侵规律及淡水资源利用[J]. 地理学报, 55(2): 243-250.

彭琴, 牟新利, 张丽莹, 等, 2010. 二维水质模型及应用研究进展[J]. 化学工程与装备(3): 123-124, 103.

卿晓霞, 郭庆辉, 周健, 等, 2015. 小型季节性河流生态补水需水量及调度方案研究[J]. 长江流域资源与环境, 24(5): 876-881.

冉祥滨, 2009. 三峡水库营养盐分布特征与滞留效应研究[D]. 青岛: 中国海洋大学.

史璇, 肖伟华, 段玮娟, 等, 2012. 变化环境下洞庭湖换水特征演变分析[J]. 长江流域资源与环境, 21(2): 127-131.

史英标, 李若华, 姚凯华, 2015. 钱塘江河口一维盐度动床预报模型及应用[J]. 水科学进展, 26(2): 212-220.

舒畅, 刘苏峡, 莫兴国, 等, 2010. 基于变异性范围法(RVA)的河流生态流量估算[J]. 生态环境学报, 19(5): 1151-1155.

孙昭华, 陈飞, 郭小虎, 2007. 长江下游近河口段一维水沙数值模拟[J]. 水利水运工程学报(3): 44-50.

孙昭华, 严鑫, 谢翠松, 等, 2017. 长江口北支倒灌影响区盐度预测经验模型[J]. 水科学进展, 28(2): 213-222.

唐蕴, 王浩, 陈敏建, 等, 2004. 黄河下游河道最小生态流量研究[J]. 水土保持学报, 18(3): 171-174.

王庆改, 赵晓宏, 吴文军, 等, 2008. 汉江中下游突发性水污染事故污染物运移扩散模型[J]. 水科学进展, 19(4): 500-504.

肖成猷, 朱建荣, 沈焕庭, 2000. 长江口北支盐水倒灌的数值模型研究[J]. 海洋学报, 22(5): 124-132.

赵越, 周建中, 许可, 等, 2012. 保护四大家鱼产卵的三峡水库生态调度研究[J]. 四川大学学报(工程科学版), 44(4): 45-50.

郑晓琴, 肖文军, 于芸, 等, 2014. 基于径流和潮汐的长江口盐水入侵统计预测研究[J]. 海洋预报, 31(4): 18-23.

CLÉMENT D M, GURVAN M, AIBERT S F, et al., 2004. Mixed layer depth over the global ocean: An examination of profile data and a profile-based climatology[J]. Journal of geophysical research: Oceans, 109(C12): 1-20.

DURDU Ö F, 2010. Effects of climate change on water resources of the Büyük Menderes river basin, western Turkey[J]. Turkish journal of agriculture and forestry, 34(4): 319-332.

GERALDES A, BOAVIDA M J, 2005. Seasonal water level fluctuations: Implications for reservoir limnology and management[J]. Lakes & reservoirs, 10(1): 59-69.

LESTON S, LILLEBØ A L, PARDAL M A, 2008. The response of primary producer assemblages to mitigation measures to reduce eutrophication in a temperate estuary[J]. Estuarine coastal and shelf science, 77(4): 688-696.

PARSA J, AMIR E S, 2011. An empirical model for salinity intrusion in alluvial estuaries[J]. Ocean dynamics, 61(10): 1619-1628.

RICHTER B D, BAUMGARTNER J V, POWELL J, et al., 1996. A method for assessing hydrologic alteration within ecosystems[J]. Conservation biology, 10(4) : 503-518.

RICHTER B D, BAUMGARTNER J V, WIGINGTON R, et al., 1997. How much water does a river need?[J]. Freshwater biology, 37(1): 231-249.

SAKSHAUG E, BRICAUD A, DANDONNEAU Y, et al., 1998. Parameters of photosynthesis: Definitions, theory and interpretation of results[J]. Journal of plankton research, 19(11): 1637-1670.

SONG Z Y, HUAN X J, ZHANG H G, et al., 2008. One-dimentional unsteady analytical solution of salinity intrusion in estuaries[J]. China ocean engineering, 22(1): 113-122.

STALNAKER C, LAMB B L, HENRIKSEN J, et al., 1995. The instream flow incremental methodology: A primer for IFIM[R]. Washington, D.C.: National Biological Service Midcontinent Ecological Science Center.

TENNANT D L, 1976. Instream flow regimens for fish, wildlife, recreation and related environmental resources [J]. Fisheries, 1(4): 6-10.

WU H, ZHU J R, 2010. Advection scheme with 3rd high-order spatial interpolation at the middle temporal level and its application to saltwater intrusion in the Changjiang Estuary [J]. Ocean modelling, 33: 33-51.

第 7 章

水库群多目标优化调度模型及联合调度方案

7.1 水库群多目标优化调度模型

7.1.1 水库群优化调度目标选取

1. 库区水环境改善目标

通过探明三峡库区饮用水源地的水流形态、水质状况、水环境承载力和水生态现状，确定了库区饮用水源地的主要污染物及其产输规律；在分析饮用水源地水环境承载力的基础上，确定了水源地主要污染物迁移转化与三峡库区水位、流量之间的响应机制；针对三峡库区饮用水源地水环境安全保障目标，提出了保障三峡库区水源地安全的调度需求。

2. 库区支流水华防控目标

针对库区支流水华问题，确定水库群联合调度对支流水流循环及环境特征的影响，明确特殊水流背景下支流污染物的迁移转化规律，探明支流分层异重流特殊水动力背景下水华生消的机理，分析水库群联合调度控制支流水华的途径及作用机制，建立结合上游水库群调度过程的三峡库区干、支流水流-水质-水生态模型，研究三峡水库支流水华的预测预报方法，提出水库群联合调度防控支流水华的可行调度需求，形成基于支流水华防控的调度准则。

3. 三峡水库下游生态环境改善目标

开展了水库群调蓄及下游区间污染负荷与江湖生态环境耦合变化研究，进行了水库群调蓄作用下三峡水库下游江湖生态环境安全综合评判指标及阈值界定，三峡水库下游江湖河网水流-水质-水环境生态模型及模拟技术研究，长江中游突发性污染事件应急调度方案研究，在基于库区下游江湖生态环境改善的水库群联合调度方案研究等基础上，提出了下游生态环境改善与三峡水库下泄流量的调度需求。

4. 满足水库群传统效益目标

三峡水库需要满足防洪、发电、航运、供水等传统效益，向家坝水库需要满足水库发电、通航、防洪、灌溉、拦沙等传统效益，溪洛渡水库需要满足发电、拦沙、防洪、环境等传统效益。

三峡-葛洲坝水利枢纽的调度目标是通过上游水库群的联合运用，对洪水进行调控，让荆江河段防洪标准达 100 年一遇，遇 100 年一遇以上至 1 000 年一遇洪水时，控制枝城站流量不大于 80 000 m³/s，配合蓄滞洪区运用，保证荆江河段行洪安全，避免两岸干堤溃决。根据城陵矶地区的防洪要求，考虑长江上游来水情况和水文气象预报，溪洛渡水库、向家坝水库可配合三峡水库适度调控洪水，减少城陵矶地区的分蓄洪量。

溪洛渡-向家坝水利枢纽的调度目标是通过溪洛渡水库和向家坝水库的联合运用对川江河段进行防洪，提高沿岸宜宾、泸州等城市的防洪标准。在遭遇大洪水时，应尽可能地利用溪洛渡水库、向家坝水库将重庆防洪标准提高至100年一遇。

发电是溪洛渡-向家坝-三峡-葛洲坝水库群的主要传统效益之一，是水库群兴利效益的重要指标，发电保证率是评价水库群联合发电可靠性的重要指标，用于指示水库群在长期发电过程中满足某一特定发电出力（保证出力）的保证程度，因此本书将传统效益——梯级发电量最大作为梯级水库群多目标模型的一个目标，即在水环境目标都满足的情况下，不减少梯级水库群的传统效益。

7.1.2 水库群多目标优化调度模型的建立

只有将生态问题转化为水库调度决策问题，才能通过水库调度解决问题。为此，本书将改善三峡水库下游水环境问题、缓解支流水华问题及保证水源地水质安全问题转化为三峡水库水位和下泄流量控制决策问题。具体转化如下。

（1）库区水环境改善目标主要是通过调整库区流量得以实现的，而调整库区流量可以通过调整三峡水库下泄流量实现，因此，库区水环境改善目标可以通过调整三峡水库下泄流量来达到。

（2）库区支流水华改善问题可以转化为三峡水库坝前水位的调控问题，通过坝前水位的波动，调整、改变干、支流水流动力因子，从而干扰水华发生所必需的适应性条件及其环境，改变库区支流水华暴发的水动力基础，进而缓解或解决水华问题，即通过调整坝前水位的波动来实现库区支流水华改善。

（3）三峡水库下游的生态环境问题可以转化为通过改变三峡水库的下泄流量过程，即调整三峡水库的出库流量过程，改善长江中下游河道水动力因子、输水输沙能力，以及污染物输移能力及其河道基流环境，季节性增强长江中下游水环境容量，季节性营造刺激性水动力环境，改善重点河段水体水质，保障中下游环境流量和环境水位，确保大型连通湖泊水生态环境取水及其水生态系统良性发展所必需的生态需水，提高长江压咸减负所需要的水量过程保证率。

根据以上转化关系，建立了以满足发电保证率要求的梯级发电量最大、三峡水库运行水位与水华所需水位波动的吻合度最大及下泄流量与适宜生态流量的吻合度最大为目标且以日为计算时段的梯级水库群多目标优化调度模型。

1. 调度准则与目标函数

准则1：满足发电保证率要求的梯级发电量最大。
目标函数1：

$$f_1 = \max \sum_{t=1}^{T} \sum_{i=1}^{n} E_{i,t} \tag{7.1.1}$$

$$p \geqslant p_b \tag{7.1.2a}$$

$$p = 1 - \sum_{t=1}^{T} \alpha_t / T \tag{7.1.2b}$$

$$\alpha_t = \begin{cases} 0 & (N_{1,t} > N_p) \\ 1 & (N_{1,t} \leqslant N_p) \end{cases} \tag{7.1.2c}$$

$$E_{i,t} = N_{i,t} \times M_t \tag{7.1.2d}$$

$$N_{i,t} = K_i \times Q_{i,t}(ZS_{i,t} - ZX_{i,t} - \Delta H_{i,t}) \tag{7.1.2e}$$

式中：T 为时段总数；n 为梯级电站的个数；$E_{i,t}$ 为 i 电站 t 时段的发电量；$N_{i,t}$ 为 i 电站 t 时段的出力（其中 $N_{1,t}$ 为三峡水库 t 时段的出力）；N_p 为三峡水库的保证出力；p 为模型计算的三峡水库保证率；p_b 为三峡水库的设计保证率；α_t 为 0-1 变量；K_i 为第 i 个电站的综合出力系数，综合出力系数与发电流量、净水头有关；ΔH_t 为水头损失；M_t 为第 t 个时段的时间长度，如果时段长度为 1 天，则 $M_t = 3\,600 \times 24$ s；$Q_{i,t}$ 为第 i 个水库在 t 时段的出库流量；$ZS_{i,t}$ 为第 i 个水库在 t 时段的上游平均水位；$ZX_{i,t}$ 为第 i 个水库在 t 时段的下游平均水位。

准则 2：三峡水库运行水位与调度指导线的标准差最小。

目标函数 2：

$$f_2 = \min \sqrt{\frac{1}{T} \sum_{t=1}^{T} (Z_t - Zg_t)^2} \tag{7.1.3}$$

式中：Z_t 为三峡水库 t 时段的运行水位；Zg_t 为三峡水库 t 时段的指导水位。

准则 3：三峡水库的下泄流量过程与生态流量过程的标准差最小。

目标函数 3：

$$f_3 = \min \sqrt{\frac{1}{T} \sum_{t=1}^{T} (Q_t - Q_{\text{opt},t})^2} \tag{7.1.4}$$

式中：Q_t 为三峡水库 t 时段的下泄流量；$Q_{\text{opt},t}$ 为三峡水库 t 时段的生态流量。

2. 约束条件

（1）时段库水位约束：

$$Z_{\min i,t} \leqslant Z_{i,t} \leqslant Z_{\max i,t} \quad (t = 1,2,\cdots,T) \tag{7.1.5}$$

式中：$Z_{\min i,t}$、$Z_{\max i,t}$ 为水库 i 第 t 时段允许的水位下、上限；$Z_{i,t}$ 为库水位（m）。

（2）时段出力约束：

$$N_{\min i,t} \leqslant N_{i,t} \leqslant N_{\max i,t} \quad (t = 1,2,\cdots,T) \tag{7.1.6}$$

式中：$N_{\min i,t}$ 为电站 i 第 t 时段允许的最小出力（kW）；$N_{\max i,t}$ 为电站 i 第 t 时段的最大出力（装机容量或预想出力）（kW）。

（3）出库流量约束：

$$Q_{\min i,t} \leqslant Q_{i,t} \leqslant Q_{\max i,t} \quad (t = 1,2,\cdots,T) \tag{7.1.7}$$

式中：$Q_{\min i,t}$ 为电站 i 第 t 时段允许的最小下泄流量（如最小生态流量、通航流量等）

(m³/s)；$Q_{\max i,t}$ 为电站 i 第 t 时段允许的最大下泄流量（如泄流能力、安全泄量等）(m³/s)。

（4）初末水位约束：

$$Z_{i,0} = Z_{i,\text{Bgn}}, \quad Z_{i,T} = Z_{i,\text{End}} \tag{7.1.8}$$

式中：$Z_{i,0}$、$Z_{i,T}$ 为电站 i 计算期初末水位（m）；$Z_{i,\text{Bgn}}$、$Z_{i,\text{End}}$ 为电站 i 设定的计算期初末水位值（m）。

（5）水量平衡约束：

$$V_{i,t+1} = V_{i,t} + (I_{i,t} - Q_{i,t}) \times M_t \quad (t=1,2,\cdots,T) \tag{7.1.9}$$

$$Q_{i,t} = Q_{i,t}^{\text{f}} + Q_{i,t}^{\text{q}} \quad (t=1,2,\cdots,T) \tag{7.1.10}$$

式中：$V_{i,t+1}$ 为 t 时段末水库 i 的库容（m³）；$V_{i,t}$ 为 t 时段初水库 i 的库容（m³）；$I_{i,t}$ 为 t 时段水库 i 入库流量（m³/s）；$Q_{i,t}$ 为 t 时段水库 i 的出库流量（m³/s）；M_t 为 t 时段的时间长度（s）；$Q_{i,t}^{\text{f}}$ 为 t 时段水库 i 的发电流量（m³/s）；$Q_{i,t}^{\text{q}}$ 为 t 时段水库 i 的弃水流量（m³/s）。

（6）区间流量约束：

$$Q_{1,t}^{\text{in}} = Q_{4,t-\tau_{\text{xjb}}}^{\text{out}} + Q_{t-\tau_{\text{gc}}}^{\text{gc}} + Q_{t-\tau_{\text{fs}}}^{\text{fs}} + Q_{t-\tau_{\text{bb}}}^{\text{bb}} + Q_{t-\tau_{\text{wl}}}^{\text{wl}} \tag{7.1.11}$$

式中：$Q_{1,t}^{\text{in}}$ 为三峡水库的入库流量（m³/s）；$Q_{4,t-\tau_{\text{xjb}}}^{\text{out}}$ 为向家坝水库的出库流量（m³/s）；$Q_{t-\tau_{\text{gc}}}^{\text{gc}}$、$Q_{t-\tau_{\text{fs}}}^{\text{fs}}$、$Q_{t-\tau_{\text{bb}}}^{\text{bb}}$、$Q_{t-\tau_{\text{wl}}}^{\text{wl}}$ 分别为三峡水库与高场站、富顺站、北碚站及武隆站之间的区间流量（m³/s）；τ_{xjb}、τ_{fs}、τ_{gc}、τ_{bb}、τ_{wl} 分别为向家坝水库出口处、富顺站、高场站、北碚站及武隆站到三峡水库入库处水流流经时间。

7.1.3 水库群多目标优化调度模型求解方法

1. 基本思想

水库群优化调度问题是典型的多阶段决策问题，动态规划法是其最常用的求解算法之一，但因其固有的维数灾现象，单纯使用动态规划法进行求解时往往效率很低，有时甚至无法求解。离散微分动态规划（discrete differential dynamic programming，DDDP）是动态规划法的一种改进算法，可在给定初始解的基础上进行有效寻优，寻优速度快，且可以控制解的精度，但需要有一个较好的初始解，否则可能会陷入局部最优解。将动态规划法和 DDDP 两种方法结合起来，以离散精度较粗的动态规划法获取模型的初始解，再将该初始解代入 DDDP 进行进一步优化，是求解水库群优化调度模型的有效方法，该算法称为动态规划-DDDP 算法。

基于动态规划-DDDP 算法，从水库单目标满足保证率要求的发电量最大问题求解中得到启发，提出水库多目标模型求解的变惩罚系数法，该法将动态规划法或 DDDP 求解过程中任一策略的最优值函数通过分别引入惩罚系数转化为单值形式，如式（7.1.12）所示。

$$S_t = N_t + \lambda_1(N_p - N_t) + \lambda_2(Z_t - Zg_t)^2 + \lambda_3(Q_t - Q_{\text{opt},t})^2 \quad (N_p \leq N_t \text{时}, \lambda_1 = 0) \tag{7.1.12}$$

式中：S_t 为 t 时段的阶段效益；N_t 为 t 时段的出力（kW）；λ_1 为出力惩罚系数；N_p 为

三峡水库的保证出力（kW）；λ_2 为水位惩罚系数；$\lambda_1(N_p - N_t)$ 为发电保证率惩罚项；$\lambda_2(Z_t - Zg_t)^2$ 为水位满足度惩罚项；$\lambda_3(Q_t - Q_{opt,t})^2$ 为下泄流量满足度惩罚项。

式（7.1.12）中，只需考虑数值，而不需要考虑量纲，λ_1、λ_2、λ_3 的取值可从 0 到无穷大（通过程序试算可以确定）。

2. 求解步骤

变惩罚系数法的具体求解步骤如下。

（1）确定各个惩罚系数的大致取值范围及步长。各惩罚系数的最小值取 0，最大值是根据试算确定的，即当其他惩罚系数为 0，增加该惩罚系数的值已不会对目标值产生影响时，认为此时达到该惩罚系数的最大值，在实际计算中还进行了一定程度的外延。

（2）以总发电量、三峡水库水位满足度和下泄流量满足度最大为目标，式（7.1.12）中的三个惩罚系数在 0 和最大值间以一定的步长遍历各个惩罚系数组合。

（3）利用动态规划-DDDP 算法分别对各惩罚系数组合进行模型求解计算，得到各惩罚系数组合下的最优解及其所对应的各目标函数值。

（4）对各最优解进行多目标筛选，获得模型的非劣解集。

（5）在非劣解集中查找相对点距较大的区域进行惩罚系数加密处理并重新计算，以获取更多的非劣解，或者非劣解集满足广泛、均匀的要求，可停止计算，获得模型的非劣解集；否则，进一步加密惩罚系数组合，获取更多的多目标模型非劣解。

（6）确定各目标之间的相互关系，为水库决策者进行调度决策提供参考依据。

7.1.4 水库群多目标优化调度模型参数率定

为了使梯级多目标模型的计算结果能更准确地反映梯级水电站的实际运行情况，本节以溪洛渡水库、向家坝水库、三峡水库及葛洲坝水库实际运行的出力、发电流量及净水头资料为基础,统计分析并定量确定综合出力系数-净水头-发电流量三者之间的关系。将各水库的实际水位过程作为模型的输入——调度指导线，将发电流量过程、出库流量过程、出力及耗水率[耗水率的单位为 $m^3/(kW·h)$]作为模型验证指标，验证模型的可靠性。

1. 三峡水库综合出力系数的确定

以三峡水库 2015～2017 年的实际运行资料为依据，经过统计计算，确定三峡机组的综合出力系数、净水头及三峡水库发电流量之间的定量关系散点图，如图 7.1.1 所示。从散点图图 7.1.1 中可以看出，当净水头大于 100 m 时，对应的发电流量基本都小于 1 000 m^3/s，这是因为当净水头较高时，水位基本维持在高水位运行，此时下泄流量较小。但是当水位不维持在高水位时，发电流量的大小受到各种因素的影响，净水头与综合出力系数之间没有显著的关系。当净水头的取值范围为 75～110 m 时，随着净水头的增加，综合出力系数呈现先增加然后下降的变化过程，如图 7.1.2 所示。

图 7.1.1 三峡水库综合出力系数-净水头-发电流量关系

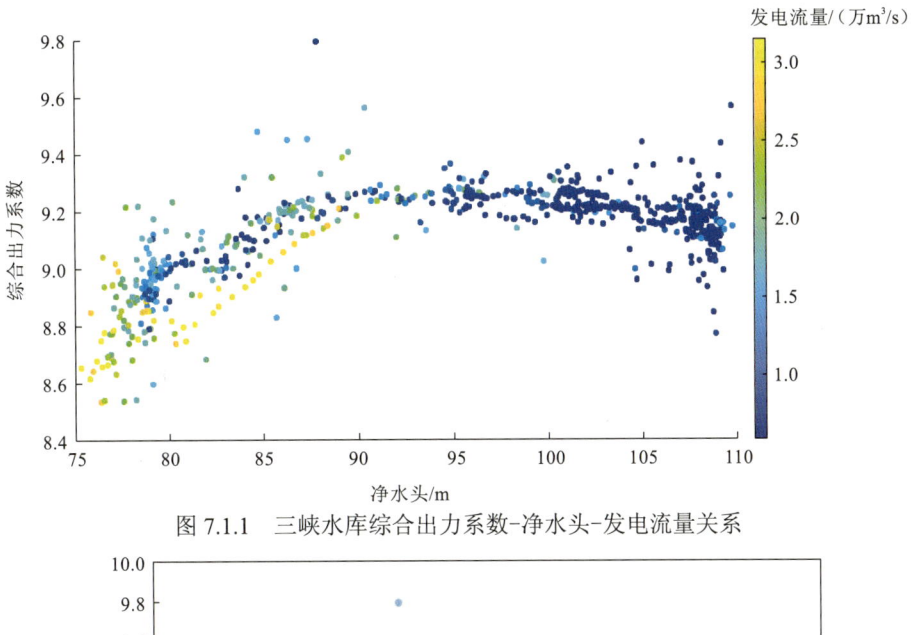

图 7.1.2 三峡水库综合出力系数-净水头关系

绘制如图 7.1.2 所示的综合出力系数与净水头的散点关系图，并得到散点拟合关系线。从图 7.1.2 中可以看出，综合出力系数-净水头散点分布与拟合曲线的吻合程度较高，拟合关系式如式（7.1.13）所示。

$$y = \frac{x^3}{2.146 \times 10^5} - 0.007\,109 x^2 + 0.770\,2 x - 18.15 \quad (7.1.13)$$

2. 三峡水库调度模型验证

将率定结果应用到三峡水库中长期调度模型中，模型计算的发电流量、出力过程等结果如图 7.1.3、图 7.1.4 所示。从图 7.1.3 可以看出，实际出力与计算出力基本一致，通过模型计算得到的平均出力为 1026.86 万 kW，实际值为 1034.82 万 kW。从图 7.1.4 中可以看出，模型计算的发电流量过程与实际的发电流量过程基本吻合，但在 2016 年 8 月左右实际发电流量较计算发电流量大，这主要是因为当发电流量较大时，对应的净水头较小。根据净水头关系式计算得到的综合出力系数偏大，使在机组满发时，发电流量偏小。统计分析得到，发电流量的平均值为 12 380 m³/s，实际的发电流量为 12 438 m³/s，两者相差 0.47%。

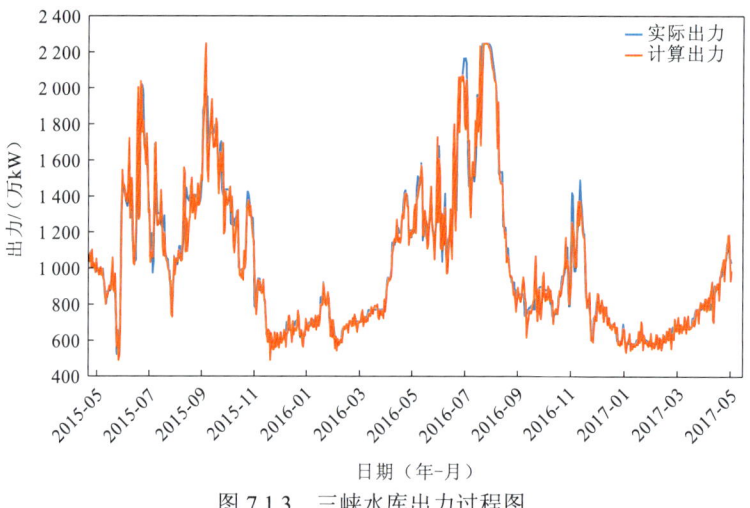

图 7.1.3 三峡水库出力过程图

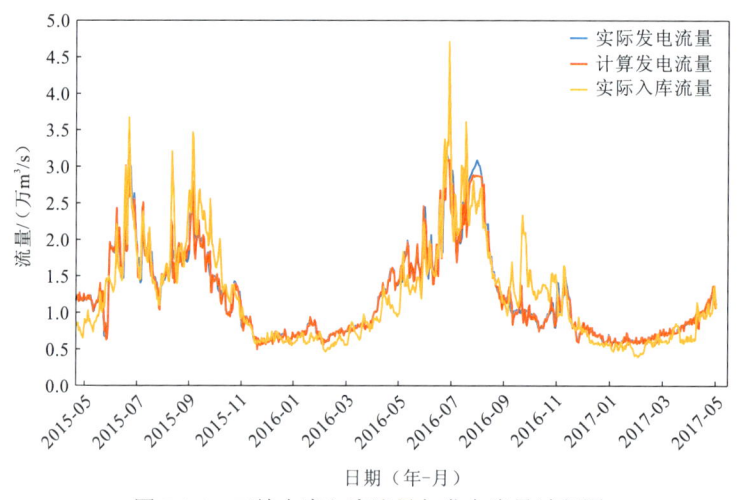

图 7.1.4 三峡水库入库流量与发电流量过程图

图 7.1.5 为计算的三峡水库出库流量与实际运行结果的对比图，当三峡水库的实际运行水位和模型计算过程中的水位相同时，两者的流量差只可能是模型计算时插值带来的误差，统计分析计算的出库流量的多年平均值为 12 443 m³/s，实际运行的多年平均发电流量为 12 440 m³/s。图 7.1.6 为三峡水库耗水率计算结果与实际过程曲线图，通过对比两个耗水率过程线可以发现，两条曲线走势基本一致，模型计算的结果比实际运行过程略微高一些，主要是因为实际运行过程中影响电站综合出力系数的因素有许多，很难将所有的因素都考虑进去。三峡水库实际运行过程中耗水率的平均值为 4.19 m³/(kW·h)，计算得到的耗水率平均值为 4.21 m³/(kW·h)，差值为 0.02 m³/(kW·h)。

3. 溪洛渡水库、向家坝水库及葛洲坝水库综合出力系数的确定

同理，得到溪洛渡水库、向家坝水库及葛洲坝水库综合出力系数与净水头和发电流量之间的关系图，以及综合出力系数与净水头的拟合关系曲线，如图 7.1.7～图 7.1.11 所示。

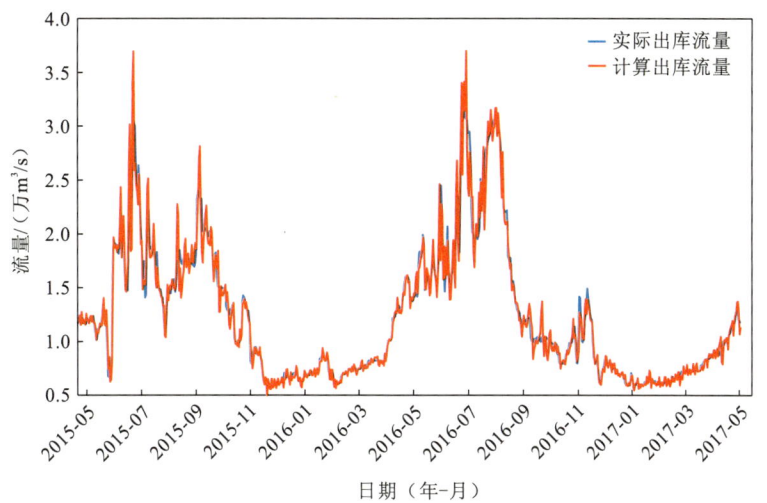

第 7 章　水库群多目标优化调度模型及联合调度方案

图 7.1.5　三峡水库出库流量过程

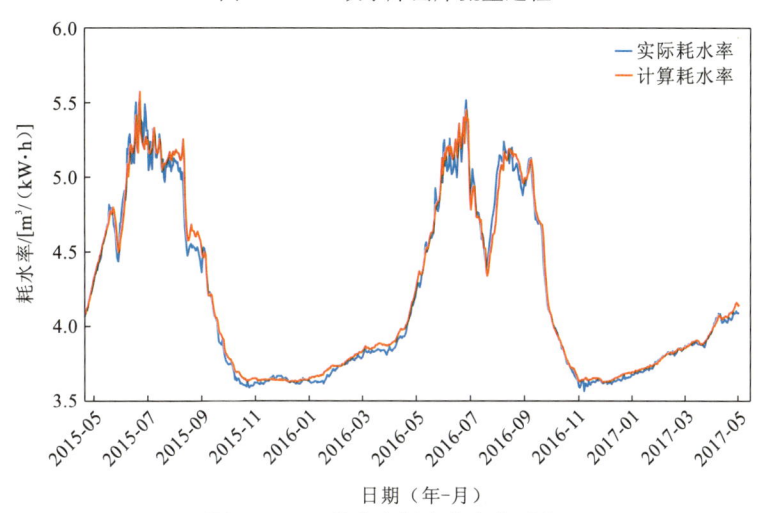

图 7.1.6　三峡水库耗水率变化过程

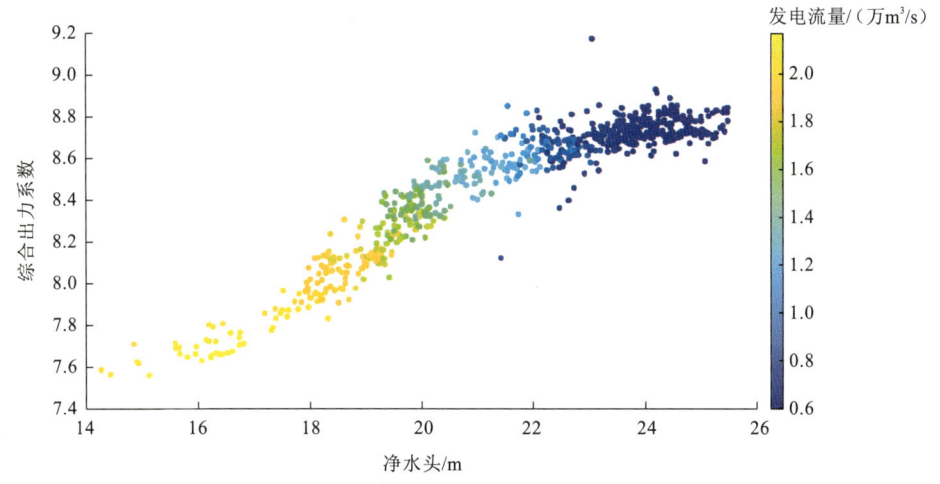

图 7.1.7　葛洲坝水库综合出力系数-净水头-发电流量关系

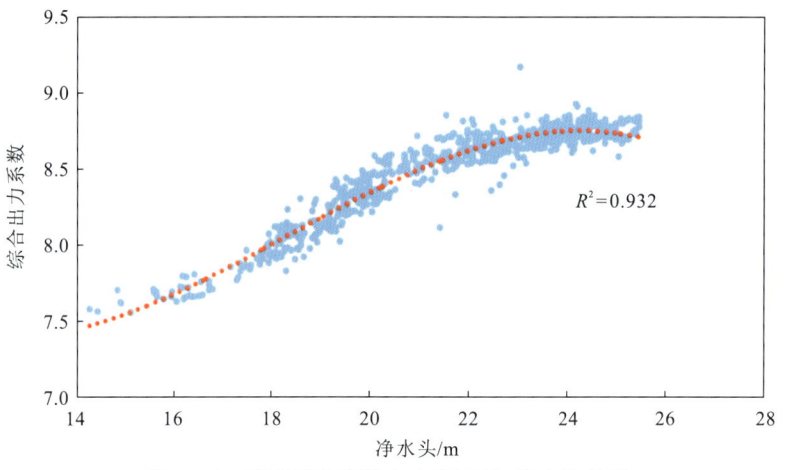

图 7.1.8 葛洲坝水库综合出力系数-净水头关系

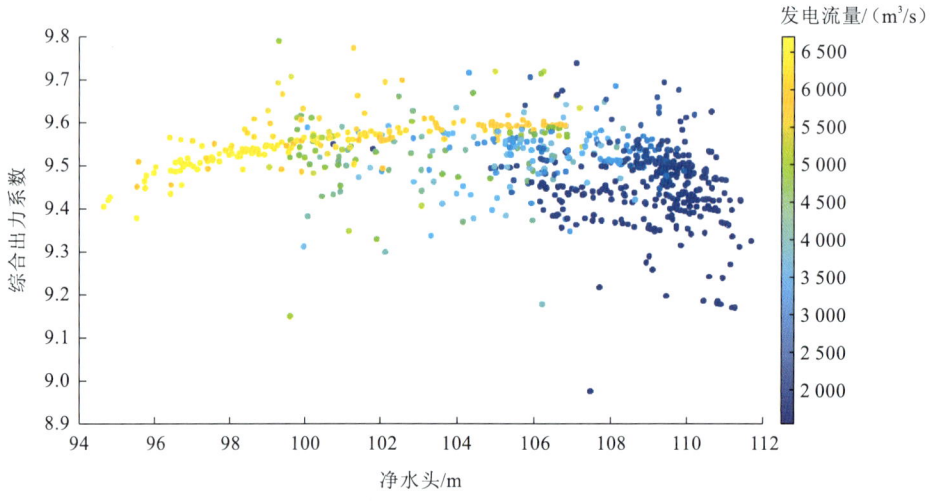

图 7.1.9 向家坝水库综合出力系数-净水头-发电流量关系

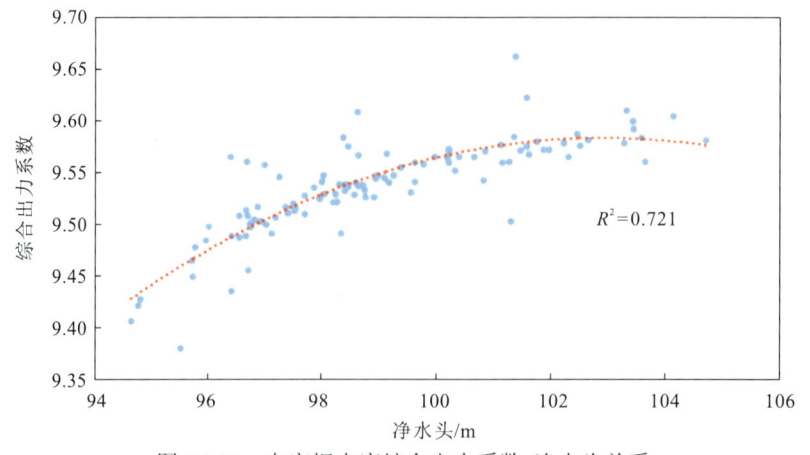

图 7.1.10 向家坝水库综合出力系数-净水头关系

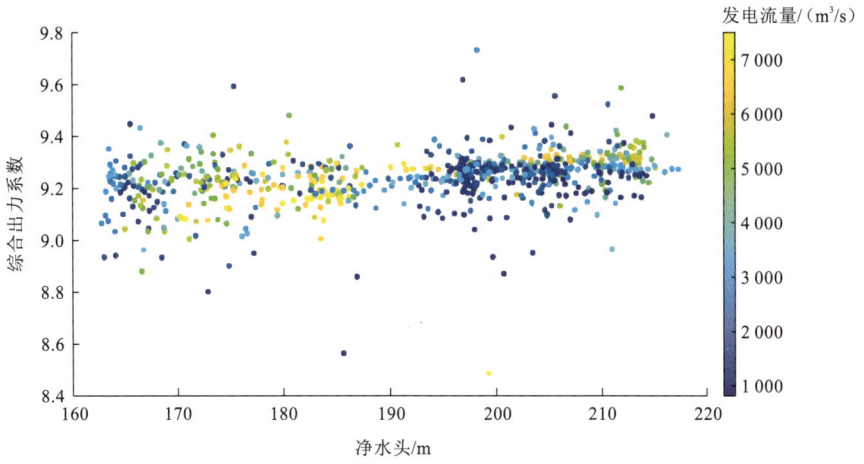

图 7.1.11　溪洛渡水库综合出力系数-净水头-发电流量关系

根据图 7.1.7 和图 7.1.8 中葛洲坝水库综合出力系数-净水头-发电流量的关系及拟合的综合出力系数-净水头关系曲线，定量确定综合出力系数，葛洲坝水库的综合出力系数计算公式如式（7.1.14）所示。

$$y = -0.001\,697x^3 + 0.093\,78x^2 - 1.554x + 15.48 \tag{7.1.14}$$

式中：y 为综合出力系数；x 为净水头（m）。

如图 7.1.9 所示，当发电流量大于 6 000 m³/s 时，净水头与综合出力系数之间存在明显的单调递增关系。当发电流量小于 6 000 m³/s 时，随着发电流量的减小，净水头逐渐增加。然而，当发电流量小于 6 000 m³/s 时，净水头与综合出力系数之间并没有明显的关系，点据在综合出力系数 9.5 上下分布，所以当发电流量小于 6 000 m³/s 时，综合出力系数取这些综合出力系数的均值 9.5。

对发电流量大于 6 000 m³/s 的综合出力系数与净水头进行拟合，结果如图 7.1.10 所示，从图 7.1.10 中可以看出，净水头与综合出力系数之间点据的拟合曲线为抛物线，其关系式为

$$y = -0.002\,274x^2 + 0.468x - 14.5 \tag{7.1.15}$$

式中：y 为综合出力系数；x 为净水头（m）。

从图 7.1.11 中可以看出，相同的净水头下，发电流量对综合出力系数的影响并没有显著规律；在不考虑发电流量的影响下，随着净水头的增加，综合出力系数基本保持不变，维持在 9.2 上下。在模型计算中，溪洛渡水库的综合出力系数在模型计算中取为 9.24，该值为实际运行中综合出力系数的平均值。

7.2　基于水环境改善的梯级水库群中长期联合调度方案

7.2.1　基于水环境改善的三峡水库生态环境调度的基本思路

从现有三峡库区水环境状态出发，充分利用溪洛渡-向家坝-三峡水库群联合调度空

间，并综合考虑三峡水库上下游水环境改善的基本需求，结合三峡水库的发展潜力，实施三峡水库生态环境的"预限动态调度"方案。

"预"即"预测"、"预报"和"预警"，"三库"联合调度，既要保证传统效益又要改善水库环境，"预测"、"预报"和"预警"是基本前提，没有或失去这个前提，三峡水库多目标优化生态环境调度根本无法做到。

"预测"：预测和实测三峡水库入库流量与来污量，保证已定调度过程的可靠度。

"预报"：预报三峡水库流域降雨量、径流量、产污量，保证已定调度过程调整预案的可行性。

"预警"：预警水华、突发性环境灾变灾害、咸水上溯事件，强化已定调度过程预留（水位、流量、库容）的应对能力。

"限"：是指三峡水库生态环境调度过程的受限性。

三峡水库生态环境调度过程的受限性包括上述所有需求和特别要求。

"动"：指动态调度和动态调度过程。①汛期水位的时空调整（由150 m至145 m，再至150 m），缩短汛期平稳运行时间；空间上增减汛限水位(145～150 m)。②枯水位175 m运行时间的伸缩性，依据三峡水库入库流量大小调整消落期起点时间。③营造干流、支流和下游河道的动态环境（包括变动支流回水空间，调整支流口门水位过程，调整干流动态水环境容量，营造下游刺激性洪峰过程等）。④稳态水位运行时间短，波动水位频率高。

"态"：指三峡水库生态环境的关联态势，三峡水库生态环境调度必须明朗、明确、明知态势。①流域民生经济发展过程激发产流、产污态势；②溪洛渡-向家坝-三峡梯级水库群联合调度必然向着全流域调度发展的态势；③三峡水库综合效益保证到溪洛渡-向家坝-三峡梯级水库群联合综合效益保障的需求态势；④三峡水库水环境改善到长江干支流、长江连通湖泊、长江河口水生态系统健康发展的态势。这些是确定三峡水库生态环境调度过程时必须足够考虑的远景情势。

三峡水库"预限动态水位"指的是一个年周期内的水位调度过程，包括汛限水位、蓄水位、正常蓄水位和消落水位过程及其相应的防洪限制、发电效益、航运条件、供水环境和上下游水环境改善需求。

7.2.2 基于水环境改善的三峡水库生态环境调度的基本需求

1. 三峡水库库区支流水华防控需求

针对库区支流水华问题，提出水库群联合调度防控支流水华的可行调度需求，具体如下。

（1）1～3月底，三峡水库支流一般无藻类水华，三峡水库在综合考虑航运、发电和水资源、水生态需求的条件下逐步消落，无须考虑防控水华目标，但水库下泄流量按不低于6 000 m³/s控制。

（2）4～5月是三峡水库支流发生春季水华的主要时期，此时三峡水库调度应考虑防控支流水华目标，实施"潮汐式"调度。4月初，当水位不低于165 m时，开始加大泄水量，水位降幅为0.6 m/d，持续7天，然后按最低流量下泄并日抬升1.0 m，持续3天，反复进行；此时，若三峡水库入库流量不足，利用溪洛渡水库、向家坝水库进行联合调度补水；同时，保证4月末库水位不低于155.0 m，5月25日不高于155.0 m。

（3）5月25日~6月10日，属于三峡水库汛前加速泄水期，此段时间较短，支流水华一般不严重，可不考虑防控水华目标。

（4）6月10日~8月31日，当沙市站水位在41.0 m以下，城陵矶站（莲花塘站，下同）水位在30.5 m以下，且三峡水库入库流量小于50 000 m³/s时，可实施"潮汐式"调度。以145 m为起始水位，日抬升2.0 m，持续4天，然后稳定2天，再日降低水位1.6 m，持续5天，反复进行；当三峡水库入库流量大于50 000 m³/s时，按照三峡水库防洪调度规程执行。考虑地质灾害治理工程安全及库岸稳定对水库水位下降速率的要求，汛期最高抬升水位与145 m的差值不得高于洪水预报期天数的2倍。

（5）9~10月，三峡水库支流仍然存在水华风险，此时三峡水库调度需要考虑水华防控目标。9月实施"分期提前蓄水"方案，前3日按不低于2 m/d的幅度抬升水位，后期按10 000 m³/s下泄并逐步抬升水位，当三峡水库入库流量不能满足水位要求时，利用溪洛渡水库、向家坝水库进行联合调度补水；同时，保障三峡水库水位在9月底不高于165 m。10月，当来水流量大于8 000 m³/s时，开展第二阶段蓄水，直至水库水位达到175 m；当水库来水流量低于8 000 m³/s时，可按来水流量下泄。考虑地质灾害治理工程安全及库岸稳定对水库水位上升速率的要求，三峡水库蓄水最大速率要求不超过3 m/d。

2. 三峡库区水源地安全保障需求

溪洛渡水库、向家坝水库调度需求如下。

（1）汛期6月中旬~9月上旬，向家坝水库下泄流量为7 416 m³/s，同时要求溪洛渡水库补水261 m³/s；

（2）蓄水期9月中旬~9月底，保障向家坝水库最小下泄流量为3 259 m³/s（按现行调度运行准则运行）；

（3）枯水期10~12月向家坝水库下泄流量为3 936 m³/s，同时要求溪洛渡水库补水254 m³/s；

（4）供水期12月下旬~次年6月上旬，向家坝水库下泄流量为2 103 m³/s，同时要求溪洛渡水库补水146 m³/s。

三峡水库调度需求如下。

（1）当汛期三峡水库入流在70 000 m³/s，或者入库水流水质超过Ⅲ类水标准时，汛限水位降低到145 m；

（2）当枯水期入库流量小于6 000 m³/s时，启动梯级水库群联合协作调度，调用溪洛渡水库、向家坝水库水量，保证三峡水库枯水期增调1 000~1 500 m³/s流量；

（3）当枯水期三峡水库入库流量小于6 000 m³/s，水流水质超过Ⅲ类水标准，且溪洛渡水库、向家坝水库补给不足时，可考虑提前消落水位；

(4) 汛期 145 m 平稳运行 40 天，实施一次日调节过程，水位先上调 0.5 m 后下调 0.5 m；

(5) 枯水期 175 m 平稳运行 70 天，实施 2~3 次日调节过程，水位先下调 0.8 m 后上调 0.8 m。

3. 三峡工程下游生态环境改善需求

本节提出了下游生态环境改善与三峡水库下泄流量的调度需求。根据现有规程，现分别对蓄水期、四大家鱼产卵期、枯水期的三峡水库下泄流量进行分析，需求如下。

(1) 在 9 月蓄水期间，一般情况下控制水库出库流量不小于 8 000 m³/s。当水库来水流量大于 8 000 m³/s 但小于 10 000 m³/s 时，按来水流量下泄，水库暂停蓄水；当来水流量小于 8 000 m³/s 时，若水库已蓄水，可根据来水情况适当补水至 8 000 m³/s 下泄。

(2) 10 月蓄水期间，一般情况下水库出库流量按不小于 8 000 m³/s 控制，当水库来水流量小于以上流量时，可按来水流量下泄。11 月和 12 月，水库最小出库流量按葛洲坝水库下游庙嘴水位不低于 39.0 m 和三峡水电站不小于保证出力对应的流量控制。

(3) 一般来水年份（蓄满年份），1~2 月水库出库流量按 6 000 m³/s 左右控制，其他月份的最小出库流量应满足葛洲坝水库下游庙嘴水位不低于 39.0 m 的要求。如遇枯水年份，实施水资源应急调度时，可不受以上流量限制，库水位也可降至 155 m 以下进行补偿调度。

(4) 当长江中下游发生较重干旱或出现供水困难时，国家防汛抗旱总指挥部或长江防汛抗旱总指挥部可根据当时水库的蓄水情况实施补水调度，缓解旱情。

(5) 在四大家鱼集中产卵期内，可有针对性地实施有利于鱼类繁殖的蓄泄调度，即 5 月上旬~6 月底，在防洪形势和水雨情条件许可的情况下，通过调蓄，为四大家鱼的繁殖创造适宜的水流条件，实施生态调度。

(6) 长江防汛抗旱总指挥部发布实时水情、咸情、工情、供水情况、预测预报和预警等信息，密切监视咸潮灾害发展趋势，在控制沿江引调水工程流量的基础上，进一步做好三峡水库等主要水库的水量应急调度，必要时联合调度长江流域水库群，增加出库流量，保障大通站流量不小于 10 000 m³/s。

(7) 若遇枯水年或特枯水年，为满足三峡水库下游生态环境指标阈值，在现状调度规程的基础上，另需满足如下要求：9 月控制水库出库流量不小于 11 100 m³/s；10 月控制水库出库流量不小于 10 200 m³/s；11 月控制水库出库流量不小于 6 500 m³/s；12 月~次年 2 月水库出库流量分别按不小于 6 500 m³/s、6 100 m³/s、6 700 m³/s 控制，保障大通站流量不小于 11 000 m³/s；5 月、6 月为满足监利河段四大家鱼产卵需求，三峡水库应每月设计一次持续 5~8 天的人造洪峰过程，起涨出库流量为 8 000~10 000 m³/s，日均涨幅为 2 000~2 500 m³/s，出库流量总涨幅达 10 000~12 500 m³/s。

(8) 若遇平水年，为满足三峡水库下游生态环境指标阈值，在现状调度规程的基础上，另需满足如下要求：11 月蓄水期间控制水库出库流量不小于 8 600 m³/s；12 月~次年 2 月水库出库流量分别按不小于 6 000 m³/s、6 300 m³/s、6 100 m³/s 控制，保障大通站流量不小于 11 000 m³/s；5 月、6 月为满足监利河段四大家鱼产卵需求，三峡水库应每月设计一次持续 5~8 天的人造洪峰过程，起涨出库流量为 8 000 m³/s，日均涨幅为 2 000 m³/s，出库流量总涨幅达 10 000 m³/s。

7.2.3 消落期水位过程控制选择

三峡水库保持高水位运行有利于增加发电效益，但是会增加上游水库补水的压力，为了研究高水位延长时间的长短对梯级传统效益的影响，在三峡水库现行调度指导线的基础上设置多种情景，如图 7.2.1 情景 1~6 所示，以最小下泄流量为三峡水库的下泄流量约束，运用梯级水库中长期调度模型模拟梯级水库在各种情景模式下的运行情况，整理分析各种情景下模型计算的梯级总发电量及补水满足率等结果，确定最合适的高水位延长时间。

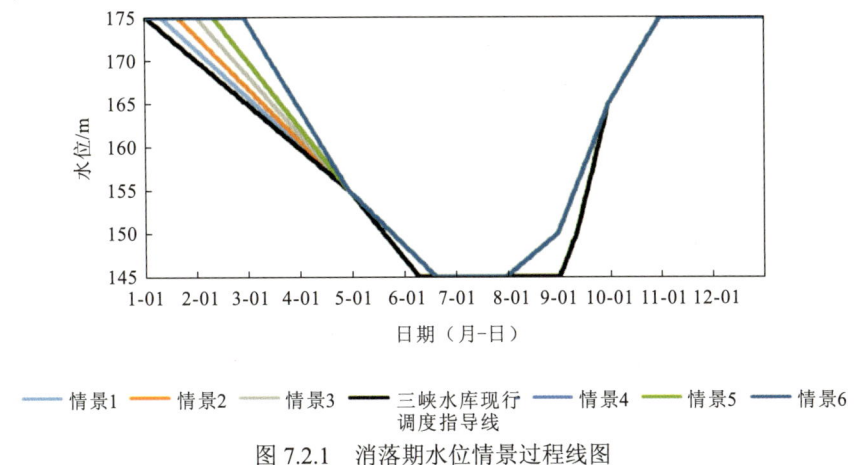

图 7.2.1 消落期水位情景过程线图

应用梯级水库中长期调度模型，以 1941~2009 年的梯级入库流量过程为模型的输入条件，对设置的各种情景进行模拟计算，统计得到各种情景下梯级水库补水满足率的结果，如图 7.2.2 所示。

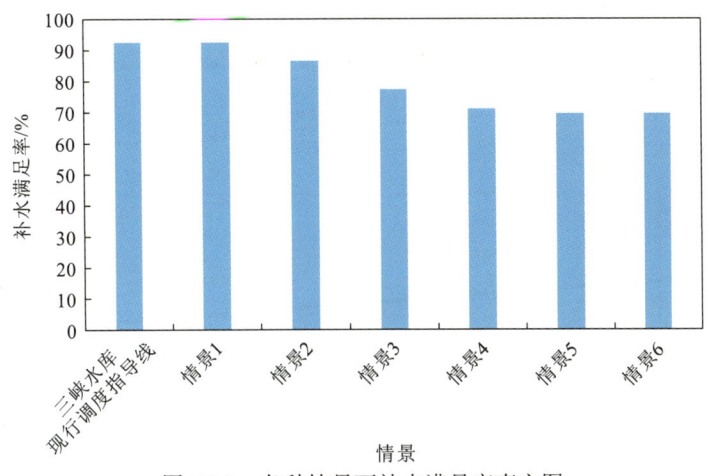

图 7.2.2 各种情景下补水满足率直方图

将补水满足率作为评价指标，从图 7.2.2 中可以看出：情景 1 对应的补水满足率最大，其补水满足率比现行调度指导线情景大，是因为消落期水位下降的坡度变大，蓄水期水位上升的坡度变缓，减少了对上游水库水量的需求。

情景 1~6 中，提高消落期三峡水库高水位运行的时间，其对应的补水满足率逐渐减小，但其减小的幅度由大到小。消落期高水位运行的时间越长，需要上游水库补水的时段及水量越多，导致不能满足的概率越大。

图 7.2.3、图 7.2.4 及图 7.2.5 为 6 种情景下，需要的补水流量过程及实际补水流量过程对比图，从中可以看出，增加消落期高水位运行的时间，会增加三峡水库的需水量，且增加的时间越长，三峡水库需要的补水流量越大，上游水库不能满足补水的时段就越多，

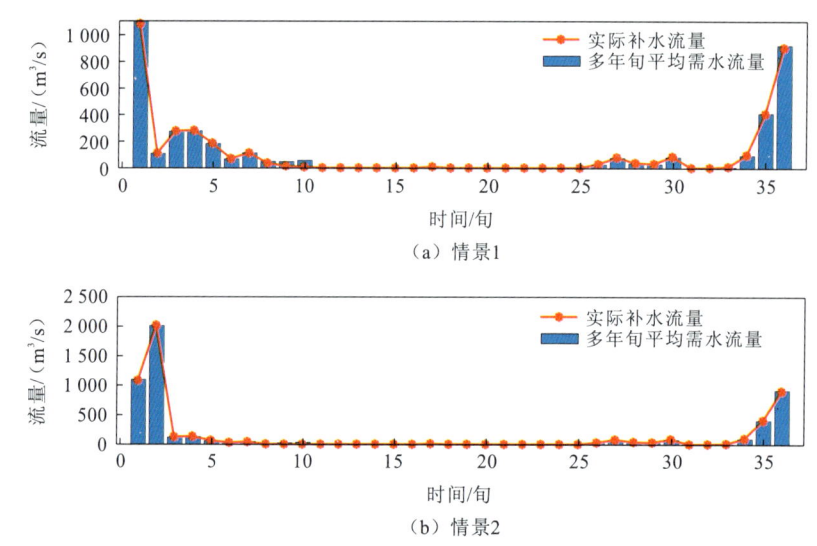

(a) 情景1

(b) 情景2

图 7.2.3 情景 1 和情景 2 的三峡水库多年旬平均需水及实际补水流量过程

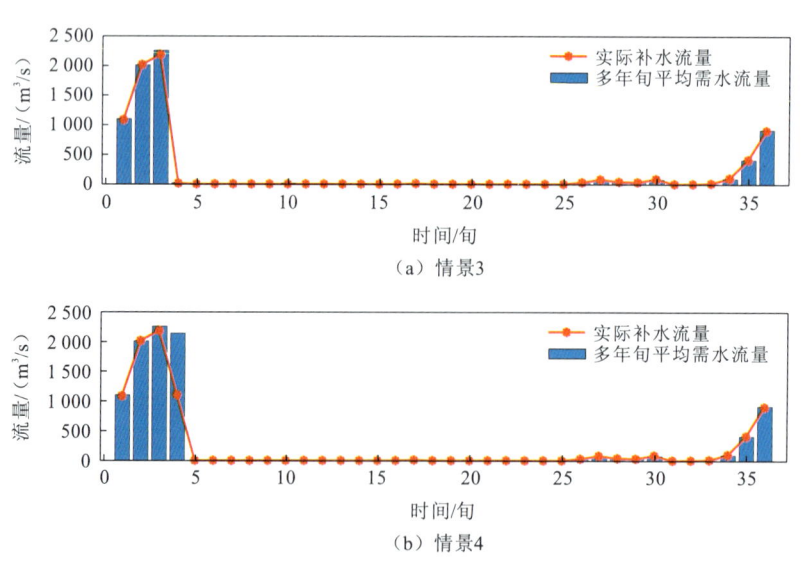

(a) 情景3

(b) 情景4

图 7.2.4 情景 3 和情景 4 的三峡水库多年旬平均需水及实际补水流量过程

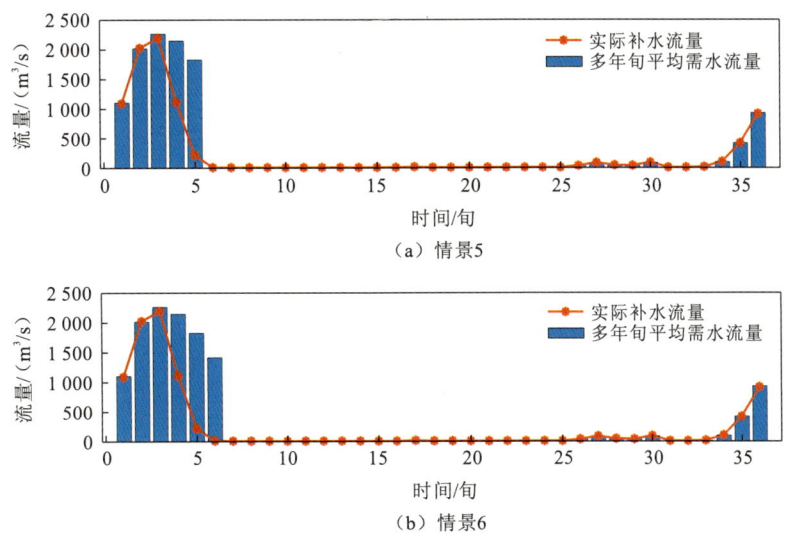

图 7.2.5　情景 5 和情景 6 的三峡水库多年旬平均需水及实际补水流量过程

因为连续出现几个时段的需水流量过程，会将上游水库的水位拉到死水位，上游水库将变为径流式水库，剩下的时段将不能再给三峡水库补充水量，因此增加三峡水库连续需水的时段数，就会增加不能满足的补水的时段数，降低补水满足率。

综上，从补水满足率考虑，情景 1 为三峡水库消落期最合适的调度指导线。

7.2.4　蓄水期水位过程控制选择

上游水库向三峡水库补水，可以增大三峡水库蓄水期的入库流量，有效缓解三峡水库各调度目标之间的需水矛盾。设定每年的 8 月 1 日～10 月 31 日为三峡水库的蓄水期，同样地，以三峡水库现行调度指导线为基础，考虑设计情景的合理性，设计五种蓄水期水位过程，分别对应图 7.2.6 中的情景 1、情景 2、情景 3、情景 4 及情景 5。

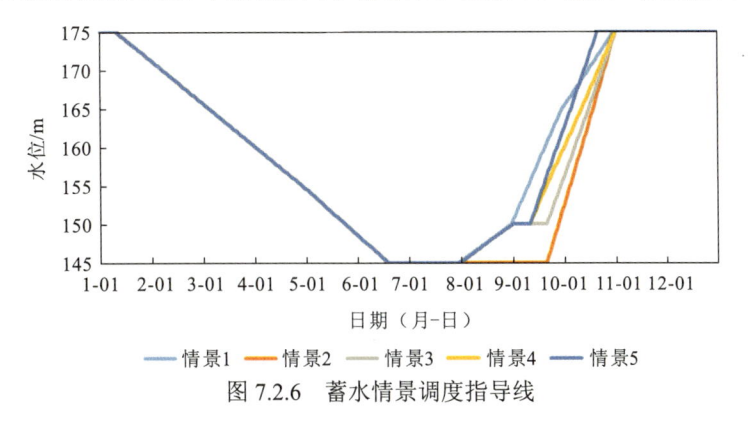

图 7.2.6　蓄水情景调度指导线

同样以 1941～2009 年旬入库流量为中长期梯级模型的流量输入，建立中长期梯级水库联合调度模型，对蓄水期各种情景进行模拟计算，其补水满足率结果如图 7.2.7 所示。

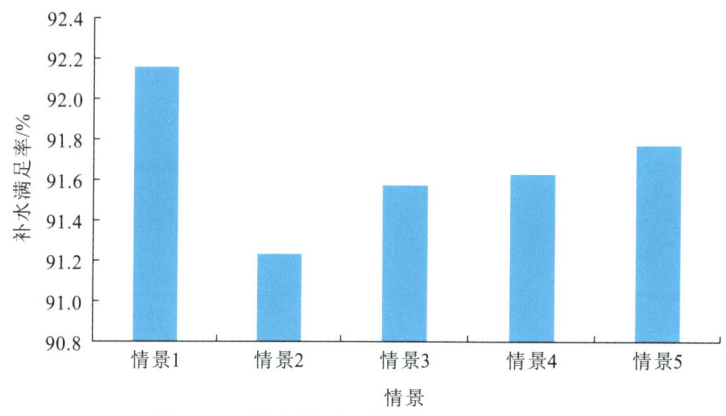

图 7.2.7　蓄水情景下梯级水库补水满足率

从图 7.2.7 中可以看出，情景 1 对应的梯级补水满足率最大，且情景 1 采用分段蓄水的方式，对秋季的水华具有一定的抑制作用。不同蓄水情景对梯级水库的补水满足率影响不大。

为了对比蓄水期各种情景下三峡水库的需水及补水情况，绘制了各种情景的需水及实际补水流量过程图，如图 7.2.8、图 7.2.9 所示。

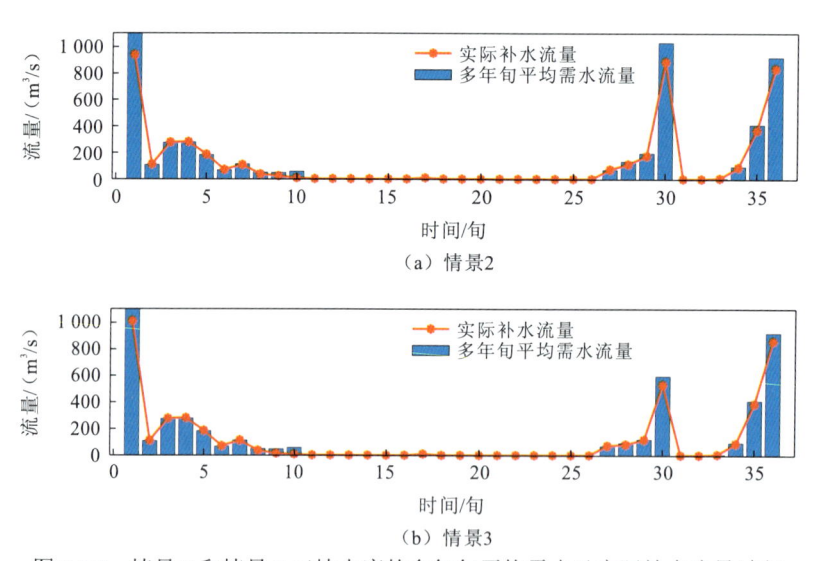

图 7.2.8　情景 2 和情景 3 三峡水库的多年旬平均需水及实际补水流量过程

从图 7.2.8、图 7.2.9 中可以看出，在蓄水期，其水位波动变化对梯级补水满足率的影响相对于消落期较小，且不满足需水的时段主要集中在 9 月及 12 月。

综上，根据消落期和蓄水期水位过程线情景设计与模拟运行结果的对比，得到新的过程线，即三峡水库联合调度过程线——"预限动态调度"过程线，其指导线过程图如图 7.2.10 所示。

（a）情景4

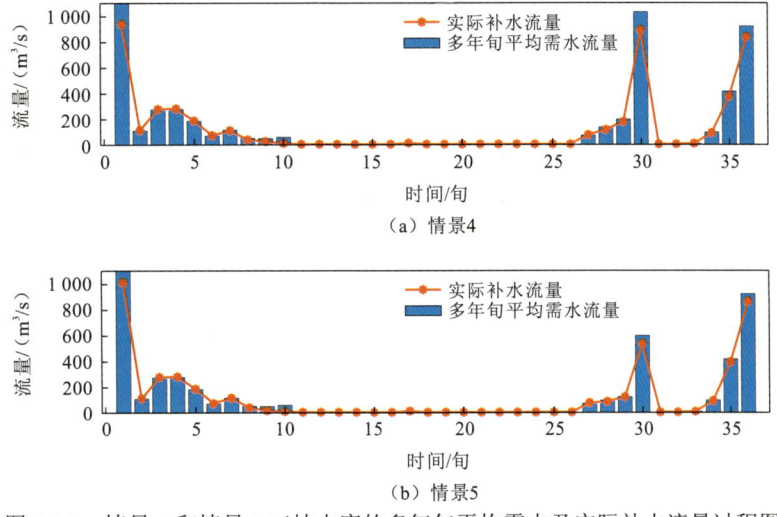

（b）情景5

图 7.2.9　情景 4 和情景 5 三峡水库的多年旬平均需水及实际补水流量过程图

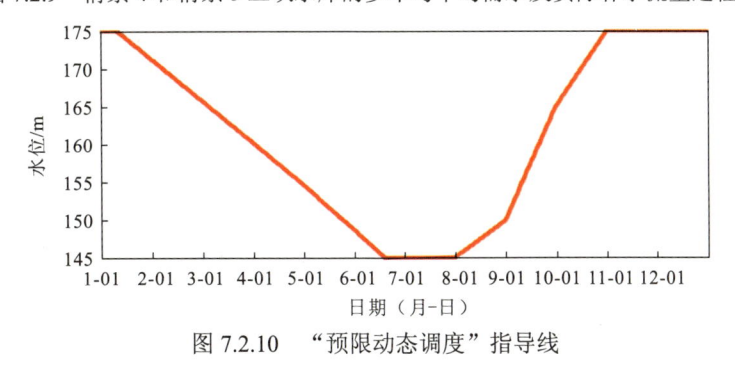

图 7.2.10　"预限动态调度"指导线

7.2.5　溪洛渡-向家坝-三峡梯级水库群联合调度论证

将三峡水库 1941～2009 年长系列的旬流量过程进行整理分析，得到三峡水库的多年旬平均入库流量过程，三峡水库入库流量过程与生态流量过程如图 7.2.11 所示。从图 7.2.11 中可以看出，三峡水库在枯水期的多年旬平均入库流量较小，如果三峡水库水位维持在 175 m 运行，下游河道缺水就会很严重，严重影响三峡水库下游的生态环境。如果既要延长三峡水库枯水期高水位运行的时间，又要保证三峡水库下游的生态需水量，则需要上游的溪洛渡水库和向家坝水库对三峡水库进行补水。通过梯级水库群之间的联合调度，在保证梯级水库传统效益的同时，提高其生态环境效益，使梯级水库群的综合效益达到最大。

为了论证在修改后的调度指导线下，需要的上游水库补水量情况，以 1941～2009 年长系列的梯级旬入库流量过程为模型的输入条件，以最小生态流量及最小下泄流量为约束（图 7.2.12），对三峡水库分别按照修改后的调度指导线及现行调度指导线进行梯级水库中长期调度模拟，得到上游水库多年旬平均补水流量过程，其补水过程分别如图 7.2.13 和图 7.2.14 所示。

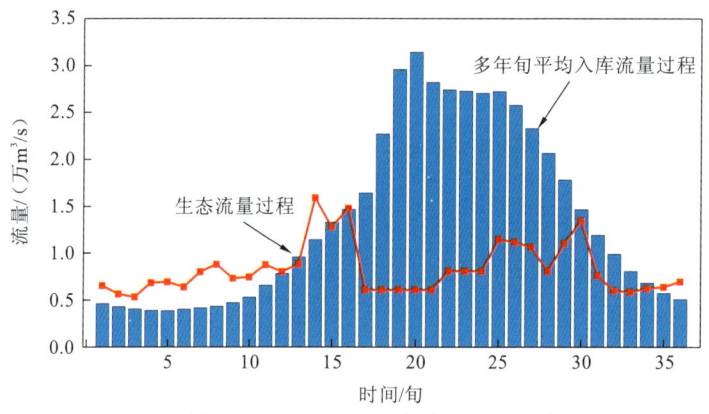

图 7.2.11 三峡水库多年旬平均入库流量及生态流量过程图

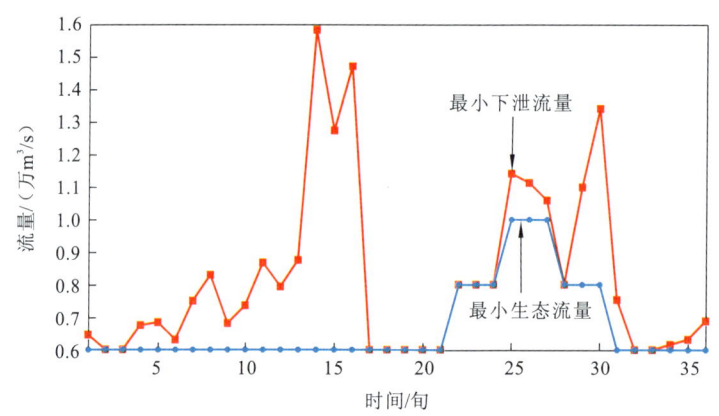

图 7.2.12 三峡水库最小生态流量及最小下泄流量过程

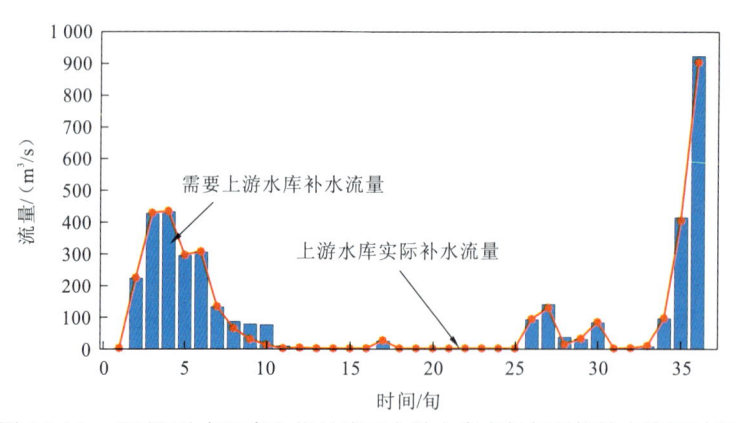

图 7.2.13 "预限动态调度"指导线下上游水库多年旬平均补水流量过程

图 7.2.13 中的柱状图为三峡水库各个时段需要的上游水库补水流量过程，而折线为上游梯级水库实际补充的水量。从柱状图中可以看出，若以最小下泄流量为三峡水库下泄的约束条件，除了第一个时段及最后两个时段的补水流量较大外，其他时段的补水流量均小于 400 m³/s。在这些时段，三峡水库维持在 175 m 运行，而此时三峡水库的入

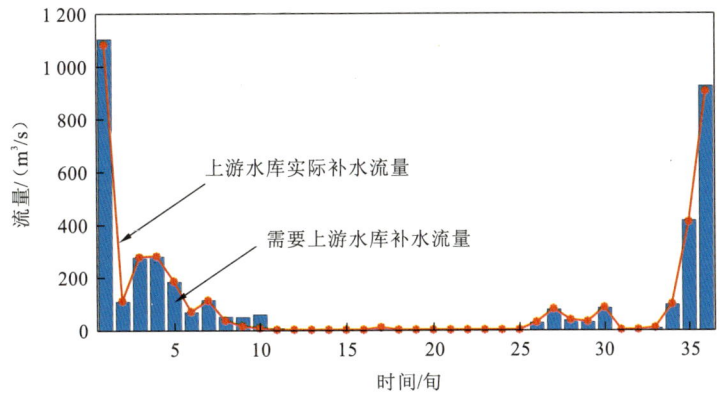

图 7.2.14　三峡水库现行调度指导线下上游水库多年旬平均补水流量过程

库流量远小于下泄流量约束，所以需要上游水库补充较大的水量。虽然有些时段入库流量小于下泄流量约束，但是这些时段可以通过降低水位、增大下泄流量来减小上游水库的补水流量。

从折线图中可以看出，上游的溪洛渡水库、向家坝水库不能完全满足三峡水库的需水要求，通过分析折线图发现，不能满足需水要求的情况主要有两种：①当三峡水库需要的补水流量较大时，由于上游两个水库的库容较小，不能满足三峡水库需水要求；②当上游水库对三峡水库连续多个时段补水时，会将溪洛渡水库和向家坝水库的水位拉低到死水位，导致接下来的几个时段的补水流量为 0，只有当溪洛渡水库的来水量足够大时，才能打破这种"局面"。

通过统计计算，得到三峡水库在"预限动态调度"及现行调度指导线下的补水满足率分别为 92.23%、92.19%，"预限动态调度"指导线下的补水满足率稍微高于三峡水库现行调度指导线。

从图 7.2.15 中可以看出，在消落期"预限动态调度"指导线下的补水流量小于现行调度指导线下的补水流量，这是因为"预限动态调度"指导线在消落期的水位下降坡度较大，导致下泄流量较现行调度指导线大；同理，蓄水期由于"预限动态调度"指导线条件下提前蓄水，水位上升的时段水量较现行调度指导线小，所以需要的上游水库补水流量较小。

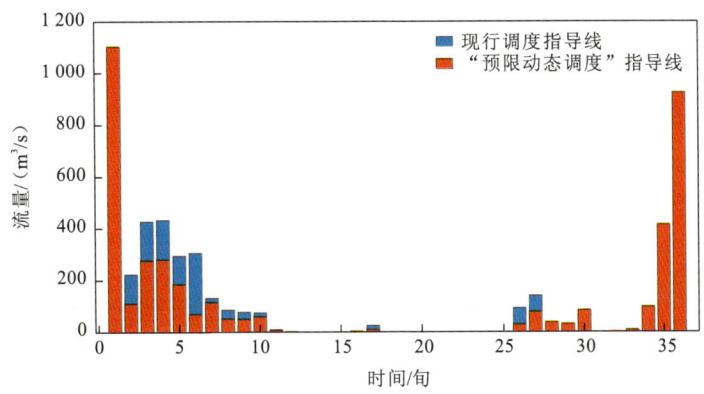

图 7.2.15　两种情景下三峡水库多年旬平均需水过程

为了更加详细地对补水流量进行论证，对 1941~2009 年三峡水库的多年旬平均入库流量进行排频，将频率分别为 25%、50%及 75%的入库流量过程作为典型的丰、平、枯流量过程，并分别将这些流量过程作为梯级调度模型的输入，进行模拟计算，计算结果如图 7.2.16~图 7.2.18 所示。

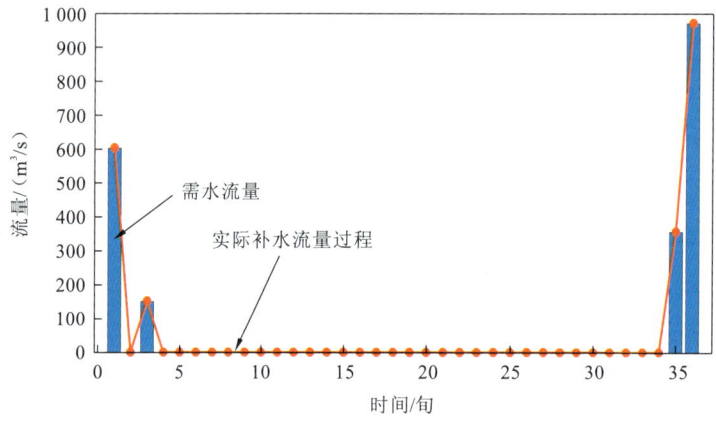

图 7.2.16　丰水年三峡水库需水及实际补水流量过程

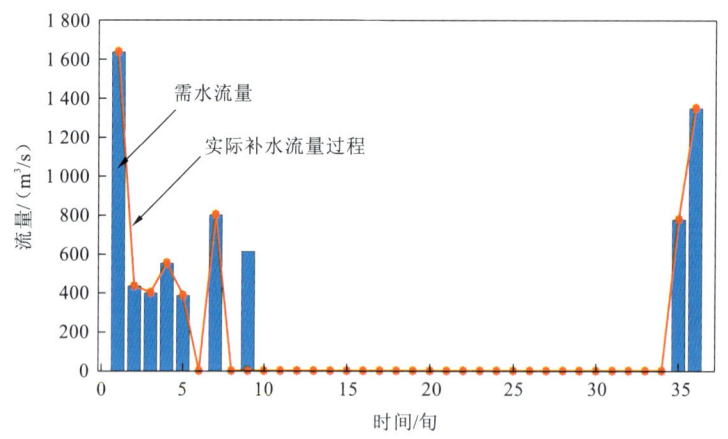

图 7.2.17　平水年三峡水库需水及实际补水流量过程

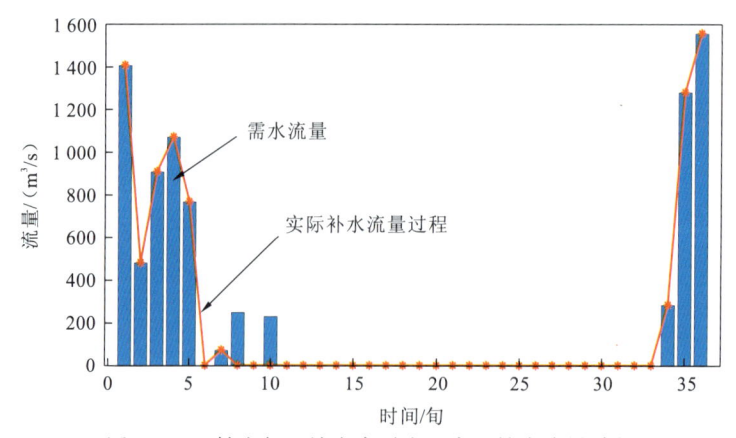

图 7.2.18　枯水年三峡水库需水及实际补水流量过程

图 7.2.16～图 7.2.18 为各种典型年下计算得到的补水流量过程图,由统计模型模拟的结果得到丰、平、枯典型年下补水满足率分别为 100.00%、94.44%及 77.78%。从各种典型年的补水流量及补水满足率可以看出,丰水年来水较多,三峡水库需要的上游补水量较少,可以满足补水要求;平水年入库流量较丰水年少,枯水期存在较多时段需要补水,由于枯水期连续补水,将上游溪洛渡水库和向家坝水库水位降低到死水位,个别时段不能满足三峡水库的需水要求;枯水年来水较少,需要上游水库补水的时段较丰水年和平水年多,上游水库不能补给的时段最多,其补水满足率最小。从三种典型年中可以看出,在汛期不存在不能满足的情况,补水不能满足的情况主要集中在年初及年末。

7.2.6 梯级水库传统效益论证

1. 梯级水库发电效益论证

以 1941～2009 年旬入库流量为中长期梯级模型的输入,按三峡水库"预限动态调度"指导线进行调度,控制三峡水库的下泄流量为最小下泄流量,其中溪洛渡水库和向家坝水库按照各自的调度图进行调度,葛洲坝水库采用径流式调度方式,模型模拟计算尺度为旬,经过计算各个水库的具体统计特征值分别如图 7.2.19～图 7.2.22 所示。

图 7.2.19 溪洛渡水库年发电量及平均耗水率过程

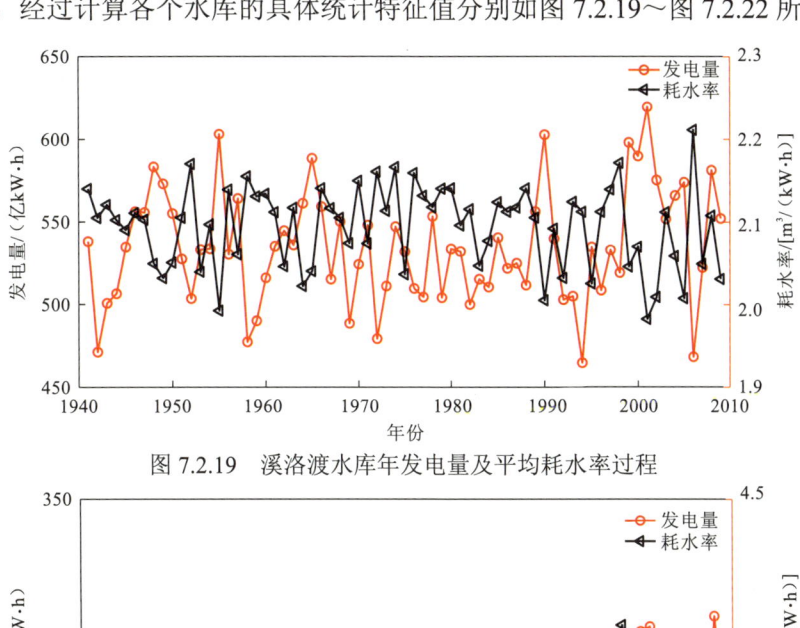

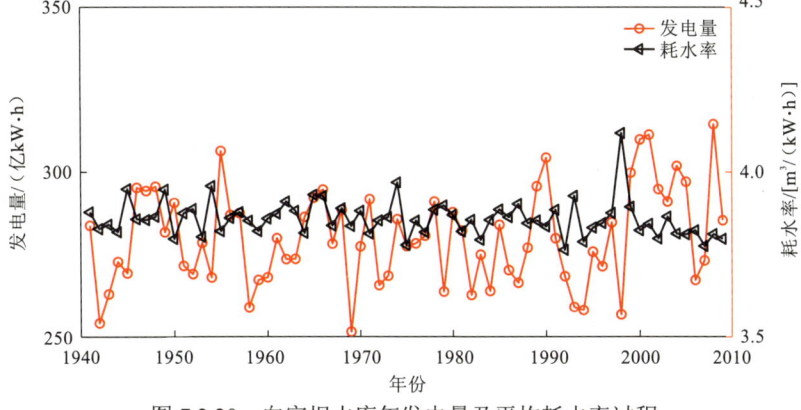

图 7.2.20 向家坝水库年发电量及平均耗水率过程

图 7.2.21 三峡水库年发电量及平均耗水率过程

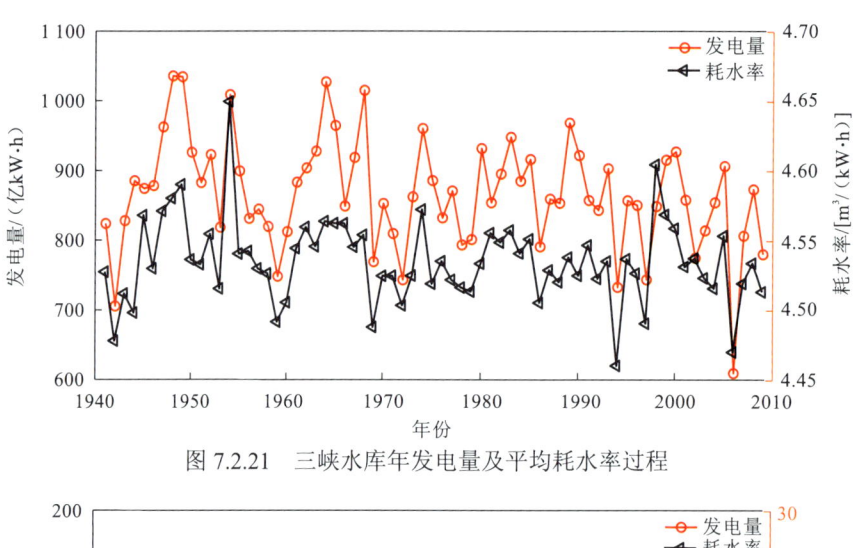

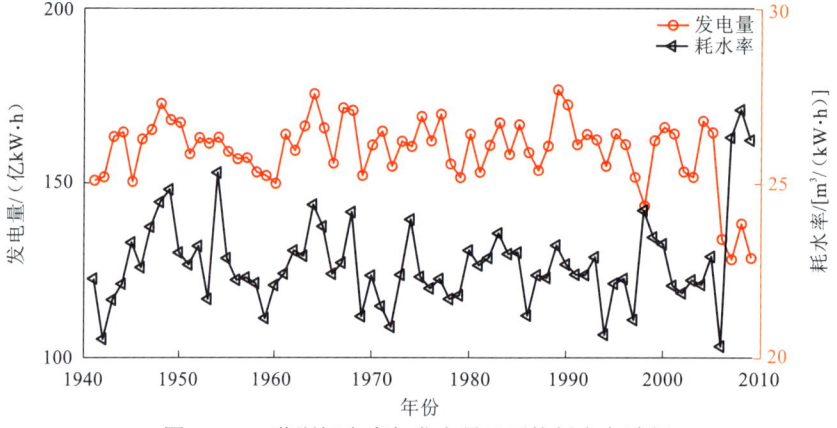

图 7.2.22 葛洲坝水库年发电量及平均耗水率过程

将图 7.2.19～图 7.2.22 的结果进行整理，得到"预限动态调度"指导线下各水库的统计指标，如表 7.2.1 所示。

表 7.2.1 "预限动态调度"指导线下各水库指标统计结果

水库	入库流量 /(m³/s)	发电流量 /(m³/s)	弃水流量 /(m³/s)	年均发电量 /(亿 kW·h)	耗水率 /[m³/(kW·h)]	补水流量 /(m³/s)
溪洛渡水库	4 541	3 552	976	534.9	2.09	
向家坝水库	4 529	3 567	963	280.2	3.86	107
三峡水库	13 900	13 663	325	867.7	4.53	
葛洲坝水库	13 987	12 803	1 185	159.6	22.72	

为了更加直观地对比三峡水库在不同调度指导线下各个水库的统计指标，本章分别考虑"预限动态调度"指导线及三峡水库现行调度指导线两种调度方式，分析比较这两种调度方式下的发电量等指标的差别，其中三峡水库现行调度指导线的统计结果如表 7.2.2 所示。

表 7.2.2　三峡水库现行调度指导线下各水库指标统计结果

水库	入库流量 /(m³/s)	发电流量 /(m³/s)	弃水流量 /(m³/s)	年均发电量 /(亿 kW·h)	耗水率 /[m³/(kW·h)]	补水流量 /(m³/s)
溪洛渡水库	4 541	3 551	979	536.29	2.08	
向家坝水库	4 530	3 568	963	280.1	3.86	103
三峡水库	13 901	13 673	316	848.47	4.62	
葛洲坝水库	13 989	12 772	1 217	159.18	22.72	

从表 7.2.1 和表 7.2.2 中可以发现：①由于"预限动态调度"指导线情景下补水流量较三峡水库现行调度指导线情景下的补水流量偏大，三峡水库上游水库的补水量增加。"预限动态调度"指导线情景下溪洛渡水库和向家坝水库的总发电量小于现行调度指导线情景下的总发电量。②从梯级总发电量来看，"预限动态调度"指导线情景下的梯级总发电量大于现行调度指导线情景下的总发电量，虽然"预限动态调度"指导线情景下的溪洛渡-向家坝水库总发电量小于现行调度指导线情景下的总发电量，但是"预限动态调度"指导线情景下三峡水电站的发电量大于现行调度指导线下三峡水电站的发电量。③从耗水率指标看，"预限动态调度"指导线情景下三峡水电站的耗水率小于现行调度指导线情景下的耗水率，这是因为"预限动态调度"指导线情景下各个时段的水位均不低于现行调度指导线，水库水位的提高可以提高发电量，降低耗水率。

在"预限动态调度"指导线下，梯级水库的总发电量大于三峡水库现行调度指导线的总发电量，虽然溪洛渡水库和向家坝水库的总发电量比原来的情景下减少，但是减小的比例很小。综上，在"预限动态调度"指导线下，梯级的总发电量有所增加，且溪洛渡水库、向家坝水库稍微有所减小，梯级发电效益可以得到保证。

2. 梯级水库防洪-航运-环境论证

防洪论证：汛期三峡水库的运行水位为 145~150 m，对应的防洪库容为 196.1 亿~221 亿 m³，当入库流量小于 70 000 m³/s 时，防洪没有问题。

航运论证：汛期水位提高 5 m，库区水位增加，流速减缓，改善了航运条件。

供水论证：汛期水位提高 5 m，能增加库容近 25 亿 m³，枯水期 175 m 水位延长运行 10 天，延长了 393 亿 m³ 库容的使用时间，增强了枯季对下游供水的能力。

泥沙论证：溪洛渡水库、向家坝水库 2012 年、2013 年开始运用，拦截了上游流域来沙，减少了进入三峡水库的泥沙，汛期三峡水库运行水位为 145~150 m，入库泥沙对防洪调节库容的影响不大。溪洛渡水库蓄水运行以后，将大量悬移质和推移质泥沙拦淤在库内。水库运行 10 年，可拦淤 83.3%的悬移质泥沙；运行 50 年，仍能拦淤 65.9%的悬移质泥沙；推移质泥沙全部被拦淤在库内。溪洛渡坝址至朱沱段属宽级配卵石河床，床沙中悬移质的冲刷补给量十分有限，故溪洛渡水库拦淤的悬移质输沙量，几乎等同于减少的进入三峡水库的悬移质输沙量。溪洛渡水库蓄水运行 40 年，三峡水库运行 50 年末，三峡水库干流库区淤积量将比上游无溪洛渡水库时减少 38.74 亿 m³。其少淤部位主要在重庆港附近河段，重庆之上减少90%，重庆至长寿段减少76%左右。当遭遇100年一遇洪水时，重庆水位将比无溪洛渡水库时低1.47 m。

环境论证：

（1）汛后在150 m基础上提前20天蓄水，可以保证蓄水期水库出库流量大于8 000 m³/s；

（2）枯水期，联合调度下季节性调用上游梯级的流量小于1500 m³/s，使得枯水期维持175 m高水位运行70天，可基本保障消落期出库流量大于6 000 m³/s；

（3）提前到9月蓄水，可使水库下泄水流条件满足10～11月中华鲟产卵需要；

（4）基于175 m高水位运行70天，前缓后快分段消落，可以使水库下泄水流条件满足四大家鱼产卵高峰期（每年5～6月）的产卵需要；

（5）在150 m高水位基础上提前蓄水以提高储蓄水体温度，延长175 m高水位运行时间，推迟消落期起点，能够保障出库水体温度在20℃以上，基本满足下游河道生态需求；

（6）"预限动态调度"方案提前蓄水能够保证水库蓄满，并在上游梯级协同调控下做到在11月、12月、1月初以175 m高水位运行，蓄水水量和出库流量都具备应急能力，压咸河口流量不少于7 000 m³/s。

7.2.7 基于水环境改善的三峡水库"预限动态调度"方案

在前述详细论证的基础上，提出并制订了相应的基于水环境改善的三峡水库"预限动态调度"方案，即"预限动态调度"指导线：①一般情况下，按研究提出的"预限动态调度"指导线实施调度；②当汛期三峡水库入流在70 000 m³/s，或者入库水流水质超过Ⅲ类水标准时，汛限水位降低到145 m；③当枯水期入库流量小于6 000 m³/s时，增加溪洛渡水库、向家坝水库的下泄水量，保证三峡水库枯水期增调1 000～1 500 m³/s流量；④当枯水期三峡水库入库流量小于6 000 m³/s，水流水质又超过Ⅲ类水标准，同时溪洛渡水库、向家坝水库补给不足时，可考虑提前消落水位；⑤汛期145 m平稳运行30天，实施一次日调节过程，水位先上调0.5 m后下调0.5 m；⑥枯水期175 m平稳运行70天，实施2～3次日调节过程，水位先下调0.8 m后上调0.8 m，生态环境调度过程图及调度指导线的水位节点对应的时间分别如图7.2.23及表7.2.3所示。

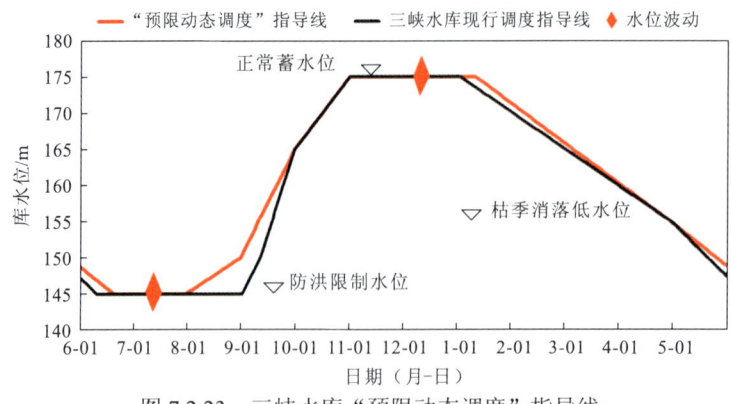

图7.2.23 三峡水库"预限动态调度"指导线

表 7.2.3　调度过程图对应的水位与时间节点

项目	时间（月-日）						
	1-01～ 1-10	1-11～ 4-30	5-01～ 6-20	6-21～ 7-31	8-01～ 8-31	9-01～ 9-30	10-01～ 10-31	11-01～ 12-31
控制水位/m	175	由175至155	由155至145	145	由145至150	由150至165	由165至175	175
持续时间/d	10	110	51	41	31	30	31	61
状态	1次日调节	人造洪峰		1次日调节				2～3次日调节

具体表现为：

（1）实施"预限动态调度"（175 m→155 m→145 m→150 m→165 m→175 m）。

（2）汛期预限动态水位为 145～150 m，当汛期来流量超过 70 000 m³/s 时按 145 m 水位运行。

（3）汛期 145 m 运行 41 天，较现行设计方案缩短 40 天；汛前期和汛后期 150 m 水位运行 40 天。

（4）提高蓄水起始水位到 150 m，较现行设计方案提高 5.0 m；汛后在 9 月 1 日起蓄，较现行设计方案提前 20 天；150～175 m 蓄水，分两段完成，蓄水前期快速蓄水到 165 m（水位提升 15 m 用时 30 天），后期 165～175 m 放缓（水位提升 10 m 用时 31 天）蓄满。

（5）启用溪洛渡-向家坝-三峡水库群联合协作调度，175 m 运行 70 天，较现行设计方案延长 10 天。

（6）启用溪洛渡-向家坝-三峡水库群联合协作调度，汛前水位消落起始时间较现行设计方案延后 10 天。

（7）汛前实施由 175 m 至 145 m 分段消落，前期消落至 155 m（水位消落 20 m 用时 110 天），后期消落至 145 m（水位消落 10 m 用时 51 天）。

7.3　基于水环境改善的三峡水库中短期优化调度方案

7.3.1　防控库区支流水华的"潮汐式"调度方案

三峡水库支流水华主要在水位变化缓慢的 3～9 月发生，故在三峡水库现行调度指导线的基础上，设置春季、夏季、秋季"潮汐式"调度方案。

春季"潮汐式"调度：水位波动一个周期需要 10 天，水位先按 0.6 m/d 的速度持续下降 7 天，然后再按最低流量下泄并日抬升 1.0 m，持续 3 天，反复进行。

夏季"潮汐式"调度：完整水位波动周期为 11 天，以 145 m 为起始水位，日抬升 2.0 m，持续 4 天，水位上涨到 153 m，然后水位稳定 2 天，再以 1.6 m/d 速度下降，持续 5 天，水位重新回到 145 m，反复进行。

秋季"潮汐式"调度：实施"分期提前蓄水"方案，前 3 日按不低于 2 m/d 的幅度抬升水位，后期按 10 000 m³/s 下泄并逐步抬升水位；同时，保障三峡水库水位在 9 月底不高于 165 m。10 月，当来水流量大于 8 000 m³/s 时，开展第二阶段蓄水，直至水库达到 175 m；当水库来水流量低于 8 000 m³/s 时，可按来水流量下泄。

而"预限动态调度"指导线在秋季刚好采取的提前分期蓄水方式。以 3～9 月的"预限动态调度"水位过程线为基础，按照"潮汐式"调度的规则生成"潮汐式"调度水位过程线，如图 7.3.1 所示。

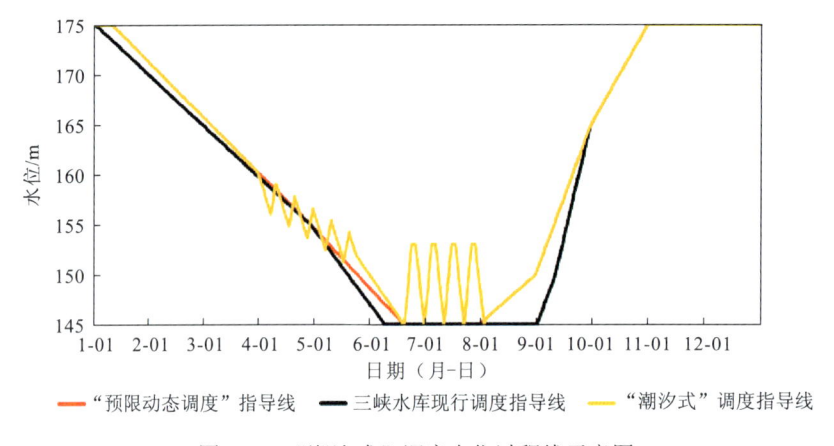

图 7.3.1 "潮汐式"调度水位过程线示意图

为了论证三峡水库在"潮汐式"调度指导线下运行，对上游补水及梯级总发电量的影响，本书以 2015～2016 年溪洛渡水库、三峡水库的实际日流量过程为模型的输入，将其防洪、航运等传统效益作为约束条件进行处理，分别对"预限动态调度"指导线及"潮汐式"调度指导线进行调度模拟，并将模拟结果进行统计分析，其中补水满足率及梯级总发电量结果如表 7.3.1 所示，图 7.3.2、图 7.3.3 为两种情景的实际补水流量过程，图 7.3.4、图 7.3.5 为 2015 年和 2016 年三峡水库的入库流量、出库流量及水位过程图。

表 7.3.1 补水满足率及梯级总发电量统计表

情景	补水满足率/%		梯级总发电量/(亿 kW·h)	
	2015 年	2016 年	2015 年	2016 年
"预限动态调度"指导线	100.00	100.00	1891.8	2091.1
"潮汐式"调度指导线	90.14	94.53	1841.7	2042.8

从图 7.3.2 及图 7.3.3 中可以看出，为了满足"潮汐式"调度指导线中的水位波动要求，需要上游水库的补水流量较"预限动态调度"指导线情景下的补水流量大，且较大的时段主要集中在"潮汐式"调度指导线中水位波动的时段，经过统计，"潮汐式"调度指导线在 2015 年和 2016 年的平均补水流量分别为 233 m³/s、161 m³/s；"预限动态调度"指导线在 2015 年和 2016 年的平均补水流量分别为 57 m³/s 及 80 m³/s。

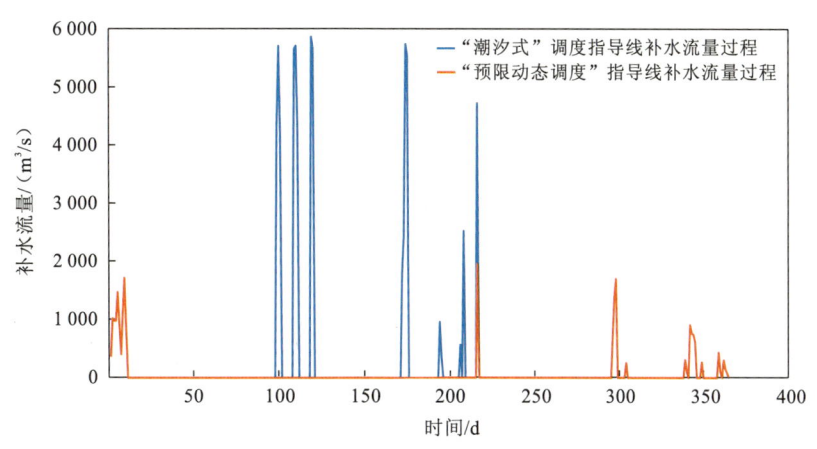

第 7 章 水库群多目标优化调度模型及联合调度方案

图 7.3.2 2015 年两种情景下的补水流量过程

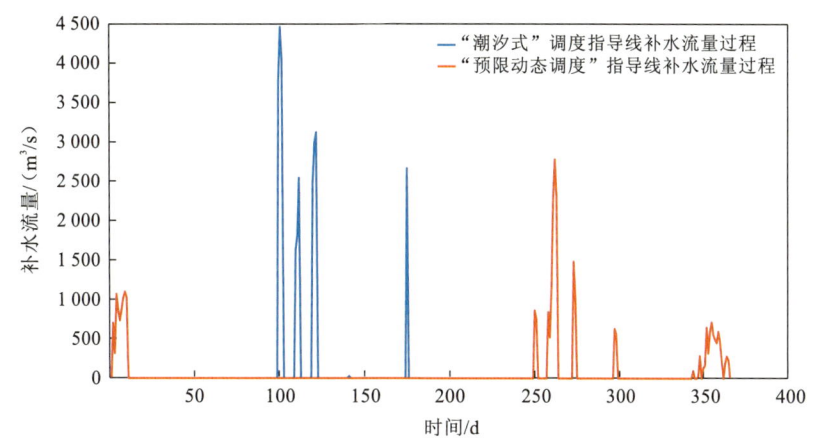

图 7.3.3 2016 年两种情景下的补水流量过程

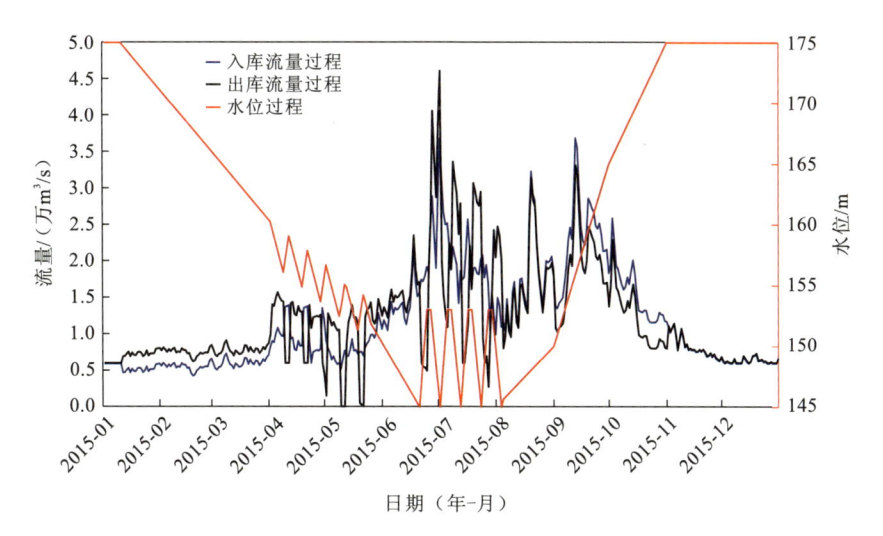

图 7.3.4 2015 年水位-流量过程

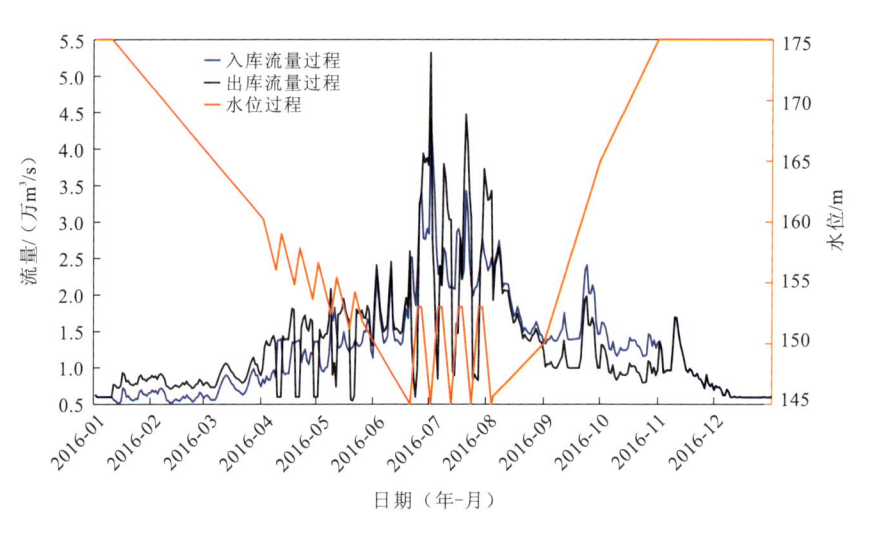

图 7.3.5　2016 年水位-流量过程

从表 7.3.1 中可以看出，2015 年和 2016 年"预限动态调度"指导线下，梯级水库的补水满足率均达到 100%，在"潮汐式"调度指导线情景下，其补水满足率均小于 100%，但是均在 90% 之上。

从表 7.3.1 中可以看出，"预限动态调度"指导线下其梯级总发电量大于"潮汐式"调度指导线下的总发电量，2015 年、2016 年"潮汐式"调度指导线情景下总发电量减少了 2.65% 和 2.31%，所以"潮汐式"调度指导线不会给梯级水库的发电效益带来多大影响。综上，"潮汐式"调度方式在保障梯级水库的传统效益的基础上，可以改善库区支流水华防控。

图 7.3.4、图 7.3.5 为 2015 年和 2016 年在给定的"潮汐式"调度指导线下计算的入库流量过程、出库流量过程及水位变化过程。从图 7.3.4、图 7.3.5 中的入库流量过程可以看出，2015 年的入库流量较 2016 年的入库流量小；水位与"潮汐式"调度指导线基本吻合。从水位和流量过程线可以发现，存在水位波动的时段，其入库流量和出库流量均存在明显的波动，出库流量波动是因为受水位波动的影响，而入库流量存在明显波动是因为这些时段在水位抬升时，需要较多的水量，而三峡水库的入流不能满足，需要上游水库进行补水，进而导致入库流量也随水位存在波动。

图 7.3.6 和图 7.3.7 分别为 2015 年和 2016 年溪洛渡坝址、朱沱站、寸滩站及三峡坝址的流量过程图，其中朱沱站、寸滩站及三峡坝址的流量过程为经过水流演进得到的。从图 7.3.6、图 7.3.7 中可以看出，2016 年来水比 2015 年较丰。整体来看，三峡坝址流量过程>寸滩站流量过程>朱沱站流量过程>溪洛渡坝址流量过程。在某些时段存在三峡坝址流量小于其他测站流量的现象，这是因为受水流滞时的影响。

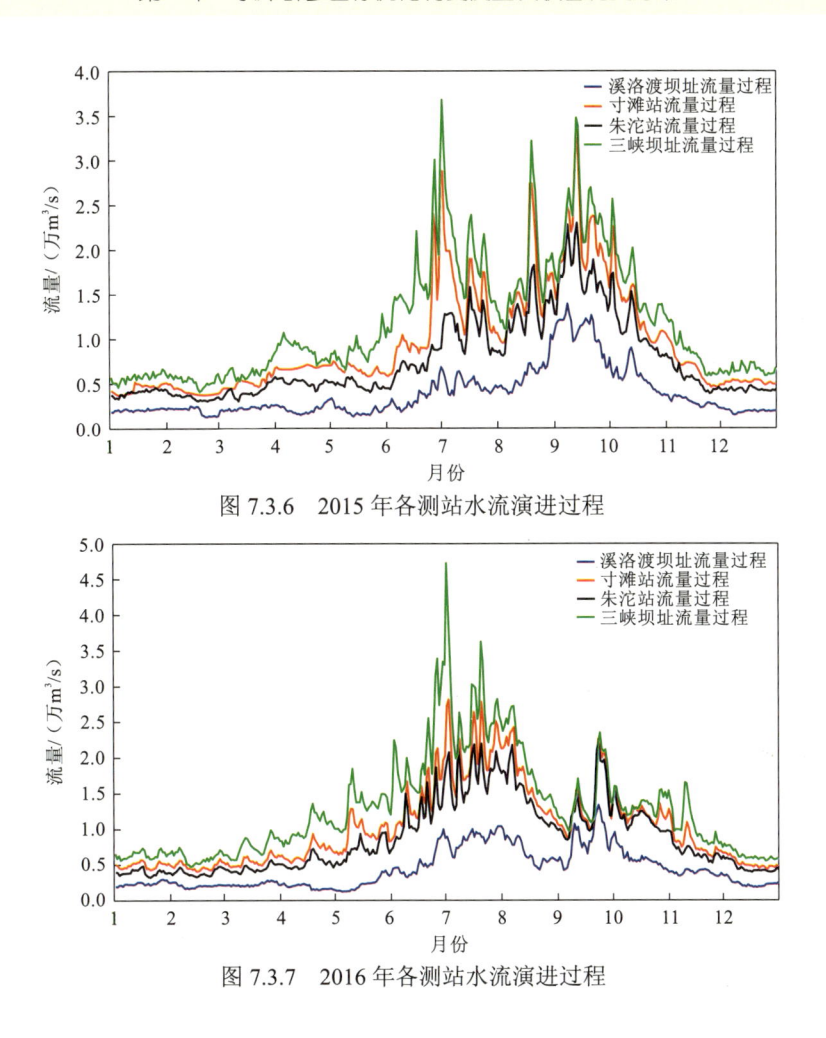

图 7.3.6　2015 年各测站水流演进过程

图 7.3.7　2016 年各测站水流演进过程

7.3.2　维系下游水生态环境的联合调度方案

为了尽可能地提高梯级水库的生态环境效益，在考虑三峡水库下游生态环境的情况下，得到典型特枯水年（2006 年）及平水年（2012 年）三峡水库出库流量优化调度方案，其流量过程如图 7.3.8 所示。

从图 7.3.8 中可以看出，典型平水年需要的生态水量最大，最小下泄流量过程需要的水量最小。通过生态流量过程与最小下泄流量过程的对比可以看出，生态需水主要集中在 5 月、6 月上旬、9 月及 10 月，但两个典型年的出库流量过程并不一致，典型特枯水年生态流量大于 6 000 m^3/s 的时段相对于典型平水年多，流量值较大的时段相对于典型平水年少。

为了评价三峡水库在典型年的出库流量对梯级水库发电量及上游水库补水满足率的影响情况，以 2006 年及 2012 年梯级水库的日入库流量资料为梯级调度模型的输入条件，将梯级水库的防洪、航运等传统效益作为约束进行处理，三峡水库的水位按照"预限动态调度"指导线进行控制，通过对模型进行调度模拟，得到的结果如图 7.3.9、图 7.3.10 所示。

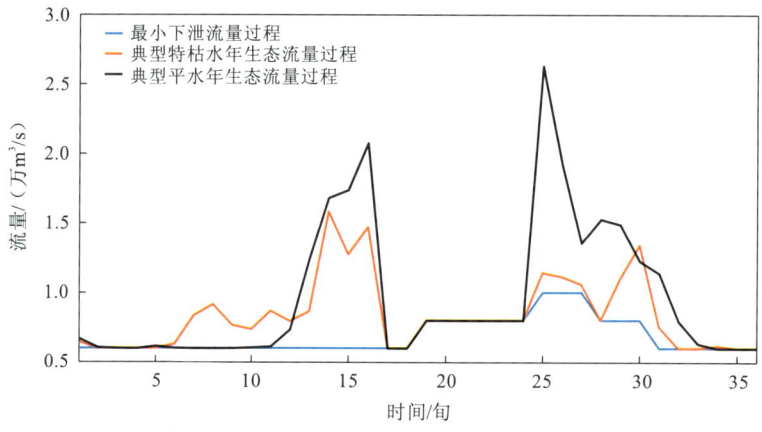

图 7.3.8　最小下泄流量过程及生态流量过程

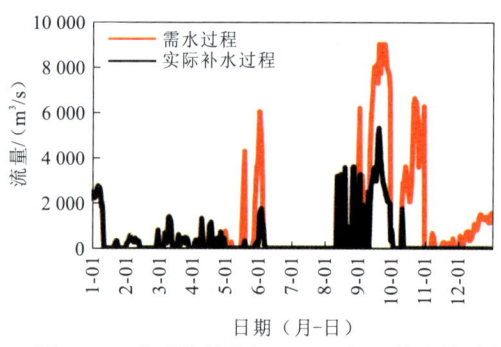

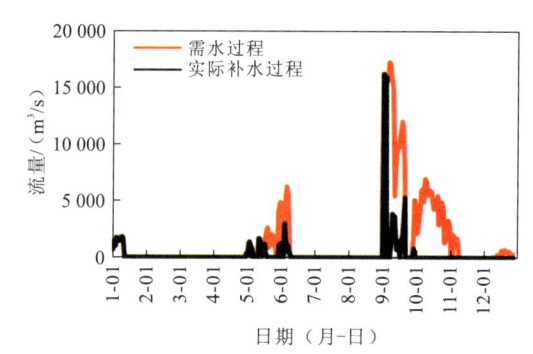

图 7.3.9　典型特枯水年（2006 年）的流量过程　　图 7.3.10　典型平水年（2012 年）的流量过程

图 7.3.9 和图 7.3.10 为三峡水库在两种典型的出库流量约束下的需水过程及上游水库实际补水过程。经过统计计算得到，典型特枯水年及典型平水年下，其补水满足率分别为 65.21%和 74.04%。典型特枯水年情景的补水满足率较小，是因为该情景需水超过 1 000 m³/s 的时段比典型平水年多。连续多个时段进行较大程度的补水，会将溪洛渡水库和向家坝水库的水位拉低到死水位，使上游水库没有补水能力。对比两个典型情景的需水过程可以发现，需水量较大的时段发生在 5 月、6 月上旬、9 月及 10 月。

图 7.3.11 和图 7.3.12 分别为典型特枯水年及典型平水年，水位、出库流量、入库流量及下泄流量约束过程图。其中，典型特枯水年按照典型特枯水年下泄流量过程进行约束，典型平水年按照典型平水年下泄流量过程进行约束。2006 年的来水明显小于 2012 年的入库流量过程。从 2006 年可以看出，出库流量小于下泄流量约束的时段主要集中在蓄水期；2012 年不满足下泄流量约束的时段主要是 5~6 月。

图 7.3.13 和图 7.3.14 分别为 2006 年和 2012 年溪洛渡坝址、朱沱站、寸滩站及三峡坝址的流量过程图，其中朱沱站、寸滩站及三峡坝址的流量过程为经过水流演进得到的。从图 7.3.13、图 7.3.14 中可以看出，2012 年来水明显比 2006 年多，且 2012 年的流量过程整体偏"尖瘦"，2006 年的洪水流量过程整体偏"胖平"。整体来看，三峡坝址流量过程>寸滩站流量过程>朱沱站流量过程>溪洛渡坝址流量过程。在某些时段存在三峡坝址流量小于其他测站流量的现象，这是因为受水流滞时的影响。

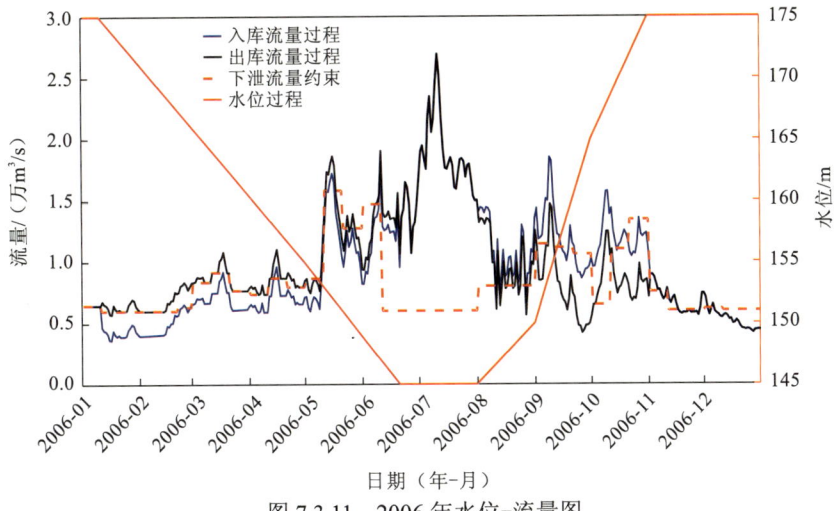

第 7 章 水库群多目标优化调度模型及联合调度方案

图 7.3.11 2006 年水位-流量图

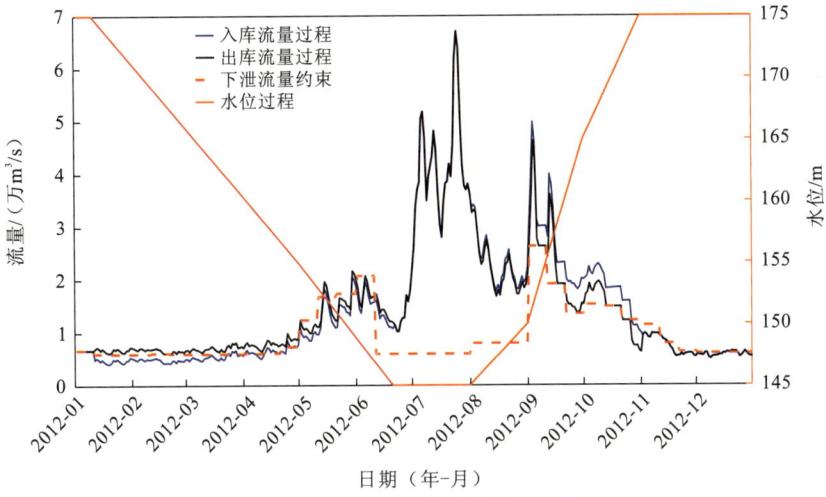

图 7.3.12 2012 年水位-流量图

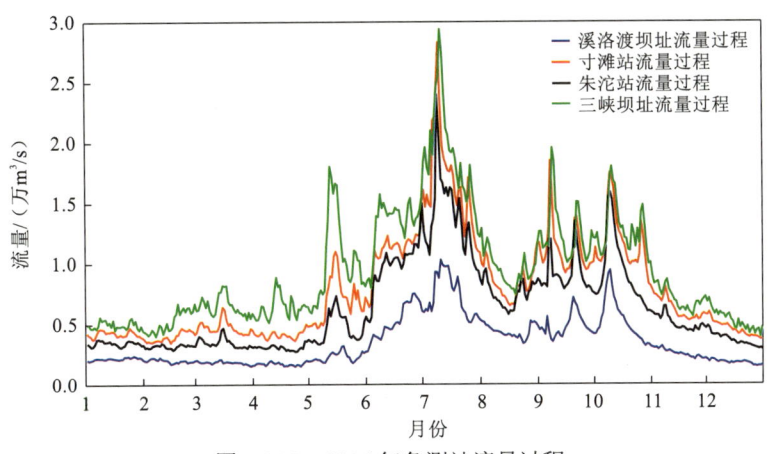

图 7.3.13 2006 年各测站流量过程

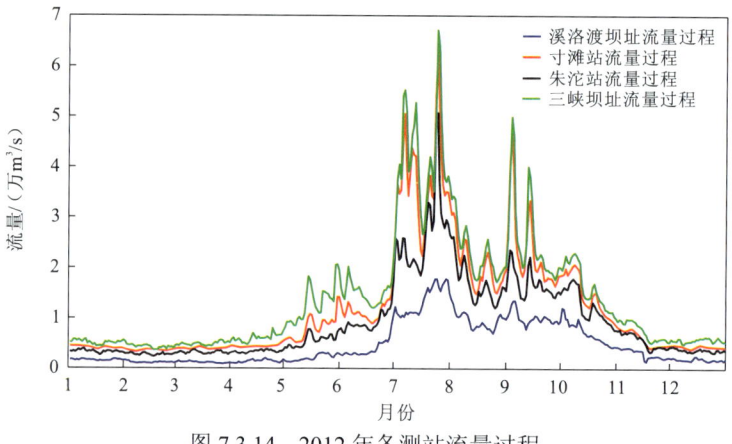

图 7.3.14 2012年各测站流量过程

以典型平水年三峡水库的出库流量为三峡水库的生态流量约束,为了论证三峡水库在生态流量的约束下,对梯级水库补水满足率和梯级发电量的影响,以 1941~2009 年梯级水库长系列的旬入库资料为模型的输入条件,将最小下泄流量及生态流量作为三峡水库的流量约束,同时按照"预限动态调度"水位过程线对三峡水库进行调度模拟,论证生态流量约束下,补水满足率及其梯级总发电量是否给发电效益带来影响,计算结果如图 7.3.15、图 7.3.16 及表 7.3.2 所示。

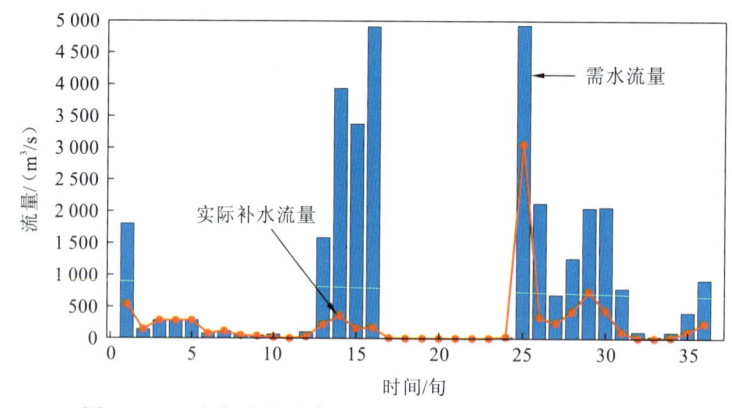

图 7.3.15 生态流量约束下三峡水库需水及补水流量过程

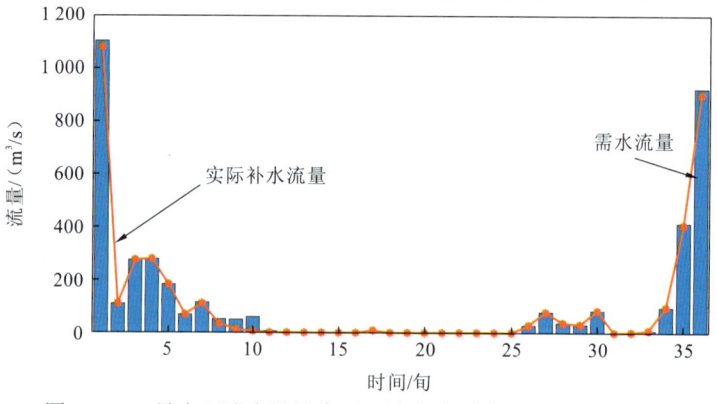

图 7.3.16 最小下泄流量约束下三峡水库需水及补水流量过程

表 7.3.2　两种情景下梯级各水库的多年平均发电量　　（单位：亿 kW·h）

情景	梯级总发电量	溪洛渡水库	向家坝水库	三峡水库	葛洲坝水库
最小下泄流量	1 842.4	534.9	280.2	867.7	159.6
生态流量	1 802.6	503.6	275.9	878.3	144.8

统计两种情景下的结果，得到生态流量情景及最小下泄流量情景下三峡水库的补水满足率分别为 75.08%、92.23%，其平均补水流量分别为 235 m^3/s、107 m^3/s。生态流量情景下的补水满足率远小于最小下泄流量情景是因为在 5 月、6 月、9 月、10 月，生态流量过程需要的下泄流量远大于最小下泄流量对应时段的流量值。

从表 7.3.2 中可以看出，生态流量情景下其梯级多年平均总发电量小于最小下泄流量情景下的梯级总发电量，减少了 2.16%，对梯级水库的传统效益影响较小，所以三峡水库在生态流量的约束下，能够保证梯级水库的传统效益，并且可以提高下游的水环境效益。

在生态流量的情景下，补水不能满足的时段主要集中在 4～5 月及 8～12 月。因此，根据这几个时段的来水量确定频率为 25%、50% 及 75% 的典型年为代表年，丰、平、枯典型年对应的三峡水库入库流量如图 7.3.17～图 7.3.19 所示。

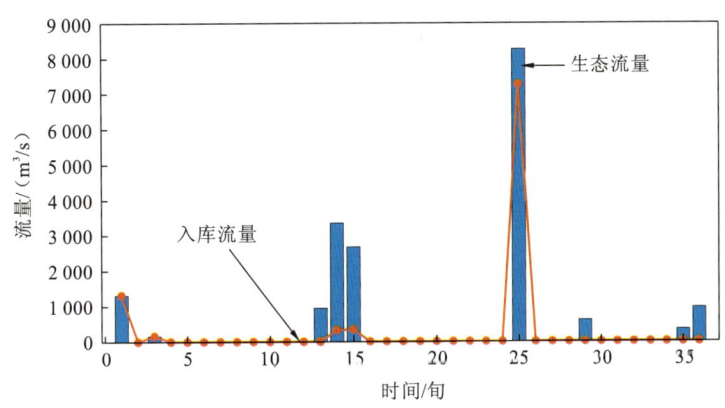

图 7.3.17　丰水年（1993 年）三峡水库入库流量与生态流量过程

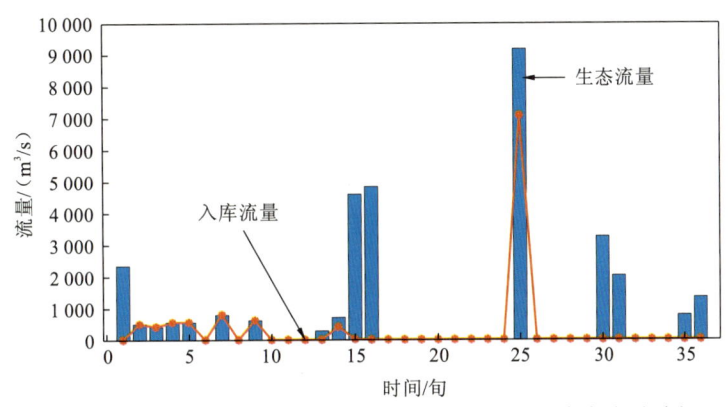

图 7.3.18　平水年（1962 年）三峡水库入库流量与生态流量过程

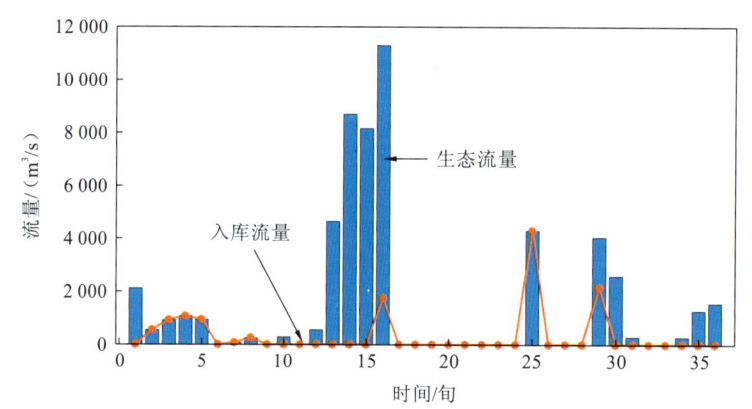

图 7.3.19 枯水年（1958年）三峡水库入库流量与生态流量过程

分别按三种典型年的来水对梯级水库进行调度模拟，统计分析计算结果，得到的补水满足率及平均补水流量如表 7.3.3 所示。

表 7.3.3 典型年计算结果统计表

典型年	补水满足率/%	平均补水流量/(m³/s)
丰水年	78	261
平水年	67	304
枯水年	61	333

从图 7.3.17～图 7.3.19 中可以看出，三峡水库的入库流量越大，需要的上游水库的补水流量越小。丰水年三峡水库来水量较另外两种典型年大，其对应的补水满足率也较大，反之，枯水年的入库流量较小，其补水满足率最小。

图 7.3.20～图 7.3.22 为丰、平、枯三种典型年的水位过程、下泄流量约束、入库流量及出库流量过程图。从图 7.3.20～图 7.3.22 中可以看出，在三种典型年情景下，出库流量不能满足下泄流量约束要求的时段主要集中在 5 月及最后的 12 月。其水位过程基本与"预限动态调度"水位过程线吻合，即可以按照给定的调度过程线运行，但是出库流量存在不满足下泄流量约束要求的时段。

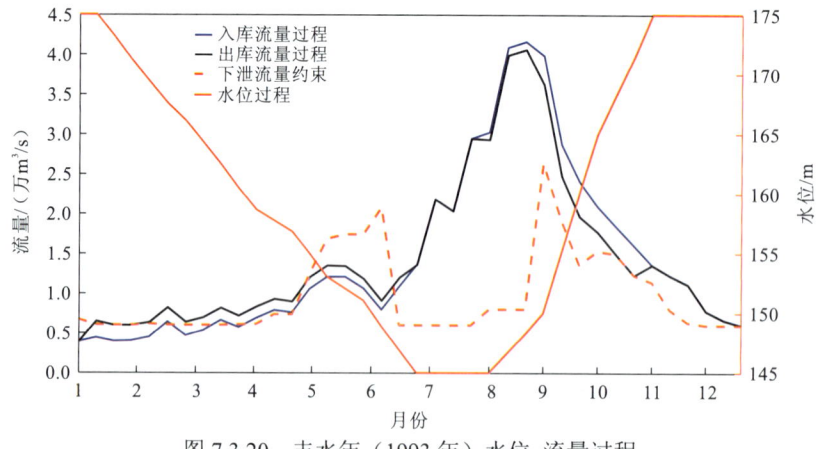

图 7.3.20 丰水年（1993年）水位-流量过程

图 7.3.21 平水年（1962年）水位-流量过程

图 7.3.22 枯水年（1958年）水位-流量过程

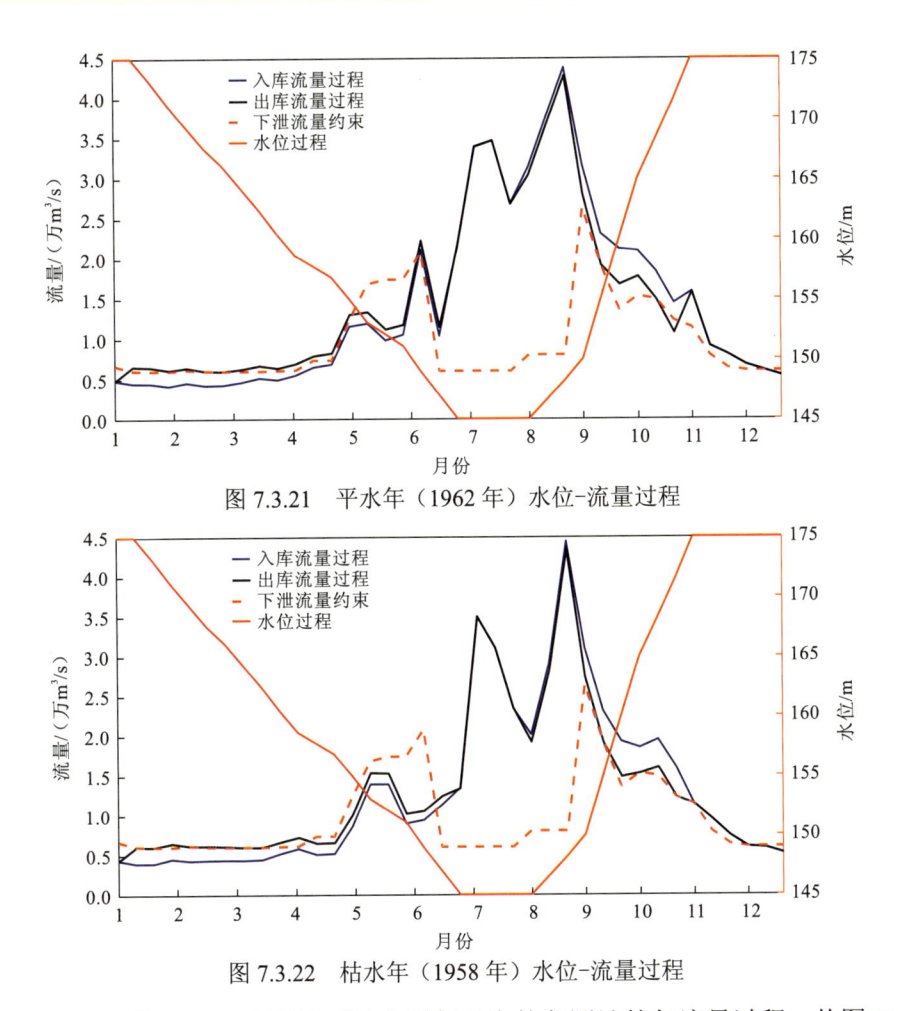

图 7.3.23～图 7.3.25 分别为三种典型年对应的各测站的旬流量过程，从图 7.3.23～图 7.3.25 中可以看出，三峡坝址流量过程＞寸滩站流量过程＞朱沱站流量过程＞溪洛渡坝址流量过程。从图 7.3.23～图 7.3.25 中可以看出，这种流量关系相对于以日为计算时段的结果很明显，这是因为计算时段为旬时，其水流滞时的影响很小。

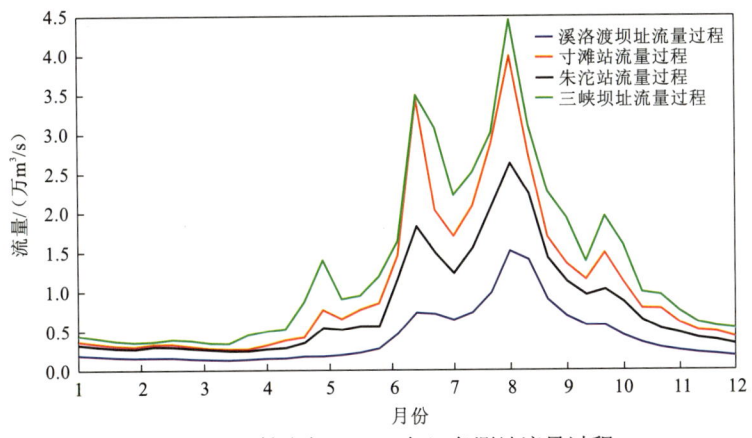

图 7.3.23 枯水年（1958年）各测站流量过程

图 7.3.24　平水年（1962 年）各测站流量过程

图 7.3.25　丰水年（1993 年）各测站流量过程

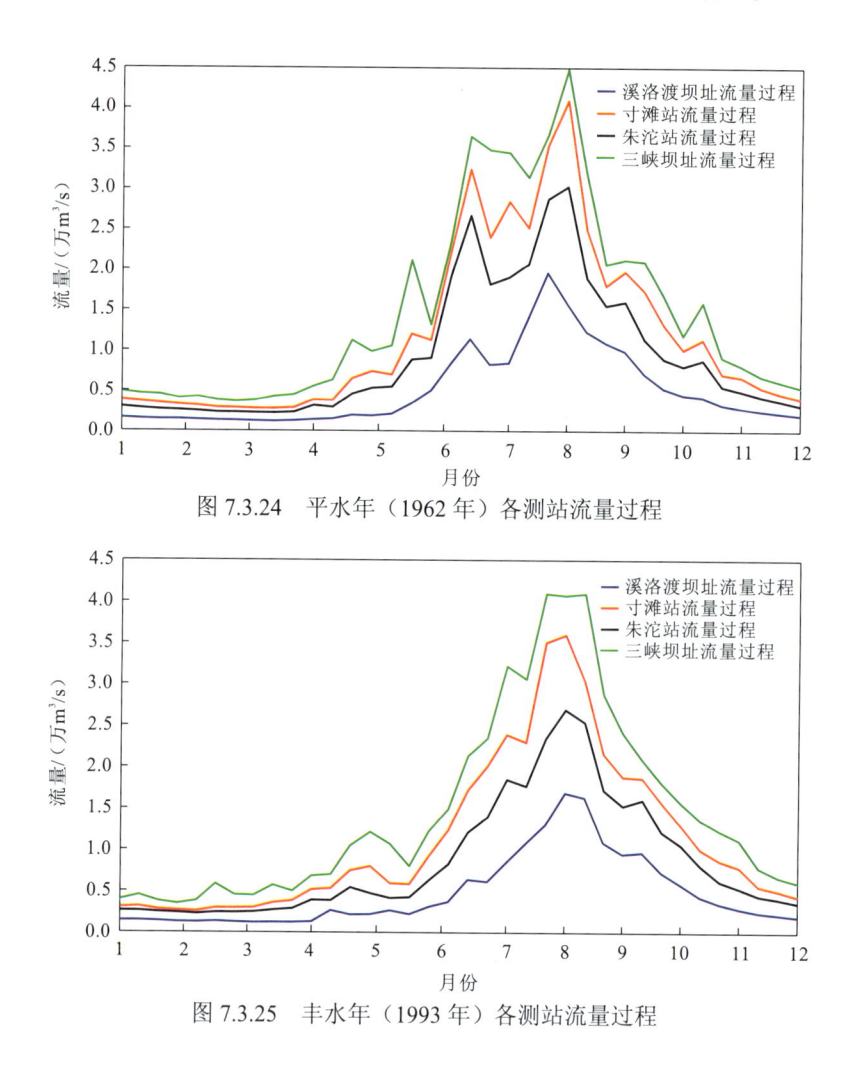

7.4　水库群传统效益与水环境效益的协调方法

为了探究梯级水库调度方案中传统效益与环境效益的协调问题，以溪洛渡水库 2015~2016 年的日入库流量及向家坝水库和三峡水库之间的区间流量过程为模型的输入条件，以实际运行时各水库的水位为模型的初始水位，利用本书提出的多目标求解算法对多目标模型进行求解，得到模型的可行解，筛选得到非劣解集，如图 7.4.1 所示。

水位标准差及生态流量标准差越小，表示模型计算得到的水位及下泄流量过程与给定的水位和适宜生态流量过程线的吻合度越高。图 7.4.2 为梯级总发电量与水位标准差关系图，参数为生态流量标准差，可见，生态流量标准差较小的点，即下泄流量与生态流量过程吻合度高的点，大部分分布在区域中间部位。梯级总发电量与水位标准差整体呈现出单调趋势，随着梯级总发电量的增加，水位标准差越来越大，即水位与给定调度指导线的吻合程度逐渐降低。

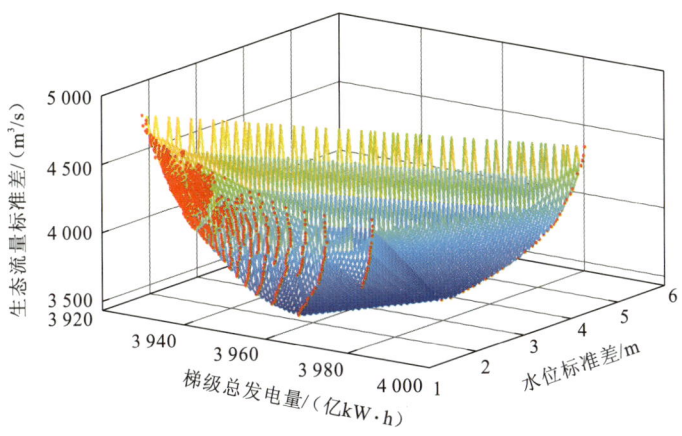

图 7.4.1 多目标模型非劣解集

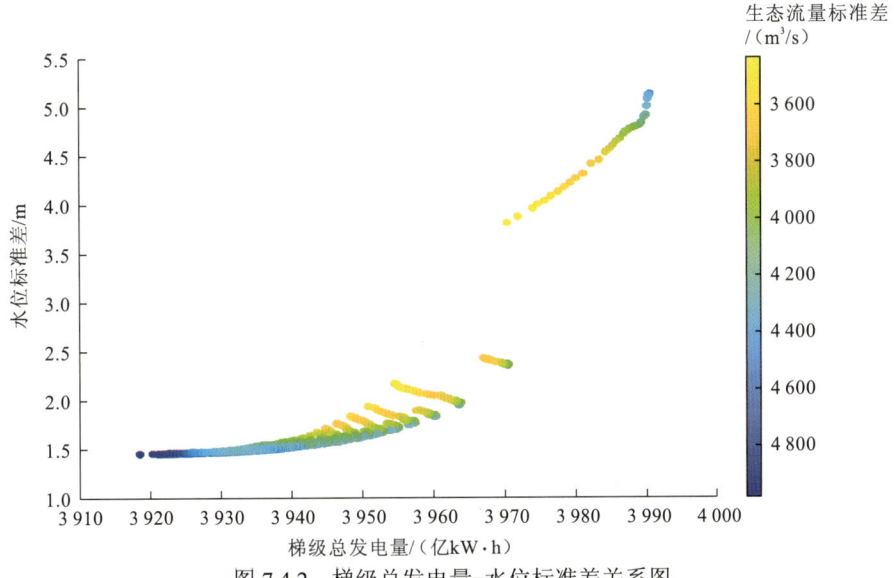

图 7.4.2 梯级总发电量-水位标准差关系图

图 7.4.3 为以水位标准差为参数的，梯级总发电量与生态流量标准差的关系图，从图 7.4.3 中可以看出，非劣解的水位标准差大多分布在 1.5~3 m 内。当水位标准差大于 3.5 m 时，随着梯级总发电量的增加，三峡水库的下泄流量过程与生态流量过程的吻合度降低。当水位标准差在 1.5~3 m 时，梯级总发电量及生态流量标准差并没有明显的分布规律。

图 7.4.4 为以梯级总发电量为参数的，水位标准差与生态流量标准差之间的关系图。从图 7.4.4 中可以看出，在不同的梯级总发电量下，水位标准差与生态流量标准差之间具有一定的相互关系。当梯级总发电量大于 3 970 亿 kW·h 时，随着水位标准差的增大，生态流量标准差也逐渐增大；当梯级总发电量小于 3 970 亿 kW·h 时，存在以梯级总发电量为参数的曲线簇，且表现出随着水位标准差的增大，生态流量标准差逐渐减小的变化趋势。从非劣解散点颜色的深浅可以看出，随着颜色从深变浅，即梯级总发电量由小到大，曲线簇存在水位标准差从小到大的分布。

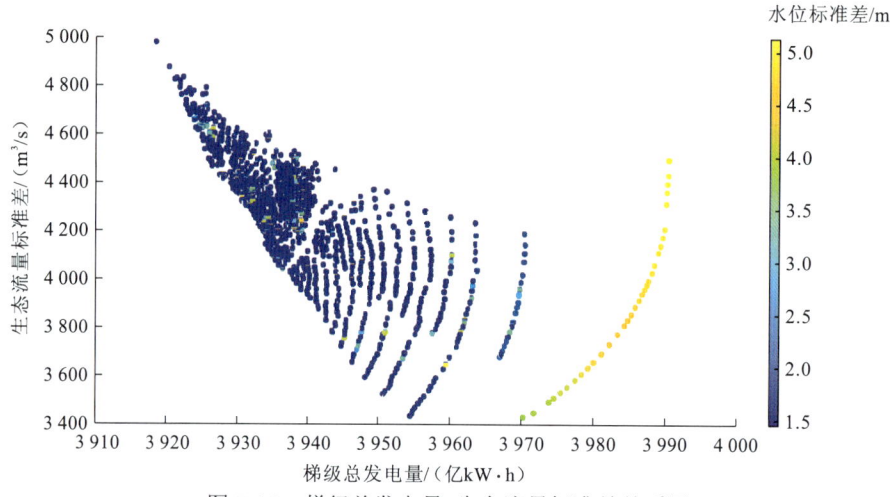

图 7.4.3 梯级总发电量-生态流量标准差关系图

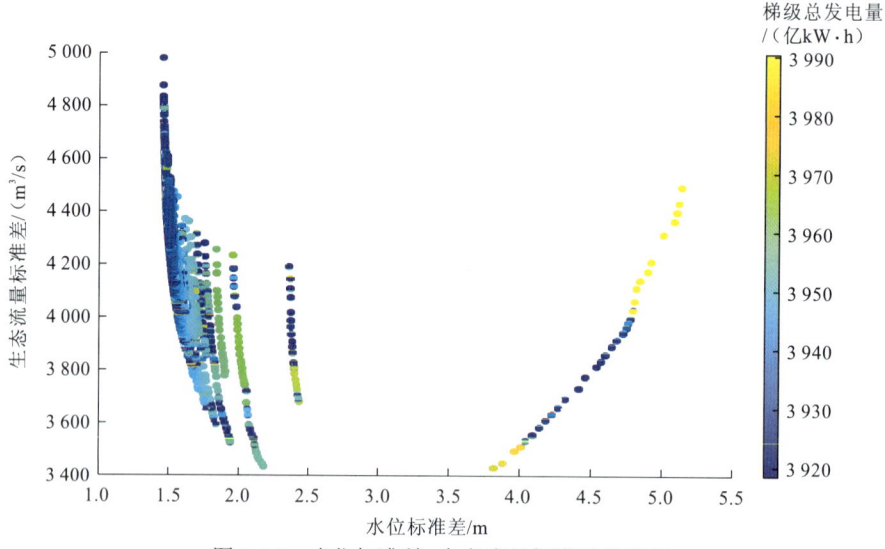

图 7.4.4 水位标准差-生态流量标准差关系图

尽管通过模型计算得到了一系列的非劣解，但是决策者需要根据调度的实际需要，从非劣解集合中选择多目标模型的非劣解，然后根据非劣解反推出梯级水库的调度指导线，为实际的调度提供决策依据。通过引入各目标的偏好系数，建立评价非劣解优劣的函数，如式（7.4.1）所示，即决策者根据对各个目标的偏好来进一步分析并确定最优的非劣解，设各目标的权重系数向量为 (α,β,γ)，其中，$\alpha \geqslant 0$，$\beta \geqslant 0$，$\gamma \geqslant 0$，且 $\alpha+\beta+\gamma=1$。

根据式（7.4.1）确定满意解：

$$F = \alpha \times f_1^* - \beta \times f_2^* - \gamma \times f_3^* \tag{7.4.1}$$

式中：f_1^*、f_2^*、f_3^* 分别为归一化后的总发电量、三峡水库运行水位与调度指导线的标准差及三峡水库的下泄流量与生态流量的标准差。

选取权重系数向量分别为(1, 0, 0)、(0, 1, 0)、(0, 0, 1)和(1/3, 1/3, 1/3)的 4 种情景进行分析，4 种情景分别对应只考虑梯级总发电量目标、只考虑水华目标、只考虑下游生态环境目标及三个目标都考虑，且权重相同。得到不同权重系数向量下的模型最优解，结果如表 7.4.1 所示。

表 7.4.1　各种权重系数向量下各目标最优组合

情景	梯级总发电量/(亿 kW·h)	水位与调度指导线的标准差/m	下泄流量与生态流量的标准差/(m³/s)
情景 1	3 990.367	5.131	4 497.497
情景 2	3 918.519	1.456	4 980.858
情景 3	3 970.199	3.819	3 434.248
情景 4	3 946.350	1.767	3 659.708

从表 7.4.1 中可以看出，只考虑梯级总发电量目标时得到的最优组合的梯级总发电量较其他情景大，但水位与调度指导线的标准差为 4 种情景中最差的；只考虑水华目标时，水位与调度指导线的标准差较其他情景优，但其梯级总发电量为 4 种情景中最差的；同理，只考虑三峡水库下游生态环境目标时，下泄流量与生态流量的标准差较其他情景优；情景 4 为各个目标都考虑的情况，其各个目标都不是 4 种情景中最优的，但不存在最差目标值，其水位与调度指导线的标准差较情景 3 中的对应目标优。

通过比较可以看出，4 种情景中不存在哪种情景绝对优，也不存在哪种情景绝对劣，即这 4 种情景的最优组合为 4 组非劣解。

决策者可以根据实际问题的需要，对各目标赋予不同的权重系数，然后用式（7.4.1）从非劣解集中筛选出最优的非劣解，根据非劣解反推最优的调度决策。

参 考 文 献

陈立华, 梅亚东, 杨娜, 等, 2009. 混合蚁群算法在水库群优化调度中的应用[J]. 武汉大学学报(工学版), 42(5): 661-664, 668.

陈文祥, 刘家寿, 彭建华, 2006. 水库生态环境问题初步分析与探讨[J]. 水生态学杂志, 26(1): 55-56.

陈洋波, 陈培根, 1989. 梯级水库群优化调度的层次分析法[J]. 水电与新能源(1): 11-16.

丁雷, 2015. 生态需水对三峡水库调度的影响研究[D]. 武汉: 华中科技大学.

丁勇, 梁昌勇, 方必和, 2007. 基于 D-S 证据理论的多水库联合调度方案评价[J]. 水科学进展, 18(4): 591-597.

郭文献, 夏自强, 王远坤, 等, 2009. 三峡水库生态调度目标研究[J]. 水科学进展, 20(4): 554-559.

黄真理, 李玉樑, 2006. 三峡水库水质预测和环境容量计算[M]. 北京: 中国水利水电出版社.

刘德富, 黄钰铃, 纪道斌, 等, 2013. 三峡水库支流水华与生态调度[M]. 北京: 中国水利水电出版社.

刘凌, 董增川, 崔广柏, 等, 2002. 内陆河流生态环境需水量定量研究[J]. 湖泊科学(1): 25-31.

卢有麟, 周建中, 王浩, 等, 2011. 三峡梯级枢纽多目标生态优化调度模型及其求解方法[J]. 水科学进展, 22(6): 780-788.

秦文凯, 府仁寿, 韩其为, 1995. 反坡异重流的研究[J]. 水动力学研究与进展(A 辑), 10(6): 637-647.

杨正东, 朱建荣, 王彪, 等, 2012. 长江河口潮位站潮汐特性分析[J]. 华东师范大学学报(自然科学版)(3): 112-119.

姚荣, 贾海峰, 张娜, 2009. 基于模糊物元和墒权迭代理论的水库兴利调度综合评价方法[J]. 水利学报, 40(1): 115-121.

余文公, 2007. 三峡水库生态径流调度措施与方案研究[D]. 南京: 河海大学.

张勇传, 1998. 水电站经济运行原理[M]. 北京: 中国水利水电出版社.

郑建平, 陈敏建, 徐志侠, 等, 2005. 海河流域河道最小生态流量研究[J]. 水利水电科技进展, 25(5): 12-15.

郑守仁, 2009. 优化调度三峡工程充分利用洪水资源[J]. 中国水利(19): 29.

周建军, 2008. 优化调度改善三峡水库生态环境[J]. 科技导报, 26(7): 64-71.

AFSHAR A, SHOJAEI N, SAGHARJOOGHIFARAHANI M, 2013. Multiobjective calibration of reservoir water quality modeling using multiobjective particle swarm optimization (MOPSO)[J]. Water resources management, 27(7): 1931-1947.

FLORES L N, BARONE R, 2005. Water-level fluctuations in mediterranean reservoirs: Setting a dewatering threshold as a management tool to improve water quality[J]. Hydrobiologia, 548(1): 85-99.

FRUTIGER A, 2004. Ecological impacts of hydroelectric power production on the River Ticino. Part 1: Thermal effects[J]. Archiv für hydrobiologie, 159(1): 43-56.

KHANNA D R, BHUTIANI R, CHANDRA K S, 2009. Effect of the euphotic depth and mixing depth on phytoplanktonic growth mechanism[J]. International journal of environmental research, 3(2): 223-228.

YANG Z, LIU D, JI D, et al., 2013. An eco-environmental friendly operation: An effective method to mitigate the harmful blooms in the tributary bays of Three Gorges Reservoir[J]. Science China technological sciences, 56(6): 1458-1470.

第 8 章

水库群联合调度决策支持系统及调度示范

8.1 系统总体设计

三峡水库及其上游梯级水库群联合调度决策支持系统的功能包括六个模块：综合信息模块、干流水质模块、水华防控模块、水源保障模块、生态改善模块及调度决策模块，如图 8.1.1 所示。

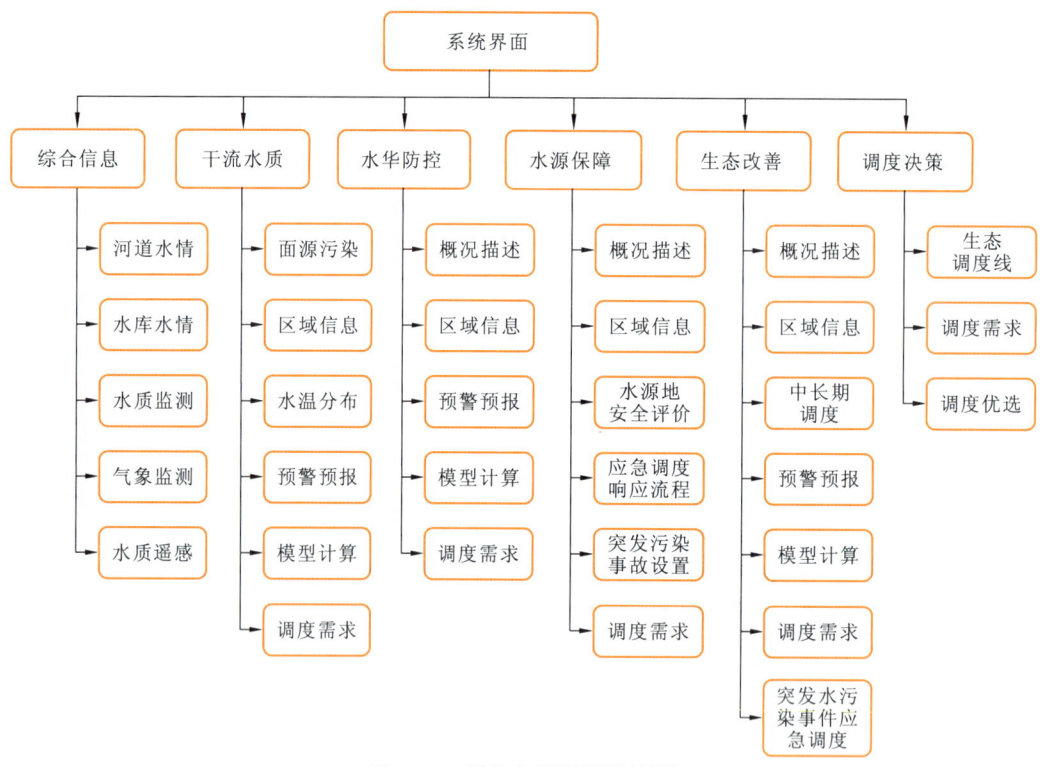

图 8.1.1 系统主要界面设计图

各子模块的功能如下。

（1）综合信息模块包括实时信息及水质遥感。实时信息还包括河道水情、水库水情、水质监测和气象监测；水质遥感包括几个年份的汛期和非汛期图。

（2）干流水质模块主要包括面源污染、区域信息、水温分布、预警预报、模型计算及调度需求。其中，面源污染包含了产污系数、面源负荷；区域信息包括了河道水情、水库水情、水质监测和气象监测等相关信息的查询功能；水温分布中包含了溪洛渡水库、向家坝水库及三峡水库的水温情况；预警预报能查询水质状况，实现预警的功能；模型计算能够对不同时间、不同调度方案进行模拟；调度需求是对上一步模型计算的结果进行展示，并对具体的信息进行查询等。

（3）水华防控模块包括概况描述、区域信息、预警预报、模型计算及调度需求。其中，概况描述包括总体说明、流域概况、社会经济及模型简介等详细介绍流域状况的功能。

（4）水源保障模块包括概况描述、区域信息、水源地安全评价、应急调度响应流程、突发污染事故设置及调度需求等相关功能。其中，水源地安全评价包含了评价方法及评价结果两个方面的查询；应急调度响应流程能够实现对应急调度流程的展示功能；突发污染事故设置能够模拟突发污染事故的状况。

（5）生态改善模块主要包括概况描述、区域信息、中长期调度、预警预报、模型计算、调度需求及突发水污染事件应急调度功能。其中，中长期调度主要实现生态流量、调度线、调度成果等信息的查询；突发水污染事件应急调度可以实现突发水污染事件应急调度的功能。

（6）调度决策模块包括生态调度线、调度需求及调度优选。生态调度线主要实现生态调度线的查询功能，调度需求主要实现方案的优选，调度优选主要对上述方案的优选结果进行相关的展示。

8.2 数据库设计与管理

8.2.1 数据库设计

1. 设计依据

《水文数据库表结构及标识符》（SL/T 324—2019）（中华人民共和国水利部，2019）；

《实时雨水情数据库表结构与标识符》（SL 323—2011）（中华人民共和国水利部，2011）；

《水资源监控管理数据库表结构及标识符标准》（SL 380—2007）（中华人民共和国水利部，2007）；

数据库建设其他相关标准。

2. 工作流程

首先，按照不同的数据类别，遵循数据需求分析、数据库设计、数据整编录入、质量控制、数据集成技术流程，收集基础数据；其次，针对数据性质、来源及用途的不同，设计数据库，并实现异构数据的传输和访问；最后，研究开发适合不同数据来源、数据精度、数据格式、数据尺度的数据调用与尺度转换工具，特别是根据水利和环保不同部门的规范，对水文数据和环保数据进行插值、拟合和外延，使水文数据和环保数据在时空上匹配。

3. 数据库表设计

数据库表设计主要是在《水文数据库表结构及标识符》（SL/T 324—2019）、《实时雨水情数据库表结构与标识符》（SL 323—2011）、《水资源监控管理数据库表结构及标识符标准》（SL 380－2007）的基础上，增加了三峡水库及其上游梯级水库群联合调度决策支持系统所需的专表，包括生态流量成果表、模型参数表、模型计算成果表、调度方案保存表、联合优化调度方案信息保存表等。

8.2.2 数据库数据来源

数据库中包含基础数据库和专题数据库。

基础数据库中包括研究区域内的地形、土壤类型、土地利用类型、水文气象资料、大坝运行调度资料、行政区划的社会经济数据，以及通过实地调研、现场监测获取的水质、水生态等基础信息。基础数据来源于野外观测数据、公报监测数据等。收集监测断面包括长江水利委员会水文局和其他单位收集的长江干流各断面。

专题数据库是基于三峡水库及上游水库群基础信息进行情景分析，针对干流水质保障、支流水华防控、库区水源地安全保障和下游生态改善目标，选择的研究区域指定时间内，不同调度方案的水质模拟结果。专题数据包括：干流水质保障调度方案生成、优选、效果评价，支流水华防控调度方案生成、优选、效果评价，库区水源地突发事故情景分析，水源地水质达标调度方案生成、效果评价，下游生态环境综合评判，保障下游生态环境安全的调度方案生成，多目标联合调度方案生成、优选、风险分析。

8.2.3 多源异构数据同化

数据是多模型耦合系统的核心，如高程、降雨、流量、水位、氨氮、高锰酸盐指数等则是其所关联的空间对象的拓扑关系组织。当这些数据采用空间拓扑关系组织时，在处理时将会采用相关的地理信息算法，主要包括三大类：①从地理信息数据，如数字高程模型（digital elevation model，DEM）中提取地形特征和空间拓扑关系，包括水域提取、边界生成、河道（网）生成等；②数据插值，包括空间插值和关键帧插值等；③利用二叉树原理存储和遍历模型计算结果等。这些算法有效地将水环境模型与地理数据联系起来，大大提高了多模型耦合系统的健壮性、鲁棒性和可扩展性。

1. 空间插值

空间插值包括了内插和外推两种算法：空间内插算法通过已知点的数据推求同一区域未知点的数据；空间外推算法通过已知区域的数据，推求其他区域的数据。

在多模型耦合系统中，常常需要在以下情形中进行空间插值：各模型的空间尺度不一致，需要通过空间插值进行同化；在某些特殊情况下，模型仅能覆盖有限区域，需要通过这些有限的区域推导其他未知区域的情况。第一种情况需要使用空间内插算法，第二种情况需要运用空间外推算法。地理信息系统（geographic information system，GIS）中常用的地理空间插值方法主要包括如下几种。

（1）最近邻点法：最近邻点法又叫泰森多边形方法。它采用一种极端的边界内插方法，即只用最近的单个点进行区域插值（区域赋值）。该方法的优点是不需要其他前提条件，方法简单，效率高；缺点是受样本点的影响较大，只考虑距离因素，对其他空间因素和变量所固有的某些规律没有过多考虑。

（2）算术平均值法：算术平均值法以区域内所有测值的平均值来估计插值点的变量值。算术平均值法的算法比较简单，容易实现。但其只考虑算术平均，根本没有顾及其他的空间因素。

（3）距离反比法：每个样点对插值结果的影响随距离的增加而减弱，因此对距目标点近的样点赋予的权重较大。距离反比法简便易行，可为变量值变化很大的数据集提供一个合理的插值结果；不会出现无意义的插值结果。但它对权重函数的选择十分敏感；易受数据点集群的影响，结果常出现孤立点数据明显高于周围数据点的"鸭蛋"分布模式。

（4）高次曲面插值法：每个样点对插值点的影响都用样点坐标函数构成的圆锥表示，插值点的变量值是所有圆锥贡献值的总和。高次曲面插值法根据变量值已知点和变量值未知点的坐标构成的圆锥，进行插值，为从离散点构建一个连续的表面提供了一个比较优秀的插值方法。但其在计算权重系数时需要已知点的距离矩阵及其逆矩阵，当数据点增多时，矩阵及其逆的求解都比较费时。

（5）趋势面分析法：趋势面分析法是通过回归分析原理，运用最小二乘法拟合一个二维非线性函数，模拟地理要素在空间上的分布规律，展示地理要素在地域空间上的变化趋势。趋势面分析法能产生平滑的曲面，但其结果点很少通过原始数据点，只是对整个研究区产生最佳的拟合面，而且高次多项式在数据区外围产生异常高值或低值。

（6）最优插值法：此法假设观测变量域是二维随机过程的实现，此外，还认为未知测点的变量值是它周围 n 个测点变量值的线性组合。最优插值法在计算前要求指定空间相关函数的模型及其参数，这可以由用户给出，或者给出必要的数据，由程序计算。

（7）样条插值法：样条插值法的目标就是寻找一个表面 $s(t)$，使它满足最优平滑原则。样条插值法不适用于在短距离内属性有较大变化的地区，否则，估计结果偏大。

（8）克里金插值法：克里金插值法在数学上可为所研究的对象提供一种最佳线性无偏估计（某点处的确定值）。克里金模型是理想的内插工具，它在计算过程中妥善选取与表面空间相关联的形状和大小，使点或面的局部估计值得以改善。其另一个好处是，它能同时产生与内插值有关的误差估计值，这是其他内插算法不能做到的。但是，由于其很难从数据中清除不稳定性，达到与固有假设相同的状态，所以成功地运用该方法比较困难。

2. 关键帧插值

关键帧是计算机动画术语，帧是动画中最小单位的单幅影像画面，关键帧相当于二维动画中的原画。关键帧与关键帧之间的动画可以通过计算来创建，叫作过渡帧或中间帧，创建中间帧的过程叫作关键帧插值。

在多模型复杂耦合系统中，当遇到时间尺度同化问题时，可以运用关键帧插值技术。关键帧插值的主要难度在于：①要确定关键帧，如在洪水过程中，可以将起涨点、洪峰点、退水点当作关键帧，其他的过程均可以作为中间帧插值获得；②其运动学参数需要选择合适的值，通常需要进行率定。

8.3 水库群多目标联合调度数值模拟技术集成

8.3.1 模型的数据结构

1. 设计原则

数据结构和算法是一切程序的基础。数据结构是指程序里数据的存储和组织形式，而算法指的是数据是如何利用及运算的。在许多类型的程序的设计中，数据结构的选择是一个基本的考虑因素。许多大型系统的构造经验表明，系统实现的困难程度和系统构造的质量都严重地依赖于是否选择了最优的数据结构。

选择了数据结构，算法也随之确定，数据结构是系统构造的关键因素。在水环境数学模型研究领域，长久以来，模型（或称之为算法）依然为科学研究、系统构造的核心问题，这种偏离软件科学发展轨迹的思想，导致在遇到复杂应用问题，需要多领域协同合作时，因为各领域的模型均自成体系、无法调和而望而却步。本书涉及的领域和模型众多，如果仍然以模型为核心来组织系统，将严重影响模型系统的适应性、鲁棒性和健壮性，因此，要将数据作为模型系统的设计重点，各子模型都需要尽量适应数据，最终做到各子模型之间无须考虑彼此协调，而仅需考虑如何应用和更新数据库中的数据。而这些数据依据的是其空间拓扑关系。

2. 空间数据结构

GIS 将不可再分的最小单元称为空间实体，如一条断裂、一个湖泊、一个高程点等，它们在 GIS 中是用矢量数据点、线、面表述的。实体的空间特征用空间维数、空间特征类型和空间类型组合来说明。

（1）空间维数。有零维、一维、二维、三维之分，对应着不同的空间特征类型，即点、线、面、体。在地图中实体维数的表示可以改变。例如，一条河流在小比例尺地图上是一条线（单线河），在大比例尺图上是一个面（双线河）。

（2）空间特征类型。①点状实体：点或节点，点状实体包括实体点、注记点、内点和节点等。②线状实体：具有相同属性的点的轨迹，线或折线，线状实体包括线段、边界、链、弧段、网络等。③面状实体（多边形）：是对湖泊、岛屿、地块等一类现象的描述，在数据库中由一封闭曲线加内点来表示。面状实体具有面积、范围、周长、独立性或与其他地物相邻、内岛或锯齿状外形、重叠性与非重叠性等特性。④体、立体状实体：用于描述三维空间中的现象与物体，它具有长度、宽度及高度等属性，立体状实体一般具有体积、每个二维平面的面积、内岛、断面图与剖面图等空间特征。

（3）空间类型组合。现实世界的各种现象比较复杂，往往由上述不同的空间类型组合而成，如利用某些空间类型或几种空间类型的组合将空间问题表达出来，复杂实体由简单实体组合表达。水环境系统中子模型的描述对象通常也不外乎点（闸、坝、水文站等）、线（渠道、河流）和面（流域、小区单元）等，如图 8.3.1 所示。

因此，在对模型进行耦合连接时，完全可以依据模型之间的空间拓扑关系组织模型系统，同时可以将 GIS 中成熟的空间拓扑关系、树状数据组织、空间插值等成果借用到模型系统中。在实际计算中，图 8.3.1 中的结构适用于使用经验模型的情况，当使用比较复杂的模型，如二维以上的水动力-水质数学模型、分布式水文模型时，图 8.3.1 中的结构必须映射到空间栅格网上。

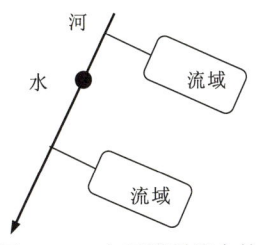

图 8.3.1 水环境系统中的各要素空间关系示意图

8.3.2 算法（模型）

1. 模型分类

在水文水资源领域，按照功能分，常见的模型有水文模型、水动力模型、迁移转化模型、水生态模型、优化调度模型等，每种模型都有许多种具体实现方式。例如，常见的水文模型就有径流公式、新安江模型、水箱模型、TOPMODEL、SCS（soil conservation service）模型、SWAT（soil and water assessment tool）模型等。此外，随着信息技术和人工智能领域的发展，也出现了一些智能算法和模型，能以黑箱子模型的数学统计方式全面模拟这些过程，称之为智能模型（算法）。

在应用过程中，经验模型经历了长时间的发展，经过了形形色色的考验，且输入数据需求量小，因此一般较为成熟，虽然其准确性可能不及高级模型和智能模型，但在工程上大量使用，称之为工程模型（有时也称之为经验公式）。与此同时，高级模型和智能模型发展时间较短，虽然精度可能较高，但由于其数据需求量大、计算结果不够稳定，一般多用于科学研究中，较少运用于工程实践中，称之为科研模型（有时也称之为复杂模型）。在模型的发展过程中，有些发展成熟的科研模型也会大量应用在工程领域，从而转化为工程模型，模糊了科研模型和工程模型的区别。按照前述模型分类法，将常见模型分类，结果如表 8.3.1 所示。

表 8.3.1 水文水资源领域常见模型分类

领域分类	模型分类	水文	水动力	水质	调度
工程模型	经验公式	径流公式	马斯京根公式	S-P 模型	枚举法、启发式算法
科研模型（复杂模型）	智能模型	人工神经网络		遗传算法、模拟退火法
	复杂模型	新安江模型、水箱模型、TOPMODEL、SCS 模型、SWAT 模型	一维、二维、三维圣维南方程组	QUAL 模型、WASP 模型、MIKE 模型	线性规划法、DDDP、动态规划法、大系统分解协调及模拟技术

由于多模型耦合系统的研究对象极其复杂，基础数据又不够完备，完全将科研模型作为子模型来架构多模型耦合系统的条件并不成熟，而工程模型的数学逻辑关系较为简单，输入数据需求也较少，可以大大避免这些问题，所以在本书的多模型耦合系统中以工程模型为多模型耦合系统的架构基础，同时尽可能地采用科研模型，力求整体模型框

架简练、准确和可靠。

在该框架中，工程模型和科研模型的关系如下：

（1）首先使用工程模型对研究对象进行计算，并作为默认成果采纳；然后使用科研模型对研究对象进行复算，如果复算成果较为可靠，则采纳科研模型的计算成果。

（2）与工程模型的结论进行比较，以判断科研模型的计算成果是否可靠。

2. 并行化与串行化

一个模型系统常常由许多不同的子模型组成，如果某一个公式在计算之前，需要等待其他公式完成计算，为该公式提供参数和数据，即所有公式必须严格按照先后顺序一一计算，模型才能完成计算任务，各公式是串行运行，这称为串行模式。反之，在某一时间段，这个模型的不同公式可以独立运行完成相应的计算，无须等待其他公式完成计算，各公式是并行运行，这称为并行模式。

由于并行模式的效率远远高于串行模式，尽量使用并行模式是大模型系统设计的重要准则。

8.3.3 模型耦合方法评估

在构建多模型耦合系统的框架时，算法复杂度是评判该系统框架的重要标准。算法复杂度一般分为时间复杂度和空间复杂度，分别评判模型计算所需的时间和内存，算法复杂度常用术语见表8.3.2。实际应用中模型计算主要关注的是计算时间，各种算法复杂度下所费的计算机时间见表8.3.3。本节主要评估模型的时间复杂度。

表 8.3.2 算法复杂度常用术语

复杂度	术语	复杂度	术语
$\theta(1)$	常数复杂度	$\theta(n^b)$	多项式复杂度
$\theta(\ln n)$	对数复杂度	$\theta(b^n), b>1$	指数复杂度
$\theta(n)$	线性复杂度	$\theta(n!)$	阶乘复杂度
$\theta(n \ln n)$	$n \ln n$ 复杂度		

表 8.3.3 算法使用的计算机时间

问题规模 n	使用的位运算					
	$\ln n$	n	$n \ln n$	n^2	$2n$	$n!$
10	3×10^{-9} s	10^{-8} s	3×10^{-8} s	10^{-7} s	10^{-5} s	3×10^{-3} s
10^2	7×10^{-9} s	10^{-7} s	7×10^{-7} s	10^{-5} s	4×10^{13} a	*
10^3	1.0×10^{-8} s	10^{-6} s	1×10^{-5} s	10^{-3} s	*	*
10^4	1.3×10^{-8} s	10^{-5} s	1×10^{-4} s	10^{-1} s	*	*
10^5	1.7×10^{-8} s	10^{-4} s	2×10^{-3} s	10 s	*	*
10^6	2×10^{-8} s	10^{-3} s	2×10^{-2} s	17 min	*	*

*指计算时间较长。

第8章 水库群联合调度决策支持系统及调度示范

如果一个算法有复杂度 $\theta(nb)$，其中 b 是满足 $b \geq 1$ 的整数，那么这个算法有多项式复杂度。能用具有多项式最坏情形复杂度的算法解决的问题称为易解的，因为只要问题的规模合理，就可以期望算法在相对短的时间内给出解答。不过，如果在大 θ 估计中的多项式次数高（如100次），或者多项式的系数特别大，算法就可能会花费特别长的时间给出解答。

不能用具有多项式最坏情形复杂度的算法解决的问题称为难解的。另一种处理实践中出现的不易处理的问题的方法是不求精确解，而以近似解代替。

假设有一个复杂度为 $\theta(\ln n)$ 的调度模型、一个复杂度为 $\theta(n)$ 的水环境模型和一个复杂度为 $\theta(n)$ 的水文模型，其可能的组合如表 8.3.4 所示。从表 8.3.4 中可知，方案一的算法复杂度最低，但是该方案仅仅应用了调度模型，不能称为多模型耦合，方案二也是如此。方案四虽然理论上可以得到最优解，但其算法复杂度高，大规模应用的难度也很高。因此，子模型之间的耦合一般采用方案三，将所有的计算结果以空间数据的形式存储起来，然后根据情况进行运用。以这种方案构建的水环境多模型耦合系统的结构图见图 8.3.2。

表 8.3.4 多模型耦合系统模型结构组合表

编号	复杂度	组合说明
方案一	$\theta(\ln n)$	以调度模型为主（水环境模型、水文模型的计算结果作为常数输入调度模型中）
方案二	$\theta(n)$	水环境模型只计算一次（调度模型和水文模型的计算结果作为常数输入水环境模型中）
方案三	$\theta(\ln n+n)$	将水环境模型、水文模型的计算结果存储起来，调度模型直接调用该计算结果
方案四	$\theta(n\ln n)$	水环境模型、水文模型作为调度模型的子模型

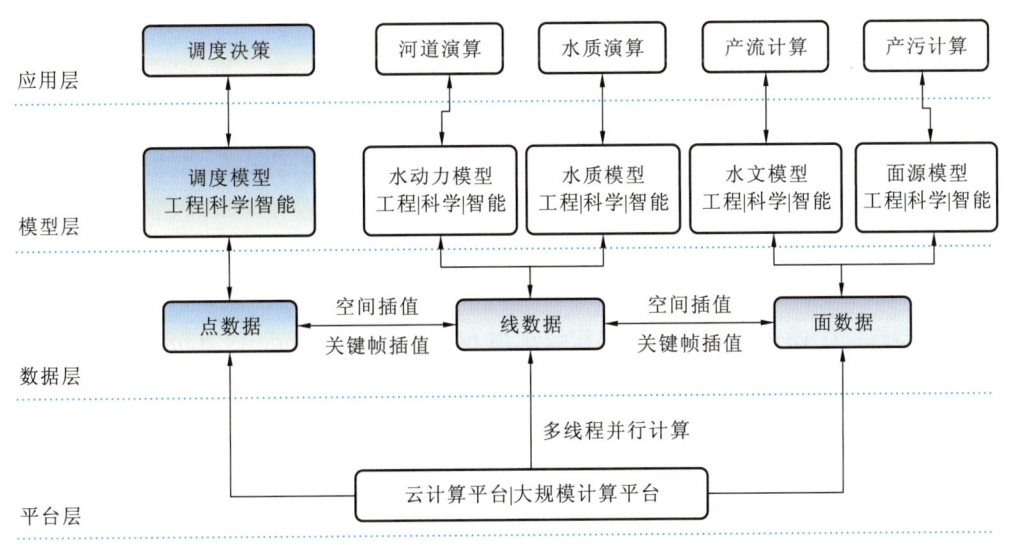

图 8.3.2 水环境多模型耦合系统的结构图

在实际应用中，还有一个特殊情况，即各模型采用经验公式计算。此时，调度模型的算法复杂度为 $\theta(\ln n)$，水环境模型的复杂度为 $\theta(1)$，水文模型的算法复杂度为 $\theta(\ln n)$，于是表 8.3.4 变成表 8.3.5。

表 8.3.5　多模型耦合系统模型结构组合表（使用经验公式）

编号	复杂度	组合说明
方案一	$\theta(\ln n)$	以调度模型为主（水环境模型、水文模型的计算结果作为常数输入调度模型中）
方案二	$\theta(1)$	水环境模型只计算一次（调度模型和水文模型的计算结果作为常数输入水环境模型中）
方案三	$\theta(\ln n)$	将水环境模型、水文模型的计算结果存储起来，调度模型直接调用该计算结果
方案四	$\theta(\ln n)$	水环境模型、水文模型作为调度模型的子模型

在表 8.3.5 中，当各模型采用经验公式时，方案二到方案四的算法复杂度大大减小，同时又能享受相应的精度及模型耦合的好处，因此在工程计算中得到广泛使用。

8.4　三峡水库及其上游梯级水库群联合调度可视化业务应用平台

8.4.1　软硬件环境

1. 硬件环境

数据库服务器是整个系统的核心，为了保障数据安全、可靠、高效地运行服务，系统的数据库服务器采用两台性能强大、稳定性好、可靠性高、方便维护的个人计算机服务器，服务器以双机集群的组合方式提供数据访问和数据库管理服务。双机热备情况下，两台服务器通过光纤交换机与光纤磁盘阵列柜相连。

2. 软件环境

服务器端：①操作系统，服务器建议选用 64 位企业级 Windows 2008/Windows 2012 操作系统，以确保系统运行稳定性；②Web 服务器，选用 Tomcat6.0 及以上；③WebGIS 平台，选用 ArcGIS Server；④数据库平台，选用 SQL Server。

客户端：①操作系统，可选择安装 Windows XP/Windows7 简体中文版操作系统；②浏览器，选择 IE 8.0 以上。

8.4.2 关键支撑技术

1. 多智能体系统技术

智能体概念最早由美国的 M.Minsky 在 *Society of Mind* 一书中正式提出（Minsky，2016）。它用来描述具有自适应、自治能力的硬件、软件或其他实体，其目标是认识与模拟人类智能行为。

针对三峡水库及其上游梯级水库群联合调度决策支持系统多种复杂异构子系统的集成耦合难题，为各子系统设计独立的数据库、模型和算法库，将各子系统独立成为智能体，依靠框架中各智能体间的通信、合作、互解、协调、调度、管理及控制，克服复杂异构系统集成中数据传递烦琐、逻辑结构混乱、推理机制不明等问题，形成了三峡水库及其上游梯级水库群联合调度多智能体技术，使得系统简洁、强大、高效，能够实现复杂、大尺度的水库群水量-水质-水生态联合调度决策支持。

三峡水库及其上游梯级水库群联合调度决策支持系统及可视化业务应用平台建立了 6 种智能体，分别对应 6 个模块：综合信息模块、干流水质模块、水华防控模块、水源保障模块、生态改善模块、调度决策模块。此外，还有一类特殊的环境智能体，它是其他智能体存在和交互的基础。

2. WebGIS 场景技术

在建立水库群联合调度可视化业务应用平台软件过程中，既需要充分利用现有的商用 WebGIS 软件已经开发的通用 GIS 功能，如地图显示、空间分析、专题制图等，又需要根据水利业务需求定制一些特定的功能，如水库群联合调度时空分析、专业模型分析、水环境监测等，并且所开发的系统必须能够很好地和其他子系统紧密集成。

3. Web Service 技术

系统开发技术路线将会采用基于可扩展标记语言（extensible markup language，XML）和 Web Service 的异构系统综合服务解决方案，从而解决应用系统的跨平台及兼容性问题。Web Service 是在 Internet 和 Intranet 上进行分布式计算的基本构造块。应用程序是使用多个不同来源的 Web Service 构造而成的，这些服务相互协同工作，而不管它们位于何处或如何实现。

4. 空间数据库技术

空间数据库技术采用关系数据库来存储空间数据，从而实现空间数据与属性数据的一体化存储，即地图数据与业务数据的一体化存储。

5. 多源空间数据无缝集成技术

多源空间数据无缝集成技术不仅能够同时支持多种形式的空间数据库和数据格式，

能够完成由空间数据库到各种交换格式的输入输出，而且能够直接读取常用的计算机辅助设计（computer aided design，CAD）数据，如 DWG 数据和 DGN 数据等。该技术支持转换大多数常用的图形数据格式，如 DWG、Coverage、Tab 等；支持国家标准交换格式，如 VCT 等；支持多种影像文件格式，如 TIF、GeoTIF、BMP、JPG、ECW、MrSID 等。

6. 模型计算接口设计规范

模型计算程序必须由至少以下五部分组成。

（1）模型输入参数数据。模型数据计算的参数和外部数据等，以文本格式数据通过数据库进入系统，即将所有参数以文本表达式的形式存入计算任务列表。

（2）模型计算程序。模型计算处理未开始时，应在任务列表中标记未开始任务，执行中时，应以完成比例标记数值，表达完成百分比，任务计算完成后，将结果写入计算结果专题表结构中，同时标记任务列表的执行状态为完成。

（3）模型输出结果数据。模型输出结果表的结构由各家自定，提交表结构设计之后进行整合和统一规范。

（4）数据库访问接口。模型程序中所有数据的输入、输出均以数据库为媒介，故程序应包含数据库配置、数据库读写访问等模块。

（5）程序监控运行状态。程序应以 Windows 服务的形式运行，同时还需要有一个监控程序，监控模型程序的健康状态，记录程序错误及程序运行日志等。

8.4.3 软件应用系统

1. 系统登录

打开浏览器，输入登录网址完成登录，成功登录后显示登录界面。

本系统登录界面主要由两部分构成：一部分是调度系统进入按钮；另一部分是包括系统介绍、远程视频等在内的相关内容的链接按钮。单击"三峡水库生态环境调度"按钮，进入系统主页面，系统导航菜单包括综合信息、干流水质、水华防控、水源保障、生态改善和调度决策等 6 项。

2. 综合信息

进入系统首页之后，单击"综合信息"可进入综合信息页面。此模块主要包括两个功能：实时信息查询、水质遥感查询。该部分可以实现长江干支流重点断面水情、水质、气象等历史及实时信息的快速查询。

1）实时信息查询

实时信息查询包括河道水情、水库水情、水质监测、气象监测等四类信息的查询。

查询方式有两种。①单击时间框（或者"查询"按钮左边的"时间"按钮）选择待查询的时间，在下方站点信息列表找到待查信息的站点，双击站名，左侧面板弹出数据信息；②直接在左侧地图中找到待查站点，单击站点图标，弹出信息面板，选择查询时间，弹出数据信息。

2）水质遥感查询

该模块主要包括 2013~2016 年长江干流汛期和非汛期的水质类别的遥感影像。查看时只需单击欲查询的影像名，左侧即可弹出查询结果。

3. 干流水质

干流水质页面包括查看面源污染、区域信息（具体介绍略）、水温分布、预警预报、模型计算、调度需求等功能。进入系统首页之后，单击"干流水质"即可进入干流水质页面，然后可进行功能选择，得到不同的页面展示结果。具体功能实现如下。

1）面源污染

该模块包括面源负荷、产污系数查询两大功能。单击相应的功能按钮，即可完成查询。以产污系数查询为例，查询结果如图 8.4.1 所示。

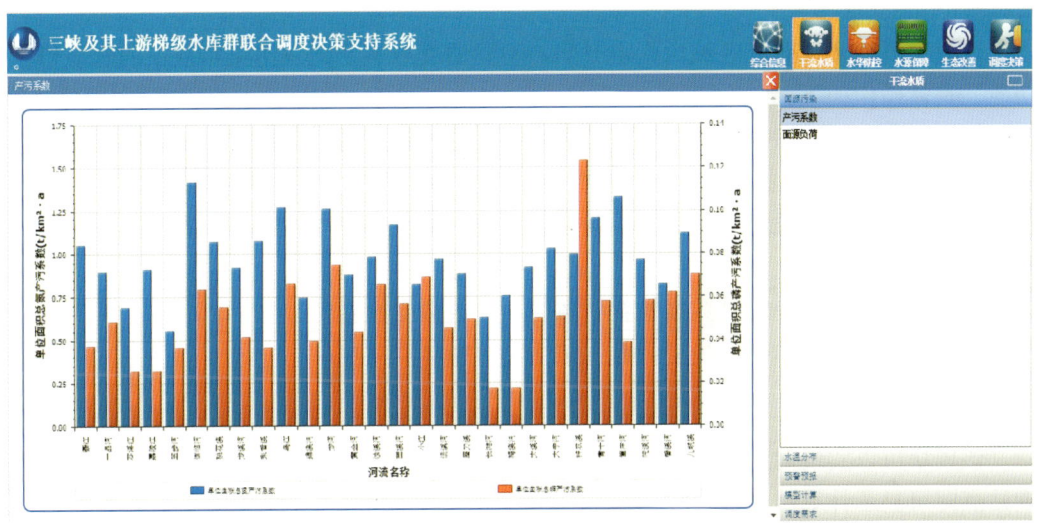

图 8.4.1 产污系数查询结果

2）水温分布

该模块包括溪洛渡水库、向家坝水库、三峡水库不同时期不同断面的水温分布状况查询。单击欲查询水库的按钮，左侧界面即可显示查询结果。以溪洛渡水库为例，查询结果如图 8.4.2 所示。

3）预警预报

该模块可以实现对水质的实时查询及预警功能。单击欲查询站名的按钮，左侧界面即可显示查询结果。同时，左侧界面以不同的颜色来表示不同的水质类别，实现预警功能。

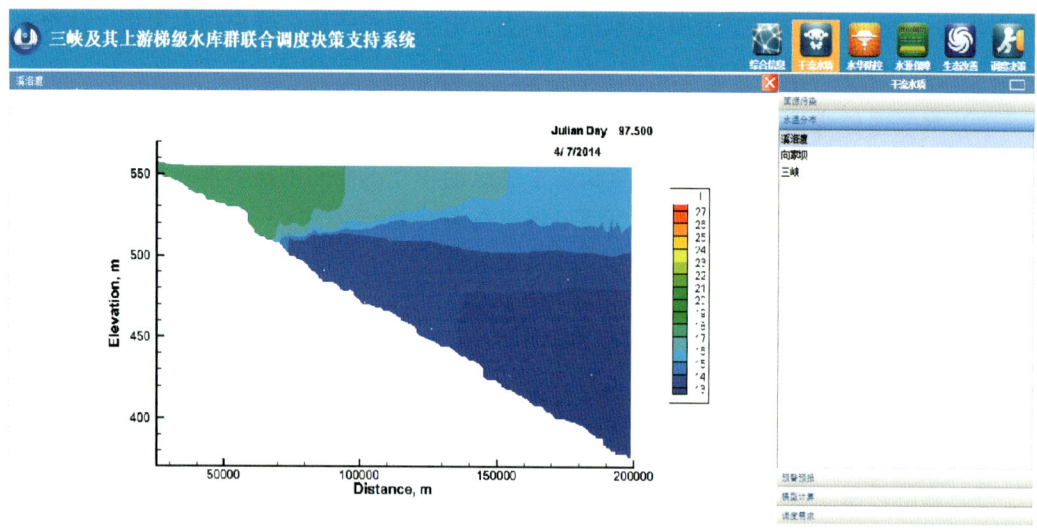

图 8.4.2 溪洛渡水库水温分布查询结果

4）模型计算

该模块可以实现研究区域内指定时间，不同调度方案及突发污染事故下的水质模拟功能，具体操作如下。

（1）方案名称及参数设置：填写方案名称，选择计算时间及计算步长。根据实际情况，填写相关参数，选择调度方法。如果存在突发污染事故，勾选突发污染事故选项框，在左侧界面中选择突发污染事故发生断面。在弹出的数据框中填写相关参数，单击确认完成参数设置。

（2）数据检查：单击"数据检查"按钮，完成数据检查。

（3）模型计算：单击"模型计算"按钮，等待计算完成。

5）调度需求

该模块可以实现对上面计算结果的查询功能，选择相应方案，在左侧界面双击欲查询站点即可显示计算结果过程线。

4. 水华防控

水华防控页面包括概况描述、区域信息（具体介绍略）、预警预报、模型计算、调度需求等功能，具体功能实现如下。

1）概况描述

该模块主要是查询水华预测预报的整体说明、流域概况、流域的社会经济情况、预报模型的介绍等具体情况。只需单击欲查询信息的按钮即可实现功能查询。

2）预警预报

该模块可以实现对香溪河水质的查询及预警功能。单击欲查询站名按钮，左侧界面即可显示查询结果,并以不同的颜色来表示不同的水质类别,实现预警功能。

3)模型计算

该模块可以实现研究区域内指定时间,不同调度方案下的水质模拟功能。

4)调度需求

该模块可以实现对上面计算结果的查询功能,选择相应方案即可显示计算结果过程线。

5. 水源保障

水源保障页面包括查看概况描述、区域信息、水源地安全评价、应急调度响应流程、突发污染事故设置、调度需求等功能。通过单击主页面下方的按钮可直接查看重庆南岸长江黄桷渡饮用水源地、宜昌秭归长江段凤凰山饮用水源地、重庆九龙坡长江和尚山饮用水源地所在的位置。

1)概况描述

该模块主要是查询水华预测预报的整体说明、流域概况、模型的介绍等具体情况。只需单击欲查询信息的按钮即可实现功能查询。

2)区域信息

该模块可以实现水源地河道水情、水库水情、水质监测的查询功能。单击欲查询数据按钮,左侧界面即可显示查询结果。

3)水源地安全评价

该模块主要有两个功能:评价方法、评价成果。单击"评价方法"按钮,即可实现评价方法标准的查询。单击"评价成果"按钮,即可实现评价成果查询。

4)应急调度响应流程

该模块主要是实现响应流程的查询,单击相应按钮即可查询。

5)突发污染事故设置

该模块可以实现研究区域内指定时间,不同调度方案及突发污染事故下的水质模拟功能。

(1)方案名称及参数设置:填写方案名称,选择计算时间及计算步长。根据实际情况,填写相关参数,选择调度方法。如果存在突发污染事故,勾选突发污染事故选项框,在左侧界面中选择突发污染事故发生断面。在弹出的数据框中填写相关参数,单击确认完成参数设置。

(2)数据检查:单击"数据检查"按钮,完成数据检查。

(3)模型计算:单击"模型计算"按钮,等待计算完成。

6)调度需求

该模块可以实现计算结果的查询功能,选择相应方案,在左侧界面双击欲查询站点即可出现计算结果过程线。

6. 生态改善

生态改善页面包括查看概况描述、区域信息、中长期调度、预警预报、模型计算、调度需求（具体介绍略）、突发水污染事件应急调度等功能。

1）概况描述

该模块主要是查询水华预测预报的整体说明、流域概况、社会经济、模型的介绍等具体情况。只需单击欲查询信息的按钮即可实现功能查询。

2）区域信息

该模块可以实现站点河道水情、水库水情、水质监测的查询功能。单击欲查询数据按钮，左侧界面即可显示查询结果。

3）中长期调度

该模块主要是查询生态流量、调度线、调度成果线等信息，单击相应按钮即可查询。

4）预警预报

该模块可以实现对实时水质的查询及预警功能。单击欲查询站名按钮，左侧界面即可显示查询结果，同时以不同的颜色来表示不同的水质类别，实现预警功能。

5）模型计算

该模块可以实现研究区域内指定时间，不同调度方案下的水质模拟功能，具体操作如下。

（1）方案名称及参数设置：填写方案名称，选择计算时间及计算步长。根据实际情况，填写相关参数，选择调度方法。

（2）数据检查：单击"数据检查"按钮，完成数据检查。

（3）模型计算：单击"模型计算"按钮，等待计算完成。

6）突发水污染事件应急调度

该模块可以实现突发水污染事件应急调度功能。

7. 调度决策

调度决策页面包括查看生态调度线、调度需求、调度优选等功能。

1）生态调度线

该模块主要是实现生态调度线的查询功能，只需单击欲查询信息的按钮即可实现功能查询。

2）调度需求

该模块可以实现对上面计算结果的优选功能，设置查询日期，勾选备选调度方案，检查数据。待数据检查合格后，单击"模型计算"即可。

3）调度优选

该模块可以实现数据优选结果查询功能。选择待查询方案列表，右下角为优选方案参数，左侧界面显示各水库流量、水位的演进过程。

8.5 水库群联合调度工程及效果示范

8.5.1 基于库区水源地安全保障的水库群联合调度示范

1. 基于改善水环境的三峡水库汛期水位浮动试验研究

2018年8月15～25日溪洛渡-向家坝-三峡梯级水库群结合所提出的"保障库区饮用水源地水环境安全的梯级水库群联合调度方案与运行准则"，进行了基于改善水环境的三峡水库汛期水位浮动试验。对于三峡水库，本次调度的水位处于149～155 m的变化范围内，由于8月处于汛期时段，调度方案实施1～2次日调节过程，水位上下调幅为0.5 m/d，同时，调用溪洛渡-向家坝水库水量，保障重庆水源地16080～19060 m^3/s的流量。

2. 水库群联合调度下水源地水质监测

在实施基于改善水环境的三峡水库汛期水位浮动试验期间，对重庆南岸长江黄桷渡饮用水源地、宜昌秭归长江段凤凰山饮用水源地、重庆九龙坡长江和尚山饮用水源地3个库区重要水源地开展了实地采样监测。监测结果表明：通过水库群联合调度，三个水源地的水质达标率均达到100%，满足"3个库区重要水源地水质保证达标95%以上"的指标要求。

1）重庆南岸长江黄桷渡饮用水源地

对重庆南岸长江黄桷渡饮用水源地断面水质的监测结果表明：此次试验取得了良好的调度效果，27项水质指标均满足III类水质要求。调度期间，重庆南岸长江黄桷渡饮用水源地断面的水温变化范围为23.8～24.9℃，满足地表水III类水体水质要求；pH的变化范围为7.63～8.34，水质偏碱性，变化幅度不大，保持在正常范围内；TP质量浓度的变化范围为0.15～0.2 mg/L；铁质量浓度为0.04～0.13 mg/L；锰在调度期间的最高质量浓度为0.07 mg/L，符合III类水体水质标准；粪大肠杆菌在调度试验期间无较大变化幅度，稳定在10 000 MPN/L，满足III类水质要求；铅和溶解氧等监测项目也均符合III类水体水质标准。

2）宜昌秭归长江段凤凰山饮用水源地

对宜昌秭归长江段凤凰山饮用水源地断面水质的监测结果表明：此次试验取得了良好的调度效果，27项水质指标均满足III类水质要求。具体为：生态调度期间，宜昌秭归长江段凤凰山饮用水源地断面的水温的变化范围为 25.8~33.7℃，满足地表水 III 类水体水质要求；pH 的变化范围为 7.56~7.76，水质偏碱性，变化幅度不大，保持在正常范围内；该水源地 TP 质量浓度的变化范围为 0.08~0.15 mg/L；在调度期间，铁质量浓度为 0.24~0.3 mg/L，锰的最高质量浓度为 0.08 mg/L，符合 III 类水体水质标准；而粪大肠杆菌在调度试验期间最高为 4600 MPN/L，满足 III 类水体水质标准。

3）重庆九龙坡长江和尚山饮用水源地

对重庆九龙坡长江和尚山饮用水源地断面水质的监测结果表明，此次试验取得了良好的调度效果，27 项水质指标均满足 III 类水质要求。具体为：调度期间，重庆九龙坡长江和尚山饮用水源地断面的水温变化范围为 24~25.8 ℃，满足地表水 III 类水体水质要求；pH 的变化范围为 8.15~8.25，水质偏碱性，但变化幅度不大，保持在正常范围内；该水源地 TP 质量浓度变化范围为 0.16~0.2 mg/L；在试验期间，铁的最高质量浓度为 0.25 mg/L，锰的最高质量浓度为 0.01 mg/L，符合 III 类水体水质标准；粪大肠杆菌在调度试验期间无较大变化幅度，稳定在 10 000 MPN/L，满足 III 类水质要求。铅和溶解氧等监测项目也符合 III 类水体水质标准。

8.5.2 长江中游典型水源地水质及联合调度示范

1. 长江荆州河段、武汉河段水源地水质

1）荆州柳林水厂水源地

荆州柳林水厂水源地，属于长江荆州河段开发利用区，是重要的城市江段，作为集中供水水源地，应该达到 III 类水体的要求。在规定的 27 项水质指标中，高锰酸盐指数、BOD_5、氨氮、TP、溶解氧是更为关注的水质指标。根据实测数据，2014~2017 年 48 个月的污染物监测指标见图 8.5.1，其余监测指标均合格。

由图 8.5.1 可见，4 年共 48 个月（次）的监测中，只有铁的质量浓度出现过 2 次超标，分别是 2015 年 7 月、2016 年 7 月，其余指标均达标。结合荆州柳林水厂每月的取水量，计算得到的 2014~2017 年共 48 个月的水质监测达标率为 95.3%。由此可见，三峡水库及其上游水库的日常运行调度，对位于长江干流的荆州柳林水厂水源地的水质不产生负面影响，可以达到不低于 95% 的达标率。

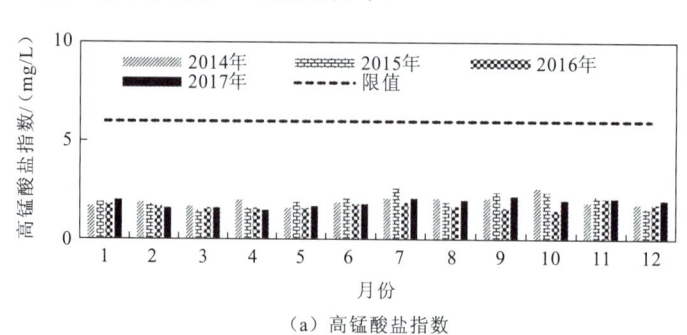

(a) 高锰酸盐指数

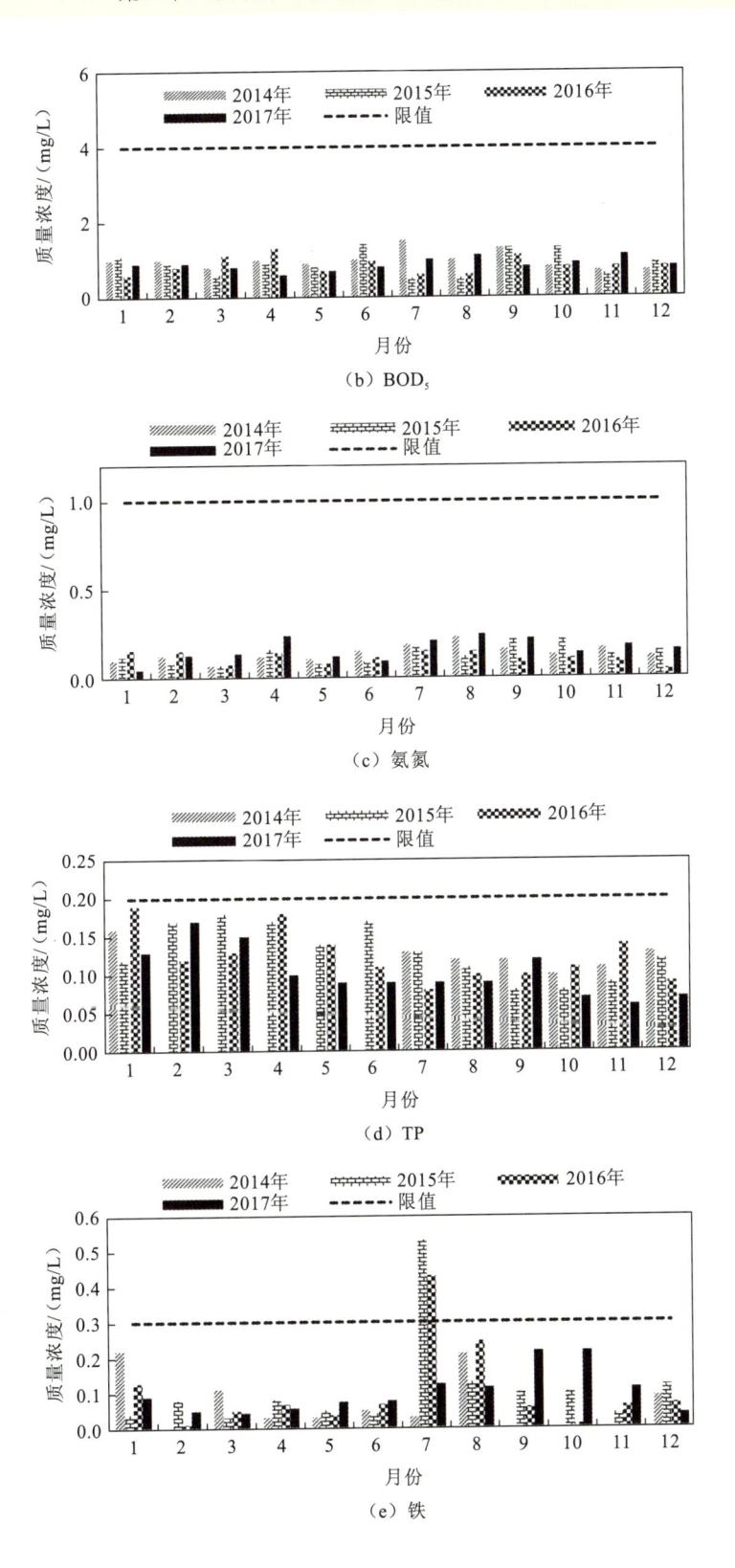

第8章 水库群联合调度决策支持系统及调度示范

(b) BOD_5

(c) 氨氮

(d) TP

(e) 铁

(f) 溶解氧

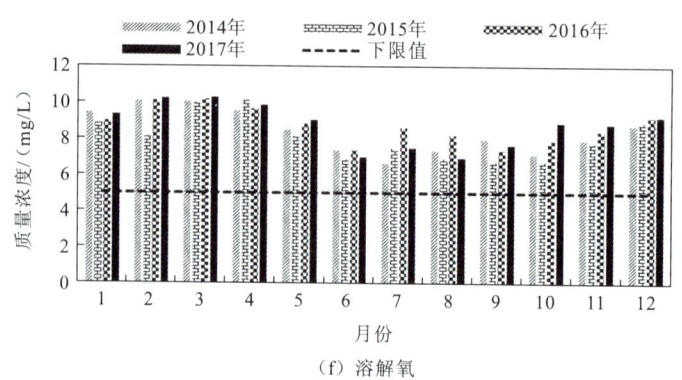

图 8.5.1 2014~2017 年荆州柳林水厂污染物监测情况

2）武汉白沙洲水厂水源地

武汉白沙洲水厂水源地，是重要的城市江段，作为集中供水水源地，应该达到 III 类水体的要求。在规定的 27 项水质指标中，高锰酸盐指数、BOD_5、氨氮、TP、溶解氧是更为关注的污染物指标。根据实测资料，2014~2017 年 48 个月武汉白沙洲水厂的超标情况如下：BOD_5 超标 1 次（2015 年 5 月）、TP 超标 1 次（2015 年 2 月）、粪大肠杆菌超标 23 次。根据《环境保护部办公厅关于印发〈地表水环境质量评价办法（试行）〉的通知》（环办〔2011〕22 号），地表水水质评价指标为《地表水环境质量标准》（GB 3838—2002）中除水温、TN、粪大肠杆菌以外的 21 项指标。水温、TN、粪大肠杆菌作为参考指标单独评价（河流 TN 除外）。结合武汉白沙洲水厂每月的取水量，本次评价中，若不计算粪大肠杆菌的超标次数，2014~2017 年 48 次监测中，只有 2 次超标（BOD_5 和 TP 各一次），达标率为 95.8%。

2. 2017 年调度示范期间典型水源地水质

2017 年 5 月 20~25 日，三峡水库和向家坝水库第一次联合实施了示范调度试验，通过持续增加向家坝水库和三峡水库下泄流量的方式，人工创造出水库下游江段的持续涨水过程，以促进产漂流性卵鱼类的产卵繁殖。为监测本次示范调度对下游水源地水质的影响，在宜昌三峡水文站、荆州柳林水厂水源地和武汉白沙洲水厂水源地附近进行了采样测试。

1）水源地水质情况

（1）取样点位置。

示范调度期间对宜昌三峡水文站、荆州柳林水厂水源地和武汉白沙洲水厂水源地进行了取样监测。

（2）监测结果。

一，宜昌三峡水文站水样测试结果。

示范调度期间，对宜昌三峡水文站水温、pH、溶解氧、氨氮、TP 和高锰酸盐指数进行了测试，结果如表 8.5.1 所示。示范调度期间，宜昌断面水质较好，监测指标未出现超标现象，达标率为 100%。

表 8.5.1   示范调度期间宜昌三峡水文站水样监测结果

采样日期 (年-月-日)	采样时间 (时：分)	水温/℃	pH	溶解氧质量浓度 /(mg/L)	氨氮质量浓度 /(mg/L)	TP 质量浓度 /(mg/L)	高锰酸盐指数 /(mg/L)
2017-05-19	15:30	20.5	8.01	7.60	0.129	0.09	1.9
2017-05-20	08:15	19.8	7.98	7.58	0.099	0.10	1.9
	12:00	19.9	7.98	7.52	0.102	0.11	1.9
	15:00	20.0	7.95	7.48	0.112	0.11	2.0
	18:25	20.0	7.96	7.48	0.115	0.11	1.9
2017-05-21	08:30	20.0	8.02	7.56	0.112	0.11	1.9
	12:00	20.0	7.98	7.51	0.125	0.12	1.9
	15:30	19.7	7.93	7.50	0.129	0.11	1.9
	18:20	20.0	8.00	7.60	0.115	0.11	1.9
2017-05-22	08:30	19.9	8.03	7.60	0.119	0.11	2.0
	12:00	19.9	8.06	7.59	0.115	0.11	1.9
	15:30	19.9	8.06	7.32	0.099	0.11	2.0
	18:00	19.8	8.10	7.42	0.102	0.11	2.0
2017-05-23	08:30	19.8	7.91	7.44	0.112	0.11	2.0
	12:00	20.1	7.78	7.50	0.102	0.11	2.0
	15:00	20.1	7.86	7.36	0.096	0.11	1.9
	18:00	20.1	7.78	7.48	0.115	0.11	1.9
2017-05-24	08:30	20.2	8.08	7.48	0.102	0.11	2.0
	12:00	20.3	7.95	7.21	0.112	0.11	1.9
	15:00	20.5	8.01	7.35	0.112	0.11	2.0
	18:00	20.2	7.91	7.36	0.115	0.11	2.0
2017-05-25	15:10	20.8	7.97	7.14	0.105	0.11	2.0
标准限值		—	6～9	≥5	≤1.0	≤0.2	≤6

二，荆州柳林水厂水源地水样监测结果。

示范调度期间，对荆州柳林水厂水源地 pH、溶解氧、氨氮、TP、高锰酸盐指数和铁进行了监测。示范调度期间，荆州柳林水厂水源地水质较好，监测项目中未出现超标情况，水质达标率为 100%。

本次示范调度期间，三峡水库出库流量随时间呈逐渐增加趋势，在 5 月 20～26 日进行的同期一日多次水量观测的结果表明，长江荆州（沙市）河段的流量变化趋势与三峡水库出库流量过程线基本一致。同步进行流量观测和水质监测，并统一编排序号。如果以氨氮为污染物代表性指标，从图 8.5.2 中的拟合趋势线看出，本次调度污染物随时间的推移有轻微下降趋势。这可以解释为下泄流量增加后，对沿线污染物起到了一定的稀释作用。

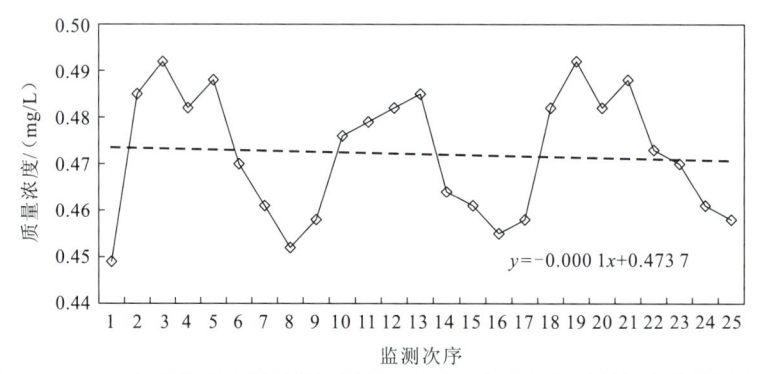

图 8.5.2　2017 年示范调度期间长江荆州（沙市）河段氨氮质量浓度变化过程线

三，武汉白沙洲水厂水源地水样监测结果。

示范调度期间，对武汉白沙洲水厂水源地原水的高锰酸盐指数、氨氮、TP、溶解氧、pH 进行了监测。示范调度期间，武汉白沙洲水厂水源地水质较好，监测项目中未出现超标情况，水质达标率为 100%。

本次示范调度期间，长江武汉河段的流量与三峡水库出库流量整体都呈现出增加趋势。如果以高锰酸盐指数为代表污染物指标，从图 8.5.3 可以看出，本次调度污染物随时间的推移有轻微下降趋势，这也可以解释为下泄流量增加后，对沿线污染物起到了一定的稀释作用。

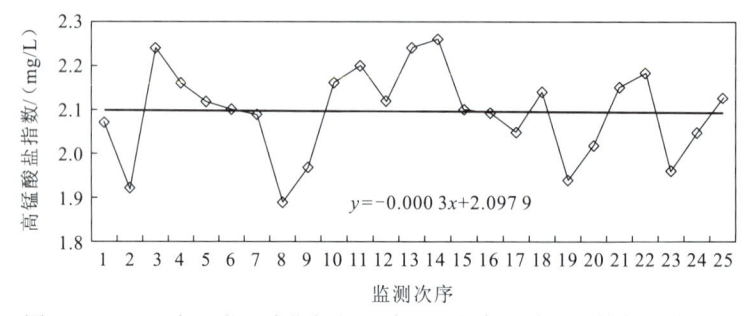

图 8.5.3　2017 年示范调度期间长江武汉河段高锰酸盐指数变化过程线

2）示范调度期间水质变化分析

示范调度实测资料显示，三峡水库出流到达荆州和武汉分别需要 1～3 天。下面分析本次示范调度期间各站水质的变化情况。

（1）宜昌河段。

5 天共进行 22 次水质取样监测，监测指标包括水温、pH、溶解氧、氨氮、TP、高锰酸盐指数。监测结果如下：本河段加密监测的水质指标全部合格；22 次水样监测中 TP 质量浓度 20 次为 0.11 mg/L，稍微超出 II 类水体对 TP 的要求（TP 质量浓度≤0.1 mg/L），但是满足Ⅲ类水体的要求（TP 质量浓度≤0.2 mg/L）。其余指标均满足Ⅱ类水体的要求。规划水功能分区为Ⅱ类水体，现状为Ⅲ类水体；宜昌河段没有关注的水源地，本次主要是对三峡水库泄流的水质进行监测，如果下游有超标项目，则据此对照判断是否由三峡水库下泄导致。

（2）荆州柳林水厂水源地。

7 天共进行 25 次水质取样监测，监测指标包括 pH、溶解氧、氨氮、TP、高锰酸盐指数。监测结果如下：本次示范调度期间，按照Ⅲ类水体的水质标准，上述 5 项指标都没有出现超标现象，达标率为 100%；在宜昌观测到的 TP 质量浓度大约为 0.11 mg/L，荆州柳林水厂附近的 TP 质量浓度相应为 0.06~0.09 mg/L，均值为 0.075 mg/L。TP 质量浓度的降低说明在宜昌至荆州段，TP 有一定的衰减。

（3）武汉白沙洲水厂水源地。

7 天共进行 25 次水质取样监测，监测指标包括高锰酸盐指数、氨氮、TP、溶解氧、pH。监测结果如下：本次示范调度期间，按照Ⅲ类水体的水质标准，上述 5 项指标都没有出现超标现象，达标率为 100%。

3. 2018 年调度示范期间典型水源地水质

2018 年 8 月 15~24 日（共计 10 天）实施了基于改善水环境的三峡水库汛期水位浮动试验研究，在宜昌三峡水文站、荆州柳林水厂水源地和武汉白沙洲水厂水源地等关键断面附近进行了采样测试。调度期间三峡水库水位整体上呈逐渐下降的趋势，在此消落过程中兼顾基于改善水环境的试验研究的要求。

1）试验研究

此次调度过程中三峡水库水位总体上呈现下降趋势（图 8.5.4），从 8 月 12 日 0 时的 154.62 m 降至 25 日 0 时的 149.55 m。三峡水库从 8 月 12 日 0 时到 25 日 0 时的出库平均流量为 28 456 m^3/s，最小流量为 24 300 m^3/s，最大流量为 30 000 m^3/s。

图 8.5.4　三峡水库 2018 年 8 月 12~25 日坝前水位变化过程线

对长江干流宜昌三峡水文站、引江济汉出水渠长江出口处、荆州柳林水厂水源地、城陵矶站、武汉白沙洲水厂水源地取水样，监测地表水 27 项水质指标。对宜都长江大桥

（清江入长江汇流点）、岳阳楼、宗关等地取水样，监测地表水 5 项重点水质指标（pH、溶解氧、高锰酸盐指数、氨氮、TP）。

调度期间以武汉白沙洲水厂水源地为起点，沿长江干流向上游在多个断面对水样中的高锰酸盐指数、TP、铁进行加密监测，以监测本次试验期间，随水库消落，河段水质的变化过程。加密监测断面的选取规律如下：城陵矶至白沙洲段，大约每 20 km 设置一个监测断面（除去首尾断面），共 8 个断面。

2）水源地水质情况

荆州柳林水厂水源地 5 项重点水质指标的监测结果见表 8.5.2。其他断面的详细监测结果见水质报告。监测结果汇总见表 8.5.3，本次监测的全部断面（地点）的被测指标全部达到 III 类水体的水质要求。

表 8.5.2　荆州柳林水厂水源地 5 项重点水质指标监测结果

日期 （年-月-日）	溶解氧质量浓度 /(mg/L)	pH	高锰酸盐指数 /(mg/L)	氨氮质量浓度 /(mg/L)	TP 质量浓度 /(mg/L)
2018-08-15	5.96	7.34	3.3	0.487	0.19
2018-08-16	5.78	7.54	3.2	0.582	0.16
2018-08-17	6.43	7.81	3.8	0.513	0.18
2018-08-18	6.65	7.13	4.2	0.587	0.15
2018-08-19	7.1	7.21	3.7	0.359	0.19
2018-08-20	6.64	7.73	3.2	0.466	0.16
2018-08-21	5.24	7.25	3.8	0.312	0.19
2018-08-22	6.58	7.19	4.2	0.426	0.17
2018-08-23	7.12	7.33	3.3	0.518	0.18
2018-08-24	5.87	7.43	3.1	0.445	0.14

表 8.5.3　监测断面水质合格情况小结

序号	地点（断面）名称	监测指标	合格情况	备注
1	荆州柳林水厂水源地	27 项（略）	全部合格	水源地水质
2	武汉白沙洲水厂水源地	27 项（略）	全部合格	水源地水质
3	宜昌三峡水文站	27 项（略）	全部合格	代表三峡水库出库水质
4	引江济汉干渠渠首	27 项（略）	全部合格	代表引江济汉源头水质
5	城陵矶站	27 项（略）	全部合格	代表洞庭湖湖口水质
6	宜都长江大桥	5 项（略）	全部合格	清江入汇水质
7	岳阳楼	5 项（略）	全部合格	代表洞庭湖水质

续表

序号	地点（断面）名称	监测指标	合格情况	备注
8	宗关	5项（略）	全部合格	代表汉江入汇水质
9	金口江心洲	3项（略）	全部合格	加密监测点1
10	汉南通津	3项（略）	全部合格	加密监测点2
11	团洲与河埠长江交汇处	3项（略）	全部合格	加密监测点3
12	潘湾港	3项（略）	全部合格	加密监测点4
13	洪湖大沙	3项（略）	全部合格	加密监测点5
14	陆城寡妇矶	3项（略）	全部合格	加密监测点6
15	洪湖皇堤宫	3项（略）	全部合格	加密监测点7
16	黄盖新洲	3项（略）	全部合格	加密监测点8

注：27项指标是合同中要求的27项监测指标；5项指标是指pH、溶解氧、高锰酸盐指数、氨氮、TP；3项指标是指高锰酸盐指数、TP、铁。

4. 长江中游典型水源地水质达标率

1）荆州柳林水厂水源地

2014～2017年共48个月的水质监测达标率为95.3%。

2017年5月示范调度期间，荆州柳林水厂水源地水质较好，监测项目中未出现超标情况，水质达标率为100%。

2018年8月基于改善水环境的三峡水库汛期水位浮动试验研究期间，荆州柳林水厂水源地的水质达标率为100%。

2）武汉白沙洲水厂水源地

2014～2017年共48个月的水质监测结果表明，若不计粪大肠杆菌，达标率为95.8%。

2017年5月示范调度期间，武汉白沙洲水厂水源地水质较好，监测项目中未出现超标情况，水质达标率为100%。

2018年8月基于改善水环境的三峡水库汛期水位浮动试验研究期间，地表水27项水质指标均达标，水质达标率为100%。在10天的加密监测期内，长江干流城陵矶至白沙洲段，高锰酸盐指数、TP、铁都符合III类水体的要求，没有出现超标情况。

参 考 文 献

王中根, 夏军, 刘昌明, 等, 2007. 分布式水文模型的参数率定及敏感性分析探讨[J]. 自然资源学报, 22(4): 649-655.

徐峰, 石剑荣, 胡欣, 2003. 水环境突发事故危害后果定量估算模式研究[J]. 上海环境科学(S2): 64-71.

88, 194.

徐小明, 张静怡, 丁健, 等, 2000. 河网水力数值模拟的松弛迭代法及水位的可视化显示[J]. 水文(6): 1-4.

叶常明, 1993. 水环境数学模型的研究进展[J]. 环境科学进展, 1(1): 74-80.

中华人民共和国水利部, 2007. 水资源监控管理数据库表结构及标识符标准: SL 380—2007[S]. 北京: 中国水利水电出版社.

中华人民共和国水利部, 2011. 实时雨水情数据库表结构与标识符: SL 323—2011[S]. 北京: 中国水利水电出版社.

中华人民共和国水利部, 2019. 水文数据库表结构及标识符: SL/T 324—2019[S]. 北京: 中国水利水电出版社.

MINSKY M, 2016. 心智社会: 从细胞到人工智能, 人类思维的优雅解读[M]. 任楠, 译. 北京: 机械工业出版社.

CAMPOLO M, ANDREUSSI P, SOLDATI A, 1999. River flood forecasting with a neural network model[J]. Water resources research, 35(4): 1191-1197.

ROSE S, 1998. A statistical method for evaluating the effects of antecedent rainfall upon runoff: Applications to the coastal plain of Georgia[J]. Journal of hydrology, 211(1/2/3/4): 168-177.